数值计算方法

主　编　褚衍东　常迎香　张建刚
副主编　陈京荣　安新磊　周　伟　李险峰

科学出版社
北　京

内 容 简 介

本书是根据理工科"数值计算方法课程教学基本要求"编写的，书中介绍了数值计算方法的基本概念、方法和理论，通过实例分析，提高学生解决实际问题的能力，作者以 MATLAB 为平台编写了相应算法的程序.其主要内容包括：数值计算的一般概念、非线性方程的数值解法、方程组的数值解法、插值法与曲线拟合、数值积分与数值微分、常微分方程的数值解法、矩阵特征值与特征向量的计算、无约束最优化方法、Matlab 简介等.

本书可作为普通高校理工科本科和工科硕士研究生各专业"数值计算方法"或"数值分析"教材，也可供从事科学与工程计算的科技工作者和研究人员参考.

图书在版编目(CIP)数据

数值计算方法/褚衍东, 常迎香, 张建刚主编. —北京：科学出版社, 2016.6

ISBN 978-7-03-048475-8

Ⅰ. ①数… Ⅱ. ①褚… ②常… ③张… Ⅲ. ①数值计算-计算方法 Ⅳ. ①O241

中国版本图书馆 CIP 数据核字(2016) 第 121667 号

责任编辑：胡海霞 / 责任校对：张凤琴
责任印制：赵 博 / 封面设计：迷底书装

科学出版社出版
北京东黄城根北街 16 号
邮政编码：100717
http://www.sciencep.com
北京富资园科技发展有限公司印刷
科学出版社发行 各地新华书店经销
*
2016 年 6 月第 一 版 开本: 720 × 1000 1/16
2024 年11月第十三次印刷 印张: 19 3/4
字数: 398 100

定价: 59.00 元
(如有印装质量问题, 我社负责调换)

前　言

数值计算方法是一门古老的数学分支, 过去受计算工具的限制, 发展缓慢. 传统的教学内容有些单调, 多是从数学上演绎算法, 并从理论上分析算法的收敛性、稳定性等; 教学方式上由于受上机条件的限制, 缺乏必要的数值实验教学, 只能进行课堂上的理论教学, 长时间内, 这一课程无法在工科学生中普及. 近年来, 随着计算机技术水平的迅速提高和计算机应用的日益普及, 大大促进了这门学科的发展与应用, 作为介绍科学计算的基础理论与基本方法的课程, 数值计算方法已成为理工科院校许多专业本科生和研究生的专业基础课. 面向 21 世纪教学内容、教学方法的改革研究, 又加速了数值计算方法教学内容、教学方法的改革.

近年来, 编者参加了部、校两级的非计算机专业计算机系列课程教学内容、教学方法与课程体系的改革研究与实践和工科数学系列课程教学内容、教学方法与课程体系的改革研究与实践, 深深体会到数值计算方法不仅是数学系列课程的重要组成部分, 也是计算机系列课程的有机成分, 它应成为程序设计课程的补充与发展. 换言之, 数值计算方法要重视算法的计算机实现, 要从程序设计的角度去描述算法, 要加强数值实验教学, 使学生通过数值实验加深对算法的理解, 提高科学计算的能力. 对于工科的数值计算方法课程宜以构造算法、描述算法、应用算法为主, 而以分析算法 (算法的收敛性和稳定性论述) 为辅.

编者基于以上认识, 在总结了多年从事工科数学教学, 特别是数值计算方法教学体会的基础上, 根据国家教委颁布的理工科数值计算方法的教学基本要求, 编写了本书. 本书具有如下特点：

(1) 着力阐述构造算法的思想与过程及误差估计, 叙述上力求直观、通俗易懂.

(2) 注重算法描述, 对各章中的主要算法, 按在计算机上实现算法的过程予以描述, 描述方法采用程序设计课程中流行的 N-S 流程图, 以利于学生进行结构化程序设计.

(3) 编写了书中所有算法的 Matlab 程序, 突出强调数值算法的设计和编程实现技能, 力图做到易教、易学, 培养学生运用所学知识分析问题和解决问题的能力.

(4) 加强数值实验, 每章都设计了有针对性、综合性的上机题目, 对数值实验提出明确要求, 试图使学生通过对不同算法下计算结果的对比, 或不同参数下计算结果的变化, 加深对各种方法特性的理解.

(5) 增加了应用举例, 每章选讲两个结合专业的应用案例, 从实际问题的背景、建立数学模型、选用数值方法求解和分析计算结果等方面进行综合性论述, 利于培养学生解决工程实际问题的能力.

本书的编写分工如下: 第 1 章、第 5 章由安新磊编写, 第 2~4 章由张建刚编写, 第 6 章由褚衍东和常迎香编写, 第 7 章由周伟编写, 第 8 章由陈京荣编写, 附录由李险峰编写. 全书由褚衍东、常迎香教授和张建刚副教授负责框架拟定和统稿.

限于编者水平, 书中疏漏之处在所难免, 敬请同行专家与读者不吝赐教.

编 者

2015 年 10 月

目　录

第 1 章　数值计算的一般概念

20 世纪 90 年代以来, 科学计算、科学理论和科学实验一起被称为现代科学的三大支柱. 科学计算已经成为科学研究和工程设计的一种基本手段, 并已由物理模型试验向数值模拟转变. 尤其是计算机技术的迅猛发展, 正在不断地扩展它的应用领域, 如气象预报、石油勘探、产品设计、工业控制等各行业中都有大量的科学计算问题. 即通过选择恰当的数值方法去求解或模拟科学和工程中的问题, 促进了一大批相关学科如计算结构力学、计算流体力学、计算化学等的发展. 至于现代科学研究及高新技术的发展, 如湍流理论研究、航天器设计、核电站的设计等, 数值模拟更是不可缺少, 甚至进行一些物理实验无法做到的模拟研究.

时代的进步, 21 世纪高科技的发展, 对科技人才的知识结构有了更高的要求, 一定的科学计算能力和应用计算机解决工程实际问题的能力是当代工科大学毕业生必须具备的基本素质. 本书着重在强化读者数值算法知识、加强数值实验和提高应用能力上下工夫.

计算数学所要研究的主要问题, 是构造用计算机解决实际问题的算法并分析算法. 分析算法就是研究所构造的算法的收敛法、稳定性并进行误差估计等. 考虑到读者为工科学生, 本书以讲授算法构造及算法应用为主, 以分析算法为辅.

构造算法是计算数学的核心内容, 所构造的算法应以计算机能顺利执行为前提, 着眼于节约内存和减少运算量. 例如, 用 Cramer 法则计算 n 阶线性方程组

$$\begin{cases} a_{11}x_1 + a_{12}x_2 + \cdots + a_{1n}x_n = b_1, \\ a_{21}x_1 + a_{22}x_2 + \cdots + a_{2n}x_n = b_2, \\ \qquad\qquad\vdots \\ a_{n1}x_1 + a_{n2}x_2 + \cdots + a_{nn}x_n = b_n. \end{cases}$$

记上述方程组系数矩阵为 $\boldsymbol{A}$, 当 $\det(\boldsymbol{A}) \neq 0$ 时, 方程组有唯一解

$$x_k = \det(\boldsymbol{a}_1, \cdots, \boldsymbol{a}_{k-1}, \boldsymbol{b}, \boldsymbol{a}_{k+1}, \cdots, \boldsymbol{a}_n)/\det(\boldsymbol{A}), \quad k = 1, 2, \cdots, n,$$

其中 $\boldsymbol{a}_j = (a_{1j}, a_{2j}, \cdots, a_{nj})^{\mathrm{T}}, \boldsymbol{b} = (b_1, b_2, \cdots, b_n)^{\mathrm{T}}$.

需要计算 $n+1$ 个 n 阶行列式并做 n 次除法, 而每个行列式有 $n!$ 个乘积, 每个乘积需做 $n-1$ 次乘法. 如果不考虑加减法及逆序数的计算, 就需要 $m = (n+1)!(n-1)+n$ 次乘除法. 当 $n = 20$ 时, $m \approx 9.7 \times 10^{20}$. 如果使用每秒进行 10 亿次乘除浮点运算的计算机, 也需 3 万年以上的计算时间, 这是根本不可能做到的.

可见构造算法的重要性!

有了稳定、可靠、效率高的数值计算方法以后, 关键在于组织算法并在计算机上实现, 希望读者重视算法描述的学习与数值实验. 本书各章中对一些重要的、典型的算法都配以算法流程图, 算法流程的描述采用程序设计课程中普遍应用的 N-S 流程图, 以利于编写结构化程序. 通过算法描述和数值实验, 学生可以体会到从选择或构造算法、组织实现算法、编写程序、上机调试及运行、分析解释计算结果的全过程, 只有通过这样全面的训练, 才能达到学习数值计算方法课程的目的 —— 提高应用计算机解决实际问题的能力.

1.1 误差的基本知识

1.1.1 误差的来源及分类

运用电子计算机进行数值计算来解决一个实际问题, 所得到的数值解往往不可避免地要产生误差. 误差可能来自多方面, 这些误差可以概括地分为如下四类.

(1) 模型误差　在把实际问题转化成数学模型过程中, 通常要略去某些次要的因素, 进行合理的化简, 由此所产生的误差称为模型误差.

(2) 观测误差　在数学模型中, 表达式中的各类参量或定解条件中的数往往需要通过观测得到. 由于观测仪器精度的限制, 以及观测者观测能力的差别, 观测值难免带有误差, 这类误差称为观测误差 (或参量误差).

(3) 截断误差　许多理论上的精确值往往需要用无限过程才能求得, 而计算机只能完成有限次运算. 如计算超越函数值, 常用泰勒级数的前 n 项和来近似计算, 这时所舍去的级数的余项, 称为 "截断误差". 由表达式

$$\sin x = x - \frac{1}{3!}x^3 + \frac{1}{5!}x^5 - \cdots + (-1)^{n-1}\frac{1}{(2n-1)!}x^{2n-1} + \cdots,$$

取部分和

$$p_n(x) = x - \frac{1}{3!}x^3 + \frac{1}{5!}x^5 - \cdots + (-1)^{n-1}\frac{1}{(2n-1)!}x^{2n-1}$$

作为 $\sin x$ 的近似值. 则截断误差 $E_n(x) = \sin x - P_n(x)$, 其拉格朗日型余项的表达式为

$$E_n(x) = \frac{(-1)^n \cos\theta x}{(2n+1)!}x^{2n+1}, \quad 0 < \theta < 1.$$

(4) 舍入误差　由于电子计算机的字长总是有限的, 所以对参与计算的数据和最后得到的计算结果, 都必然是用有限位小数代替无穷位小数, 这样所产生的误差称为 "舍入误差". 实际上, 数值计算中的每一步都不可避免受舍入误差的影响. 舍

入误差单从一次计算来看, 对结果的影响也许不大, 但当进行大量计算时, 这些误差经过叠加和传递, 对计算结果就可能产生较大的影响.

以上四种误差都将影响计算结果的准确性, 但模型误差和观测误差是计算工作者难以单独解决的问题. 在数值计算方法的研究中, 为了探求简便且计算精度高的方法, 就需要研究误差, 特别要研究截断误差与舍入误差, 以便能更有效地控制误差.

1.1.2 误差的基本概念

1. 绝对误差与绝对误差限

定义 1.1 设 x^* 是精确值 x 的一个近似值, 则称 $x-x^*$ 为近似值 x^* 的**绝对误差**, 记为 e 或 $e(x)$.

通常我们不知道精确值 x, 因而 e 常常是未知的, 但可根据实际情况给出 $|e|$ 的一个上界 ε, 即满足

$$|e|=|x-x^*|\leqslant\varepsilon,$$

称 ε 为近似值 x^* 的**绝对误差限**, 简称**误差限**. 显然精确值 x 满足

$$x^*-\varepsilon\leqslant x\leqslant x^*+\varepsilon.$$

在工程技术上, 常用 $x=x^*\pm\varepsilon$ 表示近似值的精度或精确值的范围.

2. 相对误差与相对误差限

评价一个近似值的精确度, 除了要看其绝对误差的大小, 还要看这个值本身的大小, 为此引入相对误差的概念.

定义 1.2 称绝对误差与精确值之比

$$\frac{e}{x}=\frac{x-x^*}{x}$$

为近似值 x^* 的**相对误差**, 记为 e_r 或 $e_r(x)$.

由于精确值 x 是未知的, 所以在实际计算中常采用

$$e_r=\frac{e}{x^*}=\frac{x-x^*}{x^*}. \tag{1.1}$$

当 $|e_r|\ll 1$ 时,

$$\left|\frac{e}{x^*}-\frac{e}{x}\right|=\frac{|e|^2}{|x^*\cdot x|}=\frac{|e|^2/|x^*|^2}{|x^*+e|/|x^*|}=\frac{|e/x^*|^2}{|1+e/x^*|}=\frac{|e_r|^2}{|1+e_r|}$$

是关于 e_r 的高阶无穷小, 可以忽略不计.

若 ε 是 x^* 对 x 的绝对误差限, 则 $\varepsilon_r=\varepsilon/|x^*|$ 为 x^* 对 x 的一个相对误差限.

例 1.1　国际大地测量学会建议光速采用

$$c = 299792458 \pm 1.2(\mathrm{m}\ /\ \mathrm{s}),$$

其含义为绝对误差限 $\varepsilon = 1.2\mathrm{m}\ /\ \mathrm{s}$, 从而其相对误差限为

$$\frac{\varepsilon}{|c^*|} = \frac{1.2}{299792458} \leqslant 0.41 \times 10^{-9}.$$

x^* 对 x 的绝对误差、绝对误差限有与 x^* 相同的量纲, 而 x^* 对 x 的相对误差、相对误差限是无量纲的, 工程应用中常以百分数来表示.

3. 有效数字

表示一个数的近似值时, 常用到有效数字的概念. 对无穷小数, 可以采用四舍五入的办法来取近似值. 例如, $\pi = 3.14159265\cdots$, 若按四舍五入取四位小数, 则得 $\pi^* = 3.1416$. 且

$$|\pi - \pi^*| = 0.073\cdots \times 10^{-4} < 0.5 \times 10^{-4}.$$

上式说明 π^* 的误差限不超过其末位数的半个单位.

定义 1.3　设 x 的近似值

$$x^* = \pm 0.a_1 a_2 \cdots a_n \times 10^m, \quad a_1 \neq 0. \tag{1.2}$$

如果 $|x - x^*| \leqslant 0.5 \times 10^{m-n}$, 那么称 x^* 作为 x 的近似值**具有 n 位有效数字**.

例 1.2　写出下列各数具有 5 位有效数字的近似值.

$$123.456, \quad 0.00654321, \quad 5.000024, \quad 5.000024 \times 10^3.$$

解　据定义 1.3, 以上各数具有 5 位有效数字的近似值分别是

$$123.46, \quad 0.0065432, \quad 5.0000, \quad 5.0000 \times 10^3.$$

由定义 1.3, 以下三种有效数字的写法值得注意, 不可混淆:

(1) 数 23 与 0.023 都具有两位有效数字, 在实际应用中, 一个读数的有效位数与所用单位无关.

(2) 数 0.23 与 0.2300 是有区别的, 前者具有两位有效数字, 而后者却有四位有效数字; 同理 9000 与 9×10^3 的有效位数也是不同的.

(3) 有效数字与绝对误差这两个概念之间有着密切的联系, 主要结论见如下定理.

定理 1.1 若 x^* 具有式 (1.2) 的形式, 具有 n 位有效数字, 则相对误差限满足:

$$e_r \leqslant \frac{1}{2a_1} \times 10^{1-n}.$$

证 据定义 1.3 知, 当 x^* 具有 n 位有效数字时, 有

$$|x^*| \geqslant 0.a_1 \times 10^m = a_1 \times 10^{m-1},$$

$$|x - x^*| \leqslant \frac{1}{2} \times 10^{m-n}.$$

故由式 (1.1) 知, 其相对误差

$$|e_r| = \frac{|x - x^*|}{|x^*|} \leqslant \frac{\frac{1}{2} \times 10^{m-n}}{a_1 \times 10^{m-1}} = \frac{1}{2a_1 \times 10^{n-1}},$$

故相对误差限为

$$\varepsilon_r = \frac{1}{2a_1} \times 10^{1-n}.$$

定理 1.2 若 x^* 具有式 (1.2) 的形式, 且相对误差满足

$$e_r \leqslant \frac{1}{2(a_1+1)} \times 10^{1-n},$$

则 x^* 至少具有 n 位有效数字.

证 由式 (1.2) 及式 (1.1) 知

$$|x^*| = 0.a_1 a_2 \cdots a_n \times 10^m \leqslant (a_1 + 1) \times 10^{m-1},$$

$$|x - x^*| \leqslant |e_r| \cdot |x^*| \leqslant \frac{10^{-n+1}}{2(a_1+1)} \cdot (a_1 + 1) \times 10^{m-1} = \frac{1}{2} \times 10^{m-n}.$$

据定义 1.3 知, x^* 具有 n 位有效数字.

例 1.3 要使 $\sqrt{2}$ 的近似值 I^* 的相对误差小于 1%, 问至少需取几位有效数字.

解 由于 $\sqrt{2} = 1.414 \cdots = 0.1414 \cdots \times 10^1$, 所以 $a_1 = 1$, 由定理 1.2 的结论知

$$\frac{1}{2(a_1+1)} \times 10^{-n+1} < 1\%,$$

故至少取 $n = 3$.

1.1.3 误差的传播与估计

实际的数值计算中, 参与运算的数据往往都是些近似值, 带有误差, 而在每一步运算中都会产生舍入误差或截断误差, 这些误差在运算过程中会进行传播, 影响计算结果. 以下应用 Taylor 公式对计算误差作定量估计, 研究误差在计算过程中是如何传播的, 以便更好地控制误差.

以二元函数 $y = f(x_1, x_2)$ 为例, 设 x_1^* 和 x_2^* 分别是 x_1 和 x_2 的近似值, y^* 是函数值 y 的近似值. 函数 $f(x_1, x_2)$ 在点 (x_1^*, x_2^*) 处的 Taylor 展开式为

$$\begin{aligned} f(x_1,x_2) =& f(x_1^*,x_2^*) + \left[\left(\frac{\partial f}{\partial x_1}\right)^*(x_1-x_1^*) + \left(\frac{\partial f}{\partial x_2}\right)^*(x_2-x_2^*)\right] \\ &+ \frac{1}{2!}\left[\left(\frac{\partial^2 f}{\partial x_1^2}\right)^*(x_1-x_1^*)^2 + 2\left(\frac{\partial^2 f}{\partial x_1 \partial x_2}\right)^*(x_1-x_1^*)(x_2-x_2^*)\right. \\ &\left. + \left(\frac{\partial^2 f}{\partial x_2^2}\right)^*(x_2-x_2^*)^2\right] + R_2. \end{aligned}$$

式中 $(x_1 - x_1^*) = e(x_1)$, $(x_2 - x_2^*) = e(x_2)$, 一般都是小量值, 如果忽略它们的高阶无穷小量, 则上式简化为

$$f(x_1,x_2) \approx f(x_1^*,x_2^*) + \left(\frac{\partial f}{\partial x_1}\right)^* e(x_1) + \left(\frac{\partial f}{\partial x_2}\right)^* e(x_2).$$

因此, y^* 的绝对误差为

$$e(y) = y - y^* = f(x_1,x_2) - f(x_1^*,x_2^*) \approx \left(\frac{\partial f}{\partial x_1}\right)^* e(x_1) + \left(\frac{\partial f}{\partial x_2}\right)^* e(x_2), \tag{1.3}$$

式中 $e(x_1)$, $e(x_2)$ 前面的系数 $\left(\frac{\partial f}{\partial x_1}\right)^*$, $\left(\frac{\partial f}{\partial x_2}\right)^*$ 分别是一阶偏导数在 (x_1^*, x_2^*) 处的值, 称为 x_1^*, x_2^* 对 y^* 的绝对误差的增长因子, 分别表示绝对误差 $e(x_1)$, $e(x_2)$ 经过传播后增大或缩小的倍数.

进一步求 y^* 的相对误差

$$\begin{aligned} e_r(y) =& \frac{e(y)}{y^*} \approx \left(\frac{\partial f}{\partial x_1}\right)^* \frac{e(x_1)}{y^*} + \left(\frac{\partial f}{\partial x_2}\right)^* \frac{e(x_2)}{y^*} \\ =& \frac{x_1^*}{y^*}\left(\frac{\partial f}{\partial x_1}\right)^* e_r(x_1) + \frac{x_2^*}{y^*}\left(\frac{\partial f}{\partial x_2}\right)^* e_r(x_2), \end{aligned} \tag{1.4}$$

式中 $\frac{x_1^*}{y^*}\left(\frac{\partial f}{\partial x_1}\right)^*$, $\frac{x_2^*}{y^*}\left(\frac{\partial f}{\partial x_2}\right)^*$ 分别是 x_1^*, x_2^* 对 y^* 的相对误差的增长因子, 表示相对误差 $e_r(x_1)$, $e_r(x_2)$ 经过传播后增大或缩小的倍数.

例 1.4 测得某电阻两端的电压和流过的电流分别为 $V = 220 \pm 2$ 伏、$I = 10 \pm 0.1$ 安, 求电阻的阻值 R^*, 并求 $e(R)$ 及 $e_r(R)$.

解 由 $V^* = 220$ 伏, $I^* = 10$ 安, 得 $R^* = 22$ 欧. 据式 (1.3) 得 R^* 的绝对误差为

$$\begin{aligned} e(R) &\approx \left(\frac{\partial R}{\partial V}\right)^* e(V) + \left(\frac{\partial R}{\partial I}\right)^* e(I) \\ &= \frac{1}{I^*}e(V) - \frac{V^*}{(I^*)^2}e(I) = \frac{1}{10}e(V) - \frac{220}{100}e(I). \end{aligned}$$

由于 $|e(V)| \leqslant 2$, $|e(I)| \leqslant 0.1$, 于是

$$|e(R)| \leqslant \frac{1}{10} \times 2 + \frac{220}{100} \times 0.1 = 0.42(\text{欧}),$$

从而 R^* 的相对误差为

$$|e_r(R)| = \left|\frac{e(R)}{R^*}\right| \leqslant \frac{0.42}{22} = 1.91\%.$$

1.2 减少误差的措施及算法稳定性

1.2.1 减少运算误差的四项措施

计算机只能对有限位数进行运算, 从而在运算中产生误差是不可避免的. 许多实际问题的求解往往要做成千上万次的数值计算, 为了保证计算结果的可靠性, 必须努力防止误差的产生、传播与扩大.

1. 避免两个相近数相减

两个相近的近似数相减, 将会严重损失结果的有效数字, 如两个具有五位有效数字的数相减, $12.584 - 12.582 = 0.002$, 结果只有一位有效数字.

一般地, 当 x_1^* 与 x_2^* 相减时, 由式 (1.4) 可得 $x_1^* - x_2^*$ 的相对误差为

$$e_r(x_1 - x_2) \approx \frac{x_1^*}{x_1^* - x_2^*}e_r(x_1) - \frac{x_2^*}{x_1^* - x_2^*}e_r(x_2),$$

从而

$$|e_r(x_1 - x_2)| \leqslant \frac{1}{|x_1^* - x_2^*|}\left[|x_1^*| \cdot |e_r(x_1)| + |x_2^*| \cdot |e_r(x_2)|\right].$$

当 $x_1^* \approx x_2^*$ 时, $|e_r(x_1 - x_2)|$ 将会很大, 计算精度很低. 因此, 在计算中应避免相近数的相减, 恒等变形是一种常用的方法.

当 x 为很大的正数时, $\sqrt{x+1} - \sqrt{x} = \dfrac{1}{\sqrt{x+1} + \sqrt{x}}$;

当 $x \ll 1$ 时, $\dfrac{1 - \cos x}{\sin x} = \dfrac{\sin x}{1 + \cos x}$.

在无法回避两相近数相减的情况下, 可采用双精度计算, 以增加有效数字的位数, 但这需要占用更多的机器内存.

同理可知, 绝对值太小的数作除数以及绝对值太大的数作乘数都会引起误差过大.

2. 防止大数淹没小数现象

当两个绝对值相差很大的数进行加法或减法运算时, 绝对值小的数有被 "吃掉" 的可能, 从而影响计算结果的可靠性.

例 1.5　计算 $I = 10^8 + \sum_{n=1}^{10^8} \frac{1}{n}$ 的值.

解　算法一

$$I = \left(\cdots\left(\left((10^8+1)+\frac{1}{2}\right)+\frac{1}{3}\right)+\cdots+\frac{1}{10^8}\right).$$

对于 8 位 10 进制浮点运算的计算机而言, $I \approx 10^8$.

事实上, 对于 $0 < a \leqslant 1$,

$$10^8 + a = 0.1\times10^9 + 0.00000000a\times10^9 \approx 0.1\times10^9.$$

这是因为计算机运算时, 先要 "对阶", 把较小的阶码提高到较大的阶码的水平. 从而 a 在第 9 位上, 计算机实际上采用 0.00000000×10^9 计算.

为了避免出现这种 "机器零", 应当采用如下算法.

算法二

$$I = \left[\cdots\left(\left(\frac{1}{10^8}+\frac{1}{10^8-1}\right)+\frac{1}{10^8-2}\right)+\cdots+1\right]+10^8.$$

这样先从小数加起, 就可避免大数 "淹没" 小数现象.

一般地, 合理安排运算次序, 便可避免大数 "淹没" 小数的现象. 对于多个数相加, 要从其中绝对值最小的数起, 到绝对值最大的数依次相加; 对于多个数相乘, 要从其中有效位数最多的数起, 到有效位数最少的数依次相乘.

3. 减少运算次数, 简化计算步骤

减少运算次数不仅可以提高解题速度, 节约机时, 而且可以减少误差产生的机会, 减少误差的积累. 例如, 要计算 x^{255} 的值时, 如果对 x 逐个相乘, 共需做 254 次乘法. 若采用

$$x^{255} = x\cdot x^2\cdot x^4\cdot x^8\cdot x^{16}\cdot x^{32}\cdot x^{64}\cdot x^{128},$$

则只需做 14 次乘法.

4. 选择效率高的算法

算法不同, 其计算的效率也不相同, 选用效率高的算法不仅提高了计算速度, 节约了计算机时, 也会减少舍入误差的积累. 以求 $\ln 2$ 为例来说明计算效率问题, 如果选用

$$\ln(1+x)=x-\frac{1}{2}x^2+\frac{1}{3}x^3-\cdots+(-1)^{n-1}\frac{x^n}{n}+\cdots$$

计算 $\ln 2$, 则令 $x=1$, 并用前 10^5 项, 则

$$\ln 2\approx 1-\frac{1}{2}+\frac{1}{3}-\frac{1}{4}+\cdots-\frac{1}{10^5},$$

产生的截断误差为

$$|R_1|=\left|\frac{(-1)^{10^5}}{10^5+1}\left(\frac{1}{1+\xi}\right)^{10^5+1}\right|\leqslant\frac{1}{10^5+1}<10^{-5}.$$

但如果采用级数

$$\ln\frac{1+x}{1-x}=2x\left(1+\frac{1}{3}x^2+\frac{1}{5}x^4+\cdots+\frac{1}{2m+1}x^{2m}+\cdots\right),\quad |x|<1$$

来计算 $\ln 2$, 令 $x=\frac{1}{3}$, 并取前 5 项, 则

$$\ln 2\approx\frac{2}{3}\left(1+\frac{1}{3}\cdot\frac{1}{9}+\frac{1}{5}\cdot\frac{1}{9^2}+\frac{1}{7}\cdot\frac{1}{9^3}+\frac{1}{9}\cdot\frac{1}{9^4}\right),$$

产生的截断误差为

$$R_2=\frac{2}{3}\sum_{k=5}^{\infty}\frac{1}{2k+1}\left(\frac{1}{9}\right)^k<\frac{2}{3}\cdot\frac{1}{11}\frac{\left(\frac{1}{9}\right)^5}{1-\frac{1}{9}}<0.12\times10^{-5}.$$

可以看出, 后者所产生的截断误差较前者要小.

1.2.2 数值算法的概念

本门课程主要介绍解决各种问题的数值算法, 探索算法的有效描述对于理解、掌握算法及其在计算机上迅速准确地实现算法的重要性. 算法包括解题方法和解题步骤两方面的内容, 一个或一串数学公式未必能构成一个算法, 因为数学公式可以按不同的顺序来计算, 从而计算量与计算结果也不尽相同.

例 1.6 计算 n 次多项式

$$P_n(x)=a_0+a_1x+\cdots+a_nx^n.$$

解　算法一

直接计算 $a_k x^k, k=0,1,\cdots,n$, 然后再求和, 共需 $\frac{1}{2}n(n+1)$ 次乘法和 n 次加法运算.

算法二

$$\begin{cases} u_n = a_n, \\ u_k = x u_{k+1} + a_k, \quad k = n-1, n-2, \cdots, 1, 0, \\ P_n(x) = u_0, \end{cases}$$

则只需 n 次乘法和 n 次加法运算, 这个方法是 13 世纪我国的数学家秦九韶所创.

例 1.6 说明, 描述算法仅有数学公式是不够的. 数值算法是由有限个无歧义性的法则组成的一个计算过程, 这些法则明确规定了一串运算, 以产生一个或一类问题的解. 这个定义体现了数值算法的 "有穷性" 和 "确定性", 即一个算法包含有限的操作步骤, 而每一操作都是确定的.

1.2.3　数值算法的稳定性

在数值计算中, 对于某一问题选用不同的算法, 所得到的结果往往不相同, 有时甚至大不相同. 这主要是由于初始数据的误差或计算时的舍入误差在计算过程中的传播因算法的不同而异. 对某一算法, 如果初始数据的误差或舍入误差对计算结果的影响较小, 则称该算法是数值稳定的; 否则, 称为数值不稳定算法.

例 1.7　计算积分 $I_n = \int_0^1 \frac{x^n}{x+10} \mathrm{d}x, \quad n = 0, 1, 2, \cdots$.

解　由 $I_n + 10 I_{n-1} = \int_0^1 \frac{x^n + 10x^{n-1}}{x+10} \mathrm{d}x = \int_0^1 x^{n-1} \mathrm{d}x = \frac{1}{n}$ 得

算法一

$$I_n = \frac{1}{n} - 10 I_{n-1}, \quad n = 0, 1, 2, \cdots . \tag{1.5}$$

将

$$I_0 = \int_0^1 \frac{\mathrm{d}x}{x+10} = \ln 11 - \ln 10 = \ln 1.1 = 0.0953$$

代入式 (1.5), 计算出 $I_1, I_2, \cdots, I_6$(表 1.1).

MATLAB 程序

```
function TU(x0)
x=x0;
for n=1:6
     n
     x=1/n-10*x;
end
```

```
x
end
```

由于 $\dfrac{x^n}{x+10} \geqslant 0, 0 \leqslant x \leqslant 1, n=0,1,2,\cdots$, 所以 $I_n > 0$, 显然算法一的计算结果与真值相差甚大. 原因是 I_0 的近似值所产生的误差 ε_0, 经过式 (1.5) 的传播, 引起 $I_1, I_2, I_3, I_4, \cdots$ 的误差依次为 $10\varepsilon_0, 10^2\varepsilon_0, 10^3\varepsilon_0, 10^4\varepsilon_0, \cdots$, 误差随 n 的增大而迅速递增.

将式 (1.5) 改写, 得如下算法.

算法二

$$I_{n-1} = \frac{1}{10n} - \frac{1}{10} I_n. \tag{1.6}$$

由后项递推前项, I_n 中的误差传递到 I_{n-1} 中时下降为原来的 $\dfrac{1}{10}$. 由于

$$\frac{1}{11(n+1)} = \int_0^1 \frac{x^n}{11} \mathrm{d}x \leqslant I_n = \int_0^1 \frac{x^n}{x+10} \mathrm{d}x \leqslant \int_0^1 \frac{x^n}{10} \mathrm{d}x = \frac{1}{10} \frac{1}{n+1},$$

令 $I_{12} \approx \dfrac{1}{2}\left(\dfrac{1}{143} + \dfrac{1}{130}\right) = 0.743 \times 10^{-2}$, 代入式 (1.6), 计算出 $I_{11}, I_{10}, \cdots, I_6$.

MATLAB 命令

```
>> TU(0.0953)
```

计算结果见表 1.1.

表 1.1

n	I_n(算法一)	n	I_n(算法二)
0	0.0953	12	0.00734
1	0.047	11	0.00760
2	0.03	10	0.00833
3	0.0333	9	0.00917
4	−0.083	8	0.0102
5	1.03	7	0.0115
6	−10.133	6	0.0131

由其他方法可得, I_6 取三位有效数字的精确值为 0.0131, 由表 1.1 可以看出算法二是数值稳定的.

舍入误差可能在运算的每一步发生, 在研究算法稳定性时, 要考虑每一步舍入的影响及其相互作用是比较困难的. 通常人们采用了一个简化的方法, 只分析某一步运算的舍入误差 (假设以后各步都没有舍入误差), 以及在以后的运算中这个舍入值的传播与变化情况. 实际上, 在递推迭代过程中, 如果某一步的舍入会对计算结果造成较大的影响, 那么每步的舍入误差之和会造成更大的影响; 反之, 如果某一步的舍入误差在运算过程中逐步削弱, 那么每步的舍入误差也都会逐步得到削弱.

在实际应用中, 一个算法必须是稳定的. 否则, 计算不可能进行下去, 即便算出结果也是无效的. 确定一个算法的稳定性, 即对一个方法进行数值分析, 已超出本课程的范围. 我们主要介绍算法及应用, 如不特别指明, 所给出的方法都是数值稳定的. 值得说明的是, 工程技术人员常用计算机实验来检验算法的数值稳定性, 即利用实测数据对几种不同方法的部分计算结果进行比较、检验.

1.2.4 数值算法的描述

数值算法包含数值计算中解题方法及解题步骤两个方面的内容. 专门提出算法的描述问题, 一是帮助读者理解并掌握按某种方法计算的全过程; 二是训练读者将所学的方法在计算机上实现. 如果使用程序设计语言的风格来描述算法, 例 1.6 中计算 n 次多项式的算法一 (逐项相加法) 及算法二 (秦九韶算法) 可分别描述如下.

算法一

第一步　$a_0 \Rightarrow S, 1 \Rightarrow T$

第二步　For　$k = 1, 2, \cdots, n$

$$Tx \Rightarrow T, \quad S + a_k T \Rightarrow S$$

第三步　$S \Rightarrow P_n(x)$

算法二

第一步　$a_n \Rightarrow S$

第二步　For　$k = 1, 2, \cdots, n$

$$xS + a_{n-k} \Rightarrow S$$

第三步　$S \Rightarrow P_n(x)$

以上这种描述算法的语言接近于程序设计语言, 优点是便于用某种语言编写计算机运行程序. 但它不直观, 对于复杂的算法不易看清算法的结构. 本书中对于简单的算法采用以上方法描述, 对于复杂的算法运用 N-S 结构化流程图来描述.

例 1.8　用秦九韶算法求多项式 $f(x) = 7x^4 + 6x^3 + 2x^2 + 6x + 3$ 当 $x = 2$ 时的值.

解　秦九韶算法 MATLAB 程序

```
function tic(p,x)
n=length(p);
s(1)=p(1);
for i=1:n-1
s(i+1)=s(i)*x+p(i+1);
end
p=s(n)
end
```

命令:

```
>> tic([7 6 2 6 3],2)
p = 183
```

N-S 流程图是美国学者 I.Nassi 和 B.Shneideiman 提出的一种新型流程图. 这种流程图适合于结构化程序设计, 用它来表示算法有很多优点, 很受欢迎. 它比文字描述直观、形象、易于理解; 比传统的流程图紧凑、易画, 尤其是它废弃了流程线和箭头, 整个算法结构是由各个基本子框从上到下按顺序组成的, 书写与使用都十分方便.

N-S 流程图的基本子框结构如下:

(1) 顺序结构.

由 A, B 两个格子组成一个顺序结构框, 如图 1.1 所示, 先执行 A, 后执行 B.

(2) 选择结构.

当条件 P 成立时执行 A 操作; 当条件 P 不成立时执行 B 操作, 如图 1.2 所示.

(3) 循环结构.

循环结构分为当型循环结构与直到型循环结构. 当型循环结构如图 1.3 所示, 表示当条件 P_1 成立时反复执行 A 操作. 进入本框后, 先判定条件 P_1 是否成立, P_1 成立则执行 A 操作, P_1 不成立则脱离本框. 直到型循环结构如图 1.4 所示, 表示执行 A 操作, 直到条件 P_2 成立时脱离本框.

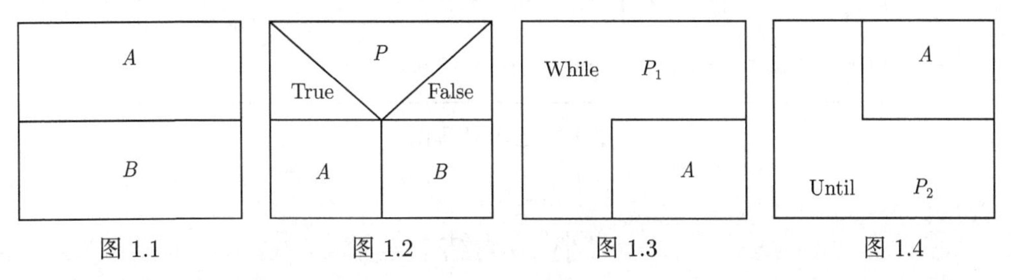

图 1.1 图 1.2 图 1.3 图 1.4

例 1.9 画出求解方程 $ax^2+bx+c=0(a\neq 0)$ 的 N-S 流程图.

解 用通常的求根公式求解, 有时可能造成 $b\pm\sqrt{b^2-4ac}$ 相抵消而损失有效数字, 使误差变大. 为了避免这种数值不稳定现象, 可构造如下算法.

第一步 令 $x_1=\dfrac{-b-\mathrm{sgn}(b)\sqrt{b^2-4ac}}{2a}$;

第二步 运用韦达定理得 $x_2=\dfrac{c}{ax_1}$.

这一思路的详细算法见如下 N-S 流程图 (图 1.5).

求解一元二次方程的 MATLAB 程序

```
function [x1,x2]=root(a,b,c)
D=b*b-4*a*c;
E=-b-sign(b)*sqrt(D);
if(D==0)
      x1=-b/2*a;
      x2=-b/2*a;
elseif(D>0)
```

```
        x1=E/2*a;
        x2=c/(a*x1);
    else
        error('No real roots!');
    end
end
```

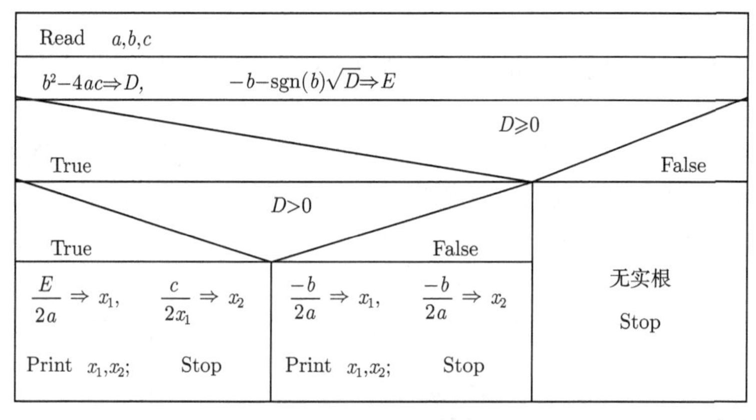

图 1.5　N-S 流程图

小　　结

本章主要阐明了误差的基本知识、误差的来源及分类、误差在数值运算中的传播规律和估算方法, 通过例子帮助读者建立和理解算法稳定性的概念, 并提出了减少误差的有关措施.

数值计算方法主要研究截断误差和舍入误差.

由于计算机中进行的都是有限位数的运算, 所以有效数字的概念是非常重要和有用的, 它与误差之间有着密切的关联.

利用函数的泰勒展开估算误差是误差估计的一般方法.

近似值运算中, 误差的传播与积累直接影响到计算结果的精度, 因此必须掌握它们的规律性.

为了减少误差, 防止误差的传播、积累带来的危害, 以提高计算的稳定性, 在数值计算中应注意以下五点.

(1) 选用稳定性好的计算公式;

(2) 简化计算步骤和公式, 设法减少运算次数;

(3) 合理安排运算顺序, 避免大数 “淹没” 小数; 多个数相加时, 其绝对值小者

先加; 多个数相乘时, 其有效位数多者先乘;

(4) 避免两相近数相减;

(5) 避免绝对值太小的数作为除数.

N-S 流程图是一种新型的描述算法的流程图, 它直观、形象、易于理解、紧凑易画, 适应于各种语言编写程序.

思 考 题

1. 为什么要研究误差? 应使用什么标准来衡量近似值的精确度?

2. 什么叫绝对误差、相对误差、有效数字? 它们之间的区别和联系是什么?

3. 估计误差最常用的方法是什么?

4. 研究误差传播的一般方法是什么?

5. 减小运算误差常用的方法有哪些?

6. 设 $x_1 = 0.a_1a_2\cdots a_n \times 10^{m_1}(a_1 \neq 0)$, $x_2 = 0.b_1b_2\cdots b_n \times 10^{m_2}(b_1 \neq 0)$.

(1) 若 $m_1 = m_2 = m$, 但 $a_1 \neq b_1$, 问 x_1, x_2 能否表示同一具有 n 位有效数字的近似值?

(2) 若 $m_1 \neq m_2$, 问 x_1, x_2 能否表示同一具有 n 位有效数字的近似值?

7. 已知调和级数 $\sum\limits_{k=1}^{\infty}\frac{1}{k}$ 发散, 若记 $S_n = \sum\limits_{k=1}^{n}\frac{1}{k}$, 则 $\lim\limits_{n\to\infty} S_n = \infty$. 对于算法

$0 \Rightarrow S$;

For $k = 1, 2, \cdots, n$, $S + \frac{1}{k} \Rightarrow S$

在电子计算机上的执行结果将是怎样的? 试说明原因.

8. 数值算法的两个主要特征是什么?

习 题 1

1. 下列各数都是对真值进行四舍五入后得到的近似值, 试分别写出它们的绝对误差限、相对误差限和有效数字的位数.

(1) $x_1^* = 0.034$; (2) $x_2^* = 0.448$;

(3) $x_3^* = 8.240$; (4) $x_4^* = 8000$;

(5) $x_5^* = 8 \times 10^3$.

2. 已知 $x_1^* = 3.85$, $x_2^* = 42.24$, 试求下列数的绝对误差限、相对误差限及有效数字的位数.

(1) $x_1^* + x_2^*$; (2) $x_1^* x_2^*$.

3. 如果要求 π^{10} 的近似值的相对误差小于等于 0.1%, 问 π 至少应取几位有效数字?

4. 如果用级数 $\mathrm{e}^x = \sum\limits_{n=0}^{\infty}\frac{1}{n!}x^n$ 求 e^{-5} 的值, 为使相对误差 $e_r < 10^{-3}$, 问至少需取多少项?

5. 已知数列 $\{x_n\}$ 满足 $x_n = 2x_{n-1} - 1.4, n = 1, 2, \cdots, x_0 = \sqrt{2}$. 若取 $x_0 \approx 1.41$, 计算 x_{10} 的绝对误差限.

6. 正方形的边长约为 100cm, 问测量时误差限为多少, 才能保证面积的误差不超过 1cm^2?

7. 做自由落体运动的某物体下落时间为 2.00s, 问取 $g=9.81\text{m / s}^2$, 试求位移 $h=\dfrac{1}{2}gt^2$ 的误差.

8. 已知 $\sqrt{783}\approx 27.982$ 具有 5 位有效数字, 试求方程 $x^2-56x+1=0$ 的两根, 使它们至少具有 4 位有效数字.

9. 已知 $I=\left(\sqrt{2}-1\right)^6$, 经恒等变形后又可得

(1) $I=\dfrac{1}{\left(\sqrt{2}+1\right)^6}$;　　(2) $I=99-70\sqrt{2}$;

(3) $I=\dfrac{1}{99+70\sqrt{2}}$;　　(4) $I=\left(3-2\sqrt{2}\right)^3$;

(5) $I=\dfrac{1}{\left(3+2\sqrt{2}\right)^3}$.

取 $\sqrt{2}=1.4$, 问哪个结果最好? 并从理论上予以解释.

10. 如何计算下列函数值才比较精确? 描述你的算法.

(1) $\dfrac{1}{1+2x}-\dfrac{1-x}{1+x}$, 对 $|x|\ll 1$;

(2) $\sqrt{x+\dfrac{1}{x}}-\sqrt{x-\dfrac{1}{x}}$, 对 $x\gg 1$;

(3) $\dfrac{1-\cos x}{x}$, 对 $x\neq 0,\ |x|\ll 1$;

(4) e^x-1, 对 $x\neq 0,\ |x|\ll 1$;

(5) $\arctan(x+1)-\arctan(x)$, 对 $x\gg 1$.

11. 设 $pq>0$, 且 $|p|\gg|q|$, 计算 $I=-p+\sqrt{p^2+q^2}$.

算法一: $\sqrt{p^2+q^2}\Rightarrow u,\ -p+u\Rightarrow I$;

算法二: $\sqrt{p^2+q^2}\Rightarrow u,\ p+u\Rightarrow v,\ \dfrac{q^2}{v}\Rightarrow I$;

算法三: $\sqrt{p^2+q^2}\Rightarrow u$, If $p<0$, Then $-p+u\Rightarrow I$, Else $p+u\Rightarrow v,\ \dfrac{q^2}{v}\Rightarrow I$.

试问你选择哪种算法, 并画出 N-S 流程图.

数值实验 1

实验目的

通过数值计算加深对截断误差、舍入误差的理解, 认识选择算法对保证计算精度、提高计算效率的重要性.

实验内容

根据 $\ln 2=1-\dfrac{1}{2}+\dfrac{1}{3}-\dfrac{1}{4}+\cdots+(-1)^{n-1}\dfrac{1}{n}+\cdots$, 令

$$x_n=\sum_{k=1}^{n}\frac{(-1)^{k-1}}{k},$$

则 $\{x_n\}$ 构成一逼近 $\ln 2$ 的数列.

(1) 对 $\varepsilon_1 = 0.5\times10^{-1}, \varepsilon_2 = 0.5\times10^{-2}, \varepsilon_3 = 0.5\times10^{-3}, \varepsilon_4 = 0.5\times10^{-4}, \varepsilon_5 = 0.5\times10^{-5}$, 分别求满足

$$|x_n - \ln 2| < \varepsilon_k, \quad k = 1, 2, \cdots, 5$$

的自然数 n, 取 $\ln 2 = 0.69314718$.

(2) 若将 x_n 作适当变换 (第 2 章), 得如下新的逼近 $\ln 2$ 的又一数列

$$y_n = x_n - \frac{(x_n - x_{n-1})^2}{x_n - 2x_{n-1} + x_{n-2}}, \quad n = 3, 4, \cdots.$$

试分别对 $\varepsilon_k = 0.5 \times 10^{-k}, \quad k = 1, 2, \cdots, 5$, 求满足

$$|y_n - \ln 2| < \varepsilon_k, \quad k = 1, 2, \cdots, 5$$

的自然数 n.

(3) 若利用

$$\ln \frac{1+x}{1-x} = 2x\left(1 + \frac{1}{3}x^2 + \frac{1}{5}x^4 + \cdots + \frac{1}{2m+1}x^{2m} + \cdots\right), \quad |x| < 1$$

来计算 $\ln 2$, 只需取 $x = \frac{1}{3}$, 并令

$$z_n = \frac{2}{3}\sum_{m=1}^{n} \frac{1}{2m+1}\frac{1}{9^m}.$$

试分别对 $\varepsilon_k = 0.5 \times 10^{-k}, \quad k = 1, 2, \cdots, 5$, 求满足

$$|z_n - \ln 2| < \varepsilon_k, \quad k = 1, 2, \cdots, 5$$

的自然数 n.

实验结果分析

据 Taylor 定理可知, 由 x_n 逼近 $\ln 2$ 所产生的截断误差

$$|R_n| = |x_n - \ln 2| < \frac{1}{n+1}.$$

试将 (1) 中的计算结果与上式对比, 是否一致? 若不一致, 分析为什么? 写出实验结果分析报告.

第 2 章　非线性方程的数值解法

代数方程求根问题是一个古老的数学问题, 16 世纪人们找到了求三次、四次方程根的公式, 19 世纪证明了大于等于五次的代数方程没有一般的求根公式. 而科学技术研究及工程实践中, 常常会遇到求解高次代数方程或超越方程的问题, 一般归纳为求解方程

$$f(x) = 0, \tag{2.1}$$

其中 $f(x)$ 是一元非线性实函数. 本章研究这类非线性方程近似解的数值方法.

求方程 (2.1) 的根, 主要做两方面的工作.

第一, 根的分离. 找出一切有根区间, 使区间内只有一个根.

对于比较简单的 $f(x)$, 通过分析 $f(x)$ 的性质, 画出 $y = f(x)$ 的草图, 从而找出方程 (2.1) 根的大致位置; 对于较繁的 $f(x)$, 用适当的方法确定一些点 $x_i(i = 0, 1, \cdots, n)$, 从 x_0 出发, 如果有 $f(x_i)f(x_{i+1}) < 0$, 且 $f(x)$ 在 (x_i, x_{i+1}) 内连续单调, 则方程 (2.1) 在 (x_i, x_{i+1}) 内必有唯一的根. 最后得到若干个有根区间.

第二, 近似根的逐步精确. 确定了根的大致范围后, 可以用各种方法将某一近似根 x 逐步精确化. 即按照一定的方法产生一个序列 $x_0, x_1, \cdots, x_k, \cdots$, 此序列在一定的条件下收敛于方程 (2.1) 的根 x^*. 产生序列 $\{x_k\}$ 的不同方法就构成了不同的方程求根法.

2.1　二　分　法

设方程 (2.1) 在 $[a, b]$ 内仅有一奇重单根 x^*. 所谓二分法 (也称对分法) 就是将含根区间 $[a, b]$ 逐次分半, 检查小区间端点函数值符号变化, 以确定更小的含根区间, 具体作法如下.

首先取 $x_0 = \dfrac{a+b}{2}$, 如果 $f(x_0) = 0$, 则 $x^* = x_0$; 否则 $f(a)f(x_0) < 0$ 或 $f(x_0)f(b) < 0$, 且仅有一个不等式成立, 不妨设 $f(a)f(x_0) < 0$, 记 $a_1 = a$, $b_1 = x_0$, 则 $x^* \in (a_1, b_1)$. 再取 $x_1 = \dfrac{a_1+b_1}{2}$, 若 $f(x_1) = 0$, 则 $x^* = x_1$; 否则, 又可得

$$(a_2, b_2) \subset (a_1, b_1),$$

且 $x^* \in (a_2, b_2)$. 重复上述过程, 设经 k 次等分后有根区间为 (a_k, b_k), 且 $\dfrac{b_k - a_k}{2} \leqslant$

ε(允许误差). 取

$$x_k = \frac{1}{2}(a_k + b_k)$$

作为所求根 x^* 的近似值. 这时

$$|x^* - x_k| \leqslant \frac{1}{2}(b_k - a_k) \leqslant \frac{1}{2^2}(b_{k-1} - a_{k-1}) \leqslant \cdots \leqslant \frac{1}{2^{k+1}}(b-a),$$

当 $k \to \infty$ 时, $x_k \to x^*$.

实际计算中, 只要 k 足够大, x_k 即可达到任意给定的精度. 如果要求绝对误差不超过 ε, 则二分次数为

$$k \geqslant \frac{\ln(b-a) - \ln\varepsilon}{\ln 2} - 1. \tag{2.2}$$

另一种控制结束计算的标准是 $\forall \eta > 0$, 当 $f(x_k) < \eta$ 时, 取 $x^* = x_k$.

图 2.1 画出了二分法的 N-S 流程图, 对于以第二种控制结束计算的方法, 读者可对图 2.1 稍加改动得另一张流程图.

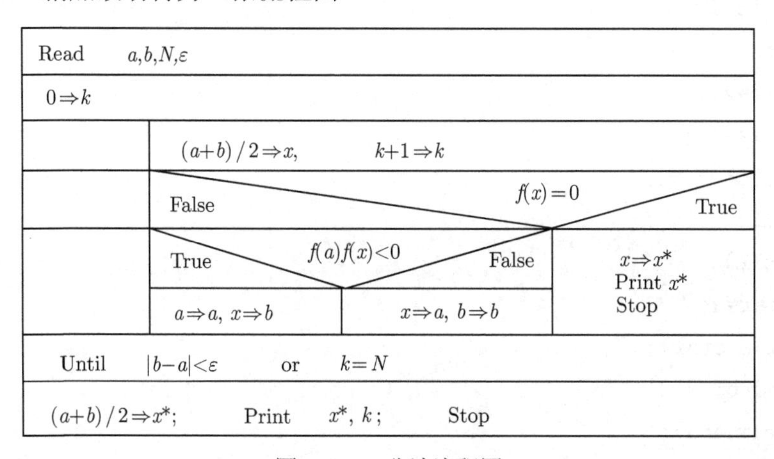

图 2.1 二分法流程图

二分法的 MATLAB 程序 2.1

```
function [x_star,k]=bisect(f,a,b,eps)
% 二分法非线性方程 f(x) = 0
% f为要求根函数f(x),a,b为初始区间的端点
% ep为精度,当(b − a)/2<ep 时终止计算
% x_star 为迭代成功时的方程的根, k 表示迭代的次数
% 当输出迭代次数为 0 时表示在此区间没有根存在
if nargin<=4
    disp('请输入四个参数');
end
```

```
fa=subs(sym(f),findsym(sym(f)),a);
fb=subs(sym(f),findsym(sym(f)),b);
if fa*fb>0
    k=0;
    return;
end
k=1;
while(abs(b-a)/2>eps)
x=(a+b)/2;
fx=subs(sym(f),findsym(sym(f)),x);
if fx*fa<0
    b=x;
    fb=fx;
else
    a=x;
    fa=fx;
end
k=k+1;
disp(k);
x_star=a;
disp(x_star);
x_end=b;
disp(x_end);
x1=(x_star+x_end)/2;
disp(x1);
end
x_star=x1;
end
```

二分法所产生的序列 $\{x_k\}$ 必收敛于方程 (2.1) 在区间 $[a,b]$ 上的奇数重实根, 但不能求偶数重实根和复数根. 二分法的优点是程序简单, 对函数 $f(x)$ 的光滑性要求不高. 收敛速度与公比为 $\frac{1}{2}$ 的等比级数相同, 收敛速度较慢, 宜适用于求初始近似值, 再用其他方法进一步精确化.

例 2.1 用二分法求方程 $x^6-x-1=0$ 在 $[1,2]$ 内的根, 要求精确到小数点后第 3 位.

解 设 $f(x)=x^6-x-1$, 由于 $f(1)f(2)<0$, $f'(x)>0, x\in(1,2)$, 所以在区间 $[1,2]$ 内方程 $f(x)=0$ 有唯一实根.

为了使 $|x^*-x_k|<0.5\times10^{-3}$, 由式 (2.2) 知所需分半次数为 $k=10$. 计算结果见表 2.1, $x^*\approx1.134277$.

在 MATLAB 窗口执行命令

```
>> [x_star,k]=bisect('x^6-x-1',1,2,0.0005)
```

计算结果见表 2.1.

表 2.1

k	a_k	b_k	x_k	$f(x_k)$
0	1.0	2.0	1.50	8.890625
1	1.0	1.50	1.250	1.564697
2	1.0	1.250	1.1250	−0.097713
3	1.1250	1.250	1.18750	0.616653
4	1.1250	1.18750	1.156250	0.233269
5	1.1250	1.156250	1.140625	0.0615778
6	1.1250	1.140625	1.132813	−0.0195756
7	1.132813	1.140625	1.136719	0.0206190
8	1.132813	1.136719	1.134766	0.0004307
9	1.132813	1.134766	1.133789	−0.009598
10	1.133789	1.134766	1.134277	−0.004595

2.2 简单迭代法

迭代法是用极限过程来逐步逼近所给问题精确解的计算方法, 是在数值计算中常用的一种方法.

用迭代法求非线性方程 $f(x)=0$ 的近似根, 首先需要将方程 $f(x)=0$ 改写成等价方程

$$x=g(x), \tag{2.3}$$

其中 $g(x)$ 为连续函数, 它不是唯一的. 如方程 $x^6-x-1=0$ 可改写成

(1) $x=x^6-1$; (2) $x=\sqrt[6]{x+1}$; (3) $x=\dfrac{1}{x^5-1}$.

对于方程 $x=g(x)$, 选取初始近似值 x_0, 构造序列

$$x_{k+1}=g(x_k),\quad k=0,1,2,\cdots, \tag{2.4}$$

称 $g(x)$ 为迭代函数, 这种方法称为迭代法. 如果由迭代法产生的序列 $\{x_k\}$ 有极限, 即 $\lim\limits_{k\to\infty}x_k=x^*$, 则称迭代过程 (2.4) 收敛, x^* 称为 $g(x)$ 的不动点, 或称为方程

(2.3) 的解, 否则称 $\{x_k\}$ 发散.

由 $f(x)=0$ 转化为 $x=g(x)$ 时, 选择的迭代函数 $g(x)$ 不同, 就会产生不同的序列 $\{x_k\}$, 从而收敛情况也不同.

例 2.2　对例 2.1 中的方程, 试采用如下迭代法求方程的根.

(1) $x_{k+1}^{(1)}=\left(x_k^{(1)}\right)^6-1,\quad k=0,1,\cdots;$

(2) $x_{k+1}^{(2)}=\sqrt[6]{x_k^{(2)}+1},\quad k=0,1,\cdots;$

(3) $x_{k+1}^{(3)}=\dfrac{1}{\left(x_k^{(3)}\right)^5-1},\quad k=0,1,\cdots.$

选取初值 $x_0=1.50$, **在 MATLAB 窗口执行命令**

```
>>[p0,k,err,p]=fixpt('(x(1))^6-1',1.50,0.01,3);
>>[p0,k,err,p]=fixpt('((x(2)) +1)^(-6)',1.50,0.01,7);
>>[p0,k,err,p]=fixpt('1/((x(3))^5-1)',1.50,0.01,7);
```

计算结果见表 2.2.

表 2.2

k	$x_k^{(1)}$	$x_k^{(2)}$	$x_k^{(3)}$
0	1.50	1.50	1.50
1	10.39	1.16499	0.15166
2	1258036	1.13739	−1.00008
3		1.13496	−0.499996
4		1.13475	−0.969698
5		1.13472	−0.538388
6		1.13472	−0.956722
7		1.134752	−0.555078

从表 2.2 可以看出, 第二种迭代序列 $\{x_k^{(2)}\}$ 收敛, 与二分法的计算结果相比, 收敛速度快得多. 但第一、三种迭代序列都是发散的.

那么迭代函数 $g(x)$ 满足什么样的条件, 才能保证迭代过程 (2.4) 收敛呢?

图 2.2 从几何上直观地描绘了迭代过程 (2.4), 图中所涉及的函数分别满足: ① $0<g'(x^*)<1$; ② $g'(x^*)\geqslant 1$. 对于 $g'(x^*)\leqslant -1$ 及 $-1<g'(x^*)<0$ 两种情况, 读者可以类比地描绘草图.

从迭代法的几何意义可知, 为了保证迭代过程收敛, 应该要求迭代函数的导数满足 $|g'(x)|<1$, 见如下收敛定理.

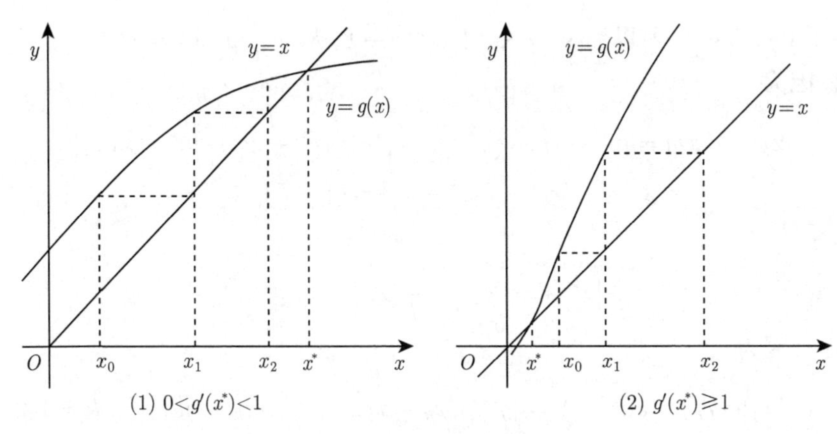

图 2.2 迭代过程

定理 2.1(迭代法收敛的充分条件) 设迭代函数 $g(x)$ 在 $[a,b]$ 上具有一阶连续导数, 且

(1) 对 $\forall x \in [a,b]$, 有 $g(x) \in [a,b]$;

(2) $\exists$ 常数 $0 < L < 1$, 使得对 $\forall x \in [a,b]$, 有 $|g'(x)| \leqslant L$.

则

(1) 方程 $x = g(x)$ 在 $[a,b]$ 上有唯一解 x^*;

(2) $\forall x_0 \in [a,b]$, 按式 (2.4) 迭代所得 $\{x_k\} \subseteq [a,b]$, 且收敛, 即 $\lim\limits_{k\to\infty} x_k = x^*$;

(3) $|x^* - x_k| \leqslant \dfrac{1}{1-L}|x_{k+1} - x_k|, k = 0,1,2,\cdots;$ (2.5)

(4) $|x^* - x_k| \leqslant \dfrac{L^k}{1-L}|x_1 - x_0|, k = 0,1,2,\cdots.$ (2.6)

证 (1) 作 $G(x) = x - g(x)$, 则 $G(x)$ 在 $[a,b]$ 上连续, 且 $G(a)G(b) < 0$, 从而 $\exists x^* \in [a,b]$ 使得 $G(x^*) = 0$, 即 $x^* = g(x^*)$.

若又 $\exists x^{**} \in [a,b]$, $x^{**} \neq x^*$, 使 $x^{**} = g(x^{**})$. 则据条件 (2) 得

$$|x^* - x^{**}| = |g(x^*) - g(x^{**})| \leqslant L|x^* - x^{**}|.$$

由于 $x^* - x^{**} \neq 0$, 所以必有 $L \geqslant 1$, 与 $L < 1$ 矛盾. 从而 $g(x)$ 在 $[a,b]$ 上的不动点 x^* 是唯一的.

(2) $\forall x_0 \in [a,b]$, 由条件 (1) 可推得 $\{x_k\} \subseteq [a,b]$, 由微分中值公式知, 在 x^* 与 x_k 之间存在 ξ 使得

$$|x^* - x_{k+1}| = |g(x^*) - g(x_k)| = |g'(\xi)(x^* - x_k)| \leqslant L|x^* - x_k|, \quad k = 0,1,2,\cdots.$$

反复利用上述关系可得

$$|x^* - x_{k+1}| \leqslant L|x^* - x_k| \leqslant L^2|x^* - x_{k-1}| \leqslant \cdots \leqslant L^{k+1}|x^* - x_0|.$$

由于 $0<L<1$, 所以当 $k\to\infty$ 时 $L^{k+1}\to 0$, 从而 $\lim\limits_{k\to\infty} x_k = x^*$.

(3) 因为

$$\begin{aligned}|x_{k+1}-x_k| &= |x^*-x_k-(x^*-x_{k+1})| \geqslant |x^*-x_k|-|x^*-x_{k+1}|\\ &\geqslant |x^*-x_k|-L|x^*-x_k| = (1-L)|x^*-x_k|,\end{aligned}$$

所以

$$|x^*-x_k| \leqslant \frac{1}{1-L}|x_{k+1}-x_k|.$$

(4) 又因为

$$|x_{k+1}-x_k| = |g(x_k)-g(x_{k-1})| = |g'(\xi)(x_k-x_{k-1})| \leqslant L|x_k-x_{k-1}|, \quad k=1,2,\cdots,$$

反复运用此式得

$$|x_{k+1}-x_k| \leqslant L|x_k-x_{k-1}| \leqslant \cdots \leqslant L^k|x_1-x_0|.$$

于是

$$|x^*-x_k| \leqslant \frac{1}{1-L}|x_{k+1}-x_k| \leqslant \frac{L^k}{1-L}|x_1-x_0|.$$

注 1(迭代发散的充分条件) 若定理中条件 (2) 不成立, 即 $\exists L\geqslant 1$ 使得 $\forall x\in[a,b]$, 有

$$|g'(x)| \geqslant L \geqslant 1,$$

则 $\forall x_0\in[a,b]$, 当 $x_1\neq x_0$ 时, 迭代 (2.4) 是发散的.

注 2(迭代次数控制) (1) 当已知 x_0, x_1, $L(0<L<1)$ 及给定的精度要求时, 由式 (2.6) 知, 只要

$$|x^*-x_k| \leqslant \frac{L^k}{1-L}|x_1-x_0| < \varepsilon,$$

即可确定使误差达到给定的精度要求所需的迭代次数 N, 即

$$N > \frac{1}{\ln L}\left(\ln\varepsilon - \ln\frac{|x_1-x_0|}{1-L}\right). \tag{2.7}$$

(2) 在实际计算中, 常用 $|x_{k+1}-x_k|<\varepsilon_1$ 来控制迭代. 对给定的精度要求 ε, 由式 (2.5) 知, 只要

$$|x^*-x_k| \leqslant \frac{1}{1-L}|x_{k+1}-x_k| < \varepsilon,$$

即

$$|x_{k+1}-x_k| < (1-L)\varepsilon. \tag{2.8}$$

当 L 接近 1 时, 会使 $\varepsilon_1=(1-L)\varepsilon$ 更小, 迭代次数会很大, 说明收敛速度更慢. 图 2.3 给出了迭代法的算法流程图.

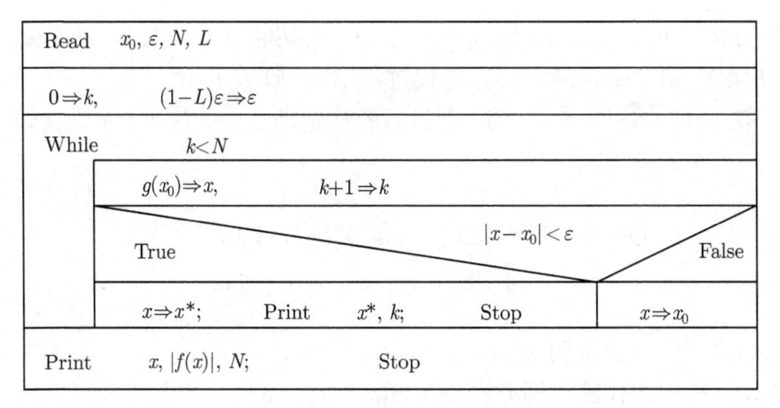

图 2.3 迭代法 N-S 流程图

迭代法的 MATLAB 程序 2.2

```
function[p0,k,err,p]=fixpt(g,p0,tol,max1)
% g是给定的迭代函数
% p0是给定的初始值
% max1是所允许的最大迭代次数
% k是所进行的迭代次数加1
% p是不动点的近似值
% err 是误差
% p(p1,p2,··· ,pn)
p(1)=p0;
for k=2:max1
      p(k)=feval('g',p(k-1));
      k,err=abs(p(k)-p(k-1))
      P=p(k);
      if(err<tol)
              break;
      end
      if k==max1
              disp('maximum number of iteration exceeded');
      end
end
p
```

定理 2.1 中的条件: $\forall x\in[a,b]$, $|g'(x)|\leqslant L<1$. 在较大范围的含根区间内难以满足, 而在根的邻近却往往成立, 为此推导出如下迭代过程局部收敛定理.

定理 2.2 设 $x^* = g(x^*)$, $g'(x)$ 在 x^* 的某邻域 $N(x^*,\delta)$ 内连续, 且满足 $|g'(x)| \leqslant L < 1$. 则 $\forall x_0 \in N(x^*,\delta)$, 迭代过程 (2.4) 收敛于 x^*.

证 取 $[a,b] = [x^*-\delta, x^*+\delta]$, 则只需验证定理 2.1 中条件 (1) 成立即可. 实际上, $\forall x \in [x^*-\delta, x^*+\delta]$, 有

$$
\begin{aligned}
|g(x)-x^*| &= |g(x)-g(x^*)| = |g'(\xi)(x-x^*)| \\
&\leqslant L|x-x^*| < |x-x^*| \leqslant \delta,
\end{aligned}
$$

式中 $\xi \in N(x^*,\delta)$. 从而说明 $g(x) \in [x^*-\delta, x^*+\delta]$.

例 2.3 试用迭代法求解方程 $x - \ln(x+2) = 0$.

解 设 $f(x) = x - \ln(x+2)$, 通过描绘 $y = x$ 与 $y = \ln(x+2)$ 的草图 (略), 容易看出

$$
f(0)f(2) < 0, \quad f(-1.9)f(-1) < 0.
$$

分别记区间 $[0,2]$ 及 $[-1.9,-1]$ 内的根为 x_1^* 及 x_2^*.

(1) 对于迭代过程 $x_{k+1} = \ln(x_k+2)$, 迭代函数 $g_1(x) = \ln(x+2)$. 容易验证当 $x \in [0,2]$ 时, $g_1(x)$ 满足定理 2.1 的条件, 且

$$
|g_1'(x)| = \left|\frac{1}{x+2}\right| \leqslant \frac{1}{2} < 1, \quad 0 \leqslant x \leqslant 2,
$$

即 $L = \dfrac{1}{2}$. 如果要求 x_1^* 的近似根准确到小数点后第 6 位, 即 $|x_1^* - x_k| \leqslant 0.5 \times 10^{-6}$, 则据式 (2.8) 知, 只要

$$
|x_{k+1} - x_k| \leqslant 0.25 \times 10^{-6}.
$$

由表 2.3 可见, 当 $k = 14$ 时,

$$
|x_{15} - x_{14}| < 0.12 \times 10^{-6} < 0.25 \times 10^{-6}.
$$

取准确到小数点后第 6 位的近似根 $x_1^* \approx 1.1461931$, 此时 $|f(x_1^*)| \approx 0.82 \times 10^{-7}$.

(2) 为求 x_2^*, 将方程改写成等价方程 $x = \mathrm{e}^x - 2$. 对于迭代过程 $x_{k+1} = \mathrm{e}^{x_k} - 2$, 其迭代函数 $g_2(x) = \mathrm{e}^x - 2$. 容易验证, 当 $x \in [-1.9,-1]$ 时, $g_2(x)$ 满足定理 2.1 的条件, 且

$$
|g_2'(x)| = \mathrm{e}^x < \mathrm{e}^{-1} \approx 0.368, \quad -1.9 \leqslant x \leqslant -1,
$$

即 $L = 0.368$. 如果同样要求 x_2^* 的近似根准确到小数点后第 6 位, 则据式 (2.8) 知, 只要

$$
|x_{k+1} - x_k| < (1-0.368) \times 0.5 \times 10^{-6} = 0.316 \times 10^{-6}.
$$

部分计算结果见表 2.4, 当 $k=9$ 时, $|x_{10}-x_9|=0.7\times10^{-7}<0.316\times10^{-6}$, 取准确到小数点后第 6 位的近似根 $x_2^*=-1.841405$, 此时 $|f(x_2^*)|\approx0.55\times10^{-7}$.

在 MATLAB 窗口执行命令

```
>>[p0,k,err,p]=fixpt('1/('ln(x+2)',0.0,0.82e(-7),15);
```

计算结果见表 2.3.

表 2.3

k	x_k	$\|x_{k+1}-x_k\|$
0	0.00	
1	0.69314718	0.69314718
2	0.99071047	0.29756329
3	1.09551097	0.1048005
4	1.12995299	0.03444202
5	1.14101799	0.011065
6	1.14454695	0.353×10^{-2}
7	1.14566983	0.112×10^{-2}
8	1.14602685	0.357×10^{-3}
9	1.14614034	0.113×10^{-3}
10	1.14617641	0.361×10^{-4}
11	1.14618788	0.115×10^{-4}
12	1.14619268	0.364×10^{-5}
13	1.14619268	0.116×10^{-5}
14	1.14619305	0.37×10^{-6}
15	1.14619317	0.12×10^{-6}

在 MATLAB 窗口执行命令

```
>>[p0,k,err,p]=fixpt('e^x-2',-1.0, 0.55e(-7),10);
```

计算结果见表 2.4.

表 2.4

k	x_k	$\|x_{k+1}-x_k\|$
0	−1.0	
⋮	⋮	
8	−1.84140506	
9	−1.84140557	0.51×10^{-6}
10	−1.84140565	0.7×10^{-7}

通过本节的讨论和例题计算, 我们体会到, 要保证迭代 (2.4) 收敛, 必须选择 $g(x)$ 满足 $|g'(x)|\leqslant L<1,\quad a\leqslant x\leqslant b$, 而要提高迭代的收敛速度, 则要注意:

(1) 提高初值 x_0 的精度以减少迭代的次数, 如可采用二分法初步计算, 以确定

初始值 x_0;

(2) 减小 L 值以提高收敛速度, L 值越小则收敛速度越快, 在选择迭代方式时, 可多选择几个迭代函数, 比较之;

(3) 提高迭代数列的收敛阶数, 这将是下面要讨论的内容.

2.3　收敛阶和加速法

2.3.1　收敛阶的概念

设迭代过程 (2.4) 收敛于 x^*, 则

$$x^* - x_{k+1} = g(x^*) - g(x_k) = g'(\xi)(x^* - x_k),$$

式中 ξ 在 x_k 与 x^* 之间. 若令 $k \to \infty$, 则 $\lim\limits_{k\to\infty} g'(\xi) = g'(x^*)$, 于是

$$\lim_{k\to\infty} \frac{|x_{k+1} - x^*|}{|x_k - x^*|} = g'(x^*) = L \neq 0.$$

我们称此迭代过程是一阶收敛的, 或线性收敛的.

定义 2.1　设迭代过程 (2.4) 收敛, $\lim\limits_{k\to\infty} x_k = x^*$. 记 $e_k = x_k - x^*$, 如果存在实数 $p \geqslant 1$ 及正数 $L \neq 0$, 满足

$$\lim_{k\to\infty} \frac{|e_{k+1}|}{|e_k|^p} = L, \tag{2.9}$$

则称迭代序列 $\{x_k\}$ 是 p 阶收敛 (或收敛阶是 p).

当 $p = 1, 0 < L < 1$ 时称为线性收敛; $p > 1$ 时称为超线性收敛; 特别当 $p = 2$ 时, 称为平方收敛.

关于迭代过程 (2.4) 的收敛阶, 有如下定理.

定理 2.3　设迭代函数 $g(x)$ 满足条件:

(1) $x^* = g(x^*)$, 且 $\forall x \in N(x^*, \delta)$, $g(x)$ 有 p 阶连续导数;

(2) $g'(x^*) = g''(x^*) = \cdots = g^{(p-1)}(x^*) = 0$;

(3) $g^{(p)}(x^*) \neq 0$.

则由式 (2.4) 所确定的迭代序列是 p 阶收敛, 且有

$$\lim_{k\to\infty} \frac{e_{k+1}}{(e_k)^p} = \frac{g^{(p)}(x^*)}{p!}. \tag{2.10}$$

证 由 Taylor 公式得

$$
\begin{aligned}
x_{k+1} =& g(x_k) \\
=& g(x^*) + g'(x^*)(x_k - x^*) + \cdots \\
& + \frac{g^{(p-1)}(x^*)}{(p-1)!}(x_k - x^*)^{p-1} + \frac{g^{(p)}(\xi)}{p!}(x_k - x^*)^p \\
=& x^* + \frac{g^{(p)}(\xi)}{p!}(x_k - x^*)^p, \quad \xi\text{介于}x_k\text{与}x^*\text{之间},
\end{aligned}
$$

可得

$$
\frac{x_{k+1} - x^*}{(x_k - x^*)^p} = \frac{g^{(p)}(\xi)}{p!}.
$$

令 $k \to \infty$, 注意到 $\xi \to x^*$, 两端同时取极限即得式 (2.10).

2.3.2 几种加速方法介绍

若式 (2.4) 所产生的迭代序列线性收敛, 其收敛速度是比较慢的, 特别当 L 接近 1 时, 收敛速度更慢, 所需迭代次数会更多, 这时可通过对每步迭代结果再处理, 以达到加速迭代的效果, 这里仅举几例.

1. 平均值加速法

当迭代函数满足 $-1 < g'(x) < 0$ 时, 其迭代过程中各次的近似值 x_k 在 x^* 两侧往复地逼近 x^*, 可采用原迭代方式的当前迭代值与前次迭代值的平均值作为当前迭代值. 即

$$
x_{k+1} = \frac{x_k + g(x_k)}{2}, \quad k = 0, 1, 2, \cdots.
$$

其几何意义如图 2.4 所示, 收敛速度明显加快.

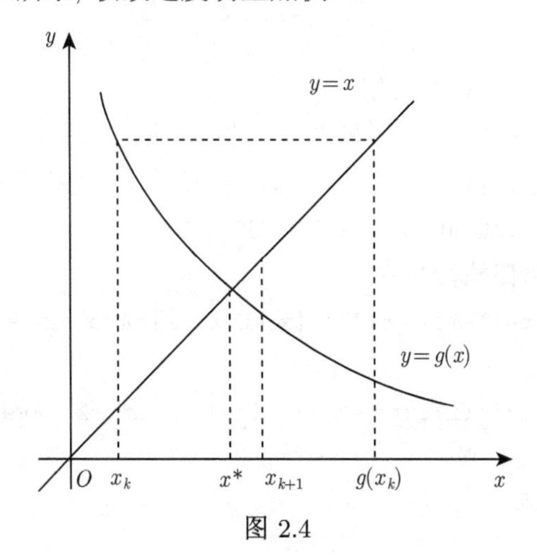

图 2.4

平均值加速法 MATLAB 程序

```
function [x_star,k]= Average_accelerate(fun,x0,ep,Nmax)
% 用 Average_accelerate 平均值加法解非线性方程, f(x)=0
% fun(x)为迭代函数, x为初始值, ep为精度 (默认值为 1e-5)
% 当 |x(k)-x(k-1)|<ep时终止计算, 当迭代成功时 x_star 为方程的根
% k为迭代次数. Nmax为最大迭代次数 (默认值为 500)
if nargin<4
Nmax=500;
end
if nargin<3
ep=1e-5;
end
k=0;
x1=x0;
while abs(x1-feval(fun,x1))>ep
g=feval(fun,x1);
x2=(x1+g)/2;
x1=x2;
k=k+1;
end
x_star=x1;
if k==Nmax
    error('已迭代上限次数')
end
end
```

例 2.4　求方程 $x=\mathrm{e}^{-x}$ 的根.

解　图形 $y=x$ 与 $y=\mathrm{e}^{-x}$ 相交于 $x^*\in[0,1]$. 取 $x_0=0.5$, 分别按 $x_{k+1}=\mathrm{e}^{-x_k}$ 及 $y=g(x)$ 平均值法 $\tilde{x}_{k+1}=\dfrac{x_k+\mathrm{e}^{-x_k}}{2}, k=0,1,2,\cdots$, 进行迭代计算.

分别选取初值 $x_0=0.50$ 和 $x_0=0.55327$.

在 MATLAB 窗口执行命令

```
(1) >>fun=inline('exp(-x)'); [x_star, k]=Average_accelerate(fun,
0.50)
(2) >>fun=inline('(x+exp(-x))/2'); [x_star, k]=Average_accelerate
(fun, 0.55327)
```

计算结果见表 2.5.

表 2.5

k	x_k	k	x_k	k	$\tilde{x}_{k+1}$
0	0.5	9	0.56756	1	0.55327
1	0.60653	10	0.56691	2	0.56417
2	0.54524	11	0.56727	3	0.56650
3	0.57970	12	0.56707	4	0.56700
4	0.56006	13	0.56718	5	0.56711
5	0.57117	14	0.56712	6	0.56714
6	0.56486	15	0.56715		
7	0.56844	16	0.56714		
8	0.56641				

2. Aitken 加速法

从初值 x_0 出发, 利用迭代式 (2.4) 计算出 $y_0 = g(x_0)$, $z_0 = g(y_0)$ (y_0, z_0 相当于迭代序列中的 x_1, x_2). 利用这三个值可在曲线 $y = g(x)$ 上找到两点 $A(x_0, y_0)$, $B(y_0, z_0)$, 如图 2.5 所示. 连接 A, B 两点的线段与 $y = x$ 相交于 C, 记 $C(x_1, x_1)$.

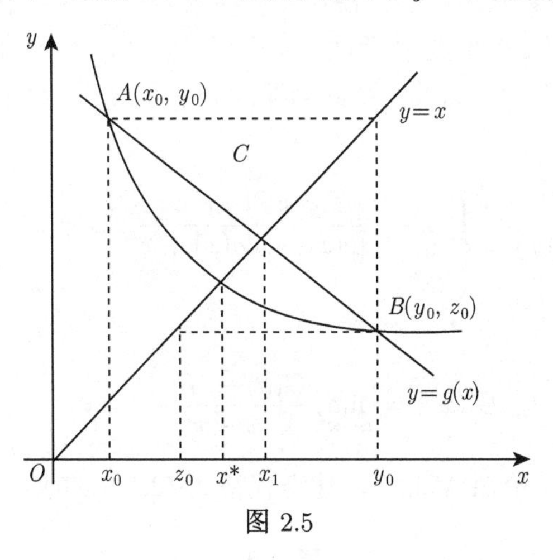

图 2.5

用 x_1 作为 x_0 的迭代值, 重复上述步骤可以得到一迭代序列, 这个方法称为 Aitken 加速法. 实际上, 从图 2.5 可以看出, 新方法迭代一步所得值 x_1, 比式 (2.4) 所对应的迭代序列 x_0, y_0, z_0 两步后的 z_0 更接近 x^*.

由于 $A(x_0, y_0)$, $B(y_0, z_0)$, $C(x_1, x_1)$ 三点在一直线上, 故

$$\frac{x_1 - y_0}{x_1 - x_0} = \frac{z_0 - y_0}{y_0 - x_0}.$$

解得

$$x_1 = \frac{x_0 z_0 - y_0^2}{z_0 - 2y_0 + x_0} = x_0 - \frac{(y_0 - x_0)^2}{z_0 - 2y_0 + x_0}.$$

将 x_1 视为新值, 重复上述步骤, 得 Aitken 迭代方法.

(1) 迭代过程　$y_k = g(x_k)$, $z_k = g(y_k), k = 0, 1, 2, \cdots$;

(2) 加速过程

$$x_{k+1} = x_k - \frac{(y_k - x_k)^2}{z_k - 2y_k + x_k}, \quad k = 0, 1, 2, \cdots. \tag{2.11}$$

例 2.5　试用迭代法及 Aitken 加速法求解方程 $x = \mathrm{e}^{-x}$ ($x^* = 0.56714329\cdots$).

解　迭代过程

$$\begin{cases} x_0 = 0.5, \\ x_{k+1} = \mathrm{e}^{-x_k}, k = 0, 1, 2, \cdots. \end{cases}$$

计算得 $x_3 = 0.567143438$, $|x_3 - x^*| \approx 0.15 \times 10^{-6}$. 使用 Aitken 加速法 (2.11).

在 MATLAB 窗口执行命令

```
>> fun=inline('exp(-x)');
>> [x_star,k]=aitken(fun,0.5)
```

其计算结果见表 2.6. 仅迭代两次 $|x_2 - x^*| \approx 0.2 \times 10^{-7}$, 加速效果明显.

为什么 Aitken 迭代加速效果如此明显, 分析式 (2.11) 可以看出它的迭代函数具有如下形式:

$$G(x) = \begin{cases} x - \dfrac{[g(x) - x]^2}{g[g(x)] - 2g(x) + x}, & x \neq x^*, \\ x^*, & x = x^*. \end{cases}$$

由于

$$G'(x^*) = \lim_{x \to x^*} \frac{G(x) - G(x^*)}{x - x^*} = 0,$$

所以, 据定理 2.3 的结论知 Aitken 加速迭代格式 (2.11) 的收敛阶至少是 2.

表 2.6

k	x_k	y_k	z_k
0	0.5	0.60653066	0.54523921
1	0.56762388	0.56729786	0.56729786
2	0.56714331		

3. *待定系数法*

对于方程 $f(x) = 0$, 将其改写成

$$x = x - \lambda f(x), \tag{2.12}$$

式中 λ 为待定常数. 选取 λ, 使迭代函数 $g(x)=x-\lambda f(x)$ 满足

$$|g'(x)|=|1-\lambda f'(x)|\leqslant q<1.$$

设 $f(x)$ 在 $[a,b]$ 上单调, 且满足 $m\leqslant f'(x)\leqslant M$. 若取 $\lambda=\dfrac{2}{m+M}$, 则得迭代公式

$$x_{k+1}=x_k-\frac{2}{m+M}f(x_k),\quad k=0,1,2,\cdots. \tag{2.13}$$

待定系数法的 MATLAB 程序

```
function[x_star,k]= Unde_cs(fun,x0,n,M,ep,Nmax)
% 用 Unde_cs 待定系数法方法解非线性方程, f(x)=0
% fun(x)为迭代函数, x为初始值, ep为精度(默认值为 1e-5)
% 当 |x(k)-x(k-1)|<ep 时终止计算, 当迭代成功时 x_star 为方程的根
% k为迭代次数.Nmax 为最大迭代次数(默认值为 500)
if nargin<6
Nmax=500;
end
if nargin<5
ep=e-5;
end
k=0;
x1=x0;
while abs(x1-subs(fun,x1))>ep
f=subs(fun,x1);
x2=x1-2/(m+M)*f;
x1=x2;
k=k+1;
end
x_star=x1;
if k==Nmax
    error('已迭代上限次数');
end
end
```

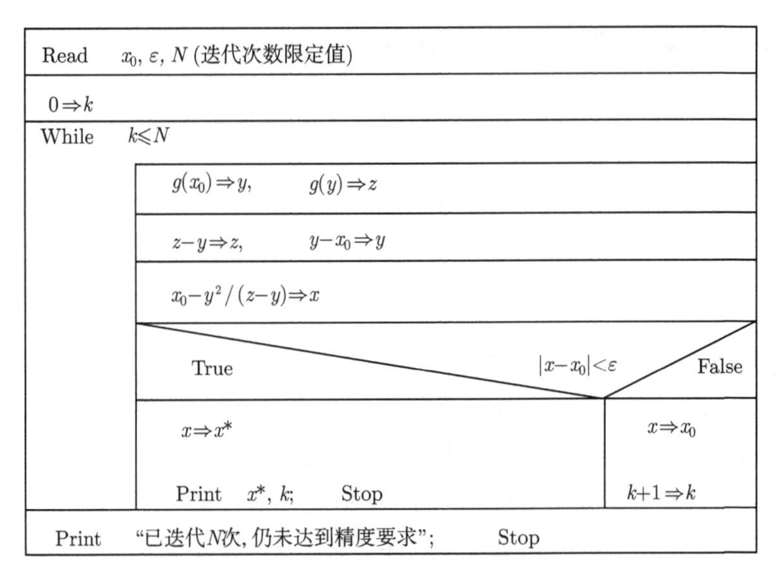

图 2.6　Aitken 加速法计算流程图

Aitken 加速迭代 MATLAB 程序

```
function[x_star,k]= Aitken(fun,x,ep,Nmax)
% 用 Aitken 加速迭代方法解非线性方程, f(x)=0
% fun(x) 为迭代函数, x为初始值, ep为精度(默认值为 1e-5)
% 当 |x(k)-x(k-1)|<ep 时终止计算, 当迭代成功时 x_star 为方程的根
% k为迭代次数.Nmax为最大迭代次数(默认值为 500)
if nargin<4
Nmax=500;
end
if nargin<3
ep=1e-5;
end
k=0
while abs(x-feval(fun,x))>ep
xk=x;
x=feval(fun,x);
x1=x;
x=feval(fun,x);
x2=x;
x=x2-(x2-x1) 2/(x2-2*x1+xk)
```

```
k=k+1
end
x_star=x;
if k==Nmax warning('已迭代上限次数')
end
```

例 2.6 求方程 $x = \mathrm{e}^{-x}$ 在区间 $[0.5, 0.6]$ 内的解.

解 设 $f(x) = x - \mathrm{e}^{-x}$, $x \in [0.5, 0.6]$, 则

$$m = f'(x)\big|_{x=0.6} = 1 + \mathrm{e}^{-0.6} = 1.54881164,$$

$$M = f'(x)\big|_{x=0.5} = 1 + \mathrm{e}^{-0.5} = 1.60653066,$$

$$\lambda = \frac{2}{m+M} = 0.63384565.$$

代入式 (2.13), 整理得

$$\begin{aligned} x_{k+1} =& x_k - 0.63384565(x_k - \mathrm{e}^{-x_k}) \\ =& 0.36615435x_k + 0.63384565\mathrm{e}^{-x_k}, \quad k = 0, 1, 2, \cdots. \end{aligned}$$

在 MATLAB 窗口执行命令

```
>>f=inline('x-e^(-x)')
>>Aitken(f,0.5,0.17e(-7),10)
```

计算结果见表 2.7.

表 2.7

k	0	1	2	3
x_k	0.50	0.567523995	0.567145856	0.567143307

其中 $|x_3 - x^*| \leqslant |0.567143307 - 0.56714329\cdots| \leqslant 0.17 \times 10^{-7}$.

2.4 Newton 法与割线法

2.4.1 Newton 迭代法

在式 (2.12) 中取 $\lambda = \lambda(x)$, 则方程 $f(x) = 0$ 变形为

$$x = x - \lambda(x) f(x),$$

从而迭代函数 $g(x) = x - \lambda(x) f(x)$. 选取适当的函数 $\lambda(x)$ 以使迭代具有较高的收敛阶, 据定理 2.3 的结论知, 若 $g'(x^*) = 0$, 则由 $x_{k+1} = g(x_k)$ 所确定的迭代序列的

收敛阶至少是二阶的, 由

$$g'(x^*) = 1 - \lambda'(x^*)f(x^*) - \lambda(x^*)f'(x^*) = 1 - \lambda(x^*)f'(x^*) = 0$$

可知, $\lambda(x)$ 必须满足 $\lambda(x^*) = \dfrac{1}{f'(x^*)}$. 这提示我们选取 $\lambda(x) = \dfrac{1}{f'(x)}$, 从而确定了迭代函数 $g(x) = x - \dfrac{f(x)}{f'(x)}$.

$\forall x \in N(x^*, \delta)$, 若 $f'(x) \neq 0$, 选初始值 $x_0 \in N(x^*, \delta)$ 作迭代

$$x_{k+1} = x_k - \frac{f(x_k)}{f'(x_k)}, \quad k = 0, 1, 2, \cdots, \tag{2.14}$$

这种迭代法称为 Newton 法.

Newton 迭代法的几何意义: 在曲线 $y = f(x)$ 上从初值所对应的点 $P_0(x_0, f(x_0))$ 作切线, 以切线与 x 轴的交点 $x_1 = x_0 - \dfrac{f(x_0)}{f'(x_0)}$ 作为 $f(x) = 0$ 的根 x^* 的近似值, 反复重复这个过程, 得点列 $\{x_k\}$, x_k 趋近 x^* (图 2.7). 因此, Newton 法也称为切线法.

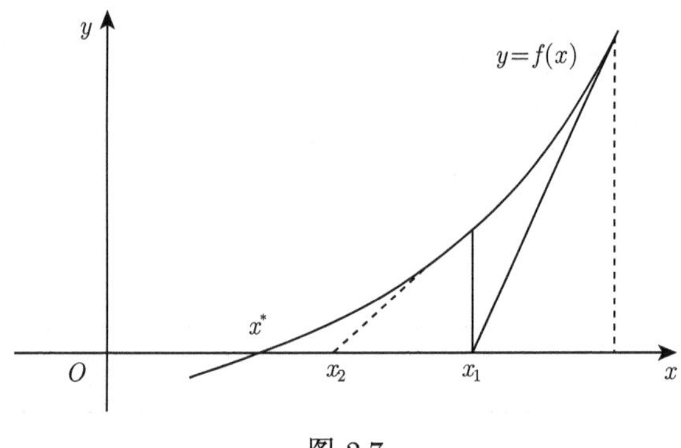

图 2.7

定理 2.4　设 $f(x^*) = 0$, 且在包含 x^* 的某开区间内 $f''(x)$ 连续, $f'(x) \neq 0$. 则 $\exists \delta > 0$, 使得 $\forall x_0 \in N(x^*, \delta)$, 由 Newton 迭代公式 (2.14) 所得序列 $\{x_k\}$ 收敛, 且收敛阶不低于二.

证　对 Newton 迭代函数 $g(x) = x - \dfrac{f(x)}{f'(x)}$ 求导, 得

$$g'(x) = 1 - \frac{[f'(x)]^2 - f(x)f''(x)}{[f'(x)]^2} = \frac{f(x)f''(x)}{[f'(x)]^2}.$$

由于 $f(x^*) = 0$, 所以 $g'(x^*) = 0$.

注意到 $g(x^*) = x^*$, $f(x^*) = 0$, $f'(x^*) \neq 0$. 令 $x \to x^*$, 则

$$\lim_{x\to x^*}\frac{g(x)-x^*}{(x-x^*)^2}=\lim_{x\to x^*}\frac{g'(x)}{2(x-x^*)}$$
$$=\frac{1}{2}\lim_{x\to x^*}\frac{f(x)-f(x^*)}{(x-x^*)}\frac{f''(x)}{[f'(x)]^2}=\frac{1}{2}\frac{f''(x^*)}{f'(x^*)}.$$

据定理 2.3 知, Newton 法至少是二阶收敛的.

在实际计算时, Newton 法的停机检验条件是直接检验

$$|x_{k+1}-x_k|<\varepsilon$$

是否成立. 事实上, $f(x_k)=f(x_k)-f(x^*)=f'(\xi_k)(x_k-x^*)$, 其中 ξ_k 在 x_k 与 x^* 之间. 当 x_k 接近 x^* 时, $f'(\xi_k)\approx f'(x_k)$. 于是

$$x^*-x_k\approx-\frac{f(x_k)}{f'(x_k)}=x_{k+1}-x_k.$$

图 2.8 给出了 Newton 迭代法流程图.

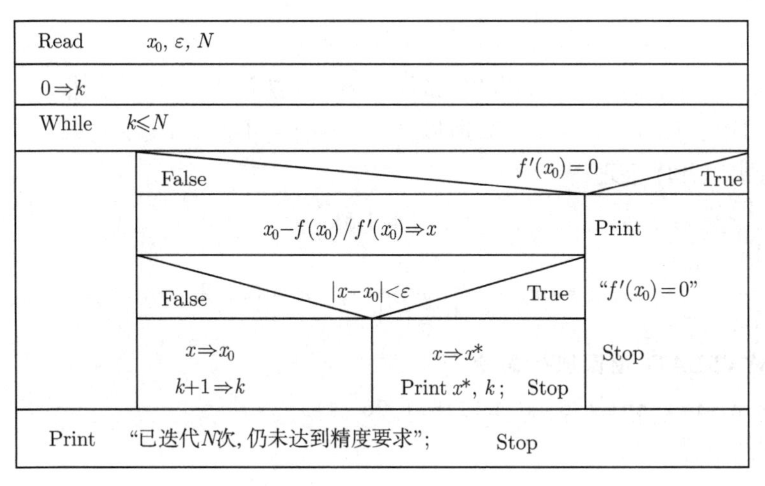

图 2.8 Newton 法算法流程图

Newton 法的 MATLAB 程序

```
function[gen,k]=newton(f,x0,tol)
% f是非线性函数
% df是f的微商
% x0是初始值
% tol是给定允许误差
% k是迭代的次数
if(nargin==2)
```

```
    tol=1.0e-5
end
df=diff(sym(f));
x1=x0;
k=0;
wucha=0.1;
while(wucha>tol)
    k=k+1
    fx=subs(f,x1);
    df=subs(df,x1);
    gen=x1-fx/df;
    wucha=abs(gen-x1);
    x1=gen;
end
end
```

例 2.7　对于例 2.1 中的方程, 试用 Newton 法计算 $[1,2]$ 内的根.

解　因为 $f(x)=x^6-x-1$, 所以 $f'(x)=6x^5-1\geqslant 5,\ 1\leqslant x\leqslant 2$. 代入式 (2.14) 整理得

$$x_0=1.5,$$

$$x_{k+1}=x_k-\frac{x_k^6-x_k-1}{6x_k^5-1},\quad k=0,1,2,\cdots.$$

在 MATLAB 窗口执行命令

```
>>[x,k]=newton('x^6-x-1',1.5,1.0e-4)
```

计算结果见表 2.8.

表 2.8

k	x_k	$\|x_k-x_{k-1}\|$	$\|f(x_k)\|$
0	1.5		0.889×10^{2}
1	1.30049088	0.199509	0.245×10^{2}
2	1.18148042	0.119010	0.538×10^{0}
3	1.13945559	0.420×10^{-1}	0.492×10^{-1}
4	1.13477763	0.468×10^{-2}	0.550×10^{-3}
5	1.13472415	0.535×10^{-4}	0.680×10^{-7}
6	1.13472414	0.100×10^{-7}	0.400×10^{-8}

方程的精确解为 $x^*=1.134724138\cdots$, 可见 x_6 已精确到小数点后第七位.

Newton 法不但可以求方程的实根, 也可求代数方程的复根, 但它的最大优点是在方程的单根附近具有较高的收敛速度. 那么对于重根情况又怎样呢?

设 x^* 是 $f(x)=0$ 的 $m(\geqslant 2)$ 重根, 则

$$f(x)=(x-x^*)^m h(x), \quad h(x^*)\neq 0.$$

于是, 可以推出如下结论:

(1) $g'(x^*)=1-\dfrac{1}{m}<1$, Newton 法仍为局部收敛;

(2) $\lim\limits_{k\to\infty}\dfrac{|e_k|}{|e_{k-1}|}=1-\dfrac{1}{m}\neq 0$, 迭代为线性收敛;

(3) $\forall\varepsilon>0$, 令 $\varepsilon_1=\varepsilon\Big/\left(1-\dfrac{1}{m}\right)$, 用 $|x_{k+1}-x_k|<\varepsilon_1$ 来控制迭代次数.

此时可以通过调整迭代函数 $g(x)$, 使 Newton 法恢复平方收敛.

方法一 重根数 m 已知, 令 $\tilde{g}(x)=x-m\dfrac{f(x)}{f'(x)}$, 得

$$x_{k+1}=x_k-m\frac{f(x_k)}{f'(x_k)}, \quad k=0,1,2,\cdots. \tag{2.15}$$

方法二 重根数 m 未知, 定义函数

$$u(x)=\frac{f(x)}{f'(x)},$$

则 x^* 必为方程 $u(x)=0$ 的单根, 直接运用 Newton 迭代公式

$$x_{k+1}=x_k-\frac{u(x_k)}{u'(x_k)}, \quad k=0,1,2,\cdots. \tag{2.16}$$

例 2.8 用 Newton 法求方程

$$x^4-8.6x^3-35.51x^2+464.4x-998.46=0$$

在区间 $[4,5]$ 内的根.

解 设 $f(x)=x^4-8.6x^3-35.51x^2+464.4x-998.46$, 分别代入式 (2.14) 及 (2.16) 求方程的根, 取 $x_0=4.0$, 计算结果见表 2.9.

表 2.9

k	$x_k=x_{k-1}-\dfrac{f(x_{k-1})}{f'(x_{k-1})}$	$\|x_k-x_{k-1}\|$	k	$x_k=x_{k-1}-\dfrac{u(x_{k-1})}{u'(x_{k-1})}$	$\|x_k-x_{k-1}\|$
1	4.1454098	0.145408	1	4.308129	0.308129
2	4.22138	0.038952	2	4.300001	$0.813.\times10^{-2}$
⋮	⋮	⋮	3	4.300000	$0.807.\times10^{-5}$
19	4.30000	$0.612.\times10^{-6}$	4	4.300000	$0.660.\times10^{-9}$

可在 MATLAB 窗口执行命令

```
>>[x,k]=newton('x^4-8.6*x^3-35.51*x^2+464.4x-998.46',4.0,1.0e-4)
```

实际上, $x^* = 4.3$ 是 $f(x) = 0$ 的二重根, 计算结果表明, Newton 法 (2.14) 迭代 19 次所得近似值满足 $|x_{19} - x_{18}| = 0.612 \times 10^{-6}$, 而修正算法 (2.16) 仅迭代 4 次就得到了精度更高的结果.

Newton 法局部收敛, 当初值 x_0 离 x^* 较近时, 收敛速度很快; 但当 x_0 离 x^* 较远时, 有时甚至会出现发散的情况, 解决的办法如下:

(1) 使用简单的方法, 如二分法等, 初步算出 x^* 的大致位置, 选取 x_0 后, 再运用 Newton 法正式计算.

(2) 直接运用 Newton 下山法

$$\begin{cases} \text{选初值} x_0, \\ x_{k+1} = x_k - \lambda \dfrac{f(x_k)}{f'(x_k)}, \quad k = 0, 1, 2, \cdots, \end{cases}$$

其中 λ 称为下山因子, 为了保证满足 $|f(x_k)| < |f(x_{k-1})|$, 依次取 $\lambda = 1, \frac{1}{2}, \frac{1}{2^2}, \cdots$ 试之, 直到上式成立, 再转向下一步迭代.

Newton 下山法的优点是对初值 x_0 的选取无限制, 即使取 Newton 法不收敛的点作为 x_0, 运用下山法几次迭代后, 其迭代值进入收敛域. 但下山法一般不再具有平方收敛的速度.

Newton 下山法 MATLAB 程序

```
function [x_star,k,f]=newton2(fname,dfname,x0,ep,Nmax)
% 用 Newton下山法解非线性方程 f(x)=0
% x=nanewton(fname,dfname,x0,ep,Nmax)
% fname和dfname分别表示 f(x) 及其导数的M函数句柄或内嵌函数
% x0为迭代初值, ep为精度(默认值为 1e-5), x为返回解, 并显示计算过程
% k为迭代次数上限以防发散(默认值为 500)
if nargin<5
    Nmax=500;
end
if nargin<4
    ep=1e-5;
end
k=0;x0,x=x0-feval(fname,x0)/feval(dfname,x0);
f=abs(feval(fname,x0))  % 显示函数绝对值单调变化情况
% Newton下山法迭代
```

```
while abs(x0-x)>ep&k<Nmax
k=k+1
% 选取下山因子 r,调整 x_k
    r=1;
    while abs(feval(fname,x))>abs(feval(dfname,x0))
        r=r/2;
        x=x0-r*feval(fname,x0)/feval(dfname,x0);
        if abs(feval(fname,x))<abs(feval(fname,x0))
            r  % 表示值x_k作下上调整
            break
        end
    end
    x0=x,x=x0-feval(fname,x0)/feval(dfname,x0)
    f=abs(feval(fname,x0))    % 显示函数绝对值单调变化情况
end
x_star=x;
if k==Nmax warning('已迭代上限次数');
end
```

2.4.2 割线法

如果函数比较复杂, 求导可能比较困难, 有时甚至导函数不存在. 这时可将 Newton 迭代公式中的 $f'(x)$ 用差商来代替, 令

$$f'(x_k) \approx \frac{f(x_k)-f(x_0)}{x_k-x_0},$$

于是得单点割线法

$$\begin{cases} 选初值x_0, x_1, \\ x_{k+1} = x_k - \dfrac{f(x_k)}{f(x_k)-f(x_0)}(x_k-x_0), \quad k=1,2,\cdots. \end{cases} \tag{2.17}$$

若令

$$f'(x) \approx \frac{f(x_k)-f(x_{k-1})}{x_k-x_{k-1}},$$

于是得两点割线法

$$\begin{cases} \text{选初值} x_0, x_1, \\ x_{k+1} = x_k - \dfrac{f(x_k)}{f(x_k) - f(x_{k-1})}(x_k - x_{k-1}), \quad k = 1, 2, \cdots. \end{cases} \tag{2.18}$$

式 (2.17), (2.18) 从形式上看很相近, 但实质上是有较大区别的. 它们在几何上的表示如图 2.9、图 2.10 所示. 对于式 (2.17) 容易证明它的迭代函数

$$g(x) = x - \frac{f(x)}{f(x) - f(x_0)}(x - x_0)$$

满足 $0 < |g'(x^*)| < 1$, 从而它是局部收敛且为线性收敛的; 而对于式 (2.18), 在一定条件下可以证明它的收敛阶 $p = 1.618\cdots$, 所以具有较快的收敛速度, 但有一点要注意, 随着迭代的进行, $x_k \to x^*$ 时, $f(x_k) - f(x_{k-1})$ 的不断减小, 有效位数大大减少, 用它作分母将导致很大的误差, 从而影响计算结果. 所以对精度要求较高的计算, 建议采用双精度.

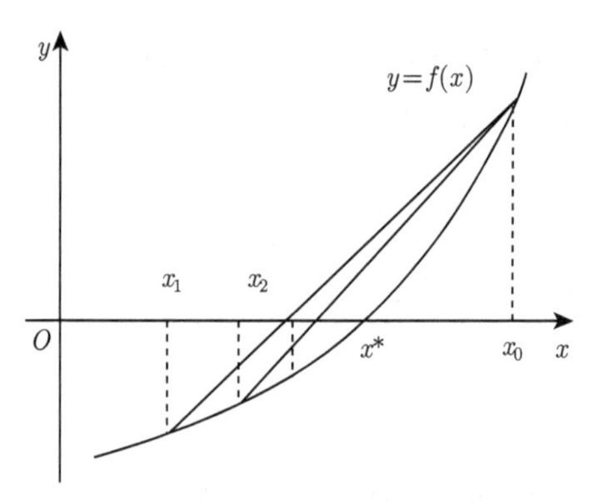

图 2.9 单点割线法

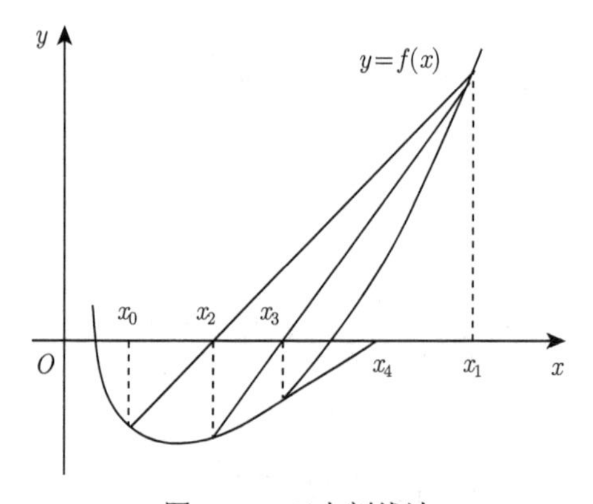

图 2.10 双点割线法

两点割线法 MATLAB 程序

```
function [x_star,k]=Gline(fun,x0,x1,ep,Nmax)
% 用双点割线法解非线性方程 f(x)=0
% x=Gline(fun,x0,x1,ep,Nmax),fun 表示 f(x),x0,x1为迭代初值
% ep为精度(默认值为1e-5), x返回解
% k为迭代次数上限以防发散(默认值为 500)
if nargin<5
    Nmax=500;
end
if nargin<4
    ep=1e-5;
end
k=0;
while abs(x1-x0)>ep&k<Nmax
    k=k+1
    x2=x1-feval(fun,x1)*(x1-x0)/(feval(fun,x0))
    x0=x1;
    x1=x2;
end
x_star=x1;
if k==Nmax warning('已迭代上限次数');
end
```

2.5 应用举例

真实气体行为对理想状态的偏离, 一般情况下, 理想状态气体遵从克莱伯龙–门捷列夫状态方程

$$PV = n_0RT, \tag{2.19}$$

式中 P, V 分别为气体的压力与体积, T 为热力学温度, n_0 为气体的摩尔数, R 为普适气体常数, 在国际单位中 $R = 8.314\text{J}/(\text{mol}\cdot\text{K})$.

对于真实气体, 如二氧化碳, 它的压力 P、体积 V、温度 T 以及气体摩尔数 n 之间的关系可用范德华方程表示为

$$\left(P + \frac{an^2}{V^2}\right)(V - nb) = nRT, \tag{2.20}$$

式中 a, b 为常数, 当 P, V, T 的测量单位分别为 $\mathrm{Pa}, \mathrm{m}^3, \mathrm{K}$ 时, 取

$$a = 0.3638\mathrm{Pa}\cdot\mathrm{m}^3/\mathrm{mol}^2, \quad b = 0.428\times 10^{-4}\mathrm{m}^3/\mathrm{mol}.$$

给出 P, V 和 T 的值, 据式 (2.19) 即可直接求出理想状态下的摩尔数 n_0, 据式 (2.20) 可求出真实气体的摩尔数 n, 从而可求出 n 与 n_0 的偏离程度 —— $100\left(1-\dfrac{n_0}{n}\right)\%$.

例 2.9　设气体温度 $T = 310\mathrm{K}$, 求在表 2.10 六种情况下二氧化碳气体的摩尔数 n 与理想状态下 n_0 的偏离程度.

表 2.10

i	1	2	3	4	5	6
P_i(MPa)	0.1013	0.2026	0.5065	2.026	5.065	10.13
$V_i(\mathrm{m}^3)$	0.1	0.05	0.02	0.015	0.002	0.001

解　$P_i, V_i (i = 1, 2, \cdots, 6)$ 可以描述为

$$\begin{cases} P_i = 0.1013c_i(\mathrm{MPa}) = 101300c_i(\mathrm{Pa}), \quad i = 1, 2, \cdots, 6, \\ V_i = 0.1/c_i(\mathrm{m}^3), \end{cases}$$

式中 $c_1 = 1, c_2 = 2, c_3 = 5, c_4 = 20, c_5 = 50, c_6 = 100$.

将 $0.1557c_i^2n^3 + 363.8c_in^2 - (257734 + 433.6c_i)n - 1013000 = 0$, $P = P_i$, $V = V_i$, $T = 310\mathrm{K}$ 以及 $R = 8.314\mathrm{J/mol}$, $a = 0.3638\mathrm{Pa}\cdot\mathrm{m}^3/\mathrm{mol}^2$, $b = 0.428\times 10^{-4}\mathrm{m}^3/\mathrm{mol}$ 分别代入式 (2.19), (2.20), 整理得

$$\begin{aligned} 0.1557c_i^2n^3 + 363.8c_in^2 - (257734 + 433.6c_i)n - 1013000 = 0, \\ n_0 = 3.930408871, i = 1, 2, \cdots, 6. \end{aligned} \tag{2.21}$$

则式 (2.21) 化为

$$0.1557n^3 + 363.8n^2 + 258200n - 1013000 = 0.$$

令 $i = 1$, 即 $c_1 = 1$, 运用 Newton 迭代公式,

$$n_0 = 3.930408871,$$

$$n_{k+1} = n_k - \frac{0.1557n_k^3 - 363.8n_k^2 + 258167.6n_k - 1013000}{0.4671n_k^2 - 727.6n_k + 258200}, \quad k = 0, 1, 2, \cdots,$$

迭代三次后得 $n_3 = 3.945208623$, 且 $|n_3 - n_2| \approx 0.58\times 10^{-7}$, 已相当精确. 所以, 对第一种情况取 $n_0 = 3.9304$, $n = 3.9452$, n 关于理想状态的相对误差

$$100\left(1-\frac{n_0}{n}\right)\% = 0.375\%.$$

在方程 (2.21) 中, 分别令 $i=2,3,4,5,6$, 每次都得到一个三次方程. 分别运用 Newton 法求解, 表 2.11 列出了每种情况的迭代次数及最后求得的气体摩尔数 n 与理想状态偏离程度.

表 2.11

i	1	2	3	4	5	6
迭代次数	3	4	5	8	19	42
$100\left(1-\dfrac{n_0}{n}\right)\%$	0.375	0.778	1.964	8.292	20.083	65.574

分析计算结果, 可以得如下认识:

(1) 在气体温度 T 为恒温的情况下, 随着真实气体压力的增大, 同时气体体积的减小, 气体摩尔数 n 与理想状态下的 n_0 之间的偏离也在增大.

(2) 对于六种不同情况, 每次利用 Newton 法计算方程 (2.21) 时, 都选取理想气体状态下的 n_0 作为初始值进行计算, 达到同样的精度所需迭代次数是不同的, 这进一步验证了 Newton 迭代法对初值的依赖性, 初值离精确解越近, 迭代收敛速度越快; 反之, 随着初值与精确解偏离程度的增大, 迭代收敛速度急剧下降, 以致发散.

小　结

本章介绍了求解非线性方程常用的数值方法, 并讨论了它们的收敛性.

二分法方法简便, 只要求函数连续即可, 但收敛速度慢, 一般适用于为其他收敛速度快的方法提供初始值.

迭代法是数值计算中常用而有效的一种方法. 选用一种迭代格式主要是判断它的收敛性以及了解收敛速度. 在介绍了迭代法的收敛定理及收敛阶的概念之后, 进一步介绍了加速迭代收敛的方法.

比较常用的 Newton 法 (实际上也是一种迭代法), 其特点是在单根邻近收敛速度快, 具有至少二阶的收敛速度, 比一般迭代法的线性收敛速度快得多. Newton 法仅具有局部收敛性质, 对初值选取的要求比较苛刻, 一般可用二分法计算获取初值. 当 $f'(x)$ 的计算比较复杂时, 可用割线法求根, 它的收敛阶可达 1.618, 也是一种实用的方法.

思 考 题

1. 已知方程 $x^2-2=0$.

(1) 对任意选定的初值 $x_0>1$, 迭代格式 $x_{k+1}=\dfrac{2}{x_k}$ 是否收敛? 为什么?

(2) 试用 Aitken 方法对上述格式予以加速, 并从几何上分析加速前未收敛, 而加速后收敛的原因.

(3) 指出 Aitken 加速格式的收敛阶是多少? 你还能用我们所学过的哪些方法得到同样的迭代格式?

(4) 你能否构造出三阶或三阶以上收敛速度的迭代格式? 从理论上讲对任意给定的正数 N, 能否有 N 阶收敛速度的迭代格式?

2. 用迭代法求解到 $|x_k - x_{k-1}| < \varepsilon$ 时, 是否意味着近似值的误差不超过 ε. 试总结对比常见方法的收敛条件和停止计算的条件.

3. 如何比较不同方法收敛速度的快慢? 试总结对比常见方法的收敛阶.

4. 当方程有重根时, 可使用什么方法求解? Newton 法求方程重根时, 其收敛阶是多少? 如何修正使其具有较高的收敛阶?

习　题　2

1. 试用二分法求解下列方程在给定区间内的实根, 使近似解精确到小数点后第四位, 并指出所需的区间分半次数.

(1) $x^4 - 3x + 1 = 0, x \in [0.3, 0.4]$;

(2) $e^x + e^{-x} + 2\cos x - 6 = 0, x \in [1, 2]$.

2. 方程 $x^3 - x^2 - 1 = 0$ 在点 $x_0 = 1.5$ 邻近有一个根, 对于以下迭代格式:

(1) $x_{k+1} = 1 + \dfrac{1}{x_k^2}$;　(2) $x_{k+1} = \sqrt[3]{1 + x_k^2}$;　(3) $x_{k+1} = \dfrac{1}{\sqrt{x_k - 1}}$,

当取初始值 $x_0 = 1.5$ 时, 判断以上格式的收敛性.

3. 已知方程 $f(x) = 0$, 若 $f'(x)$ 存在, 且对一切 x 满足 $0 < m \leqslant f'(x) \leqslant M$, 构造迭代过程

$$x_{k+1} = x_k - \lambda f(x_k), \quad k = 0, 1, 2, \cdots; \lambda\text{为常数}.$$

试证: 当 $\lambda \in \left(0, \dfrac{2}{M}\right)$ 时, 对任意选取的初值 x_0, 上述迭代过程必收敛.

4. 对于方程 $e^x + 10x - 2 = 0$, 试选用迭代法

$$x_{k+1} = \frac{1}{10}(2 - e^{x_k}), \quad k = 0, 1, \cdots; x_0 = 0.0,$$

求方程的近似根, 精确到第四位小数.

5. 用迭代方法计算

$$I = \sqrt{2 + \sqrt{2 + \sqrt{2 + \cdots}}}$$

的值, 当 $|x_n - x_{n-1}| < 10^{-4}$ 时结束迭代.

6. 选取适当的迭代法求解 $x^3 - 2x - 5 = 0$ 的正根, 精确到第四位小数, 用 Aitken 加速法改善迭代格式, 并比较达到同样精度所需迭代的次数.

7. 用 Newton 法计算 $\sqrt[3]{85}$, 精确到第四位小数.

8. 用 Newton 法及割线法求解方程:

(1) $xe^x - 1 = 0$;　(2) $x^3 - 12.42x^2 + 50.444x - 66.552 = 0, x \in [4,6]$,
要求准确到第四位小数.

数值实验 2

实验目的

通过求解非线性方程的数值解加深对各方法收敛情况, 以及 Newton 方法对初值的依赖性、收敛速度的认识, 了解使用加速方法提高收敛速度的意义.

实验内容

求解方程 $x + e^x - 2 = 0$, 使近似解的误差不超过 $\varepsilon = 0.5 \times 10^{-8}$.

(1) 找出区间长度不超过 1 的含根区间 $[a,b]$.

(2) 选用同一个初始值 x_0, 用以下方法计算方程的根：①二分法; ②迭代法一 $x_{k+1} = 2 - e^{x_k}(k = 0,1,2,\cdots)$; ③迭代法二 $x_{k+1} = \ln(2 - x_k)(k = 0,1,2,\cdots)$; ④Newton 法; ⑤割线法.

(3) 对迭代法二用 Aitken 加速法计算, 用同样的初值及精度要求, 迭代次数减少了多少?

(4) 先用二分法计算出初值, 再使用 Newton 法求解, 迭代次数减少了多少? 初值选取分两种情况, 分别精确到小数点后第 2 位、第 3 位.

(5) 在 (4) 中某个初值 x_0 的基础上, 分别用增加①0.2, ②0.5, ③1, ④5 后所得数作为初值, 再用 Newton 法求解, 记录所需迭代次数.

实验结果分析与总结

详细记录实验结果, 通过以上各种情况下的实验结果的对比分析, 写出学习本章的心得体会.

第 3 章　方程组的数值解法

求解方程组的数值解, 在科学研究和工程计算中具有广泛的应用, 如电学中的网络、大地测量、机械和建筑结构计算, 工程力学中运用差分法及有限元方法解连续介质力学问题常化为方程组的求解. 就计算数学本身, 在以后章节将要介绍的样条插值、微分方程边值问题数值解等都需要解线性或非线性方程组. 首先来看线性方程组.

线性方程组的一般形式为

$$\begin{cases} a_{11}x_1 + a_{12}x_2 + \cdots + a_{1n}x_n = b_1, \\ a_{21}x_1 + a_{22}x_2 + \cdots + a_{2n}x_n = b_2, \\ \qquad\qquad\vdots \\ a_{n1}x_1 + a_{n2}x_2 + \cdots + a_{nn}x_n = b_n. \end{cases} \tag{3.1}$$

简写成矩阵形式为

$$\boldsymbol{Ax} = \boldsymbol{b}, \tag{3.2}$$

其中

$$\boldsymbol{A} = \begin{bmatrix} a_{11} & a_{12} & \cdots & a_{1n} \\ a_{21} & a_{22} & \cdots & a_{2n} \\ \vdots & \vdots & & \vdots \\ a_{n1} & a_{n2} & \cdots & a_{nn} \end{bmatrix}, \quad \boldsymbol{x} = \begin{bmatrix} x_1 \\ x_2 \\ \vdots \\ x_n \end{bmatrix}, \quad \boldsymbol{b} = \begin{bmatrix} b_1 \\ b_2 \\ \vdots \\ b_n \end{bmatrix}.$$

且设 $\boldsymbol{A}$ 为非奇异矩阵, 这时方程组 (3.1) 有唯一解.

从数值计算的特点考虑, 可将线性方程组按其系数矩阵阶数的高低和含零元素多少分成两类: 第一类称为低阶稠密方程组, 即系数矩阵的阶数不高, 含零元素很少, 在线性代数等课程学习中通常见到的, 都属这类方程组; 第二类称为高阶稀疏方程组, 系数矩阵的阶数很高, 如几百阶, 甚至成千上万阶, 其中零元素成片分布, 数量上绝对占优.

线性方程组的数值解法很丰富, 可以概括为如下两类:

(1) 直接法——在不考虑舍入误差影响的前提下, 经有限次的四则运算能得到精确解的方法. 而实际上, 由于受计算机字长的限制, 舍入误差客观存在, 只能得近似解.

目前, 较实用的直接法主要有古老的 Gauss 法及其变形——选主元消去法及矩阵的三角分解法等.

(2) 迭代法——用某一极限过程去逼近精确解的方法, 实际上是给定一个初始近似解, 然后按一定法则逐步求出满足一定精度要求的近似解. 我们主要学习 Jacobi 迭代法及 Gauss-Seidel 迭代法等.

非线性方程组的解法和理论是当今数值分析研究的重要课题之一, 新方法不断出现, 它也是科学计算经常遇到的. 对于非线性方程组, 本章主要介绍不动点迭代法、牛顿迭代法和拟牛顿迭代法.

3.1 Gauss 消去法

Gauss 消去法的基本思想是用方程组 (3.1) 中的一些方程的线性组合产生出一个新的方程组, 使最后得到一个与原方程组等价的三角形方程组. 这个过程称为消去过程, 可通过对如下的增广矩阵的一系列初等行变换得到.

$$[\boldsymbol{A}|\boldsymbol{b}] = \left[\begin{array}{cccc|c} a_{11} & a_{12} & \cdots & a_{1n} & b_1 \\ a_{21} & a_{22} & \cdots & a_{2n} & b_2 \\ \vdots & \vdots & & \vdots & \vdots \\ a_{n1} & a_{n2} & \cdots & a_{nn} & b_n \end{array}\right].$$

3.1.1 消去过程

为记号方便, 记 $[\boldsymbol{A}|\boldsymbol{b}] = \left[\boldsymbol{A}^{(0)}\middle|\boldsymbol{b}^{(0)}\right] = \left[a_{ij}^{(0)}\middle|b_i^{(0)}\right]_{n\times(n+1)}$, 并用 $\boldsymbol{R}_i$ 表示增广矩阵的第 i 行.

第一步, 设 $a_{11}^{(0)} \neq 0$, 记 $l_{i1} = \dfrac{a_{i1}^{(0)}}{a_{11}^{(0)}} (i = 2, 3, \cdots, n)$. 作变换

$$R_i^{(0)} - l_{i1} R_1^{(0)} \Rightarrow R_i^{(1)}, \quad i = 2, 3, \cdots, n,$$

它表示将 $\left[\boldsymbol{A}^{(0)}\middle|\boldsymbol{b}^{(0)}\right]$ 的第 1 行的 $-l_{i1}$ 倍加到第 i 行上, 从而得到新的第 i 行. 于是 $\left[\boldsymbol{A}^{(0)}\middle|\boldsymbol{b}^{(0)}\right] \Rightarrow \left[\boldsymbol{A}^{(1)}\middle|\boldsymbol{b}^{(1)}\right]$, 其中

$$\left[\boldsymbol{A}^{(1)}\middle|\boldsymbol{b}^{(1)}\right] = \left[\begin{array}{cccc|c} a_{11}^{(0)} & a_{12}^{(0)} & \cdots & a_{1n}^{(0)} & b_1^{(0)} \\ 0 & a_{22}^{(1)} & \cdots & a_{2n}^{(1)} & b_2^{(1)} \\ \vdots & \vdots & & \vdots & \vdots \\ 0 & a_{n2}^{(1)} & \cdots & a_{nn}^{(1)} & b_n^{(1)} \end{array}\right],$$

式中 $a_{ij}^{(1)} = a_{ij}^{(0)} - l_{i1} a_{1j}^{(0)}, b_i^{(1)} = b_i^{(0)} - l_{i1} b_1^{(0)}, i, j = 2, 3, \cdots, n.$

第二步, 若 $a_{22}^{(1)} \neq 0$, 记 $l_{i2} = \dfrac{a_{i2}^{(1)}}{a_{22}^{(1)}} (i = 3, 4, \cdots, n)$, 对 $\left[\boldsymbol{A}^{(1)} \middle| \boldsymbol{b}^{(1)}\right]$ 作变换

$$R_i^{(1)} - l_{i2} R_2^{(1)} \Rightarrow R_i^{(2)}, \quad i = 3, 4, \cdots, n,$$

于是 $\left[\boldsymbol{A}^{(1)} \middle| \boldsymbol{b}^{(1)}\right] \Rightarrow \left[\boldsymbol{A}^{(2)} \middle| \boldsymbol{b}^{(2)}\right]$, 其中

$$\left[\boldsymbol{A}^{(2)} \middle| \boldsymbol{b}^{(2)}\right] = \left[\begin{array}{ccccc|c} a_{11}^{(0)} & a_{12}^{(0)} & a_{13}^{(0)} & \cdots & a_{1n}^{(0)} & b_1^{(0)} \\ 0 & a_{22}^{(1)} & a_{23}^{(1)} & \cdots & a_{2n}^{(1)} & b_2^{(1)} \\ 0 & 0 & a_{33}^{(2)} & \cdots & a_{3n}^{(2)} & b_3^{(2)} \\ \vdots & \vdots & \vdots & & \vdots & \vdots \\ 0 & 0 & a_{n3}^{(2)} & \cdots & a_{nn}^{(2)} & b_n^{(2)} \end{array}\right],$$

式中 $a_{ij}^{(2)} = a_{ij}^{(1)} - l_{i2} a_{2j}^{(1)}, b_i^{(2)} = b_i^{(1)} - l_{i2} b_i^{(1)} (i, j = 2, 3, \cdots, n)$.

假设 $a_{33}^{(2)}, a_{44}^{(3)}, \cdots, a_{n-1,n-1}^{(n-2)}$ 都非零, 那么可以类似地进行下去, 直到第 $n-1$ 步得出 $\left[\boldsymbol{A}^{(n-1)} \middle| \boldsymbol{b}^{(n-1)}\right]$.

增广矩阵 $\left[\boldsymbol{A}^{(n-1)} \middle| \boldsymbol{b}^{(n-1)}\right]$ 所对应的线性方程组是如下形式的三角形方程组

$$\begin{cases} a_{11}^{(0)} x_1 + a_{12}^{(0)} x_2 + \cdots + a_{1n}^{(0)} x_n = b_1^{(0)}, \\ \qquad\quad a_{22}^{(1)} x_2 + \cdots + a_{2n}^{(1)} x_n = b_2^{(1)}, \\ \qquad\qquad\qquad \ddots \qquad \vdots \qquad\quad \vdots \\ \qquad\qquad\qquad\qquad a_{nn}^{(n-1)} x_n = b_n^{(n-1)}. \end{cases} \tag{3.3}$$

据线性代数的知识, 方程组 (3.1) 与 (3.3) 同解.

称 $a_{kk}^{(k-1)} (k = 1, 2, \cdots, n-1)$ 为约化主元素. 显然, 第 k 步消元可以进行的条件是 $a_{kk}^{(k-1)} \neq 0$. 如果 $a_{kk}^{(k-1)} = 0$, 由于 $|\boldsymbol{A}^{(k-1)}| = |\boldsymbol{A}| \neq 0$, 所以至少有某一 $a_{pk}^{(k-1)} \neq 0 (p > k)$, 只需对换增广矩阵的第 k 行与第 p 行即可.

3.1.2　回代求解

由于 $\left|\boldsymbol{A}^{(n-1)}\right| \neq 0$, 所以 $a_{kk}^{(k-1)} \neq 0 \ (k = n, n-1, \cdots, 1)$, 对方程组 (3.3) 由下至上逐步回代计算, 得方程组的解

$$\begin{aligned} x_n &= \frac{b_n^{(n-1)}}{a_{nn}^{(n-1)}}, \\ x_k &= \frac{b_k^{(k-1)} - \sum\limits_{j=k+1}^{n} a_{kj}^{(k-1)} x_j}{a_{kk}^{(k-1)}}, \quad k = n-1, n-2, \cdots, 1. \end{aligned} \tag{3.4}$$

这种求解线性方程组的方法称为 Gauss 消去法, 是以 19 世纪德国数学家 Carl F. Gauss 的名字命名的.

Gauss 消去法 MATLAB 程序

```
function x=Gauss(A,b)
% 顺序 Gauss 消去法 (无行变换) 解线性方程组 Ax=0
x=Gauss(A,b), A为系数矩阵, b为右端列向量 (以行形式输入), x为解向量

A=[A';b]',n=length(b);
for k=1:n-1
    for i=k+1:n
        m=A(i,k)/A(k,k);
        fprintf('m%d%d=%f\n',i,k,m);
        for j=k:n+1
            A(i,j)=A(i,j)-m*A(k,j);
        end
    end
    fprintf('A%d=\n',k+1);
    A
end
A(n,n+1)=A(n,n+1)/A(n,n);
for i=n-1:-1:1
    s=0;
    for j=i+1:n
        s=s+A(i,j)*A(j,4);
    end
    A(i,n+1)=(A(i,n+1)-s)/A(i,i);
end
A(:,n+1)
```

例 3.1 求解线性方程组

$$\begin{cases} x_1 + x_2 - 4x_4 = 1, \\ -x_1 + x_2 + x_3 + 3x_4 = -2, \\ x_1 + 3x_2 + 5x_3 - 4x_4 = -4, \\ x_2 + 2x_3x_4 = -2. \end{cases}$$

解　消去过程

$$\left[\boldsymbol{A}^{(0)}\middle|\boldsymbol{b}^{(0)}\right]=\left[\begin{array}{cccc|c}1&1&0&-4&1\\-1&1&1&3&-2\\1&3&5&-4&-4\\0&1&2&-1&-2\end{array}\right]$$

$$\xrightarrow[l_{41}=0]{l_{21}=-1,l_{31}=1,}\left[\begin{array}{cccc|c}1&1&0&-4&1\\0&2&1&-1&-1\\0&2&5&0&-5\\0&1&2&-1&-2\end{array}\right]=\left[\boldsymbol{A}^{(1)}\middle|\boldsymbol{b}^{(1)}\right]$$

$$\xrightarrow{l_{32}=1,l_{42}=\frac{1}{2}}\left[\begin{array}{cccc|c}1&1&0&-4&1\\0&2&1&-1&-1\\0&0&4&1&-4\\0&0&\dfrac{3}{2}&-\dfrac{1}{2}&-\dfrac{3}{2}\end{array}\right]=\left[\boldsymbol{A}^{(2)}\middle|\boldsymbol{b}^{(2)}\right]$$

$$\xrightarrow{l_{43}=\frac{3}{8}}\left[\begin{array}{cccc|c}1&1&0&-4&1\\0&2&1&-1&-1\\0&0&4&1&-4\\0&0&0&-\dfrac{7}{8}&0\end{array}\right]=\left[\boldsymbol{A}^{(3)}\middle|\boldsymbol{b}^{(3)}\right].$$

回代过程

$$\begin{aligned}&x_4=0,\\&x_3=\frac{(-4-x_4)}{4}=-1,\\&x_2=\frac{(-1-x_3+x_4)}{2}=0,\\&x_1=1-x_2+4x_4=1.\end{aligned}$$

可在 MATLAB 窗口执行命令:

```
>> A=[1 1 0 -4;-1 1 1 3;1 3 5 -4;0 1 2 -1];
>> b=[1 -2 -4 -2];
>> x=Gauss(A,b)
```

3.1.3　存储安排与计算量

Gauss 消去法很容易在计算机上实现, 可将增广矩阵存储在一个二维数组中. 在第一步消去过程中, 当计算出 $l_{i1}=\dfrac{a_{i1}^{(0)}}{a_{11}^{(0)}}$ 时, $a_{i1}^{(0)}$ 不再有用, 于是可将 l_{i1} 存放在

$a_{i1}^{(0)}$ 所在单元; 而当计算出 $a_{ij}^{(1)} = a_{ij}^{(0)} - l_{i1}a_{1j}^{(0)}, b_i^{(1)} = b_i^{(0)} - l_{i1}b_1^{(0)}$ 时, $a_{ij}^{(0)}$ 及 $b_i^{(0)}$ 不再有用, 可将 $a_{ij}^{(1)}$, $b_i^{(1)}$ 分别存放于 $a_{i1}^{(0)}$, $b_i^{(0)}$ 所在单元.

类似地, 可安排其他各步的存储. 这样, 在完成整个消去过程以后, 二维数组上的内容分别为

$$\begin{matrix} a_{11}^{(0)} & a_{12}^{(0)} & a_{13}^{(0)} & \cdots & a_{1n}^{(0)} & b_1^{(0)} \\ l_{21} & a_{22}^{(1)} & a_{23}^{(1)} & \cdots & a_{2n}^{(1)} & b_2^{(1)} \\ l_{31} & l_{32} & a_{33}^{(2)} & \cdots & a_{3n}^{(2)} & b_3^{(2)} \\ \vdots & \vdots & \vdots & & \vdots & \vdots \\ l_{n1} & l_{n2} & l_{n3} & \cdots & a_{nn}^{(n-1)} & b_n^{(n-1)} \end{matrix}$$

实际计算时, 可对第 k 步 $(k = 1, 2, \cdots, n-1)$ 消去过程作如下描述, 并计算出所对应的计算量.

$$\text{For} \quad i = k+1, k+2, \cdots, n-1$$

$$a_{ik}/a_{kk} \Rightarrow a_{ik}(\text{相当于}l_{ik}) \quad (n-k)\text{次除法}$$

$$\text{For} \quad j = k+1, k+2, \cdots, n$$

$$a_{ij} - a_{ik}a_{kj} \Rightarrow a_{ij} \quad (n-k)^2\text{次乘法及减法}$$

$$b_i - a_{ik}b_k \Rightarrow b_i \quad (n-k)\text{次乘法及减法}$$

从而在整个消去过程中共进行了

$$\sum_{k=1}^{n-1} [(n-k)^2 + 2(n-k)] = \frac{1}{3}n^3 + \frac{1}{2}n^2 - \frac{5}{6}n$$

次浮点乘除运算, 及 $\frac{1}{3}n^3 - \frac{1}{3}n$ 次浮点加减运算.

回代过程需 $\frac{1}{2}n(n+1)$ 次浮点乘除运算, 及 $\frac{1}{2}n(n-1)$ 次浮点加减运算.

从而整个 Gauss 消去过程共需 $\frac{1}{3}(n^3+3n^2-n)$ 次浮点乘除运算与 $\frac{1}{3}n^3+\frac{1}{2}n^2-\frac{5}{6}n$ 次浮点加减运算.

3.2 选主元 Gauss 消去法

3.2.1 问题的提出

在 Gauss 消去法中, 主元是按自然顺序选取的, 且假设 $a_{kk}^{(k-1)} \neq 0(k = 1, 2, \cdots, n-1)$. 在实际计算中, 若 $a_{kk}^{(k-1)} = 0$, 则选取 $a_{pk}^{(k-1)} \neq 0(p > k)$, 交换第 k 行与第 p

行, 这实际上就是选主元. 还有一种情况, 虽然 $a_{kk}^{(k-1)} \neq 0$, 但

$$\left|a_{kk}^{(k-1)}\right| \ll \left|a_{ik}^{(k-1)}\right|, \quad i > k,$$

此时, 在进行消元时, 数值 $l_{ik} = \dfrac{a_{ik}^{(k-1)}}{a_{kk}^{(k-1)}}$ 的绝对值很大, 使得其他元素的数量级急剧增大, 因而舍入误差也增大, 导致计算结果严重失真.

例 3.2　以三位小数作浮点运算, 用 Gauss 消去法求解方程组

$$\begin{cases} 0.000100x_1 + x_2 = 1, \\ x_1 + x_2 = 2. \end{cases}$$

解

$$\begin{aligned}
[\boldsymbol{A}|\boldsymbol{b}] &= \begin{bmatrix} 0.100\times10^{-3} & 0.100\times10^{1} & 0.100\times10^{1} \\ 0.100\times10^{-1} & 0.100\times10^{1} & 0.200\times10^{1} \end{bmatrix} \\
&\xrightarrow{l_{21}=10^4} \begin{bmatrix} 0.100\times10^{-3} & 0.100\times10^{1} & 0.100\times10^{1} \\ 0 & 0.100\times10^{1}-0.100\times10^{5} & 0.200\times10^{1}-0.100\times10^{5} \end{bmatrix} \\
&= \begin{bmatrix} 0.100\times10^{-3} & 0.100\times10^{1} & 0.100\times10^{1} \\ 0 & -0.100\times10^{5} & -0.100\times10^{5} \end{bmatrix}.
\end{aligned}$$

回代计算得

$$\begin{aligned}
x_2 &= 0.100\times10^{1} = 1, \\
x_1 &= \frac{0.100\times10^{1} - 0.100\times10^{1}\times0.100\times10^{1}}{0.100\times10^{-3}} = 0.
\end{aligned}$$

可在 MATLAB 窗口执行命令

```
>> A=[0.000100 1;1 1];
>> b=[1 2];
>> x=Gauss(A,b)
```

这个解与方程的精确解$x_1^* = 1.00010001, x_2^* = 0.99989999$ 相差甚大. 如果改用如下算法

$$\begin{aligned}
[\boldsymbol{A}|\boldsymbol{b}] &\xrightarrow{R_1\leftrightarrow R_2} \begin{bmatrix} 0.100\times10^{-1} & 0.100\times10^{1} & 0.200\times10^{1} \\ 0.100\times10^{-3} & 0.100\times10^{1} & 0.100\times10^{1} \end{bmatrix} \\
&\xrightarrow{l_{21}=10^{-4}} \begin{bmatrix} 0.100\times10^{1} & 0.100\times10^{1} & 0.200\times10^{1} \\ 0 & 0.100\times10^{1}-0.100\times10^{-3} & 0.100\times10^{1}-0.200\times10^{-3} \end{bmatrix} \\
&= \begin{bmatrix} 0.100\times10^{1} & 0.100\times10^{1} & 0.200\times10^{1} \\ 0 & 0.100\times10^{1} & 0.100\times10^{1} \end{bmatrix}.
\end{aligned}$$

可在 MATLAB 窗口执行命令

```
>> A=[0.000100 1;1 1];
>> b=[1 2];
>> [x,XA]=GaussXQAllMain(A,b)
```

回代求解得 $x_1 = x_2 = 1$, 与精确解相差不大.

此例说明, 在运用 Gauss 消去法解线性方程组时, 小主元可能导致计算失败, 故在消去法中应避免采用绝对值很小的数作为主元, 而应选取绝对值较大的数作为主元.

3.2.2 列主元 Gauss 消去法

列主元消去法就是在每次选主元时, 仅依次按列选取绝对值最大的元素作为主元. 例如, 在第 k 步消去过程中, 选 p 满足

$$\left|a_{pk}^{(k-1)}\right| = \max_{k\leqslant i\leqslant n}\left|a_{ik}^{(k-1)}\right|$$

交换第 k 行与第 p 行, 使得交换后 (k,k) 位置的元素为第 k 步消去的主元素.

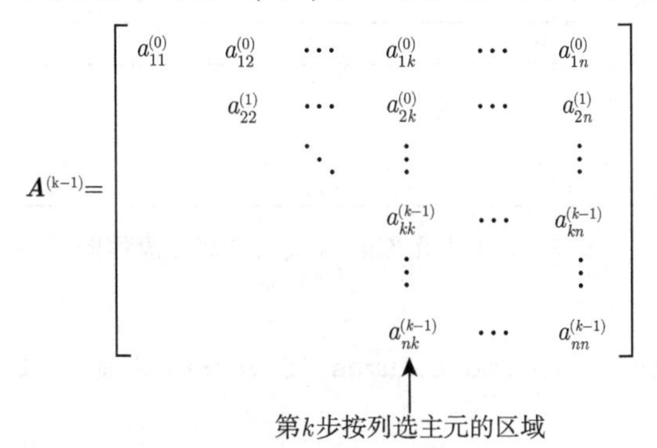

图 3.1 描绘了列主元 Gauss 消去过程.

列主元 Gauss 消去法 MATLAB 程序

```
function[x,det,flag]=Gauss_lzy(A,b)
% 求线性方程组的列主元Gauss消去法
% A为方程组的系数矩阵
% b为方程组的右端项
% x为方程组的解
% det为系数矩阵A的行列式的值
% flag为指标向量，falg='failure' 表示计算失败，flag='OK' 表示计算
成功
[n,m]=size(A);nb=length(b);
% 当方程组行与列的维数不相等时，停止计算，并输出出错信息
```

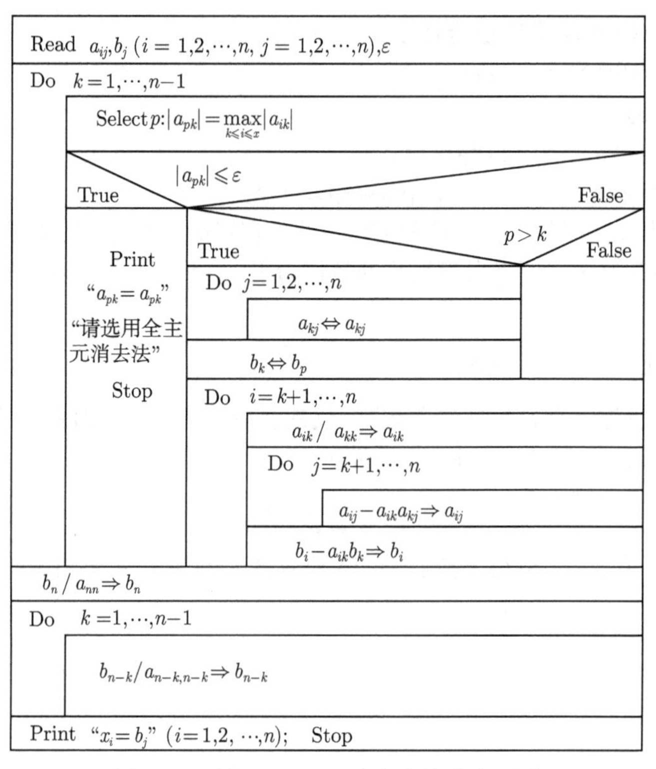

图 3.1　列主元 Gauss 消去法算法流程图

```
if n~=m
    error('The rows and columns of matrix A must be equal!');
    return;
end
% 当方程组与右端项的维数不匹配时，停止计算，并输出出错信息
if m~=nb
    error('The columns if A must be equal the length of b!')
    return;
end
% 开始计算，先赋初值
flag='OK';det=1;x=zeros(n,1);
for k=1:n-1
    % 选主元
    max1=0
    for i=k:n
        if abs(A(i,k))>max1
```

```
                max1=abs(A(i,k));r=i;
            end
        end
        if max1<1e-10
            flag='failure';return;
        end
        % 交换两行
        if r>k
            for j=k:n
                z=A(k,j);A(k,j)=A(r,j);A(r,j)=z;
            end
            z=b(k);b(k)=b(r),b(r)=z;det=-det;
        end
        % 消元过程
        for i=k+1:n
            m=A(i,k)/A(k,k);
            for j=k+1:n
                A(i,j)=A(i,j)-m*A(k,j);
            end
            b(i)=b(i)-m*b(k);
         end
         det=det*A(k,k);
end
det=det*A(n,n);
% 回代过程
 if abs(A(n,n))<1e-10
         flag='failure';return;
 end
 for k=n:-1:1
         for j=k+1:n
             b(k)=b(k)-A(k,j)*x(j);
         end
         x(k)=b(k)/A(k,k);
 end
 x(k)=b(k)/A(k,k);
End
```

3.2.3 全主元 Gauss 消去法

在列主元 Gauss 消去法中, 若在第 k 步所选主元仍是一个很小的数, 则应停止运算, 改用全主元 Gauss 消去法.

所谓全主元 Gauss 消去法, 就是在消去的第 k 步中, 其主元是在右下角的 $n-k+1$ 阶子矩阵中选取绝对值最大的元素

$$\left|a_{pq}^{(k-1)}\right| = \max_{k\leqslant i,j\leqslant n}\left|a_{ij}^{(k-1)}\right|$$

作为主元. 然后交换 k, p 两行, k, q 两列.

可以看出, 全主元 Gauss 消去法在选主元方面的运算量比列主元 Gauss 消去法大, 且行列变换也复杂得多. 一般情况下, 列主元 Gauss 消去法也能满足计算精度要求, 人们常常使用列主元 Gauss 消去法.

全主元 Gauss 消去法 MATLAB 程序

```
function [x,XA]=GaussXQAllMain(A,b)
% 高斯全主元消去法求线性方程组Ax = b的解
% 线性方程组的系数矩阵:A
% 线性方程组的常数向量:b
% 线性方程组的解:x
% 消元后的系数矩阵:XA
N=size(A);
n=N(1);
index_l=0;
index_r=0;
order=1:n;  % 记录未知数顺序的向量
for i=1:(n-1)
      me=max(max(abs(A(i:n,i:n))));  % 选取全主元
      for k=i:n
           if(abs(A(k,r))==me)
                index_l=k;
                index_r=r;  % 保存主元所在的行和列
                k=n;
                break;
           end
      end
end
```

```
temp=A(i,1:n);
A(i,1:n)=A(index_l,1:n);
A(index_l,1:n)=temp;
bb=b(index_l);
b(index_l)=b(i);
b(i)=bb;  % 交换主行
temp=A(1:n,i);
A(1:n,i)=A(1:n,index_r);
A(1:n,index_r)=temp;  % 交换主列
pos=order(i);
order(i)=order(index_r);
order(index_r)=pos;  % 主列的交换会造成未知数顺序的变化
for j=(i+1):n
      if A(i,i)==0
            disp('对角线元素为 0');
            return
      end
      l=A(j,i);
      m=A(i,i);
      A(j,1:n)=A(j,1:n)-l*A(i,1:n)/m;
      b(j)=b(j)-l*b(i)/m;
end
end
x=SolveUpTriangle(A,b);
y=zeros(n,1);
for i=1:n
      for j=1:n
           if order(j)==i
                y(i)=x(j);
           end
      end
end  % 恢复未知数原来的顺序
x=y
XA=A
```

3.3　矩阵的三角分解法

3.3.1　问题的提出

3.2 节介绍的 Gauss 消去法, 其核心是消去过程. 消去过程完成之后得一上三角形方程组, 解三角形方程组实际上就是回代过程, 即采用逐步代入, 化成一元一次方程求解, 非常简便. 这启示我们可以充分利用三角矩阵来求解方程组.

假设方程组 (3.2) 的系数矩阵 $\boldsymbol{A}$ 能够写成一个单位下三角矩阵 $\boldsymbol{L}$ 与一个上三角矩阵 $\boldsymbol{U}$ 的乘积 $\mathbf{LU}$. 将 $\boldsymbol{A}=\mathbf{LU}$ 代入方程 (3.2) 得

$$\mathbf{LUx}=\boldsymbol{b}.$$

令 $\boldsymbol{Ux}=\boldsymbol{y}$, 则解方程组 $\boldsymbol{Ax}=\boldsymbol{b}$ 等价于求解如下两个三角形方程组

$$\boldsymbol{Ly}=\boldsymbol{b}, \tag{3.5}$$

$$\boldsymbol{Ux}=\boldsymbol{y}. \tag{3.6}$$

对于方程组 (3.5)

$$\begin{bmatrix} 1 & & & \\ l_{21} & 1 & & \\ \vdots & \vdots & \ddots & \\ l_{n1} & l_{n2} & \cdots & 1 \end{bmatrix}\begin{bmatrix} y_1 \\ y_2 \\ \vdots \\ y_n \end{bmatrix}=\begin{bmatrix} b_1 \\ b_2 \\ \vdots \\ b_n \end{bmatrix},$$

其解为

$$\begin{cases} y_1=b_1, \\ y_i=b_i-\displaystyle\sum_{j=1}^{i-1} l_{ij}y_j, \quad i=2,3,\cdots,n, \end{cases} \tag{3.7}$$

利用式 (3.7) 的结果, 求解

$$\begin{bmatrix} u_{11} & u_{12} & \cdots & u_{1n} \\ & u_{22} & \cdots & u_{2n} \\ & & \ddots & \vdots \\ & & & u_{nn} \end{bmatrix}\begin{bmatrix} x_1 \\ x_2 \\ \vdots \\ x_n \end{bmatrix}=\begin{bmatrix} y_1 \\ y_2 \\ \vdots \\ y_n \end{bmatrix},$$

运用回代公式 (3.4) 得

$$\begin{cases} x_n = \dfrac{y_n}{u_{nn}}, \\ x_i = \dfrac{b_i - \sum\limits_{j=i+1}^{n} u_{ij}x_j}{u_{ii}}, \quad i = n-1, n-2, \cdots, 1. \end{cases} \tag{3.8}$$

下面只需讨论, 在什么条件下 $\boldsymbol{A} = \mathbf{LU}$, 如何计算 l_{ij}, u_{ij}. 我们自然想到 Gauss 消去法, 因为它的消去过程结束后得到一个上三角矩阵.

3.3.2 Gauss 消去过程与矩阵的三角分解

Gauss 消去过程就是对矩阵的初等行变换, 而对 $\boldsymbol{A}$ 的初等行变换, 可用一个初等方阵左乘 $\boldsymbol{A}$ 来表示. 设第一步消去过程为

$$\boldsymbol{A} = \boldsymbol{A}^{(0)} = \begin{bmatrix} a_{11}^{(0)} & a_{12}^{(0)} & \cdots & a_{1n}^{(0)} \\ a_{21}^{(0)} & a_{22}^{(0)} & \cdots & a_{2n}^{(0)} \\ \vdots & \vdots & & \vdots \\ a_{n1}^{(0)} & a_{n2}^{(0)} & \cdots & a_{nn}^{(0)} \end{bmatrix}$$

$$\xrightarrow{l_{i1}=a_{i1}^{(0)}/a_{11}^{(0)}(i=2,3,\cdots,n)} \begin{bmatrix} a_{11}^{(0)} & a_{12}^{(0)} & \cdots & a_{1n}^{(0)} \\ & a_{22}^{(1)} & \cdots & a_{2n}^{(1)} \\ & \vdots & & \vdots \\ & a_{n2}^{(1)} & \cdots & a_{nn}^{(1)} \end{bmatrix} = \boldsymbol{A}^{(1)}.$$

若用矩阵表示这一过程, 则

$$\boldsymbol{A}^{(1)} = \boldsymbol{L}_1\boldsymbol{A}.$$

其中

$$\boldsymbol{L}_1 = \begin{bmatrix} 1 & & & & \\ -l_{21} & 1 & & & \\ -l_{31} & 0 & 1 & & \\ \vdots & \vdots & \vdots & \ddots & \\ -l_{n1} & 0 & 0 & \cdots & 1 \end{bmatrix}.$$

整个 Gauss 消去过程可以表示为

$$\boldsymbol{A}^{(n-1)} = \boldsymbol{L}_{n-1}\boldsymbol{L}_{n-2}\cdots\boldsymbol{L}_1\boldsymbol{A}.$$

其中

$$
\boldsymbol{L}_k = \begin{bmatrix} 1 & & & & & & \\ & \ddots & & & & & \\ & & 1 & & & & \\ & & -l_{k+1,k} & 1 & & & \\ & & \vdots & \vdots & \ddots & & \\ & & -l_{nk} & 0 & \cdots & 1 \end{bmatrix}, \quad k = 1, 2, \cdots, n-1.
$$

据式 (3.3) 知, Gauss 消去过程结束后得一上三角矩阵

$$
\boldsymbol{A}^{(n-1)} = \begin{bmatrix} a_{11}^{(0)} & a_{12}^{(0)} & \cdots & a_{1n}^{(0)} \\ & a_{22}^{(1)} & \cdots & a_{2n}^{(1)} \\ & & \ddots & \vdots \\ & & & a_{nn}^{(n-1)} \end{bmatrix} \triangleq \begin{bmatrix} u_{11} & u_{12} & \cdots & u_{1n} \\ & u_{22} & \cdots & u_{2n} \\ & & \ddots & \vdots \\ & & & u_{nn} \end{bmatrix}.
$$

于是

$$
\boldsymbol{A} = \boldsymbol{L}_1^{-1}\boldsymbol{L}_2^{-1}\cdots\boldsymbol{L}_{n-1}^{-1}\boldsymbol{U}.
$$

其中

$$
\boldsymbol{L}_k^{-1} = \begin{bmatrix} 1 & & & & & & \\ & \ddots & & & & & \\ & & 1 & & & & \\ & & l_{k+1,k} & 1 & & & \\ & & \vdots & \vdots & \ddots & & \\ & & l_{nk} & 0 & \cdots & 1 \end{bmatrix}, \quad k = 1, 2, \cdots, n-1.
$$

直接计算得

$$
\boldsymbol{L} = \boldsymbol{L}_1^{-1}\boldsymbol{L}_2^{-1}\cdots\boldsymbol{L}_{n-1}^{-1} = \begin{bmatrix} 1 & & & & \\ l_{21} & 1 & & & \\ l_{31} & l_{32} & 1 & & \\ \vdots & \vdots & \vdots & \ddots & \\ l_{n1} & l_{n2} & l_{n3} & \cdots & 1 \end{bmatrix}.
$$

到此已说明, 利用 Gauss 消去过程的矩阵表示形式, 可以将 $\boldsymbol{A}$ 表示成一个单位下三角阵 $\boldsymbol{L}$ 与一个上三角阵 $\boldsymbol{U}$ 的乘积.

Gauss 消去法能顺利进行的条件是各消去步的主元

$$a_{kk}^{(k-1)} \neq 0, \quad k = 1, 2, \cdots, n-1.$$

可以证明 $a_{kk}^{(k-1)} \neq 0$ 的充要条件是 $\boldsymbol{A}$ 的各阶顺序主子式

$$\det(\boldsymbol{A}_i) = \begin{vmatrix} a_{11} & a_{12} & \cdots & a_{1i} \\ a_{21} & a_{22} & \cdots & a_{2i} \\ \vdots & \vdots & & \vdots \\ a_{i1} & a_{i2} & \cdots & a_{ii} \end{vmatrix} \neq 0, \quad i = 1, 2, \cdots, n-1,$$

于是可得如下定理.

定理 3.1 (矩阵的 LU 分解定理) 设 $\boldsymbol{A}$ 为 n 阶矩阵, 如果 $\boldsymbol{A}$ 的各阶顺序主子式 $\det(\boldsymbol{A}_i) \neq 0$ $(i = 1, 2, \cdots, n)$, 则 $\boldsymbol{A}$ 可以分解为一个单位下三角矩阵 $\boldsymbol{L}$ 和一个上三角矩阵 $\boldsymbol{U}$ 的乘积

$$\boldsymbol{A} = \mathbf{LU} \tag{3.9}$$

且分解式是唯一的. 称为 $\boldsymbol{A}$ 的 **LU** 分解或三角分解.

证 只需证唯一性, 设 $\boldsymbol{A}$ 有两种三角分解 $\boldsymbol{A} = \mathbf{LU} = \mathbf{L}_1\mathbf{U}_1$. 由于 $\boldsymbol{A}$ 非奇异, 所以 $\boldsymbol{L}, \boldsymbol{L}_1, \boldsymbol{U}, \boldsymbol{U}_1$ 均为非奇异阵, 且有

$$\boldsymbol{L}_1^{-1}\boldsymbol{L} = \boldsymbol{U}_1\boldsymbol{U}^{-1}.$$

由矩阵运算性质知 $\boldsymbol{L}_1^{-1}\boldsymbol{L}$ 为单位下三角矩阵, 而 $\boldsymbol{U}_1\boldsymbol{U}^{-1}$ 为上三角矩阵, 从而有

$$\boldsymbol{L}_1^{-1}\boldsymbol{L} = \boldsymbol{U}_1\boldsymbol{U}^{-1} = \boldsymbol{I},$$

于是 $\boldsymbol{L} = \boldsymbol{L}_1, \boldsymbol{U} = \boldsymbol{U}_1$, 故 $\boldsymbol{A}$ 的三角分解是唯一的.

3.3.3 *LU* 分解计算

当 $\boldsymbol{A}$ 的各阶顺序主子式 $\det(\boldsymbol{A}_i) \neq 0$ $(i = 1, 2, \cdots, n)$ 时, $\boldsymbol{A}$ 的 **LU** 分解必存在. 那么 $l_{ij}(i > j)$ 与 $u_{ij}(i \leqslant j)$ 又怎样计算呢?

因为 $\boldsymbol{A}$ 的 **LU** 分解的思路正是来自 Gauss 消去过程, 读者不妨沿着这个思路推算一下.

另一思路是利用矩阵运算性质直接计算. 设

$$\begin{bmatrix} a_{11} & a_{12} & \cdots & a_{1n} \\ a_{21} & a_{22} & \cdots & a_{2n} \\ \vdots & \vdots & & \vdots \\ a_{n1} & a_{n2} & \cdots & a_{nn} \end{bmatrix} = \begin{bmatrix} 1 & & & \\ l_{21} & 1 & & \\ \vdots & \vdots & \ddots & \\ l_{n1} & l_{n2} & \cdots & 1 \end{bmatrix} \begin{bmatrix} u_{11} & u_{12} & \cdots & u_{1n} \\ & u_{22} & \cdots & u_{2n} \\ & & \ddots & \vdots \\ & & & u_{nn} \end{bmatrix},$$

则等式两端对应位置的元素必相等. $\forall i, j=1,2,\cdots,n$,

$$a_{ij}=[l_{i1},\cdots,l_{i,i-1},1,0,\cdots,0]\begin{bmatrix}u_{1j}\\ \vdots\\ u_{jj}\\ 0\\ \vdots\\ 0\end{bmatrix}=\begin{cases}\sum\limits_{k=1}^{j} l_{ik}u_{kj}, & j<i,\\ \sum\limits_{k=1}^{i-1} l_{ik}u_{kj}+u_{ij}, & j\geqslant i.\end{cases}$$

当 $i=1$ 时, 得 $u_{1j}=a_{1j}(j=1,2,\cdots,n)$, 从而计算出 $\boldsymbol{U}$ 的第一行元素.

当 $j=1$ 时, 得 $a_{i1}=l_{i1}u_{11}$, 即 $l_{i1}=\dfrac{a_{i1}}{u_{11}}(i=2,3,\cdots,n)$, 从而计算出 $\boldsymbol{L}$ 的第一列元素. 接下来利用 $\boldsymbol{U}$ 的第一行、$\boldsymbol{L}$ 的第一列元素的计算结果, 求 $\boldsymbol{U}$ 的第二行、$\boldsymbol{L}$ 的第二列元素的值, 在计算出 $\boldsymbol{U}$ 的前 $i-1$ 行和 $\boldsymbol{L}$ 的前 $i-1$ 列元素值以后, 可得 $\boldsymbol{U}$ 的第 i 行和 $\boldsymbol{L}$ 的第 i 列元素值, 计算公式如下.

$$\begin{cases}u_{1j}=a_{1j}, & j=1,2,\cdots,n,\\ l_{i1}=\dfrac{a_{i1}}{u_{11}}, & i=2,3,\cdots,n,\\ u_{ij}=a_{ij}-\sum\limits_{k=1}^{i-1} l_{ik}u_{kj}, & j\geqslant i, i=2,3,\cdots,n,\\ l_{ij}=\dfrac{1}{u_{jj}}\left(a_{ij}-\sum\limits_{k=1}^{j-1} l_{ik}u_{kj}\right), & i>j, j=2,3,\cdots,n-1.\end{cases}\tag{3.10}$$

矩阵 $\boldsymbol{A}$ 的 LU 分解 MATLAB 程序

```
function [y,x]=LU_x(A,b)
% 选主元 LU 分解法解方程
b=b';A=[A',b]',n=length(b');x=zeros(n,1);y=zeros(n,1);
U=zeros(n);L=eye(n);
for k=1:n
      U(1,k)=A(1,k);
      L(k,1)=A(k,1)/U(1,1);
end
for i=2:n
      for k=i:n
            lu=0;
            lu1=0;
            for j=1:i-1
```

```
                lu=lu+L(i,j)*U(j,k);
                lu1=lu1+L(k,j)*U(j,i);
            end
            U(i,k)=A(i,k)-lu;
            L(k,i)=(A(k,i)-lu1)/U(i,i);
        end
    end
    L
    U
    for i=1:n
        ly=0;
        for j=1:i
            ly=ly+L(i,j)*y(j);
        end
        y(i)=b(i)-ly;
    end
    for i=n:-1:1
         ly1=0;
         for j=i+1:n
            ly1=ly1+U(i,j)*x(j);
        end
        x(i)=(y(i)-ly1)/U(i,i);
    end
```

3.3.4 LU 分解的应用

1. 运用系数矩阵的 **LU** 分解求解方程组

例 3.3 求解方程组

$$\begin{bmatrix} 2 & 4 & 2 & 6 \\ 4 & 9 & 6 & 15 \\ 2 & 6 & 9 & 18 \\ 6 & 15 & 18 & 40 \end{bmatrix} \begin{bmatrix} x_1 \\ x_2 \\ x_3 \\ x_4 \end{bmatrix} = \begin{bmatrix} 9 \\ 23 \\ 22 \\ 47 \end{bmatrix}.$$

解　由式 (3.10) 得

$$
\boldsymbol{L}=\begin{bmatrix}1&0&0&0\\2&1&0&0\\1&2&1&0\\3&3&2&1\end{bmatrix},\quad \boldsymbol{U}=\begin{bmatrix}2&4&2&6\\0&1&2&3\\0&0&3&6\\0&0&0&1\end{bmatrix}.
$$

在方程组 $\boldsymbol{Ax}=\mathbf{LU}\boldsymbol{x}=\boldsymbol{b}$ 中, 令 $\boldsymbol{Ux}=\boldsymbol{y}$, 则

$$
\begin{bmatrix}1&0&0&0\\2&1&0&0\\1&2&1&0\\3&3&2&1\end{bmatrix}\begin{bmatrix}y_1\\y_2\\y_3\\y_4\end{bmatrix}=\begin{bmatrix}9\\23\\22\\47\end{bmatrix}.
$$

运用公式 (3.7), 解得 $\boldsymbol{y}=(9,5,3,-1)^{\mathrm{T}}$. 代入 $\boldsymbol{Ux}=\boldsymbol{y}$, 得

$$
\begin{bmatrix}2&4&2&6\\0&1&2&3\\0&0&3&6\\0&0&0&1\end{bmatrix}\begin{bmatrix}x_1\\x_2\\x_3\\x_4\end{bmatrix}=\begin{bmatrix}9\\5\\3\\-1\end{bmatrix}.
$$

运用公式 (3.8), 解得 $\boldsymbol{x}=\left(\dfrac{1}{2},2,3,-1\right)^{\mathrm{T}}$.

可在 MATLAB 窗口执行命令

```
>> A=[2 4 2 6;4 9 6 15;2 6 9 18;6 15 18 40];
>> b=[9 23 22 47];
>> [y,x]=LU_x(A,b)
```

在今后的 3.4 节和 3.5 节中, 将利用 **LU** 分解求解几种特殊类型的方程组.

2. 计算行列式

设 $\boldsymbol{A}=\mathbf{LU}$, 则

$$
\det(\boldsymbol{A})=\det(\boldsymbol{L})\cdot\det(\boldsymbol{U})=1\cdot\det(\boldsymbol{U})=\prod_{i=1}^{n}u_{ii}.
$$

3. 求矩阵的逆

设 $\det(\boldsymbol{A})\neq 0$, $\boldsymbol{A}^{-1}=\boldsymbol{X}=[\boldsymbol{x}_1\boldsymbol{x}_2\cdots\boldsymbol{x}_n]$, 由 $\boldsymbol{AA}^{-1}=\boldsymbol{E}$ 得

$$
\boldsymbol{A}[\boldsymbol{x}_1,\boldsymbol{x}_2,\cdots,\boldsymbol{x}_n]=[\boldsymbol{Ax}_1\boldsymbol{Ax}_2\cdots\boldsymbol{Ax}_n]=[\boldsymbol{e}_1\boldsymbol{e}_2\cdots\boldsymbol{e}_n].
$$

从而

$$\boldsymbol{A}\boldsymbol{x}_j = \mathbf{e}_j, \quad j = 1, 2, \cdots, n.$$

用 **LU** 分解方法分别求以上 n 个方程组即可.

由于计算量非常大, 所以通常利用等价运算, 避免直接求逆. 如下所示.

(1) 计算 $a = \boldsymbol{x}^{\mathrm{T}}\boldsymbol{A}^{-1}\boldsymbol{y}$($\boldsymbol{x}, \boldsymbol{y}$ 是给定的 n 维列向量) 可采用如下过程: 第一步, 求解方程组 $\boldsymbol{A}\boldsymbol{z} = \boldsymbol{y}$; 第二步, 计算向量内积 $a = \boldsymbol{x}^{\mathrm{T}}\boldsymbol{z}$.

(2) 计算矩阵的积 $\boldsymbol{C} = \boldsymbol{A}^{-1}\boldsymbol{B}$. 设

$$\boldsymbol{B} = [\boldsymbol{b}_1\boldsymbol{b}_2\cdots\boldsymbol{b}_n], \quad \boldsymbol{C} = [\boldsymbol{c}_1\boldsymbol{c}_2\cdots\boldsymbol{c}_n],$$

则

$$\boldsymbol{c}_k = \boldsymbol{A}^{-1}\boldsymbol{b}_k, \quad k = 1, 2, \cdots, n.$$

只需解如下 n 个线性方程组

$$\boldsymbol{A}\boldsymbol{c}_k = \boldsymbol{b}_k, \quad k = 1, 2, \cdots, n.$$

3.4 追 赶 法

3.4.1 三对角矩阵的 LU 分解

在许多实际问题中, 如构造三次样条插值函数, 用差分求解微分方程的边值问题, 最后都归结为求解一个三对角线性方程组 $\boldsymbol{A}\boldsymbol{x} = \boldsymbol{d}$, 具体形式为

$$\begin{bmatrix} b_1 & c_1 & & & & & \\ a_2 & b_2 & c_2 & & & & \\ & \ddots & \ddots & \ddots & & & \\ & & a_i & b_i & c_i & & \\ & & & \ddots & \ddots & \ddots & \\ & & & & a_{n-1} & b_{n-1} & c_{n-1} \\ & & & & & a_n & b_n \end{bmatrix} \begin{bmatrix} x_1 \\ x_2 \\ \vdots \\ x_i \\ \vdots \\ x_{n-1} \\ x_n \end{bmatrix} = \begin{bmatrix} d_1 \\ d_2 \\ \vdots \\ d_i \\ \vdots \\ d_{n-1} \\ d_n \end{bmatrix}, \tag{3.11}$$

其中系数矩阵 $\boldsymbol{A}$ 满足条件

$$\begin{cases} |b_1| > |c_1| > 0, \\ |b_i| \geqslant |a_i| + |c_i|, \quad a_i c_i \neq 0, i = 1, 2, \cdots, n-1. \\ |b_n| > |a_n| > 0, \end{cases} \tag{3.12}$$

条件 (3.12) 称为系数矩阵 $\boldsymbol{A}$ 的对角线元素占优 (对角占优), 它保证了 $\boldsymbol{A}$ 的各阶顺序主子式不为零.

定理 3.2　设三对角线性方程组 (3.11) 的系数矩阵对角占优, 即满足条件 (3.12), 则 $\boldsymbol{A}$ 的各阶顺序主子式

$$\det(\boldsymbol{A}_k) \neq 0, \quad k = 1, 2, \cdots, n.$$

证　据式 (3.11) 可以看出, $\boldsymbol{A}$ 的各阶顺序主子矩阵 $\boldsymbol{A}_k(k = 2, 3, \cdots, n)$ 也是 k 阶三对角矩阵, 故应用归纳法证明.

当 $k = 2$ 时, 有

$$\det(\boldsymbol{A}_2) = \begin{vmatrix} b_1 & c_1 \\ a_2 & b_2 \end{vmatrix} = b_1 b_2 - a_2 c_1 \neq 0.$$

设 $k = n - 1$ 时结论成立, 即满足条件 (3.12) 的 $n - 1$ 阶三对角矩阵, 其行列式不为零. 则当 $k = n$ 时

$$\boldsymbol{A}_n = \boldsymbol{A} = \begin{bmatrix} b_1 & c_1 & & & \\ a_2 & b_2 & c_2 & & \\ & \ddots & \ddots & \ddots & \\ & & a_{n-1} & b_{n-1} & c_{n-1} \\ & & & a_n & b_n \end{bmatrix} \longrightarrow \begin{bmatrix} b_1 & c_1 & & & & \\ a_2 & b_2 & c_2 & & & \\ & \ddots & \ddots & \ddots & & \\ & & a_{n-2} & b_{n-2} & c_{n-2} & \\ & & & a_{n-1} & \tilde{b}_{n-1} & 0 \\ & & & & a_n & b_n \end{bmatrix}.$$

$$\det(\boldsymbol{A}_n) = b_n \cdot \det\left(\tilde{\boldsymbol{A}}_{n-1}\right).$$

式中

$$\tilde{\boldsymbol{A}}_{n-1} = \begin{bmatrix} b_1 & c_1 & & & \\ a_2 & b_2 & c_2 & & \\ & \ddots & \ddots & \ddots & \\ & & a_{n-2} & b_{n-2} & c_{n-2} \\ & & & a_{n-1} & \tilde{b}_{n-1} \end{bmatrix}, \quad \tilde{b}_{n-1} = b_{n-1} - \frac{c_{n-1}}{b_n} a_n.$$

由于

$$\begin{aligned} \left|\tilde{b}_{n-1}\right| &= \left|b_{n-1} - \frac{c_{n-1}}{b_n} a_n\right| \geqslant |b_{n-1}| - \left|\frac{c_{n-1}}{b_n}\right| |a_n| \\ &> |b_{n-1}| - |c_{n-1}| \geqslant |a_{n-1}| \neq 0, \end{aligned}$$

所以 $\tilde{\boldsymbol{A}}_{n-1}$ 满足条件 (3.12). 据归纳法假设 $\det\left(\tilde{\boldsymbol{A}}_{n-1}\right) \neq 0$, 从而 $\det(\boldsymbol{A}_n) \neq 0$.

据定理 3.1 及定理 3.2 的结论知, 对角占优的三对角矩阵 $\boldsymbol{A}$ 存在 $\mathbf{LU}$ 分解. 与普通矩阵相比, 三对角矩阵中零元素的数量占优势, 为了节省存储和计算量, 我们针对 $\boldsymbol{A}$ 的构成, 对 $\mathbf{LU}$ 分解计算公式进一步简化. 设 $\boldsymbol{A} = \mathbf{LU}$,

$$
\boldsymbol{A} = \begin{bmatrix} b_1 & c_1 & & & & & \\ a_2 & b_2 & c_2 & & & & \\ & \ddots & \ddots & \ddots & & & \\ & & a_i & b_i & c_i & & \\ & & & \ddots & \ddots & \ddots & \\ & & & & a_{n-1} & b_{n-1} & c_{n-1} \\ & & & & & a_n & b_n \end{bmatrix}
$$

$$
= \begin{bmatrix} \alpha_1 & & & & & & \\ \gamma_2 & \alpha_2 & & & & & \\ & \ddots & \ddots & & & & \\ & & \gamma_i & \alpha_i & & & \\ & & & \ddots & \ddots & & \\ & & & & \gamma_{n-1} & \alpha_{n-1} & \\ & & & & & \gamma_n & \alpha_n \end{bmatrix} \begin{bmatrix} 1 & \beta_1 & & & & & \\ & 1 & \beta_2 & & & & \\ & & \ddots & \ddots & & & \\ & & & 1 & \beta_i & & \\ & & & & \ddots & \ddots & \\ & & & & & 1 & \beta_{n-1} \\ & & & & & & 1 \end{bmatrix},
$$

其中 $\{\alpha_i\}, \{\beta_i\}, \{\gamma_i\}$ 都是待定常数. 由矩阵运算规则得

$$
\begin{aligned}
&(1)\ \gamma_i = a_i, i = 2, 3, \cdots, n; \\
&(2)\ \alpha_1 = b_1, \alpha_i = b_i - \gamma_i \beta_{i-1} = b_i - a_i \beta_{i-1}, i = 2, 3, \cdots, n; \\
&(3)\ \beta_1 = \frac{c_1}{\alpha_1}, \beta_i = \frac{c_i}{\alpha_i} = \frac{c_i}{b_i - a_i \beta_{i-1}}, i = 2, 3, \cdots, n.
\end{aligned} \tag{3.13}
$$

3.4.2 追赶法

对于方程 $\boldsymbol{Ax} = \mathbf{LU}\boldsymbol{x} = \boldsymbol{d}$, 首先求解 $\boldsymbol{Ly} = \boldsymbol{d}$, 再解 $\boldsymbol{Ux} = \boldsymbol{y}$. 方程组 $\boldsymbol{Ly} = \boldsymbol{d}$, 即

$$
\begin{bmatrix} \alpha_1 & & & \\ a_2 & \alpha_2 & & \\ & \ddots & \ddots & \\ & & a_n & \alpha_n \end{bmatrix} \begin{bmatrix} y_1 \\ y_2 \\ \vdots \\ y_n \end{bmatrix} = \begin{bmatrix} d_1 \\ d_2 \\ \vdots \\ d_n \end{bmatrix}
$$

的解为

$$\begin{cases} y_1 = \dfrac{d_1}{\alpha_1} = \dfrac{d_1}{b_1}, \\ y_i = \dfrac{d_i - a_i y_{i-1}}{\alpha_i} = \dfrac{d_i - a_i y_{i-1}}{b_i - a_i \beta_{i-1}}, \quad i = 2, 3 \cdots, n. \end{cases} \tag{3.14}$$

方程组 $\boldsymbol{U}\boldsymbol{x} = \boldsymbol{y}$, 即

$$\begin{bmatrix} 1 & \beta_1 & & & \\ & 1 & \beta_2 & & \\ & & \ddots & \ddots & \\ & & & 1 & \beta_{n-1} \\ & & & & 1 \end{bmatrix} \begin{bmatrix} x_1 \\ x_2 \\ \vdots \\ x_{n-1} \\ x_n \end{bmatrix} = \begin{bmatrix} y_1 \\ y_2 \\ \vdots \\ y_{n-1} \\ y_n \end{bmatrix}$$

的解为

$$\begin{cases} x_n = y_n, \\ x_i = y_i - \beta_i x_{i+1}, \quad i = n-1, n-2, \cdots, 1. \end{cases} \tag{3.15}$$

在公式 (3.13)—(3.15) 中, 将计算 $\beta_1 \longrightarrow \beta_2 \longrightarrow \cdots \longrightarrow \beta_{n-1}$ 及 $y_1 \longrightarrow y_2 \longrightarrow \cdots \longrightarrow y_n$ 的过程称为追的过程; 而将计算 $x_n \longrightarrow x_{n-1} \longrightarrow \cdots \longrightarrow x_2 \longrightarrow x_1$ 的过程称为赶的过程, 由此得名 “追赶法”.

例 3.4　用追赶法求解方程组

$$\begin{bmatrix} 2 & -1 & 0 & 0 \\ -1 & 2 & -1 & 0 \\ 0 & -1 & 2 & -1 \\ 0 & 0 & -1 & 2 \end{bmatrix} \begin{bmatrix} x_1 \\ x_2 \\ x_3 \\ x_4 \end{bmatrix} = \begin{bmatrix} 1 \\ 0 \\ 0 \\ 1 \end{bmatrix}.$$

解　显然系数矩阵 $\boldsymbol{A}$ 对角占优.

(1) 由式 (3.13) 计算 $\{\beta_i\}$:

$$\beta_1 = \frac{c_1}{b_1} = -\frac{1}{2}, \quad \beta_2 = \frac{c_2}{b_2 - a_2\beta_1} = -\frac{2}{3},$$
$$\beta_3 = \frac{c_3}{b_3 - a_3\beta_2} = -\frac{3}{4}.$$

(2) 由式 (3.14) 计算 $\{y_i\}$:

$$y_1 = \frac{d_1}{b_1} = \frac{1}{2}, \quad y_2 = \frac{d_2 - a_2 y_1}{b_2 - a_2\beta_1} = \frac{1}{3},$$
$$y_3 = \frac{d_3 - a_3 y_2}{b_3 - a_3\beta_2} = \frac{1}{4}, \quad y_4 = \frac{d_4 - a_4 y_3}{b_4 - a_4\beta_3} = 1.$$

(3) 由式 (3.15) 计算 $\{x_i\}$:

$$
\begin{aligned}
&x_4 = y_4 = 1, \quad x_3 = y_3 - \beta_3 x_4 = 1, \\
&x_2 = y_2 - \beta_2 x_3 = 1, \quad x_1 = y_1 - \beta_1 x_2 = 1.
\end{aligned}
$$

在程序设计中, 只需设四个一维数组, 分别存储于 $\{a_i\}$, $\{b_i\}$, $\{c_i\}$, $\{d_i\}$. 中间运算过程所用的 $\{\alpha_i\}$, $\{\beta_i\}$ 分别冲掉 $\{b_i\}$ 及 $\{c_i\}$, 两方程组的解 $\{y_i\}$, $\{x_i\}$ 先后冲掉 $\{d_i\}$. 追赶法算法流程图如图 3.2 所示.

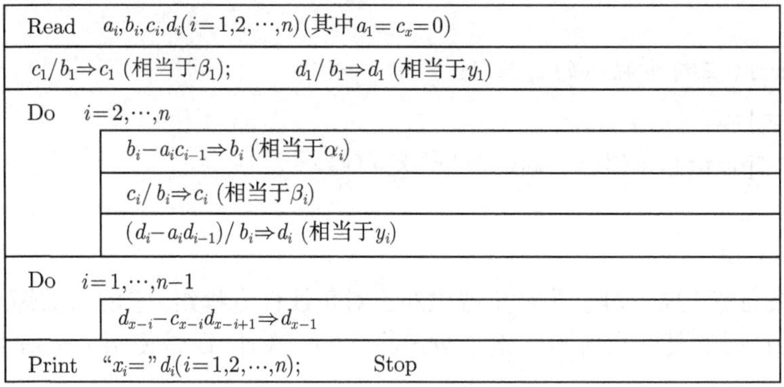

Read $a_i, b_i, c_i, d_i (i=1,2,\cdots,n)$ (其中 $a_1 = c_x = 0$)	
$c_1/b_1 \Rightarrow c_1$ (相当于 β_1); $d_1/b_1 \Rightarrow d_1$ (相当于 y_1)	
Do $i=2,\cdots,n$	
	$b_i - a_i c_{i-1} \Rightarrow b_i$ (相当于 α_i)
	$c_i/b_i \Rightarrow c_i$ (相当于 β_i)
	$(d_i - a_i d_{i-1})/b_i \Rightarrow d_i$ (相当于 y_i)
Do $i=1,\cdots,n-1$	
	$d_{x-i} - c_{x-i} d_{x-i+1} \Rightarrow d_{x-1}$
Print "$x_i=$" $d_i (i=1,2,\cdots,n)$; Stop	

图 3.2 追赶法算法流程图

运用追赶法求解三对角线性方程组, 只是进行了简单的代入运算, 整个计算过程中, 共进行了 $(5n-1)$ 次乘除法及 $(3n-1)$ 次加减法运算. 与 Gauss 消去法相比, 计算量及存储量都有较大的降低.

追赶法的 MATLAB 程序

```
function chase(a,b,c,d)
clear all;
% a=[2,2,2,2]; % 将三对角元素存入向量a,b,c
% b=[-1,-1,-1];
% c=[-1,-1,-1];
% d=[1,0,0,1]; % 将右端向量存入r
n=length(a);
b=[0,b];         % 由于b的序号从2开始, 故前面需多增加一项
% 用追赶法计算 u(1),v(1),··· ,u(n-1),v(n-1),u(n)
u(1)=d(1)/a(1);
v(1)=c(1)/a(1);
for k=2:n-1
      u(k)=(d(k)-u(k-1)*b(k))/(a(k)-v(k-1)*b(k));
```

```
    v(k)=c(k)/(a(k)-v(k-1)*b(k));
end
u(n)=(d(n)-u(n-1)*b(n))/(a(n)-v(n-1)*b(n));
% 用追赶法计算 x(n),x(n-1),…,x(1)
x(n)=u(n);
for k=n-1:-1:1
    x(k)=u(k)-v(k)*x(k+1);
end
fprintf('三对方程组的解为 \n')
for k=1:n
    fprintf('x(%1d)=%10.8f\n',k,x(k));
end
end
```

但值得注意的是, 对于非对角占优的三对角线性方程组, 它的系数矩阵不满足条件 (3.12), 用追赶法求解不一定是数值稳定的. 这时, 还是使用 Gauss 主元消去法更为适宜.

3.5 平方根法

在许多工程技术问题的计算中, 常会遇到线性方程组的系数矩阵是对称正定矩阵的问题. 如应用有限元法计算结构力学问题时, 最后往往归结为求解具有对称正定矩阵的线性方程组. 系数矩阵的对称正定使得它的三角分解计算变得简单, 从而形成了求解这类方程组的非常有效的方法——平方根法及改进的平方根法.

3.5.1 对称正定矩阵的三角分解

设 $\boldsymbol{A}$ 对称正定, 则 $\boldsymbol{A}$ 的各阶顺序主子式 $\det(\boldsymbol{A}_k)>0(k=1,2,\cdots,n)$. 于是得

(1) $\boldsymbol{A}$ 有唯一的 $\mathbf{LU}$ 分解, 即 $\boldsymbol{A}=\mathbf{LU}$, 其中 $\boldsymbol{L}$ 是单位下三角矩阵, $\boldsymbol{U}$ 为上三角矩阵.

(2) $\det(\boldsymbol{A}_k)=\det(\boldsymbol{L}_k)\det(\boldsymbol{U}_k)=\det(\boldsymbol{U}_k)=u_{11}u_{22}\cdots u_{kk}>0(k=1,2,\cdots,n)$, 于是得 $u_{ii}>0(i=1,2,\cdots,n)$. 若记 $\boldsymbol{D}=\mathrm{diag}(u_{11},u_{22},\cdots,u_{nn})$, 利用 $\boldsymbol{A}$ 的对称性 $\boldsymbol{A}=\boldsymbol{A}^{\mathrm{T}}$, 得 $\mathbf{LU}=(\mathbf{LU})^{\mathrm{T}}=(\mathbf{LDD}^{-1}\boldsymbol{U})^{\mathrm{T}}=(\boldsymbol{D}^{-1}\boldsymbol{U})^{\mathrm{T}}\boldsymbol{D}\boldsymbol{L}^{\mathrm{T}}$.

由 $\boldsymbol{A}=\mathbf{LU}$ 分解的唯一性, 必有 $\boldsymbol{U}=\boldsymbol{D}\boldsymbol{L}^{\mathrm{T}}$. 从而

$$\boldsymbol{A}=\boldsymbol{L}\boldsymbol{D}\boldsymbol{L}^{\mathrm{T}}, \tag{3.16}$$

此分解也是唯一的, 称矩阵 $\boldsymbol{A}$ 的 $\boldsymbol{LDL}^{\mathrm{T}}$ 分解. 令 $\boldsymbol{D}^{\frac{1}{2}}=\mathrm{diag}(\sqrt{u_{11}},\sqrt{u_{22}},\cdots,\sqrt{u_{nn}})$, 则

$$\boldsymbol{A}=\boldsymbol{LDL}^{\mathrm{T}}=\boldsymbol{LD}^{\frac{1}{2}}\boldsymbol{D}^{\frac{1}{2}}\boldsymbol{L}^{\mathrm{T}}=\left(\boldsymbol{LD}^{\frac{1}{2}}\right)\left(\boldsymbol{LD}^{\frac{1}{2}}\right)^{\mathrm{T}}=\tilde{\boldsymbol{L}}\tilde{\boldsymbol{L}}^{\mathrm{T}}, \tag{3.17}$$

其中 $\tilde{\boldsymbol{L}}=\boldsymbol{LD}^{\frac{1}{2}}$ 为下三角阵, 显然分解式 (3.17) 是唯一的, 称为 Cholesky 分解.

3.5.2 平方根法

设 $\boldsymbol{A}$ 是对称正定矩阵, 且有 Cholesky 分解

$$\boldsymbol{A}=\boldsymbol{LL}^{\mathrm{T}}=\begin{bmatrix} l_{11} & & & \\ l_{21} & l_{22} & & \\ \vdots & \vdots & \ddots & \\ l_{n1} & l_{n2} & \cdots & l_{nn} \end{bmatrix}\begin{bmatrix} l_{11} & l_{21} & \cdots & l_{n1} \\ & l_{22} & \cdots & l_{n2} \\ & & \ddots & \vdots \\ & & & l_{nn} \end{bmatrix},$$

其中 $l_{ii}>0(i=1,2,\cdots,n)$. 由矩阵乘法推得

$$\begin{gathered} l_{11}=\sqrt{a_{11}},\quad l_{i1}=\frac{a_{i1}}{l_{11}},\quad i=2,3,\cdots,n, \\ l_{jj}=\left(a_{jj}-\sum_{k=1}^{j-1}l_{jk}^2\right)^{\frac{1}{2}}, \\ l_{ij}=\frac{a_{ij}-\sum\limits_{k=1}^{j-1}l_{ik}l_{jk}}{l_{jj}},\quad i>j,j=2,3,\cdots,n. \end{gathered} \tag{3.18}$$

求解 $\boldsymbol{Ly}=\boldsymbol{b}$ 得

$$\begin{gathered} y_1=\frac{b_{11}}{l_{11}}, \\ y_i=\frac{b_i-\sum\limits_{k=1}^{i-1}l_{ik}y_k}{l_{ii}},\quad i=2,3,\cdots,n. \end{gathered} \tag{3.19}$$

求解 $\boldsymbol{L}^{\mathrm{T}}\boldsymbol{x}=\boldsymbol{y}$ 得

$$\begin{gathered} x_n=\frac{y_{nn}}{l_{nn}}, \\ x_i=\frac{y_i-\sum\limits_{k=i+1}^{n}l_{ki}x_k}{l_{ii}},\quad i=n-1,n-2,\cdots,1. \end{gathered} \tag{3.20}$$

正定对称矩阵 $\boldsymbol{A}$ 的平方根分解的 MATLAB 程序

```
function L=Cholesky(A)
% (平方根法)正定对称矩阵 LU 分解的Cholesky法
% A为要 LU 分解的矩阵,L为下三角矩阵
n=length(A);L=zeros(n);
for k=1;n
    delta=A(k,k);
    for j=1:k-1
        delta=delta-L(k,j)^2;
    end
    L(k,k)=sqrt(delta);
    for i=k+1:n
        L(i,k)=A(i,k);
        for j=1:n-1
            L(i,k)=L(i,k)-L(i,j)*L(k,j)
        end
        L(i,k)=L(i,k)/L(k,k);
    end
end
```

3.5.3　改进的平方根法

为了避免分解中的开方运算, 将对称正定矩阵 $\boldsymbol{A}$ 作 $\boldsymbol{LDL}^{\mathrm{T}}$ 分解, 即

$$
\begin{aligned}
\boldsymbol{A}&=\boldsymbol{LDL}^{\mathrm{T}}\\
&=\begin{bmatrix} 1 & & & \\ l_{21} & 1 & & \\ \vdots & \ddots & \ddots & \\ l_{n1} & \cdots & l_{n,n-1} & 1 \end{bmatrix}\begin{bmatrix} u_{11} & & & \\ & u_{22} & & \\ & & \ddots & \\ & & & u_{nn} \end{bmatrix}\begin{bmatrix} 1 & l_{21} & \cdots & l_{n1} \\ & 1 & \ddots & \vdots \\ & & \ddots & l_{n,n-1} \\ & & & 1 \end{bmatrix}\\
&=\begin{bmatrix} u_{11} & & & \\ l_{21} & u_{22} & & \\ \vdots & \ddots & \ddots & \\ l_{n1} & \cdots & l_{n,n-1} & u_{nn} \end{bmatrix}\begin{bmatrix} 1 & l_{21} & \cdots & l_{n1} \\ & 1 & \ddots & \vdots \\ & & \ddots & l_{n,n-1} \\ & & & 1 \end{bmatrix},
\end{aligned}
$$

其中 $t_{ij}=l_{ij}u_{jj}(i>j)$, 由矩阵乘法得分解的计算公式

$$\begin{aligned}
u_{11}&=a_{11},\\
u_{ii}&=a_{ii}-\sum_{k=1}^{i-1}l_{ik}^2u_{kk},\quad i=2,3,\cdots,n,\\
l_{i1}&=\frac{a_{i1}}{u_{11}},\quad i=2,3,\cdots,n,\\
l_{ij}&=\frac{a_{ij}-\sum\limits_{k=1}^{j-1}l_{ik}u_{kk}l_{jk}}{u_{jj}},\quad j<i,i=2,3,\cdots,n,
\end{aligned}\tag{3.21}$$

求解 $\boldsymbol{Ly}=\boldsymbol{b}$ 得

$$\begin{aligned}
y_1&=b_1,\\
y_i&=b_i-\sum_{k=1}^{i-1}l_{ik}y_k,\quad i=2,3,\cdots,n.
\end{aligned}\tag{3.22}$$

求解 $\boldsymbol{L}^{\mathrm{T}}\boldsymbol{x}=\boldsymbol{D}^{-1}\boldsymbol{y}$ 得

$$\begin{aligned}
x_n&=\frac{y_n}{u_{nn}},\\
x_i&=\frac{y_i}{u_{ii}}-\sum_{k=i+1}^{n}l_{ki}x_k,\quad i=n-1,n-2,\cdots,1.
\end{aligned}\tag{3.23}$$

正定对称矩阵 A 的改进平方根分解的 MATLAB 程序

```
function [L,D]=LDL(A)
%（改进的平方根法）正定对称矩阵 LU 分解的Cholesky法，A为要 LU
分解的矩阵
% L为下三角矩阵，D为对角矩阵
n=length(A);L=zeros(n);D=zeros(n);d=zeros(1,n);T=zeros(n);
for k=1:n
    d(k)=A(k,k);
    for j=1:k-1
        d(k)=d(k)-L(k,j)*T(k,j);
    end
    for i=k+1:n
        T(i,k)=A(i,k);
        for j=1:k-1
            T(i,k)=T(i,k)-T(i,j)*L(k,j);
        end
```

```
            L(i,k)=T(i,k)/d(k);
        end
end
D=diag(d)
```

例 3.5　分别用平方根法和改进的平方根法求解方程组

$$\begin{bmatrix} 5 & 7 & 6 & 5 \\ 7 & 10 & 8 & 7 \\ 6 & 8 & 10 & 9 \\ 5 & 7 & 9 & 10 \end{bmatrix}\begin{bmatrix} x_1 \\ x_2 \\ x_3 \\ x_4 \end{bmatrix}=\begin{bmatrix} 14.5 \\ 20 \\ 29 \\ 32.5 \end{bmatrix}.$$

解　(1) 利用平方根法求解, 由式 (3.18) 得

$$\boldsymbol{L}=\begin{bmatrix} \sqrt{5} & 0 & 0 & 0 \\ \dfrac{7}{\sqrt{5}} & \dfrac{1}{\sqrt{5}} & 0 & 0 \\ \dfrac{6}{\sqrt{5}} & -\dfrac{2}{\sqrt{5}} & \sqrt{2} & 0 \\ \dfrac{5}{\sqrt{5}} & 0 & \dfrac{3}{\sqrt{2}} & \dfrac{1}{\sqrt{2}} \end{bmatrix}=\begin{bmatrix} 2.236 & 0 & 0 & 0 \\ 3.130 & 0.4472 & 0 & 0 \\ 2.683 & -0.8944 & 1.414 & 0 \\ 2.236 & 0 & 2.121 & 0.7071 \end{bmatrix}.$$

运用式 (3.19) 求解 $\boldsymbol{L}\boldsymbol{y}=\boldsymbol{b}$, 得

$$\boldsymbol{y}=(6.485,-0.667,7.782,2.113)^{\mathrm{T}}.$$

运用式 (3.20) 求解 $\boldsymbol{L}^{\mathrm{T}}\boldsymbol{x}=\boldsymbol{y}$, 得

$$\boldsymbol{x}=(-2.080,0.548,1.020,20989)^{-1}.$$

可在 MATLAB 窗口执行命令

```
>> A=[5 7 6 5;7 10 8 7;6 8 10 9;5 7 9 10];
>> L=Cholesky(A)
```

(2) 利用改进的平方根法求解方程, 由式 (3.21) 得

$$\boldsymbol{L}=\begin{bmatrix} 1 & 0 & 0 & 0 \\ 1.4 & 1 & 0 & 0 \\ 1.2 & -2 & 1 & 0 \\ 1 & 0 & 1.5 & 1 \end{bmatrix},\quad \boldsymbol{D}=\begin{bmatrix} 5 & & & \\ & 0.2 & & \\ & & 2 & \\ & & & 0.5 \end{bmatrix},$$

运用式 (3.22) 求解 $\boldsymbol{Ly}=\boldsymbol{b}$, 得

$$\boldsymbol{y}=(14.5,-0.3,11.0,1.5)^{\mathrm{T}}.$$

运用式 (3.23) 求解 $\boldsymbol{L}^{\mathrm{T}}\boldsymbol{x}=\boldsymbol{D}^{-1}\boldsymbol{y}$, 得 $\boldsymbol{x}=(-2,0.5,1,3)^{\mathrm{T}}$.

可在 MATLAB 窗口执行命令

```
>> A=[5 7 6 5;7 10 8 7;6 8 10 9;5 7 9 10];
>> [L,D]=LDX(A)
```

3.6 范数与误差估计

用直接方法解 n 阶线性方程组 $\boldsymbol{Ax}=\boldsymbol{b}$, 由于原始数据 $\boldsymbol{A}$, $\boldsymbol{b}$ 的误差及计算过程中的舍入误差, 一般得不到方程的精确解 $\boldsymbol{x}^*$, 往往得到它的近似解 $\boldsymbol{x}$, 为了讨论解的精度, 即误差向量 $\boldsymbol{x}-\boldsymbol{x}^*$ 的大小, 也为了讨论用迭代法解线性方程组的收敛性问题, 需要引入向量及矩阵的范数.

3.6.1 向量的范数

定义 3.1 设 $\mathbf{R}^n$ 是 n 维向量空间, 如果 $\forall \boldsymbol{x},\boldsymbol{y}\in\mathbf{R}^n$, 实值函数 $\|\boldsymbol{x}\|$ 满足如下条件.

(1) 正定性: $\|\boldsymbol{x}\|\geqslant 0$, 当且仅当 $\boldsymbol{x}=0$ 时, $\|\boldsymbol{x}\|=0$;

(2) 齐次性: $\forall\lambda\in\mathbf{R}$, $\|\lambda\boldsymbol{x}\|=|\lambda|\,\|\boldsymbol{x}\|$;

(3) 三角不等式: $\|\boldsymbol{x}+\boldsymbol{y}\|\leqslant\|\boldsymbol{x}\|+\|\boldsymbol{y}\|$,

则称 $\|\boldsymbol{x}\|$ 为 $\mathbf{R}^n$ 上的向量范数 (或向量的模).

容易看出: n 维向量的范数概念是平面和三维空间向量模概念的推广.

在数值计算中, 常用的向量范数有三种. 设 $\boldsymbol{x}=(x_1,x_2,\cdots,x_n)^{\mathrm{T}}\in\mathbf{R}^n$, 规定

$$\left.\begin{array}{ll}(1)\ \text{向量的“1”范数} & \|\boldsymbol{x}\|_1=\displaystyle\sum_{i=1}^{n}|x_i| \\ (2)\ \text{向量的“2”范数} & \|\boldsymbol{x}\|_2=\left(\displaystyle\sum_{i=1}^{n}x_i^2\right)^{\frac{1}{2}} \\ (3)\ \text{向量的“}\infty\text{”范数} & \|\boldsymbol{x}\|_\infty=\displaystyle\max_{1\leqslant i\leqslant n}|x_i|\end{array}\right\}\tag{3.24}$$

可以验证上述定义的 $\|\boldsymbol{x}\|_p$ $(p=1,2,\infty)$ 满足定义 3.1 中的条件, 这里从略 (留给读者作为练习).

有了向量范数, 就可以用它来表示向量误差了. 设 $\boldsymbol{x}^*$ 是方程组的精确解向量, $\boldsymbol{x}$ 是近似解向量, 则

$$\|\boldsymbol{x}-\boldsymbol{x}^*\|_p,\quad \frac{\|\boldsymbol{x}-\boldsymbol{x}^*\|_p}{\|\boldsymbol{x}^*\|_p}$$

分别为 $\boldsymbol{x}$ 的关于 p 范数的绝对误差与相对误差. 注意, 它们随范数的不同而取不同值. 例如, 对向量 $\boldsymbol{x}=(1,-2,3)^{\mathrm{T}}$, 有

$$
\begin{aligned}
&\| \boldsymbol{x} \|_1 = 1+2+3=6,\\
&\| \boldsymbol{x} \|_2 = \sqrt{1^2+(-2)^2+3^2}=\sqrt{14},\\
&\| \boldsymbol{x} \|_\infty = \max\{1,2,3\}=3.
\end{aligned}
$$

据定义 3.1 可得到向量范数的下列性质: $\forall \boldsymbol{x},\boldsymbol{y}\in \mathbf{R}^n$,

(1) $\| \boldsymbol{x} \|_1 \geqslant \| \boldsymbol{x} \|_2 \geqslant \| \boldsymbol{x} \|_\infty$;

(2) $|\, \| \boldsymbol{x} \| - \| \boldsymbol{y} \| \,| \leqslant \| \boldsymbol{x}-\boldsymbol{y} \|$;

(3) 对于 $\mathbf{R}^n$ 上的两种向量范数 $\| \boldsymbol{x} \|_p, \| \boldsymbol{x} \|_q$, $\exists m, M>0$, 使得

$$
m \| \boldsymbol{x} \|_q \leqslant \| \boldsymbol{x} \|_p \leqslant M \| \boldsymbol{x} \|_q . \tag{3.25}
$$

式 (3.25) 说明: 任何两种向量范数都是等价的, 它们具有相同的范数收敛性.

定义 3.2 设 $\boldsymbol{x}^*=(x_1^*,x_2^*,\cdots,x_n^*)^{\mathrm{T}}\in\mathbf{R}^n$, $\boldsymbol{x}^{(k)}=(x_1^{(k)},x_2^{(k)},\cdots,x_n^{(k)})^{\mathrm{T}}\in\mathbf{R}^n$, $k=1,2,\cdots$. 若

$$
\lim_{k\to\infty} x_i^{(k)} = x_i^*,\quad i=1,2,\cdots,n,
$$

则称 $\{\boldsymbol{x}^{(k)}\}$ 收敛于 $\boldsymbol{x}^*$, 记为 $\lim\limits_{k\to\infty}\boldsymbol{x}^{(k)}=\boldsymbol{x}^*$.

定理 3.3 设 $\{\boldsymbol{x}^{(k)}\}\subset\mathbf{R}^n, \boldsymbol{x}^*\in\mathbf{R}^n$, 则 $\lim\limits_{k\to\infty}\boldsymbol{x}^{(k)}=\boldsymbol{x}^*$ 的充分必要条件为

$$
\lim_{k\to\infty} \| \boldsymbol{x}^{(k)}-\boldsymbol{x}^* \| = 0. \tag{3.26}
$$

证 据式 (3.25), 只要证明对 "∞" 范数结论成立即可. 又据定义 3.2 知

$$
\begin{aligned}
\lim_{k\to\infty}\boldsymbol{x}^{(k)}=\boldsymbol{x}^* &\Leftrightarrow \lim_{k\to\infty}\left|x_i^{(k)}-x_i^*\right|=0,\quad i=1,2,\cdots,n\\
&\Leftrightarrow \lim_{k\to\infty}\max_{1\leqslant i\leqslant n}\left|x_i^{(k)}-x_i^*\right|=0 \Leftrightarrow \lim_{k\to\infty}\| \boldsymbol{x}^{(k)}-\boldsymbol{x}^* \|_\infty=0.
\end{aligned}
$$

3.6.2 矩阵的范数

可类似于向量的范数来定义矩阵的范数, 并考虑到矩阵的乘法运算.

定义 3.3 设 $\mathbf{R}^{n\times n}$ 表示全体 $n\times n$ 矩阵的集合, 如果 $\forall \boldsymbol{A},\boldsymbol{B}\in\mathbf{R}^{n\times n}$, 实值函数 $\|\cdot\|$ 满足:

(1) $\| \boldsymbol{A} \| \geqslant 0$, 当且仅当 $\boldsymbol{A}=\mathbf{0}$ 时 $\| \boldsymbol{A} \|=0$;

(2) $\forall\lambda\in\mathbf{R}$, $\| \lambda\boldsymbol{A} \| = |\lambda|\, \| \boldsymbol{A} \|$;

(3) $\| \boldsymbol{A}+\boldsymbol{B} \| \leqslant \| \boldsymbol{A} \| + \| \boldsymbol{B} \|$;

(4) $\| \boldsymbol{A}\cdot\boldsymbol{B} \| \leqslant \| \boldsymbol{A} \| \cdot \| \boldsymbol{B} \|$,

则称 $\|\cdot\|$ 为 $\mathbf{R}^{n\times n}$ 上的矩阵范数.

设 $\boldsymbol{A}=\{a_{ij}\}_{n\times n}\in\mathbf{R}^{n\times n}$, 常用的矩阵范数有

(1) 矩阵的列范数: $\|\boldsymbol{A}\|_1=\max\limits_{1\leqslant j\leqslant n}\sum\limits_{i=1}^{n}|a_{ij}|$;

(2) 矩阵的行范数: $\|\boldsymbol{A}\|_\infty=\max\limits_{1\leqslant i\leqslant n}\sum\limits_{j=1}^{n}|a_{ij}|$;

(3) 矩阵的欧氏范数: $\|\boldsymbol{A}\|_E=\left(\sum\limits_{i=1}^{n}\sum\limits_{j=1}^{n}a_{ij}^2\right)^{\frac{1}{2}}$;

(4) 矩阵的谱范数: $\|\boldsymbol{A}\|_2=\sqrt{\lambda_{\max}}$, $\lambda_{\max}$ 为矩阵 $\boldsymbol{A}^{\mathrm{T}}\boldsymbol{A}$ 的最大特征值.

例 3.6 已知 $\boldsymbol{A}=\begin{bmatrix}-2 & -1\\ 3 & 1\end{bmatrix}$, 求 $\boldsymbol{A}$ 的常用范数.

解

$$\|\boldsymbol{A}\|_1=\max\{5,2\}=5,$$

$$\|\boldsymbol{A}\|_\infty=\max\{3,4\}=4,$$

$$\boldsymbol{A}^{\mathrm{T}}\boldsymbol{A}=\begin{bmatrix}-2 & 3\\ -1 & 1\end{bmatrix}\begin{bmatrix}-2 & -1\\ 3 & 1\end{bmatrix}=\begin{bmatrix}13 & 5\\ 5 & 2\end{bmatrix}.$$

令

$$|\lambda\boldsymbol{E}-\boldsymbol{A}^{\mathrm{T}}\boldsymbol{A}|=\lambda^2-15\lambda+1=0,$$

得

$$\lambda=\frac{1}{2}\left(15\pm\sqrt{221}\right).$$

于是

$$\|\boldsymbol{A}\|_2=\sqrt{\lambda_{\max}}=\sqrt{\frac{1}{2}\left(15+\sqrt{221}\right)}\approx 3.8643.$$

定义 3.4 $\forall\boldsymbol{A}\in\mathbf{R}^{n\times n}$, $\forall\boldsymbol{x}\in\mathbf{R}^n$, 若某矩阵范数与某向量范数满足条件 $\|\boldsymbol{Ax}\|\leqslant\|\boldsymbol{A}\|\cdot\|\boldsymbol{x}\|$, 则称所述矩阵范数与向量范数是相容的.

对于常用的矩阵范数与常用的向量范数, 下列不等式成立:

$$\left.\begin{aligned}&\|\boldsymbol{Ax}\|_p\leqslant\|\boldsymbol{A}\|_p\cdot\|\boldsymbol{x}\|_p,\quad p=1,2,\infty,\\ &\|\boldsymbol{Ax}\|_2\leqslant\|\boldsymbol{A}\|_E\cdot\|\boldsymbol{x}\|_2\,.\end{aligned}\right\}\tag{3.27}$$

3.6.3 误差估计与条件数

一个线性方程组 $\boldsymbol{Ax}=\boldsymbol{b}$ 的解 $\boldsymbol{x}$ 由系数矩阵 $\boldsymbol{A}$ 及常数项 $\boldsymbol{b}$ 所决定, 实际问题中所得出的 $\boldsymbol{A}$ 或 $\boldsymbol{b}$ 的数据, 往往或多或少带有误差, 这种误差必然影响到解的精度. 这种影响有多大, 究竟是哪些因素决定了原始数据的误差对解的影响呢? 下面

利用矩阵及向量的范数, 讨论当 $\boldsymbol{A}$ 或 $\boldsymbol{b}$ 有一个微小的变化 (扰动), 方程组解的变化有多大.

(1) 当 $\boldsymbol{b}$ 有一个扰动 $\Delta\boldsymbol{b}$, 则所引起 $\boldsymbol{Ax}=\boldsymbol{b}$ 解的扰动记为 $\Delta\boldsymbol{x}$, 于是 $\boldsymbol{A}(\boldsymbol{x}+\Delta\boldsymbol{x})=\boldsymbol{b}+\Delta\boldsymbol{b}$, 联立 $\boldsymbol{Ax}=\boldsymbol{b}$, 得 $\boldsymbol{A}\Delta\boldsymbol{x}=\Delta\boldsymbol{b}$.

设 $\boldsymbol{A}$ 非奇异, 则 $\Delta\boldsymbol{x}=\boldsymbol{A}^{-1}\Delta\boldsymbol{b}$.

由式 (3.27),

$$\|\Delta\boldsymbol{x}\|\leqslant\|\boldsymbol{A}^{-1}\|\cdot\|\Delta\boldsymbol{b}\|,\quad \|\boldsymbol{b}\|=\|\boldsymbol{Ax}\|\leqslant\|\boldsymbol{A}\|\cdot\|\boldsymbol{x}\|.$$

联立解得

$$\frac{\|\Delta\boldsymbol{x}\|}{\|\boldsymbol{x}\|}\leqslant\|\boldsymbol{A}\|\cdot\|\boldsymbol{A}^{-1}\|\cdot\frac{\|\Delta\boldsymbol{b}\|}{\|\boldsymbol{b}\|}. \tag{3.28}$$

(2) 当系数矩阵有扰动 $\Delta\boldsymbol{A}$ 时, 所引起方程解的扰动为 $\Delta\boldsymbol{x}$, 于是有

$$(\boldsymbol{A}+\Delta\boldsymbol{A})(\boldsymbol{x}+\Delta\boldsymbol{x})=\boldsymbol{b}.$$

展开上式, 代入 $\boldsymbol{Ax}=\boldsymbol{b}$ 后整理得

$$\Delta\boldsymbol{x}=-\boldsymbol{A}^{-1}\cdot\Delta\boldsymbol{A}\cdot\boldsymbol{x}-\boldsymbol{A}^{-1}\cdot\Delta\boldsymbol{A}\cdot\Delta\boldsymbol{x},$$

由此得

$$\|\Delta\boldsymbol{x}\|\leqslant\|\boldsymbol{A}^{-1}\|\cdot\|\Delta\boldsymbol{A}\|\cdot\|\boldsymbol{x}\|+\|\boldsymbol{A}^{-1}\|\cdot\|\Delta\boldsymbol{A}\|\cdot\|\Delta\boldsymbol{x}\|.$$

两端同除 $\|\boldsymbol{x}\|$, 得

$$(1-\|\boldsymbol{A}^{-1}\|\cdot\|\Delta\boldsymbol{A}\|)\frac{\|\Delta\boldsymbol{x}\|}{\|\boldsymbol{x}\|}\leqslant\|\boldsymbol{A}^{-1}\|\cdot\|\Delta\boldsymbol{A}\|.$$

如果 $1-\|\boldsymbol{A}^{-1}\|\cdot\|\Delta\boldsymbol{A}\|\neq 0$, 则有

$$\frac{\|\Delta\boldsymbol{x}\|}{\|\boldsymbol{x}\|}\leqslant\frac{\|\boldsymbol{A}^{-1}\|\cdot\|\Delta\boldsymbol{A}\|}{1-\|\boldsymbol{A}^{-1}\|\cdot\|\Delta\boldsymbol{A}\|}=\frac{\|\boldsymbol{A}\|\cdot\|\boldsymbol{A}^{-1}\|\cdot\dfrac{\|\Delta\boldsymbol{A}\|}{\|\boldsymbol{A}\|}}{1-\|\boldsymbol{A}\|\cdot\|\boldsymbol{A}^{-1}\|\cdot\dfrac{\|\Delta\boldsymbol{A}\|}{\|\boldsymbol{A}\|}}. \tag{3.29}$$

式 (3.28), (3.29) 说明, 系数矩阵 $\boldsymbol{A}$ 及常量 $\boldsymbol{b}$ 的扰动所引起解的相对误差都与数 $\|\boldsymbol{A}\|\cdot\|\boldsymbol{A}^{-1}\|$ 有关. 很明显当 $\|\boldsymbol{A}\|\cdot\|\boldsymbol{A}^{-1}\|$ 较小时, 解的相对误差就小; 反之则大. 那么, $\|\boldsymbol{A}\|\cdot\|\boldsymbol{A}^{-1}\|$ 的大小对解的影响程度到底有多大呢? 例如, 方程组

$$\begin{cases}2x_1+x_2=5,\\ 2x_1+1.0001x_2=5.0001\end{cases} \tag{3.30}$$

的精确解 $x_1=2, x_2=1$. 若方程组有如下微小扰动:

$$\begin{cases} 2x_1+x_2=5, \\ 2x_1+0.9999x_2=5.0002, \end{cases}$$

扰动后的方程组其解为 $x_1=3.5, x_2=-2$. 可见方程 (3.30) 的系数矩阵 $\boldsymbol{A}$ 及常量 $\boldsymbol{b}$ 的微小扰动引起了解的极大变化, 甚至面目全非. 这样的方程组是不正常的, 称为病态方程组. 那么病态方程组有什么特征呢? 方程组 (3.30) 中的系数矩阵 $\boldsymbol{A}$ 满足

$$\|\boldsymbol{A}\|_\infty \cdot \|\boldsymbol{A}^{-1}\|_\infty = 3.0001 \times 20000 = 60002.$$

这是一个很大的数. 实际上方程组的性态也与 $\|\boldsymbol{A}\| \cdot \|\boldsymbol{A}^{-1}\|$ 有关, 下面专门对它进行讨论.

定义 3.5 若非奇异矩阵 $\boldsymbol{A} \in \mathbf{R}^{n\times n}$, 则称 $\|\boldsymbol{A}\| \cdot \|\boldsymbol{A}^{-1}\|$ 为矩阵 $\boldsymbol{A}$ 的条件数, 记为 $\mathrm{cond}(\boldsymbol{A})$.

由定义 3.5, 式 (3.28), (3.29) 可写为

$$\frac{\|\Delta \boldsymbol{x}\|}{\|\boldsymbol{x}\|} \leqslant \mathrm{cond}(\boldsymbol{A}) \frac{\|\Delta \boldsymbol{b}\|}{\|\boldsymbol{b}\|}, \tag{3.31}$$

$$\frac{\|\Delta \boldsymbol{x}\|}{\|\boldsymbol{x}\|} \leqslant \frac{\mathrm{cond}(\boldsymbol{A}) \|\Delta \boldsymbol{A}\| / \|\boldsymbol{A}\|}{1-\mathrm{cond}(\boldsymbol{A}) \|\Delta \boldsymbol{A}\| / \|\boldsymbol{A}\|}. \tag{3.32}$$

常用的条件数有

$$\mathrm{cond}(\boldsymbol{A})_\infty = \|\boldsymbol{A}\|_\infty \cdot \|\boldsymbol{A}^{-1}\|_\infty,$$

$$\mathrm{cond}(\boldsymbol{A})_2 = \|\boldsymbol{A}\|_2 \|\boldsymbol{A}^{-1}\|_2 = \sqrt{\frac{\lambda_{\max}\left(\boldsymbol{A}^{\mathrm{T}}\boldsymbol{A}\right)}{\lambda_{\min}\left(\boldsymbol{A}^{\mathrm{T}}\boldsymbol{A}\right)}}.$$

容易验证非奇异阵 $\boldsymbol{A}$ 的条件数 $\mathrm{cond}(\boldsymbol{A})$ 有如下性质:

(1) $\mathrm{cond}(\boldsymbol{A}) \geqslant 1$;

(2) $\mathrm{cond}(\boldsymbol{A}) = \mathrm{cond}(\boldsymbol{A}^{-1})$;

(3) 若 λ 是非零常数, 则 $\mathrm{cond}(\lambda \boldsymbol{A}) = \mathrm{cond}(\boldsymbol{A})$;

(4) 若 $\boldsymbol{B}$ 也是 n 阶非奇异矩阵, 则 $\mathrm{cond}(\boldsymbol{AB}) \leqslant \mathrm{cond}(\boldsymbol{A}) \cdot \mathrm{cond}(\boldsymbol{B})$;

(5) 若 $\boldsymbol{A} = \mathrm{diag}(a_{11}, a_{22}, \cdots, a_{nn})$, 则 $\mathrm{cond}(\boldsymbol{A}) = \dfrac{\max\limits_{1\leqslant i\leqslant n} |a_{ii}|}{\min\limits_{1\leqslant i\leqslant n} |a_{ii}|}$;

(6) 若 $\boldsymbol{A} = \boldsymbol{A}^{\mathrm{T}}$, $\lambda_i (i=1,2,\cdots,n)$ 为 $\boldsymbol{A}$ 的特征值, 则 $\mathrm{cond}(\boldsymbol{A}) = \dfrac{\max\limits_{1\leqslant i\leqslant n} |\lambda_i|}{\min\limits_{1\leqslant i\leqslant n} |\lambda_i|}$;

(7) 若 $\boldsymbol{A}$ 为对称正定矩阵, 则 $\operatorname{cond}(\boldsymbol{A}) = \dfrac{\max\limits_{1\leqslant i\leqslant n} \lambda_i}{\min\limits_{1\leqslant i\leqslant n} \lambda_i}$.

3.6.4 病态方程组及其解法

如果方程组的系数矩阵 $\boldsymbol{A}$ 或右端常向量 $\boldsymbol{b}$ 的微小扰动, 引起解的巨大的变化, 则这样的方程组称为病态方程组, 相应的系数矩阵称为病态矩阵. 病态矩阵的条件数 $\operatorname{cond}(\boldsymbol{A})$ 很大, 但是计算 $\operatorname{cond}(\boldsymbol{A}) = \|\boldsymbol{A}\|\cdot\|\boldsymbol{A}^{-1}\|$, 首先要求 $\boldsymbol{A}^{-1}$, 当 n 较大时, 计算 $\boldsymbol{A}^{-1}$ 的运算量非常大. 通常在实际计算中, 往往直接求解方程组, 当出现下列情况之一时, 才有必要进行识别:

(1) 系数矩阵 $\boldsymbol{A}$ 的某两行 (或列) 近似地对应成比例, 即近似线性相关;

(2) 系数矩阵 $\boldsymbol{A}$ 的元素之间数量级相差很大, 且无规律;

(3) 用主元消去法解方程过程中, 出现小主元;

(4) 近似解 $\boldsymbol{x}$ 已使剩余向量 $\boldsymbol{r} = \boldsymbol{b} - \boldsymbol{A}\boldsymbol{x}$ 的范数很小, 但解仍不符合实际.

计算过程中出现上述情况之一, 就应考虑方程组可能是病态的. 对较大的 n, 可用病态方程组的定义直接判定, 即将原始数据作一微小的改动, 再求解方程组. 如果解的变化很大, 则方程组必是病态的.

求解病态方程组可采用如下方法:

(1) 采用双倍字长进行计算, 以改善矩阵病态对误差放大的影响.

(2) 采用下面的迭代改善法求解,

(i) 用主元 Gauss 消去法或 **LU** 分解法求解 $\boldsymbol{A}\boldsymbol{x} = \boldsymbol{b}$ 的近似解 $\boldsymbol{x}^{(1)}$, 并求剩余向量 $\boldsymbol{r}^{(1)} = \boldsymbol{b} - \boldsymbol{A}\boldsymbol{x}^{(1)}$(为避免舍入误差过大可采用双倍字长计算);

(ii) 求解方程组 $\boldsymbol{A}\boldsymbol{z} = \boldsymbol{r}^{(1)}$, 其解记为 $\boldsymbol{z}^{(1)}$;

(iii) 计算改善解 $\boldsymbol{x}^{(2)} = \boldsymbol{x}^{(1)} + \boldsymbol{z}^{(1)}$;

(iv) 对给定的 $\varepsilon > 0$, 判定 $\|\boldsymbol{x}^{(2)} - \boldsymbol{x}^{(1)}\| \leqslant \varepsilon$ 是否成立. 若不成立, 重复以上过程, 可得一个近似解序列 $\{\boldsymbol{x}^{(k)}\}$, 当矩阵 $\boldsymbol{A}$ 不是过分病态, $\{\boldsymbol{x}^{(k)}\}$ 很快收敛于精确解 $\boldsymbol{x}^*$.

3.7 迭 代 法

解线性方程组的直接法, 如 Gauss 消去法、矩阵的三角分解等, 适用于阶数不高的线性方程组. 而在实际应用中, 常会遇到一类阶数很高, 非零元素很少的所谓高阶稀疏方程组 (零元素成片分布, 数量上绝对占优). 对这类方程组用迭代法求解, 可以充分利用稀疏矩阵的特性减少计算工作量, 节省存储量.

迭代法是一类逐次逼近方法, 它按照一个适当的计算法则, 从某一初始向量 $\boldsymbol{x}^{(0)}$ 出发, 逐次计算得一向量序列 $\{\boldsymbol{x}^{(k)}\}$, 使得此向量序列收敛于方程组 (3.2) 的

解 $\boldsymbol{x}^*$. 迭代法所要解决的三个主要问题如下.

(1) 构造一种迭代格式, 把所给方程组 $\boldsymbol{Ax}=\boldsymbol{b}$ 化成同解的方程组

$$\boldsymbol{x}=\boldsymbol{Bx}+\boldsymbol{d}, \tag{3.33}$$

从而得迭代公式

$$\boldsymbol{x}^{(k+1)}=\boldsymbol{Bx}^{(k)}+\boldsymbol{d}, \quad k=0,1,2,\cdots. \tag{3.34}$$

只需要给出初始向量 $\boldsymbol{x}^{(0)}=\left(x_1^{(0)},x_2^{(0)},\cdots,x_n^{(0)}\right)^{\mathrm{T}}\in\mathbf{R}^n$, 即可得一向量序列 $\left\{\boldsymbol{x}^{(k)}\right\}$. 式中 $\boldsymbol{B}$ 称为迭代矩阵, $\boldsymbol{B}$ 不同, 则得不同的迭代方法.

(2) 研究迭代矩阵 $\boldsymbol{B}$ 满足什么条件时, 迭代序列 $\{\boldsymbol{x}^{(k)}\}$ 必收敛于 $\boldsymbol{Ax}=\boldsymbol{b}$ 的精确解 $\boldsymbol{x}^*$.

(3) 讨论如何估计误差 $\boldsymbol{e}^{(k)}=\boldsymbol{x}^*-\boldsymbol{x}^{(k)}$ 的大小以决定迭代次数 N.

3.7.1 基本迭代法

1. Jacobi 迭代法

Jacobi 迭代法是最简单的一种迭代法, 是从方程组 (3.1) 的各个方程中分别解出同序号的未知数. 设系数矩阵 $\boldsymbol{A}$ 非奇异, 且 $a_{ii}\neq 0(i=1,2,\cdots,n)$, 则

$$x_i=\frac{1}{a_{ii}}\left(b_i-\sum_{\substack{j=1\\j\neq i}}^{n}a_{ij}x_j\right), \quad i=1,2,\cdots,n.$$

因此, 得迭代公式

$$x_i^{(k+1)}=\frac{1}{a_{ii}}\left(b_i-\sum_{\substack{j=1\\j\neq i}}^{n}a_{ij}x_j^{(k)}\right), \quad i=1,2,\cdots,n;k=0,1,2,\cdots. \tag{3.35}$$

若将式 (3.35) 写成形如式 (3.34) 的形式, 则

$$\boldsymbol{B}=\boldsymbol{E}-\boldsymbol{D}^{-1}\boldsymbol{A}, \quad \boldsymbol{d}=\boldsymbol{D}^{-1}\boldsymbol{b}, \tag{3.36}$$

式中 $\boldsymbol{D}=\mathrm{diag}(a_{11},a_{22},\cdots,a_{nn})$, 且 $a_{ii}>0(i=1,2,\cdots,n)$.

实际上, 只要将 $\boldsymbol{A}=\boldsymbol{D}-(\boldsymbol{D}-\boldsymbol{A})$ 代入 $\boldsymbol{Ax}=\boldsymbol{b}$, 整理即得.

Jacobi 迭代的 MATLAB 程序

```
function [x,n]=jacobi(A,b,x0,eps,varargin)
% 求解线性方程组的迭代法
% A为方程组的系数矩阵
% b为方程组的右端项
```

```
% eps为精度要求，缺省值为 1e-5
% varargin为最大迭代次数，缺省值为100
% x为方程组的解
% n为迭代次数
if nargin==3
eps=1.0e-6;
    M =200;
elseif nargin<3
error;
return;
elseif nargin==5
    M =varargin{1};
end
D=diag(diag(A));  % 求A的对角矩阵
L=-tril(A,-1);  % 求A的下三角阵
U=-triu(A,1),  % 求A的上三角阵
B=D\(L+U);
f=D\b;
x=B*x0+f;
n=1;  % 求迭代次数
while norm(x-x0)>=eps
x0=x;
    x=B*x0+f;
    n=n+1;
if(n>=M)
disp('Warning:迭代次数太多，可能不收敛!');
return;
end
end
```

例 3.7　用 Jacobi 迭代法求解方程组

$$\begin{cases} 10x_1 - 2x_2 - x_3 = 3, \\ -2x_1 + 10x_2 - x_3 = 15, \\ -x_1 - 2x_2 + 5x_3 = 10. \end{cases}$$

解 从原方程组中分别解出 $x_i(i=1,2,3)$:

$$\begin{cases} x_1 = \dfrac{1}{10}(3+2x_2+x_3), \\ x_2 = \dfrac{1}{10}(15+2x_1+x_3), \\ x_3 = \dfrac{1}{10}(10+x_1+2x_2). \end{cases}$$

因此得迭代格式

$$\begin{cases} x_1^{(k+1)} = 0.3+0.2x_2^{(k)}+0.1x_3^{(k)}, \\ x_2^{(k+1)} = 1.5+0.2x_1^{(k)}+0.1x_3^{(k)}, \quad k=0,1,2,\cdots. \\ x_3^{(k+1)} = 2+0.2x_1^{(k)}+0.4x_2^{(k)}, \end{cases}$$

若取初始向量 $\boldsymbol{x}^{(0)}=(0,0,0)^{\mathrm{T}}$, 计算所得向量列于表 3.1, 其中 $\boldsymbol{x}^*=(1,2,3)^{\mathrm{T}}$.

表 3.1

k	$x_1^{(k)}$	$x_2^{(k)}$	$x_3^{(k)}$	$\Vert \boldsymbol{x}^{(k)}-\boldsymbol{x}^* \Vert_\infty$
0	0	0	0	
1	0.3000	1.5000	2.0000	1.0000
2	0.8000	1.7600	2.6600	0.3600
3	0.9180	1.9260	2.8640	0.1360
4	0.9716	1.9700	2.9540	0.0460
5	0.9894	1.9897	2.9823	0.0177
6	0.9962	1.9961	2.9938	0.0062
7	0.9986	1.9986	2.9977	0.0023
8	0.9995	1.9995	2.9992	0.0008
9	0.9998	1.9998	2.9997	0.0003

可在 MATLAB 窗口执行命令

```
>>A=[10 −2 −1;−2 10 −1;−1 -2 5;],b=[3 15 10];
```

回车

再输入

```
x0=zeros (3,1);
[x,n]=jacobi(A,b,x0)
```

2. Gauss-Seidel **迭代法**

在 Jacobi 迭代公式 (3.35) 中, 仅仅利用向量 $\boldsymbol{x}^{(k)}$ 的部分量求 $\boldsymbol{x}^{(k+1)}$. 如果向量序列 $\{\boldsymbol{x}^{(k)}\}$ 是收敛的, 则一般说来

$$\left|x_i^{(k+1)}-x_i^*\right| \leqslant \left|x_i^{(k)}-x_i^*\right|, \quad i=1,2,\cdots,n.$$

因此, 在迭代式 (3.35) 中, 求出 $x_i^{(k+1)}$ 以后, 在求 $x_j^{(k+1)}(j>i)$ 时, 可用 $x_i^{(k+1)}$ 代替 $x_i^{(k)}$. 按上述思路设计的迭代法称为 Gauss-Seidel 迭代法, 简称 G-S 迭代法. 其迭代格式为

$$x_i^{(k+1)}=\left(b_i-\sum_{j=1}^{i-1}a_{ij}x_j^{(k+1)}-\sum_{j=i+1}^{n}a_{ij}x_j^{(k)}\right)\frac{1}{a_{ii}},\quad i=1,2,\cdots,n;k=0,1,2,\cdots. \tag{3.37}$$

式 (3.37) 的矩阵表示形式为

$$\boldsymbol{x}^{(k+1)}=\left(\boldsymbol{b}-\boldsymbol{L}\boldsymbol{x}^{(k+1)}-\boldsymbol{U}\boldsymbol{x}^{(k)}\right)\cdot\boldsymbol{D}^{-1},$$

其中

$$\boldsymbol{L}=\begin{bmatrix}0&&&&\\a_{21}&0&&&\\a_{31}&a_{32}&0&&\\\vdots&\vdots&\ddots&\ddots&\\a_{n1}&a_{n2}&\cdots&a_{n,n-1}&0\end{bmatrix},\quad \boldsymbol{U}=\begin{bmatrix}0&a_{12}&a_{13}&\cdots&a_{1n}\\&0&a_{23}&\cdots&a_{2n}\\&&0&\ddots&\vdots\\&&&\ddots&a_{n-1,n}\\&&&&0\end{bmatrix},$$

$$\boldsymbol{D}=\operatorname{diag}(a_{11},a_{22},\cdots a_{nn}),\quad a_{ii}\neq 0;i=1,2,\cdots,n.$$

为了得到式 (3.34) 的形式, 整理式 (3.37) 的矩阵形式, 得

$$\boldsymbol{x}^{(k+1)}=-(\boldsymbol{D}+\boldsymbol{L})^{-1}\boldsymbol{U}\boldsymbol{x}^{(k)}+(\boldsymbol{D}+\boldsymbol{L})^{-1}\boldsymbol{b},\quad k=0,1,2,\cdots.$$

例 3.8　用 G-S 迭代法求例 3.7 中的方程组.

解　对于例 3.7 中的 $\boldsymbol{A}\boldsymbol{x}=\boldsymbol{b}$, 由式 (3.37) 得

$$\begin{cases}x_1^{(k+1)}=0.3+0.2x_2^{(k)}+0.1x_3^{(k)},\\x_2^{(k+1)}=1.5+0.2x_1^{(k+1)}+0.1x_3^{(k)},\quad k=0,1,2,\cdots.\\x_3^{(k+1)}=2+0.2x_1^{(k+1)}+0.4x_2^{(k+1)},\end{cases}$$

可在 MATLAB 窗口执行命令

```
>>A=[10 -2 -1;-2 10 -1;-1 -2 5;],b=[3 15 10];
```

回车

再输入

```
x0=zeros (3,1);
```

```
>> Gauss_Seidel(A,b,x0,1e-5,6)
```

计算结果见表 3.2.

表 3.2

k	$x_1^{(k)}$	$x_2^{(k)}$	$x_3^{(k)}$	$\parallel \boldsymbol{x}^{(k)}-\boldsymbol{x}^* \parallel_\infty$
0	0	0	0	
1	0.3000	1.5600	2.6840	0.7000
2	0.8804	1.9445	2.9539	0.1196
3	0.9843	1.9922	2.9938	0.0157
4	0.9978	1.9989	2.9991	0.0022
5	0.9997	1.9999	2.9999	0.0003
6	1.0000	2.0000	3.0000	0.3×10^{-4}

3.7.2 迭代法的收敛性

1. 收敛定理

Jacobi 迭代法的迭代矩阵 $\boldsymbol{B}=\boldsymbol{E}-\boldsymbol{D}^{-1}\boldsymbol{A}$, 而 G-S 迭代法的迭代矩阵 $\boldsymbol{B}=-(\boldsymbol{D}+\boldsymbol{L})^{-1}\boldsymbol{U}$. 那么, 当迭代矩阵 $\boldsymbol{B}$ 满足什么条件时, 迭代必收敛?

对于迭代序列 $\{\boldsymbol{x}^{(k)}\}$, 据定理 3.3 知 $\lim\limits_{k\to\infty}\boldsymbol{x}^{(k)}=\boldsymbol{x}^*$ 的充要条件是 $\lim\limits_{k\to\infty}\parallel \boldsymbol{x}^{(k)}-\boldsymbol{x}^*\parallel=0$, 以下利用向量及矩阵的范数来描述迭代法收敛的条件.

定理 3.4 (迭代法收敛的充分条件) 对于迭代公式 (3.34), 如果迭代矩阵 $\boldsymbol{B}$ 的范数 $\parallel \boldsymbol{B}\parallel=q<1$, 则

(1) $\boldsymbol{E}-\boldsymbol{B}$ 为非奇异矩阵, 从而方程 (3.33) 有唯一解;

(2) $\forall \boldsymbol{x}^{(0)}\in\mathbf{R}^n$, 由式 (3.34) 所产生的向量序列 $\{\boldsymbol{x}^{(k)}\}$ 必收敛, 且收敛于方程 (3.33) 的唯一解 $\boldsymbol{x}^*$;

(3) 具有如下误差估计

$$\parallel \boldsymbol{x}^{(k)}-\boldsymbol{x}^*\parallel\leqslant\frac{1}{1-q}\parallel \boldsymbol{x}^{(k+1)}-\boldsymbol{x}^{(k)}\parallel\leqslant\cdots\leqslant\frac{q^k}{1-q}\parallel \boldsymbol{x}^{(1)}-\boldsymbol{x}^{(0)}\parallel. \tag{3.38}$$

证 (1) 用反证法, 如果 $\det(\boldsymbol{E}-\boldsymbol{B})=0$, 则齐次方程组 $(\boldsymbol{E}-\boldsymbol{B})\boldsymbol{x}=0$ 有非零解 ξ, 即 $\boldsymbol{B}\xi=\xi$, 于是 $\parallel\xi\parallel=\parallel \boldsymbol{B}\xi\parallel\leqslant\parallel \boldsymbol{B}\parallel\cdot\parallel\xi\parallel$.

由于 $\parallel\xi\parallel\neq0$, 故 $\parallel \boldsymbol{B}\parallel\geqslant1$, 与假设条件矛盾. 所以 $\boldsymbol{E}-\boldsymbol{B}$ 为非奇异矩阵.

(2) $\forall \boldsymbol{x}^{(0)}\in\mathbf{R}^n$, 由式 (3.34) 及结论 (1) 得 $\boldsymbol{x}^{(k+1)}=\boldsymbol{B}\boldsymbol{x}^{(k)}+\boldsymbol{d}$, $\boldsymbol{x}^*=\boldsymbol{B}\boldsymbol{x}^*+\boldsymbol{d}$. 两式相减得

$$\boldsymbol{e}^{(k+1)}=\boldsymbol{x}^{(k+1)}-\boldsymbol{x}^*=\boldsymbol{B}\left(\boldsymbol{x}^{(k)}-\boldsymbol{x}^*\right)=\boldsymbol{B}\boldsymbol{e}^{(k)},\quad k=0,1,2,\cdots.$$

反复利用此递推公式, 得

$$\boldsymbol{e}^{(k)}=\boldsymbol{B}\boldsymbol{e}^{(k-1)}=\boldsymbol{B}^2\boldsymbol{e}^{(k-2)}=\cdots=\boldsymbol{B}^k\boldsymbol{e}^{(0)}.$$

于是

$$\lim_{k\to\infty} \| \mathbf{e}^{(k)} \| = \lim_{k\to\infty} q^k \| \boldsymbol{x}^{(0)} - \boldsymbol{x}^* \| .$$

据定理 3.3 知

$$\lim_{k\to\infty} \boldsymbol{x}^{(k)} = \boldsymbol{x}^*.$$

(3) 由于

(i) $\| \boldsymbol{x}^{(k+1)} - \boldsymbol{x}^{(k)} \| = \| \boldsymbol{B}(\boldsymbol{x}^{(k)} - \boldsymbol{x}^{(k-1)}) \| \leqslant \| \boldsymbol{B} \| \cdot \| \boldsymbol{x}^{(k)} - \boldsymbol{x}^{(k-1)} \|$;

(ii) $\| \boldsymbol{x}^{(k+1)} - \boldsymbol{x}^* \| = \| \boldsymbol{B}(\boldsymbol{x}^{(k)} - \boldsymbol{x}^*) \| \leqslant \| \boldsymbol{B} \| \cdot \| \boldsymbol{x}^{(k)} - \boldsymbol{x}^* \|$,

所以

$$\begin{aligned} \| \boldsymbol{x}^{(k+1)} - \boldsymbol{x}^{(k)} \| &= \| \boldsymbol{x}^* - \boldsymbol{x}^{(k)} - (\boldsymbol{x}^* - \boldsymbol{x}^{(k+1)}) \| \\ &\geqslant \| \boldsymbol{x}^* - \boldsymbol{x}^{(k)} \| - \| \boldsymbol{x}^* - \boldsymbol{x}^{(k+1)} \| \\ &\geqslant (1-q) \| \boldsymbol{x}^* - \boldsymbol{x}^{(k)} \|, \end{aligned}$$

即

$$\| \boldsymbol{x}^* - \boldsymbol{x}^{(k)} \| \leqslant \frac{1}{1-q} \| \boldsymbol{x}^{(k+1)} - \boldsymbol{x}^{(k)} \| .$$

反复应用 (i), 可得

$$\| \boldsymbol{x}^* - \boldsymbol{x}^{(k)} \| \leqslant \frac{q}{1-q} \| \boldsymbol{x}^{(k)} - \boldsymbol{x}^{(k-1)} \| \leqslant \cdots \leqslant \frac{q^k}{1-q} \| \boldsymbol{x}^{(1)} - \boldsymbol{x}^{(0)} \| .$$

例 3.9　试讨论例 3.7、例 3.8 中所采用迭代方法的收敛性.

解　(1) 在例 3.7 中, Jacobi 迭代矩阵

$$\boldsymbol{B}_J = \begin{bmatrix} 0 & 0.2 & 0.1 \\ 0.2 & 0 & 0.1 \\ 0.2 & 0.4 & 0 \end{bmatrix},$$

得 $\| \boldsymbol{B}_J \|_\infty = 0.6 < 1$, 故此例 Jacobi 迭代法收敛.

(2) 在例 3.8 中, 迭代矩阵为

$$\boldsymbol{B}_G = \begin{bmatrix} 0 & 0.2 & 0.1 \\ 0 & 0.04 & 0.12 \\ 0 & 0.056 & 0.068 \end{bmatrix},$$

得 $\| \boldsymbol{B}_G \|_\infty = 0.3 < 1$, 故所论方程组的 G-S 迭代法也收敛. 且由于 $\| \boldsymbol{B}_G \| < \| \boldsymbol{B}_J \|$, 所以, 后者收敛更快.

2. 误差估计

设 $0 < \| \boldsymbol{B} \| = q < 1$, $\| \boldsymbol{x}^{(1)} - \boldsymbol{x}^{(0)} \| > 0$, 则 $\forall \varepsilon > 0$, 由式 (3.38) 知, 欲使 $\| \boldsymbol{x}^{(k)} - \boldsymbol{x}^* \| < \varepsilon$, 只需 $\dfrac{q^k}{1-q} \| \boldsymbol{x}^{(1)} - \boldsymbol{x}^{(0)} \| < \varepsilon$.

只要

$$k \geqslant \frac{1}{\ln q} \ln \frac{(1-q)\varepsilon}{\| \boldsymbol{x}^{(1)} - \boldsymbol{x}^{(0)} \|}. \tag{3.39}$$

又据式 (3.38), 当

$$\| \boldsymbol{x}^{(k+1)} - \boldsymbol{x}^{(k)} \| \leqslant (1-q)\varepsilon \tag{3.40}$$

时, 误差 $\| \boldsymbol{x}^{(k)} - \boldsymbol{x}^* \| < \varepsilon$.

应用式 (3.39) 可求出达到一定精度所需迭代的次数, 是预先估计算出的, 而式 (3.40) 给出了满足一定精度要求的迭代控制条件.

3. 严格对角占优矩阵

若已知迭代矩阵 $\boldsymbol{B}$, 利用 $\| \boldsymbol{B} \|_\infty = q < 1$ 判定迭代 (3.34) 收敛, 的确很方便. 但人们在应用 G-S 迭代法时, 常常采用式 (3.37), 而不再具体求出迭代矩阵 $\boldsymbol{B}$ (实际上利用式 (3.37) 编写程序更方便, 占用存储单元更少). 如果由 $\boldsymbol{B}_G = -(\boldsymbol{D}+\boldsymbol{L})^{-1}\boldsymbol{U}$ 来求, 特别当阶数 n 较大时, 求逆的工作量是非常大的, 这时有更简便的判别迭代收敛的条件.

定义 3.6 若 $\boldsymbol{A} \in \mathbf{R}^{n\times n}$ 满足

$$|a_{ii}| > \sum_{\substack{j=1 \\ j\neq i}}^{n} |a_{ij}|, \quad i = 1, 2, \cdots, n, \tag{3.41}$$

则称 $\boldsymbol{A}$ 为按行严格对角占优矩阵. 类似地, 可定义按列严格对角占优, 若 $\boldsymbol{A}$ 按行、按列都严格对角占优, 则称 $\boldsymbol{A}$ 严格对角占优.

据式 (3.41) 及定理 3.2 的结论知: 若 $\boldsymbol{A}$ 严格对角占优, 则

(1) $a_{ii} \neq 0 (i = 1, 2, \cdots, n)$;

(2) $\boldsymbol{A}$ 非奇异.

定理 3.5 若线性方程组 $\boldsymbol{Ax} = \boldsymbol{b}$ 的系数矩阵 $\boldsymbol{A}$ 严格对角占优, 则 Jacobi 迭代 (3.35) 及 G-S 迭代 (3.37) 都收敛.

证 (1) 对于 Jacobi 迭代 (3.35), 迭代矩阵的范数

$$\| \boldsymbol{B}_J \|_\infty = \| \boldsymbol{E} - \boldsymbol{D}^{-1}\boldsymbol{A} \|_\infty = \max_{1\leqslant i\leqslant n} \frac{1}{a_{ii}} \sum_{\substack{j=1 \\ j\neq i}}^{n} |a_{ij}|. \tag{3.42}$$

据式 (3.41) 知 $\| \boldsymbol{B}_J \| < 1$, 从而迭代 (3.35) 收敛.

(2) 对于 G-S 迭代 (3.37)

$$x_i^{(k+1)} = \left(b_i - \sum_{j=1}^{i-1} a_{ij} x_j^{(k+1)} - \sum_{j=i+1}^{n} a_{ij} x_j^{(k)} \right) \Bigg/ a_{ii}, \quad i = 1, 2, \cdots, n; k = 0, 1, 2, \cdots,$$

以及

$$x_i^* = \left(b_i - \sum_{j=1}^{i-1} a_{ij} x_j^* - \sum_{j=i+1}^{n} a_{ij} x_j^* \right) \Bigg/ a_{ii}, \quad i = 1, 2, \cdots, n.$$

两式相减, 得误差向量 $\boldsymbol{e}^{(k+1)}$ 的各分量表达式

$$\boldsymbol{e}_i^{(k+1)} = \frac{-1}{a_{ii}} \sum_{j=1}^{i-1} a_{ij} \boldsymbol{e}_j^{(k+1)} + \frac{-1}{a_{ii}} \sum_{j=i+1}^{n} a_{ij} \boldsymbol{e}_j^{(k)}, \quad i = 1, 2, \cdots, n.$$

记

$$p_i = \frac{1}{|a_{ii}|} \sum_{j=1}^{i-1} |a_{ij}|, \quad q_i = \frac{1}{|a_{ii}|} \sum_{j=i+1}^{n} |a_{ij}|, \quad i = 1, 2, \cdots, n,$$

则

$$0 < p_i < 1, \quad 0 < q_i < 1, \quad 0 < p_i + q_i < 1, \quad i = 1, 2, \cdots, n.$$

于是

$$\begin{aligned} |\boldsymbol{e}_i^{(k+1)}| &\leqslant \frac{1}{|a_{ii}|} \sum_{j=1}^{i-1} |a_{ij}||\boldsymbol{e}_j^{(k+1)}| + \frac{1}{|a_{ii}|} \sum_{j=i+1}^{n} |a_{ij}| \cdot |\boldsymbol{e}_j^{(k)}| \\ &\leqslant p_i \parallel \boldsymbol{e}^{(k+1)} \parallel_\infty + q_i \parallel \boldsymbol{e}^{(k)} \parallel_\infty . \end{aligned}$$

记

$$\parallel \boldsymbol{e}^{(k+1)} \parallel_\infty = \max_{1 \leqslant i \leqslant n} \left| \boldsymbol{e}_i^{(k+1)} \right| \triangleq \left| e_r^{(k+1)} \right|, \quad r \in \{1, 2, \cdots, n\},$$

那么

$$\parallel \boldsymbol{e}^{(k+1)} \parallel_\infty \leqslant p_r \parallel \boldsymbol{e}^{(k+1)} \parallel_\infty + q_r \parallel \boldsymbol{e}^{(k)} \parallel_\infty,$$

从而

$$\parallel \boldsymbol{e}^{(k+1)} \parallel_\infty \leqslant \frac{q_r}{1 - p_r} \parallel \boldsymbol{e}^{(k)} \parallel_\infty \leqslant \rho \parallel \boldsymbol{e}^{(k)} \parallel_\infty \leqslant \cdots \leqslant \rho^{k+1} \parallel \boldsymbol{e}^{(0)} \parallel_\infty, \quad k=0, 1, 2, \cdots.$$

其中

$$\rho = \max_{1 \leqslant i \leqslant n} \frac{q_i}{1 - p_i} \leqslant \max_{1 \leqslant i \leqslant n} (p_i + q_i) < 1, \tag{3.43}$$

因此, 当 $k \to \infty$ 时, $\parallel \boldsymbol{e}^{(k+1)} \parallel_\infty \to 0$. 即由式 (3.37) 所产生的迭代序列 $\{\boldsymbol{x}^{(k)}\}$ 收敛于 $\boldsymbol{x}^*$.

推论 设方程组 (3.2) 的系数矩阵 $\boldsymbol{A}$ 严格对角占优, 则 G-S 迭代序列 $\{\boldsymbol{x}^{(k)}\}$ 满足

$$\| \boldsymbol{x}^* - \boldsymbol{x}^{(k)} \|_\infty \leqslant \frac{1}{1-\rho} \| \boldsymbol{x}^{(k+1)} - \boldsymbol{x}^{(k)} \|_\infty, \tag{3.44}$$

$$\| \boldsymbol{x}^* - \boldsymbol{x}^{(k)} \|_\infty \leqslant \frac{\rho^k}{1-\rho} \| \boldsymbol{x}^{(1)} - \boldsymbol{x}^{(0)} \|_\infty, \tag{3.45}$$

式中 $k = 0, 1, 2, \cdots, \rho$ 由式 (3.43) 定义.

由式 (3.45) 知, $\forall \varepsilon > 0$, 欲使 $\| \boldsymbol{x}^* - \boldsymbol{x}^{(k)} \|_\infty < \varepsilon$, 则需迭代次数

$$k \geqslant \frac{1}{\ln \rho} \ln \frac{(1-\rho)\varepsilon}{\| \boldsymbol{x}^{(1)} - \boldsymbol{x}^{(0)} \|_\infty}. \tag{3.39$'$}$$

同样也可用

$$\| \boldsymbol{x}^{(k+1)} - \boldsymbol{x}^{(k)} \| \leqslant (1-q)\varepsilon \tag{3.40$'$}$$

作为迭代终止的条件.

图 3.3 给出了严格对角占优系数矩阵的 G-S 迭代法算法流程图.

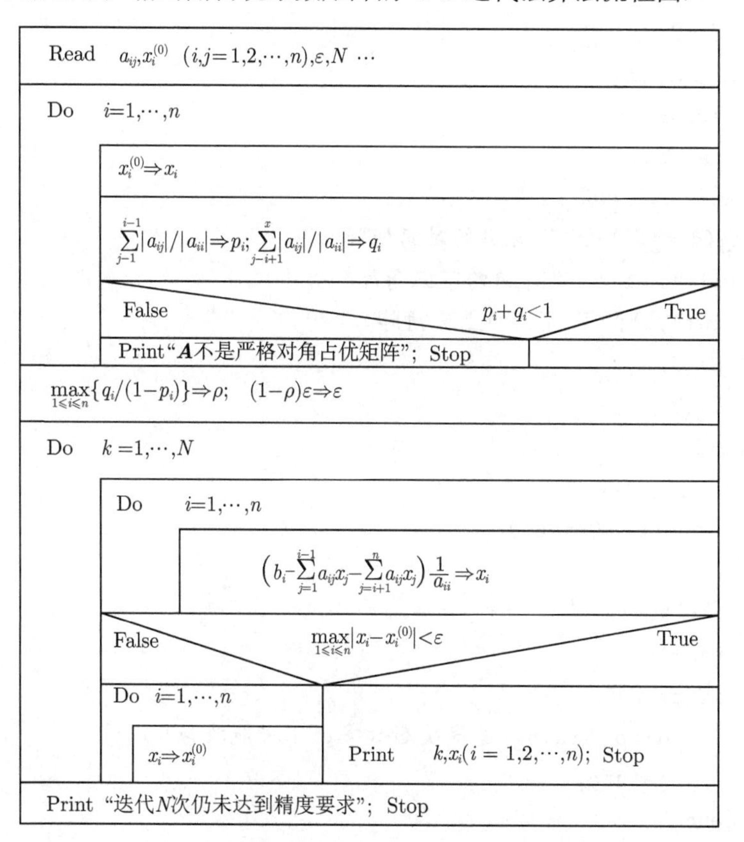

图 3.3 严格对角占优矩阵 G-S 迭代流程图

gauss_seide 迭代的 MATLAB 程序

```
function [x,n]=Gauss_Seidel(A,b,x0,eps,M)
% 求解线性方程组的迭代法
% A为方程组的系数矩阵
% b为方程组的右端项
% x0为迭代初始化向量
% eps为精度要求，缺省值为1e-5
% M为最大迭代次数，缺省值为100
% x为方程组的解
% n为迭代次数
if nargin==3
      eps=1.0-6;
      M =200;
elseif nargin==4
      M =200;
elseif nargin<3
      error
      return;
end
D=diag(diag(A));  % 求A的对角矩阵
L=-tril(A,-1);  % 求A的下三角阵
U=-triu(A,1);  % 求A的上三角阵
G=(D-L)\U;
f=(D-L)\b;
x=G*x0+f;
n=1  % 迭代次数
while norm(x-x0>=eps)
      x0=x;
      x=G*x0+f;
      n=n+1;
      if(n>=M)
          disp('Wrning:迭代次数太多，不可能收敛!') ;
          return;
      end
end
```

3.7.3 逐次超松弛 (SOR) 迭代法

逐次超松弛 (successive over relaxation) 迭代法是 Gauss-Seidel 迭代法的加速方法, 是解高阶稀疏方程组的有效方法之一.

在 G-S 迭代法中, 当迭代矩阵的范数 $\| \boldsymbol{B}_G \| < 1$ 而接近 1 时, 迭代收敛速度很慢, 这样不仅浪费机时, 而且过多的运算又引起较大的舍入误差. 解决的办法: 用 G-S 迭代法得到的相邻两次迭代结果之差, 经加权后修正前次迭代结果, 适当选择加权系数, 达到加速收敛的效果. 迭代公式为

$$\begin{aligned} \tilde{x}_i^{(k+1)} &= \frac{1}{a_{ii}}\left(b_i - \sum_{j=1}^{i-1} a_{ij}x_j^{(k+1)} - \sum_{j=i+1}^{n} a_{ij}x_j^{(k)}\right), \\ x_i^{(k+1)} &= x_i^{(k)} + \omega\left(\tilde{x}_i^{(k+1)} - x_i^{(k)}\right), \quad i=1,2,\cdots,n; k=0,1,2,\cdots. \end{aligned} \tag{3.46}$$

式中 ω 为松弛因子. 当 $\omega = 1$ 时, 即为 G-S 迭代公式; 当 $1 < \omega < 2$ 时, 称为超松弛法, 常用于加速收敛的迭代过程; 当 $0 < \omega < 1$ 时, 称为低松弛法, 常用于使不收敛的迭代过程收敛.

使式 (3.46) 收敛速度最快的 ω 称为最优松弛因子. 目前尚无简易通用的确定最优松弛因子的有效办法, 因此, 在实际计算中往往通过试算来确定 ω. 经验告诉我们, 当 ω 小于最优松弛因子时, 迭代序列 $\{\boldsymbol{x}^{(k)}\}$ 单调收敛; 而 ω 大于最优松弛因子时, $\{\boldsymbol{x}^{(k)}\}$ 往往发生摆动.

式 (3.46) 可以改写成

$$\begin{aligned} x_i^{(k+1)} =&(1-\omega)x_i^k + \frac{\omega}{a_{ii}}\left[b_i - \sum_{j=1}^{i-1} a_{ij}x_j^{(k+1)} - \sum_{j=i+1}^{n} a_{ij}x_j^{(k)}\right], \\ &i=1,2,\cdots,n; \quad k=0,1,2,\cdots. \end{aligned} \tag{3.47}$$

其矩阵形式为

$$\boldsymbol{x}^{(k+1)} = \boldsymbol{B}_\omega \boldsymbol{x}^{(k)} + \omega(\boldsymbol{D}+\omega\boldsymbol{L})^{-1}\boldsymbol{b}, \quad k=0,1,2,\cdots. \tag{3.48}$$

式中 $\boldsymbol{B}_\omega = (\boldsymbol{D}+\omega\boldsymbol{L})^{-1}[(1-\omega\boldsymbol{D})-\omega\boldsymbol{U}]$.

逐次超松弛 (SOR) 迭代法的 MATLAB 程序

```
function [n,x]=SOR(A,b,x0,w,eps,M)
% 求解线性方程组的迭代法
% A为方程组的系数矩阵
% b为方程组的右端项
% x0为迭代初始化向量
```

```
% ω为松弛因子
% eps为精度要求，缺省值为1e-5
% M为最大迭代次数，缺省值为100
% x为方程组的解
% n为迭代次数
if nargin==4
      eps=1.0e-6;
      M =200;
elseif nargin<4
      error
      return
elseif nargin==5
      M =200;
end
if(w<=0||w>=2)
      error;
      return;
end
D=diag(diag(A));  % 求 A 的对角矩阵
L=-tril(A,-1)  % 求 A 的下三角阵
U=-triu(A,1)  % 求 A 的上三角阵
B=inv(D-L*w)*((1-w)*D+w*U);
f=w*inv((D-L*w))*b;
x=B*x0+f;
n=1;  % 迭代次数
while norm(x-x0)>=eps
      x0=x
      x=B*x0+f;
      n=n+1;
      if(n>=M)
           disp('Warning:迭代次数太多，可能不收敛!');
           return
      end
end
end
```

例 3.10 用 SOR 迭代法求解方程组

$$\begin{bmatrix} -4 & 1 & 1 & 1 \\ 1 & -4 & 1 & 1 \\ 1 & 1 & -4 & 1 \\ 1 & 1 & 1 & -4 \end{bmatrix} \begin{bmatrix} x_1 \\ x_2 \\ x_3 \\ x_4 \end{bmatrix} = \begin{bmatrix} 1 \\ 1 \\ 1 \\ 1 \end{bmatrix}.$$

解 显然精确解 $\boldsymbol{x}^* = (-1,-1,-1,-1)^{\mathrm{T}}$. 由式 (3.47) 得

$$\begin{aligned} x_1^{(k+1)} &= (1-\omega)x_1^{(k)} - \frac{\omega}{4}\left(1 - x_2^{(k)} - x_3^{(k)} - x_4^{(k)}\right), \\ x_2^{(k+1)} &= (1-\omega)x_2^{(k)} - \frac{\omega}{4}\left(1 - x_1^{(k+1)} - x_3^{(k)} - x_4^{(k)}\right), \\ x_3^{(k+1)} &= (1-\omega)x_3^{(k)} - \frac{\omega}{4}\left(1 - x_1^{(k+1)} - x_2^{(k+1)} - x_4^{(k)}\right), \\ x_4^{(k+1)} &= (1-\omega)x_4^{(k)} - \frac{\omega}{4}\left(1 - x_1^{(k+1)} - x_2^{(k+1)} - x_3^{(k+1)}\right), \quad k = 0,1,2,\cdots. \end{aligned}$$

取 $\boldsymbol{x}^{(0)} = (0,0,0)^{\mathrm{T}}, \omega = 1.3$, 其计算结果见表 3.3.

表 3.3

k	$x_1^{(k)}$	$x_2^{(k)}$	$x_3^{(k)}$	$x_4^{(k)}$	$\left\|\boldsymbol{x}^{(k)} - \boldsymbol{x}^*\right\|_2$
1	−0.32500000	−0.43062500	−0.57057813	−0.75601602	
2	−0.79859622	−0.88649937	−0.94718783	−0.95368731	
⋮	⋮	⋮	⋮	⋮	
9	−0.99997132	−1.00001709	−0.99998487	−0.9999640	0.368×10^{-4}
10	−1.00000807	−0.99999141	−1.00000320	−1.00000195	0.124×10^{-4}
11	−0.99999646	−1.00000310	−0.99999953	−0.99999912	0.481×10^{-5}

可在 MATLAB 窗口执行命令

```
>>A=[-4 1 1 1;1 -4 1 1;1 1 -4 1;1 1 1 -4],b=[1 1 1 1]'
```

回车

再输入

```
>>x0=[0 0 0 0]';
>>[x,n]=SOR (A,b,x0,1.3)
```

表 3.3 说明, 对于 $\omega = 1.3$, 当迭代了 $k = 11$ 次后所得解 $\boldsymbol{x}^{(11)}$ 精确到小数点后第五位. 对于相同的初始向量, 且要求达到同样的精度, 若取 $\omega = 1.0$, 需迭代 $k = 22$ 次; 若取 $\omega = 1.7$, 需迭代 $k = 33$ 次.

关于松弛因子有以下结论:

(1) 当 ω 取实数时, SOR 迭代法收敛的必要条件是 $0 < \omega < 2$;

(2) 若系数矩阵 $\boldsymbol{A}$ 为对称正定, 且 $0 < \omega < 2$, 则 SOR 迭代法收敛.

3.8　非线性方程组的数值解法

考虑方程组

$$\begin{cases} f_1(x_1, x_2, \cdots, x_n) = 0, \\ f_2(x_1, x_2, \cdots, x_n) = 0, \\ \qquad\vdots \\ f_n(x_1, x_2, \cdots, x_n) = 0, \end{cases} \tag{3.49}$$

其中 $f_1(\boldsymbol{x}), f_2(\boldsymbol{x}), \cdots, f_n(\boldsymbol{x})$ 均为 n 维向量 $\boldsymbol{x} = (x_1, x_2, \cdots, x_n)^{\mathrm{T}}$ 的多元函数. 若记 $\boldsymbol{F}(\boldsymbol{x}) = (f_1(\boldsymbol{x}), f_2(\boldsymbol{x}), \cdots, f_n(\boldsymbol{x}))^{\mathrm{T}}$, 式 (3.49) 可写成

$$\boldsymbol{F}(\boldsymbol{x}) = \boldsymbol{0}. \tag{3.50}$$

当 $n \geqslant 2$ 且 $f_i(\boldsymbol{x})(i = 1, 2, \cdots, n)$ 中至少有一个函数是自变量 $\boldsymbol{x}$ 的非线性函数时, 则称方程组 (3.49) 或 (3.50) 为非线性方程组.

虽然从形式上看方程组 (3.49) 与单个方程的求解没有什么区别, 但当问题从一维变成多维时会出现很多问题, 如解的存在性、唯一性, 算法如何推广到高维, 以及高维计算时每步迭代的运算量等. 因此非线性方程组的数值求解, 不论是理论还是实践都是比较困难的, 至今仍有很多有待进一步研究的问题. 下面主要介绍不动点迭代法、牛顿迭代法和拟牛顿迭代法.

3.8.1　不动点迭代法

将方程组 (3.50) 转换成等价方程组

$$\boldsymbol{x} = \boldsymbol{\Phi}(\boldsymbol{x}), \tag{3.51}$$

其中 $\boldsymbol{\Phi}(\boldsymbol{x}) = (\varphi_1(\boldsymbol{x}), \varphi_2(\boldsymbol{x}), \cdots, \varphi_n(\boldsymbol{x}))^{\mathrm{T}}$ 为迭代函数.

对于给定的初始向量 $\boldsymbol{x}^{(0)}$, 根据迭代格式

$$\boldsymbol{x}^{(k+1)} = \boldsymbol{\Phi}(\boldsymbol{x}^{(k)}), \quad k = 0, 1, 2, \cdots, \tag{3.52}$$

产生向量序列 $\{\boldsymbol{x}^{(k)}\}$ $(k = 0, 1, 2, \cdots)$. 如果向量序列 $\{\boldsymbol{x}^{(k)}\}$ 收敛, 即 $\lim\limits_{k\to\infty} \boldsymbol{x}^{(k)} = \boldsymbol{x}^*$, 则称 $\boldsymbol{x}^*$ 为迭代函数 $\boldsymbol{\Phi}(\boldsymbol{x})$ 的不动点, 或方程组 (3.51) 的解; 否则称序列 $\{\boldsymbol{x}^{(k)}\}$ 发散. 上述非线性方程组 (3.52) 的求解过程称为不动点迭代法.

关于迭代函数 $\boldsymbol{\Phi}(\boldsymbol{x})$ 的选取可以从线性方程组的相应方法推广得来, 对应于非线性 Jacobi 迭代法、非线性 Gauss-Seidel 迭代法以及非线性 SOR 迭代法, 这三种方法在一定条件下能够收敛, 但是收敛速度比较慢.

例 3.11 试用不动点迭代求解非线性方程组

$$\begin{cases} x_1^2 - 10x_1 + x_2^2 + 8 = 0, \\ x_1x_2^2 + x_1 - 10x_2 + 8 = 0. \end{cases} \tag{3.53}$$

解 将原方程化为如下等价形式

$$x_1 = \varphi_1(\boldsymbol{x}) = \frac{x_2^2 + 8}{10 - x_1},$$
$$x_2 = \varphi_2(\boldsymbol{x}) = \frac{x_1 + 8}{10 - x_1x_2},$$

分别构造非线性 Jacobi 迭代格式和非线性 Gauss-Seidel 迭代格式:

$$\begin{cases} x_1^{(k+1)} = \dfrac{\left(x_2^{(k)}\right)^2 + 8}{10 - x_1^{(k)}}, \\ x_2^{(k+1)} = \dfrac{x_1^{(k)} + 8}{10 - x_1^{(k)}x_2^{(k)}}, \end{cases} \quad k = 0, 1, 2, \cdots,$$

$$\begin{cases} x_1^{(k+1)} = \dfrac{\left(x_2^{(k)}\right)^2 + 8}{10 - x_1^{(k)}}, \\ x_2^{(k+1)} = \dfrac{x_1^{(k+1)} + 8}{10 - x_1^{(k+1)}x_2^{(k)}}, \end{cases} \quad k = 0, 1, 2, \cdots, \tag{3.54}$$

取初始向量 $\boldsymbol{x}^{(0)} = (0, 0)^{\mathrm{T}}$, 计算结果分别在表 3.4 与 3.5 中给出.

非线性 Jacobi 迭代法 MATLAB 程序

```
function [x,n]=Jacobi_iterate(x0,eps,M)
% 非线性Jacobi迭代法,
% x0为迭代初始化向量
% eps为精度要求, 缺省值为1e-5
% M为最大迭代次数, 缺省值为100
% x为结果向量
% n为迭代次数
if nargin==3
      eps=1.0-6;
      M =200;
elseif nargin==4
      M =200;
elseif nargin<3
```

```
        error('请输入 3 个参数!');
end
while norm(x−x0>=eps)
    x1(1)=(x0(2)*x0(2)+8)/(10−x0(1));
    x1(2)=(x0(1)+8)/(10−x0(1)*x0(2));
    x0=x1;
    n=n+1;
    data(:n)=x1;
end
x=x1;
if(n>=M)
        disp('Wrning:迭代次数太多,不可能收敛!') ;
end
end
```

表 3.4　Jacobi 迭代的计算结果

k	1	$\cdots$	9	$\cdots$	18	19
$x_1^{(k)}$	0.8000	$\cdots$	0.99997360	$\cdots$	0.99999999	0.99999999
$x_2^{(k)}$	0.8000	$\cdots$	0.99997360	$\cdots$	0.99999999	0.99999999
$\Vert \boldsymbol{x}^* - \boldsymbol{x}^{(k)} \Vert_2$	0.2828	$\cdots$	3.7324×10^{-5}	$\cdots$	1.8962×10^{-9}	6.3208×10^{-10}

非线性 Gauss-Seidel 迭代法 MATLAB 程序

```
function [x,n]=Noline_Gauss_Seidel(x0,eps,M)
% 非线性 Noline_Gauss_Seidel 迭代法
% x0为迭代初始化向量
% eps为精度要求，缺省值为1e−5
% M为最大迭代次数，缺省值为100
% x为结果向量
% n为迭代次数
if nargin==3
        eps=1.0−6;
        M =200;
elseif nargin==4
        M =200;
elseif nargin<3
        error('请输入 3 个参数!');
end
```

```
while norm(x-x0>=eps)
  x1(1)=(x0(2)*x0(2)+8)/(10-x0(1));
  x1(2)=(x1(1)+8)/(10-x1(1)*x0(2));
  x0=x1;
  n=n+1;
  data(:n)=x1;
end
x=x1;
if(n>=M)
     disp('Wrning:迭代次数太多,不可能收敛!') ;
end
end
```

表 3.5 Gauss-Seidel 迭代的计算结果

k	1	$\cdots$	7	$\cdots$	13	14
$x_1^{(k)}$	0.8000	$\cdots$	0.99997888	$\cdots$	0.99999999	0.99999999
$x_2^{(k)}$	0.8800	$\cdots$	0.99999023	$\cdots$	0.99999999	0.99999999
$\parallel \boldsymbol{x}^* - \boldsymbol{x}^{(k)} \parallel_2$	0.2332	$\cdots$	2.3271×10^{-5}	$\cdots$	2.2278×10^{-9}	4.7649×10^{-10}

从表 3.4 和表 3.5 看出, G-S 迭代的收敛速度较快于 Jacobi 迭代. 下面讨论它们的收敛性.

3.8.2 不动点迭代法的收敛性

关于非线性方程组不动点迭代法的收敛性, 有与非线性方程类似的结果.

定理 3.6 设函数 $\boldsymbol{\Phi}(\boldsymbol{x}) : D \subset \mathbf{R}^n \to \mathbf{R}^n$为有界闭凸集 $D_0 \subset D$ 上的连续函数, 且

(1) $\forall \boldsymbol{x} \in D_0$, $\boldsymbol{\Phi}(\boldsymbol{x}) \in D_0$;

(2) $\forall \boldsymbol{x}, \boldsymbol{y} \in D_0$, $\boldsymbol{\Phi}(\boldsymbol{x})$ 关于某种范数存在常数 $L \in (0,1)$, 使得

$$\parallel \boldsymbol{\Phi}(\boldsymbol{x}) - \boldsymbol{\Phi}(\boldsymbol{y}) \parallel \leqslant L \parallel \boldsymbol{x} - \boldsymbol{y} \parallel,$$

则

(1) $\boldsymbol{\Phi}(\boldsymbol{x})$ 在 D_0 上存在唯一的不动点 $\boldsymbol{x}^*$;

(2) 对 $\forall \boldsymbol{x}^{(0)} \in D_0$, 按式 (4) 迭代所得向量序列 $\{\boldsymbol{x}^{(k)}\} \subset D_0$, 且收敛, 即 $\lim\limits_{k\to\infty} \boldsymbol{x}^{(k)} = \boldsymbol{x}^*$;

(3) $\parallel \boldsymbol{x}^* - \boldsymbol{x}^{(k)} \parallel \leqslant \dfrac{L}{1-L} \parallel \boldsymbol{x}^{(k)} - \boldsymbol{x}^{(k-1)} \parallel$;

(4) $\parallel \boldsymbol{x}^* - \boldsymbol{x}^{(k)} \parallel \leqslant \dfrac{L^k}{1-L} \parallel \boldsymbol{x}^{(1)} - \boldsymbol{x}^{(0)} \parallel, k = 1, 2, \cdots$.

证　在此利用柯西 (Cauchy) 准则证明本定理.

柯西准则　向量序列 $\{\boldsymbol{x}^{(k)}\} \subset \mathbf{R}^n$ 收敛的充分必要条件是对于 $\forall\varepsilon > 0$, 存在正整数 $N(\varepsilon)$, 使得对任何 $l, k > N(\varepsilon)$ 都有 $\| \boldsymbol{x}^{(l)} - \boldsymbol{x}^{(k)} \| < \varepsilon$. 满足此条件的序列称为柯西序列.

对任何初值 $\boldsymbol{x}^{(0)} \in D_0$, 由条件 (1) 知按照迭代格式 (3.52) 生成的序列 $\{\boldsymbol{x}^{(k)}\} \subset D_0$. 进一步根据条件 (2) 有

$$\| \boldsymbol{x}^{(k+1)} - \boldsymbol{x}^{(k)} \| = \| \boldsymbol{\Phi}(\boldsymbol{x}^{(k)}) - \boldsymbol{\Phi}(\boldsymbol{x}^{(k-1)}) \| \leqslant L \| \boldsymbol{x}^{(k)} - \boldsymbol{x}^{(k-1)} \| \leqslant \cdots \leqslant L^k \| \boldsymbol{x}^{(1)} - \boldsymbol{x}^{(0)} \| .$$

于是, 对任何正整数 $p \geqslant 1$, 有

$$\begin{aligned}
&\left\| \boldsymbol{x}^{(k+p)} - \boldsymbol{x}^{(k)} \right\| \\
=& \left\| \left(\boldsymbol{x}^{(k+p)} - \boldsymbol{x}^{(k+p-1)} \right) + \left(\boldsymbol{x}^{(k+p-1)} - \cdots - \boldsymbol{x}^{(k+1)} \right) + \left(\boldsymbol{x}^{(k+1)} - \boldsymbol{x}^{(k)} \right) \right\| \\
\leqslant& \left\| \boldsymbol{x}^{(k+j)} - \boldsymbol{x}^{(k+j-1)} \right\| \leqslant \left(L^{k+p-1} + L^{k+p-2} + \cdots + L^k \right) \left\| \boldsymbol{x}^{(1)} - \boldsymbol{x}^{(0)} \right\| \\
\leqslant& \frac{L^k}{1-L} \left\| \boldsymbol{x}^{(1)} - \boldsymbol{x}^{(0)} \right\| .
\end{aligned} \tag{3.55}$$

由此可见, 迭代序列 $\{\boldsymbol{x}^{(k)}\}$ 是柯西序列, 设其极限为 $\boldsymbol{x}^*$. 因为 D_0 是闭集, 所以 $\boldsymbol{x}^* \in D_0$. 又由函数 $\boldsymbol{\Phi}(\boldsymbol{x})$ 的连续性

$$\boldsymbol{x}^* = \lim_{k\to\infty} \boldsymbol{x}^{(k+1)} = \lim_{k\to\infty} \boldsymbol{\Phi}(\boldsymbol{x}^{(k)}) = \boldsymbol{\Phi}(\boldsymbol{x}^*).$$

若 $\boldsymbol{\Phi}(\boldsymbol{x})$ 在 D_0 上有两个不动点 $\boldsymbol{x}^*$ 和 $\boldsymbol{y}^*$, 且 $\boldsymbol{x}^* \neq \boldsymbol{y}^*$, 则由条件 (2)

$$0 < \| \boldsymbol{x}^* - \boldsymbol{y}^* \| = \| \boldsymbol{\Phi}(\boldsymbol{x}^*) - \boldsymbol{\Phi}(\boldsymbol{y}^*) \| \leqslant L \| \boldsymbol{x}^* - \boldsymbol{y}^* \| < \| \boldsymbol{x}^* - \boldsymbol{y}^* \| .$$

这是个矛盾, 因此 $\boldsymbol{\Phi}(\boldsymbol{x})$ 在 D_0 上存在唯一的不动点. 由式 (3.55) 得

$$\left\| \boldsymbol{x}^{(k+p)} - \boldsymbol{x}^{(k)} \right\| \leqslant \frac{L}{1-L} \left\| \boldsymbol{x}^{(k)} - \boldsymbol{x}^{(k-1)} \right\| .$$

令其中的 $p \to \infty$, 由收敛性可得

$$\left\| \boldsymbol{x}^* - \boldsymbol{x}^{(k)} \right\| \leqslant \frac{L}{1-L} \left\| \boldsymbol{x}^{(k)} - \boldsymbol{x}^{(k-1)} \right\| ,$$

或

$$\left\| \boldsymbol{x}^* - \boldsymbol{x}^{(k)} \right\| \leqslant \frac{L^k}{1-L} \left\| \boldsymbol{x}^{(1)} - \boldsymbol{x}^{(0)} \right\| , \quad k = 1, 2, \cdots .$$

例 3.12　对于例 3.11, 设 $D_0 = \{(x_1, x_2)^{\mathrm{T}} | 0 \leqslant x_1, x_2 \leqslant 1.5\}$, 试证: 对任何 $\boldsymbol{x}^{(0)} \in D_0$, 由迭代格式 (3.54) 生成的序列都收敛到方程组 (3.53) 在 D_0 中的唯一解 $\boldsymbol{x}^* = (1, 1)^{\mathrm{T}}$.

证 对于任何 $\boldsymbol{x}=(x_1,x_2)^{\mathrm{T}}\in D_0$, 都有

$$0.8\leqslant\varphi_1(\boldsymbol{x})\leqslant 1.2059,\quad 0.8\leqslant\varphi_2(\boldsymbol{x})\leqslant 1.2258.$$

进一步, 对于任意 $\boldsymbol{x}=(x_1,x_2)^{\mathrm{T}}\in D_0$ 和 $\boldsymbol{y}=(y_1,y_2)^{\mathrm{T}}\in D_0$, 都有

$$\begin{aligned}|\varphi_1(\boldsymbol{x})-\varphi_1(\boldsymbol{y})|&=\left|\frac{x_2^2+8}{10-x_1}-\frac{y_2^2+8}{10-y_1}\right|\\&=\left|\frac{10x_2^2-10y_2^2-x_2^2y_1+x_1y_2^2-8y_1+8x_1}{(10-x_1)(10-y_1)}\right|\\&\leqslant\frac{1}{8.5^2}|8(x_1-y_1)+(10x_2+10y_2-x_1y_2)(x_2-y_2)|\\&\leqslant\frac{1}{8.5^2}(8|x_1-y_1|+30|x_2-y_2|)\\&\leqslant\frac{30}{8.5^2}(|x_1-y_1|+|x_2-y_2|)=0.4152\parallel\boldsymbol{x}-\boldsymbol{y}\parallel_1,\end{aligned}$$

$$\begin{aligned}|\varphi_2(\boldsymbol{x})-\varphi_2(\boldsymbol{y})|&=\left|\frac{x_1+8}{10-x_1x_2}-\frac{y_1+8}{10-y_1y_2}\right|\\&=\left|\frac{10x_1-10y_1+x_1x_2y_1-x_1y_1y_2+8x_1x_2-8y_1y_2}{(10-x_1x_2)(10-y_1y_2)}\right|\\&\leqslant\frac{1}{7.75^2}|10(x_1-y_1)+x_1y_1(x_2-y_2)+8x_1(x_2-y_2)+8y_2(x_1-y_1)|\\&=\frac{1}{7.75^2}|(10+8y_2)(x_1-y_1)+(x_1y_1+8x_1)(x_2-y_2)|\\&\leqslant\frac{1}{7.75^2}(22|x_1-y_1|+14.25|x_2-y_2|)\leqslant\frac{22}{7.75^2}(|x_1-y_1|+|x_2-y_2|)\\&=0.3663\parallel\boldsymbol{x}-\boldsymbol{y}\parallel_1.\end{aligned}$$

从而

$$\parallel\boldsymbol{\Phi}(\boldsymbol{x})-\boldsymbol{\Phi}(\boldsymbol{y})\parallel_1=|\varphi_1(\boldsymbol{x})-\varphi_1(\boldsymbol{y})|+|\varphi_2(\boldsymbol{x})-\varphi_2(\boldsymbol{y})|\leqslant 0.7815\parallel\boldsymbol{x}-\boldsymbol{y}\parallel_1.$$

由定理 3.6 可知结论成立.

定义 3.7 对于函数 $\boldsymbol{\Phi}(\boldsymbol{x}):D\subset\mathbf{R}^n\to\mathbf{R}^n$, 设 $\boldsymbol{x}^*\in D$ 是 $\boldsymbol{\Phi}(\boldsymbol{x})$ 的不动点. 若存在 $\boldsymbol{x}^*$ 的一个邻域 $S\subset D$, 使得对任何初值 $\boldsymbol{x}^{(0)}\in S$, 由迭代格式 (3.52) 生成的序列满足 $\{\boldsymbol{x}^{(k)}\}\subset S$, 并有 $\lim\limits_{k\to\infty}\boldsymbol{x}^{(k)}=\boldsymbol{x}^*$, 则称不动点迭代法在点 $\boldsymbol{x}^*$ 处局部收敛.

定理 3.7 对于函数 $\boldsymbol{\Phi}(\boldsymbol{x}):D\subset\mathbf{R}^n\to\mathbf{R}^n$, 设 $\boldsymbol{x}^*\in D$ 是 $\boldsymbol{\Phi}(\boldsymbol{x})$ 的一个不动点. 如果存在半径为 $\delta(\delta>0)$ 的闭球

$$S=S(\boldsymbol{x}^*,\delta)=\{\boldsymbol{x}|\parallel\boldsymbol{x}^*-\boldsymbol{x}\parallel\leqslant\delta\}\subset D,$$

$$S = S(\boldsymbol{x}^*, \delta) = \{\boldsymbol{x} | \parallel \boldsymbol{x}^* - \boldsymbol{x} \parallel \leqslant \delta\} \subset D,$$

以及常数 $L \in (0,1)$, 使得

$$\parallel \boldsymbol{\Phi}(\boldsymbol{x}^*) - \boldsymbol{\Phi}(\boldsymbol{x}) \parallel \leqslant L \parallel \boldsymbol{x}^* - \boldsymbol{x} \parallel, \quad \forall \boldsymbol{x} \in S, \tag{3.56}$$

则迭代过程 (3.52) 在点 $\boldsymbol{x}^*$ 处局部收敛.

证　任给 $\boldsymbol{x}^{(0)} \in S$, 设 $\boldsymbol{x}^{(k)} \in S$, 即 $\parallel \boldsymbol{x}^* - \boldsymbol{x}^{(k)} \parallel \leqslant \delta$, 则由式 (3.56) 得

$$\parallel \boldsymbol{x}^* - \boldsymbol{x}^{(k+1)} \parallel = \parallel \boldsymbol{\Phi}(\boldsymbol{x}^*) - \boldsymbol{\Phi}(\boldsymbol{x}^{(k)}) \parallel \leqslant L \parallel \boldsymbol{x}^* - \boldsymbol{x}^{(k)} \parallel \leqslant L\delta < \delta,$$

即 $\boldsymbol{x}^{(k+1)} \in S$, 从而 $\{\boldsymbol{x}^{(k)}\} \subset S$. 又

$$\parallel \boldsymbol{x}^* - \boldsymbol{x}^{(k)} \parallel \leqslant L \parallel \boldsymbol{x}^* - \boldsymbol{x}^{(k-1)} \parallel \leqslant \cdots \leqslant L^k \parallel \boldsymbol{x}^* - \boldsymbol{x}^{(0)} \parallel,$$

且 $L \in (0,1)$, 从而 $\lim\limits_{k\to\infty} \boldsymbol{x}^{(k)} = \boldsymbol{x}^*$. 所以, 迭代过程 (4) 在点 $\boldsymbol{x}^*$ 处局部收敛.

3.8.3 Newton 迭代法

对于非线性方程组, 也可以构造类似于一元方程的牛顿迭代法, 而且同样具有二次局部收敛性. 首先给出收敛阶的概念.

定义 3.8　设向量序列 $\{\boldsymbol{x}^{(k)}\} \subset \mathbf{R}^n$ 收敛到 $\boldsymbol{x}^*$. 若有常数 $p \geqslant 1$ 和 $c \geqslant 0$, 使得

$$\lim_{\kappa\to\infty} \frac{\parallel \boldsymbol{x}^{(k+1)} - \boldsymbol{x}^* \parallel}{\parallel \boldsymbol{x}^{(k)} - \boldsymbol{x}^* \parallel^p} = c,$$

则称 p 为该序列的收敛阶. 当 $p=1$ 时称为线性收敛 $(0<c<1)$, 当 $p>1$ 时称为超线性收敛, 当 $p=2$ 时称为二次收敛或平方收敛.

设 $\boldsymbol{x}^*$ 为方程组 (3.49) 的解, $\boldsymbol{x}^{(k)}$ 是某个迭代值. 用点 $\boldsymbol{x}^{(k)}$ 处的一阶 Taylor 展式近似每一个分量函数值 $f_i(\boldsymbol{x}^*) = 0$, 有

$$0 = f_i(\boldsymbol{x}^*) \approx f_i\left(\boldsymbol{x}^{(k)}\right) + \sum_{j=1}^{n} \frac{\partial f_i\left(\boldsymbol{x}^{(k)}\right)}{\partial x_j}\left(x_j^* - x_j^{(k)}\right), \quad i = 1, 2, \cdots, n,$$

或用矩阵和向量表示为

$$\mathbf{0} = \boldsymbol{F}(\boldsymbol{x}^*) \approx \boldsymbol{F}\left(\boldsymbol{x}^{(k)}\right) + \boldsymbol{F}'\left(\boldsymbol{x}^{(k)}\right)\left(\boldsymbol{x}^* - \boldsymbol{x}^{(k)}\right), \tag{3.57}$$

其中函数 $\boldsymbol{F}(\boldsymbol{x})$ 的导数为

$$\boldsymbol{F}'(\boldsymbol{x}) = \begin{bmatrix} \nabla f_1(\boldsymbol{x})^{\mathrm{T}} \\ \nabla f_2(\boldsymbol{x})^{\mathrm{T}} \\ \vdots \\ \nabla f_n(\boldsymbol{x})^{\mathrm{T}} \end{bmatrix} = \begin{bmatrix} \dfrac{\partial f_1(\boldsymbol{x})}{\partial x_1} & \dfrac{\partial f_1(\boldsymbol{x})}{\partial x_2} & \cdots & \dfrac{\partial f_1(\boldsymbol{x})}{\partial x_n} \\ \dfrac{\partial f_2(\boldsymbol{x})}{\partial x_1}l & \dfrac{\partial f_2(\boldsymbol{x})}{\partial x_2} & \cdots & \dfrac{\partial f_2(\boldsymbol{x})}{\partial x_n} \\ \vdots & \vdots & & \vdots \\ \dfrac{\partial f_n(\boldsymbol{x})}{\partial x_1} & \dfrac{\partial f_n(\boldsymbol{x})}{\partial x_2} & \cdots & \dfrac{\partial f_n(\boldsymbol{x})}{\partial x_n} \end{bmatrix}.$$

$\boldsymbol{F}'(\boldsymbol{x})$ 被称为 Hessian 矩阵. 若矩阵 $\boldsymbol{F}'\left(\boldsymbol{x}^{(k)}\right)$ 非奇异, 则可从式 (3.57) 中解出 $\boldsymbol{x}^*$ 的近似值, 并把它作为下一次的迭代值. 于是得到非线性方程组的牛顿迭代法

$$\boldsymbol{x}^{(k+1)}=\boldsymbol{\Phi}\left(\boldsymbol{x}^{(k)}\right)=\boldsymbol{x}^{(k)}-\left(\boldsymbol{F}'\left(\boldsymbol{x}^{(k)}\right)\right)^{-1}\boldsymbol{F}\left(\boldsymbol{x}^{(k)}\right),\quad k=0,1,2,\cdots,$$

其中 $\boldsymbol{x}^{(0)}$ 是给定的初始值, $\boldsymbol{\Phi}(\boldsymbol{x})$ 为牛顿迭代函数.

非线性方程组的牛顿迭代法 MATLAB 程序

```
function [P,iter,err]=newtonN2(F,JF,P,tolp,tolfp,max)
% 输入P为初始猜测值, 输出P则为近似解
% JF为相应的Jacobian矩阵
% tolp为P的允许误差
% tolfp为f(P)的允许误差
% max:循环次数
Y=f3(P(1),P(2));
for k=1:max
     J=JF(P(1),P(2));
     Q=P-inv('J')*Y;
     Z=f3(Q(1),Q(2));
     err=norm(Q-P);
     P=Q;
     Y=Z;
     iter=k;
     if (err<tolp)||(abs(Y)<tolfp||abs(Y)<0.0001)
          break
     end
end
end
```

例 3.13 用牛顿迭代法求解例 3.11 中的非线性方程组 (3.53).

解 由非线性方程组的牛顿迭代法, 有迭代格式

$$\begin{bmatrix} x_1^{(k+1)} \\ x_2^{(k+1)} \end{bmatrix}=\begin{bmatrix} x_1^{(k)} \\ x_2^{(k)} \end{bmatrix}-\begin{bmatrix} 2x_1^{(k)}-10 & 2x_2^{(k)} \\ \left(x_2^{(k)}\right)^2+1 & x_1^{(k)}x_2^{(k)}-10 \end{bmatrix}^{-1}$$
$$\begin{bmatrix} \left(x_1^{(k)}\right)^2-10x_1^{(k)}+\left(x_2^{(k)}\right)^2+8 \\ x_1^{(k)}\left(x_2^{(k)}\right)^2+x_1^{(k)}-10x_2^{(k)}+8 \end{bmatrix}.$$

其中, $k=0,1,2,\cdots$. 取初始向量 $\boldsymbol{x}^{(0)}=(0,0)^{\mathrm{T}}$, 其计算结果见表 3.6.

表 3.6

k	1	2	3	4
$x_1^{(k)}$	0.80	0.99178722	0.99997522	0.99999999
$x_2^{(k)}$	0.88	0.99171173	0.99996852	0.99999999
$\Vert \boldsymbol{x}^*-\boldsymbol{x}^{(k)} \Vert_2$	0.2332	0.0116	4.005×10^{-5}	4.9412×10^{-10}

可在 MATLAB 窗口执行命令

```
function Y=f3(x1,x2)
Y=[x1*x1-10*x1+x2*x2+8;x1*x2*x2+x1-10*x2+8];
end


function y=JF(x,y)
f1='x*x-10*x+y*y+8';
f2='x*y*y+x-10*y+8';
df1x=diff(sym(f1),'x');
df1y=diff(sym(f1),'y');

df2x=diff(sym(f2),'x');
df2y=diff(sym(f2),'y');

j=[df1x,df1y;df2x,df2y;df3x,df3y];
y=(j);
end


[P,iter,err]=newtonN2('f3','JF',[1 1],4.9412e-10,0.005,10)
```

从例 3.11 和例 3.13 可见, 牛顿迭代的收敛速度明显快于不动点迭代.

一般地, 牛顿迭代法有下列局部收敛性定理.

定理 3.8　对于函数 $\boldsymbol{F}:D\subset\mathbf{R}^n\rightarrow\mathbf{R}^n$, 设 $\boldsymbol{x}^*\in D$ 满足 $\boldsymbol{F}(\boldsymbol{x}^*)=\mathbf{0}$. 若有 $\boldsymbol{x}^*$ 的开邻域 $S_0\subset D$, $\boldsymbol{F}'(\boldsymbol{x})$ 在其上存在并连续, 而且 $\boldsymbol{F}'(\boldsymbol{x}^*)$ 非奇异, 则存在 $\boldsymbol{x}^*$ 的闭球 $S=S(\boldsymbol{x}^*,\delta)\subset S_0$, 其中 $\delta>0$, 使得

(1) 牛顿迭代函数 $\boldsymbol{\Phi}(\boldsymbol{x})$ 对所有 $\boldsymbol{x}\in S$ 有定义, 并且 $\boldsymbol{\Phi}(\boldsymbol{x})\in S$, 从而序列 $\{\boldsymbol{x}^{(k)}\}\subset S$;

(2) 对于任何初值 $\boldsymbol{x}^{(0)}\in S$, 牛顿迭代序列 $\{\boldsymbol{x}^{(k)}\}$ 超线性收敛于 $\boldsymbol{x}^*$;

(3) 若还有常数 $\alpha>0$, 使得

$$\Vert \boldsymbol{F}'(\boldsymbol{x})-\boldsymbol{F}'(\boldsymbol{x}^*) \Vert\leqslant\alpha \Vert \boldsymbol{x}-\boldsymbol{x}^* \Vert,\quad \forall x\in S,$$

则牛顿迭代序列 $\{\boldsymbol{x}^{(k)}\}$ 至少二次收敛于 $\boldsymbol{x}^*$.

利用牛顿迭代法计算时存在一个问题, 就是每步迭代不仅要算出 n 阶矩阵 $\boldsymbol{F}'(\boldsymbol{x})$, 而且还要求其逆, 这对阶数较高的方程组来说工作量太大! 一个简单的改进是把牛顿迭代法改写为两步:

第一步 设 $\boldsymbol{y}^{(k)}=-\boldsymbol{F}'\left(\boldsymbol{x}^{(k)}\right)^{-1}\cdot\boldsymbol{F}\left(\boldsymbol{x}^{(k)}\right)$, 则解线性方程组 $\boldsymbol{F}'\left(\boldsymbol{x}^{(k)}\right)\boldsymbol{y}^{(k)}=-\boldsymbol{F}\left(\boldsymbol{x}^{(k)}\right)$ 可得 $\boldsymbol{y}^{(k)}$;

第二步 $\boldsymbol{x}^{(k+1)}=\boldsymbol{x}^{(k)}+\boldsymbol{y}^{(k)}, k=0,1,2,\cdots$.

这样就避免了求矩阵的逆.

例 3.14 用改进的牛顿迭代法求解例 3.11 中的非线性方程组 (3.53).

解 设

$$y^{(k)}=\begin{bmatrix}y_1^{(k)}\\y_2^{(k)}\end{bmatrix}=-\begin{bmatrix}2x_1^{(k)}-10 & 2x_2^{(k)}\\\left(x_2^{(k)}\right)^2+1 & x_1^{(k)}x_2^{(k)}-10\end{bmatrix}^{-1}\begin{bmatrix}\left(x_1^{(k)}\right)^2-10x_1^{(k)}+\left(x_2^{(k)}\right)^2+8\\x_1^{(k)}\left(x_2^{(k)}\right)^2+x_1^{(k)}-10x_2^{(k)}+8\end{bmatrix}.$$

求解线性方程组

$$\begin{bmatrix}2x_1^{(k)}-10 & 2x_2^{(k)}\\(x_2^{(k)})^2+1 & x_1^{(k)}x_2^{(k)}-10\end{bmatrix}\begin{bmatrix}y_1^{(k)}\\y_2^{(k)}\end{bmatrix}=\begin{bmatrix}(x_1^{(k)})^2-10x_1^{(k)}+(x_2^{(k)})^2+8\\x_1^{(k)}(x_2^{(k)})^2+x_1^{(k)}-10x_2^{(k)}+8\end{bmatrix},$$

从而 $\boldsymbol{x}^{(k+1)}=\boldsymbol{x}^{(k)}+\boldsymbol{y}^{(k)}, k=0,1,2,\cdots$. 取 $\boldsymbol{x}^{(0)}=(0,0)^{\mathrm{T}}$, 其计算结果见表 3.7.

表 3.7

k	1	2	3	4
$y_1^{(k)}$	0.80	0.19178722	0.00818801	0.247706×10^{-4}
$y_2^{(k)}$	0.88	0.11171174	0.00825679	0.314752×10^{-4}
$x_1^{(k)}$	0.80	0.99178722	0.99997522	0.99999999
$x_2^{(k)}$	0.88	0.99171173	0.99996852	0.99999999
$\Vert \boldsymbol{x}^*-\boldsymbol{x}^{(k)}\Vert_2$	0.233238	0.011668	4.005388×10^{-5}	4.941269×10^{-10}

虽然牛顿法具有二次收敛性, 但它要求 $\boldsymbol{F}'(\boldsymbol{x}^*)$ 非奇异. 如果矩阵 $\boldsymbol{F}'(\boldsymbol{x}^*)$ 奇异或病态, 那么 $\boldsymbol{F}'\left(\boldsymbol{x}^{(k)}\right)$ 也可能奇异或病态, 从而可能导致数值计算失败或计算结果不稳定. 并且对于大型问题, 牛顿法的计算量是很大的, 所以在 3.8.4 节介绍拟牛顿迭代法.

3.8.4 拟牛顿迭代法

拟牛顿迭代法的基本思想是构造一个近似矩阵来近似牛顿迭代法中的 Hessian 矩阵的逆矩阵, 这个方法现已成为一类公认的比较有效的算法.

1. 拟牛顿方程

牛顿迭代法可写成形式

$$\boldsymbol{x}^{(k+1)}=\boldsymbol{x}^{(k)}-\boldsymbol{A}_k^{-1}\boldsymbol{F}\left(\boldsymbol{x}^{(k)}\right),\quad k=0,1,2,\cdots,\tag{3.58}$$

其中 $\boldsymbol{A}_k=\boldsymbol{F}'\left(\boldsymbol{x}^{(k)}\right)$, 在每次迭代时都需要计算 $\boldsymbol{A}_k$ 的逆或者求解对应的线性方程组, 尽管具有良好的收敛性质, 但计算效率并不高.

为克服这一缺陷, 取 $\boldsymbol{A}_{k+1}$ 满足

$$\boldsymbol{A}_{k+1}\left(\boldsymbol{x}^{(k+1)}-\boldsymbol{x}^{(k)}\right)=\boldsymbol{F}\left(\boldsymbol{x}^{(k+1)}\right)-\boldsymbol{F}\left(\boldsymbol{x}^{(k)}\right),$$

则称上式为拟牛顿方程. 如果 $F(x)$ 是一元函数, 那么 $\boldsymbol{A}_{k+1}$ 是 $F(x)$ 过两点 $x^{(k)}$ 和 $x^{(k+1)}$ 的割线的斜率, 从而式 (3.58) 就是割线法. 在多元情形下, 当 $\boldsymbol{x}^{(k)}$ 和 $\boldsymbol{x}^{(k+1)}$ 已知时, 由拟牛顿方程不能确定矩阵 $\boldsymbol{A}_{k+1}(n>1$ 个方程中含有 $n^2>n$ 个未知量). 因此, 为了确定矩阵 $\boldsymbol{A}_{k+1}$ 需要对它附加其他条件, 令

$$\boldsymbol{A}_{k+1}=\boldsymbol{A}_k+\Delta\boldsymbol{A}_k,$$

其中 $\Delta\boldsymbol{A}_k$ 是秩为 m 的增量矩阵, 由此得到的迭代法称为拟牛顿迭代法. 通常取 $m=1$ 或 2, 当 $m=1$ 时称为秩 1 方法, 当 $m=2$ 时称为秩 2 方法.

下面以秩 1 的情形为例, 说明增量矩阵 $\Delta\boldsymbol{A}_k$ 的确定方法.

2. Broyden 秩 1 方法

秩为 1 的矩阵 $\Delta\boldsymbol{A}_k$ 总可以表示成 $\Delta\boldsymbol{A}_k=\boldsymbol{u}_k\boldsymbol{v}_k^{\mathrm{T}}$, 其中 $\boldsymbol{u}_k,\boldsymbol{v}_k\in\mathbf{R}^n$ 为列向量. 记

$$\boldsymbol{s}_k=\boldsymbol{x}^{(k+1)}-\boldsymbol{x}^{(k)},\quad \boldsymbol{z}_k=\boldsymbol{F}\left(\boldsymbol{x}^{(k+1)}\right)-\boldsymbol{F}\left(\boldsymbol{x}^{(k)}\right),$$

选择 $\boldsymbol{u}_k$ 和 $\boldsymbol{v}_k$, 使矩阵 $\boldsymbol{A}_{k+1}=\boldsymbol{A}_k+\Delta\boldsymbol{A}_k$ 满足拟 Newton 方程, 即

$$(\boldsymbol{A}_k+\boldsymbol{u}_k\boldsymbol{v}_k^{\mathrm{T}})\boldsymbol{s}_k=\boldsymbol{z}_k.$$

若 $\boldsymbol{v}_k^{\mathrm{T}}\boldsymbol{s}_k\neq 0$, 则由此可解出

$$\boldsymbol{u}_k=\frac{1}{\boldsymbol{v}_k^{\mathrm{T}}\boldsymbol{s}_k}(\boldsymbol{z}_k-\boldsymbol{A}_k\boldsymbol{s}_k),$$

即 $\boldsymbol{u}_k$ 由 $\boldsymbol{v}_k$ 唯一确定. 向量 $\boldsymbol{v}_k$ 的一个自然取法是令 $\boldsymbol{v}_k=\boldsymbol{s}_k$, 因为只要 $\boldsymbol{x}^{(k+1)}\neq\boldsymbol{x}^{(k)}$(即迭代过程尚未收敛), 这时总有 $\boldsymbol{v}_k^{\mathrm{T}}\boldsymbol{s}_k=\|\boldsymbol{s}_k\|_2^2\neq 0$. 把上述 $\boldsymbol{u}_k$ 和 $\boldsymbol{v}_k$ 代入 $\Delta\boldsymbol{A}_k$, 有

$$\Delta\boldsymbol{A}_k=\frac{1}{\|\boldsymbol{s}_k\|_2^2}(\boldsymbol{z}_k-\boldsymbol{A}_k\boldsymbol{s}_k)\boldsymbol{s}_k^{\mathrm{T}},$$

于是得求解 $\boldsymbol{F}(\boldsymbol{x})=\mathbf{0}$ 的迭代法

$$\begin{gathered}\boldsymbol{x}^{(k+1)}=\boldsymbol{x}^{(k)}-\boldsymbol{A}_k^{-1}\boldsymbol{F}\left(\boldsymbol{x}^{(k)}\right),\\ \boldsymbol{s}_k=\boldsymbol{x}^{(k+1)}-\boldsymbol{x}^{(k)},\quad \boldsymbol{z}_k=\boldsymbol{F}\left(\boldsymbol{x}^{(k+1)}\right)-\boldsymbol{F}\left(\boldsymbol{x}^{(k)}\right),\quad k=0,1,2,\cdots,\\ \boldsymbol{A}_{k+1}=\boldsymbol{A}_k+\frac{1}{\|\boldsymbol{s}_k\|_2^2}(\boldsymbol{z}_k-\boldsymbol{A}_k\boldsymbol{s}_k)\boldsymbol{s}_k^{\mathrm{T}},\end{gathered}\tag{3.59}$$

称为 Broyden 秩 1 方法, 其中初始值 $\boldsymbol{x}^{(0)}$ 要给定, $\boldsymbol{A}_0$ 可取 $\boldsymbol{F}'(\boldsymbol{x}^{(0)})$ 或单位矩阵 $\boldsymbol{I}$.

值得注意的是, 方法 (3.59) 中的矩阵求逆是可以避免的. 下面给出逆 Broyden 秩 1 方法. 先看一个引理, 证明留作习题.

引理 若矩阵 $\boldsymbol{A}\in\mathbf{R}^{n\times n}$ 非奇异, 则 $\boldsymbol{A}+\boldsymbol{u}\boldsymbol{v}^{\mathrm{T}}$ 非奇异的充分必要条件是向量 $\boldsymbol{u},\boldsymbol{v}\in\mathbf{R}^n$ 满足 $1+\boldsymbol{v}^{\mathrm{T}}\boldsymbol{A}^{-1}\boldsymbol{u}\neq 0$, 且有

$$\left(\boldsymbol{A}+\boldsymbol{u}\boldsymbol{v}^{\mathrm{T}}\right)^{-1}=\boldsymbol{A}^{-1}-\frac{\boldsymbol{A}^{-1}\boldsymbol{u}\boldsymbol{v}^{\mathrm{T}}\boldsymbol{A}^{-1}}{1+\boldsymbol{v}^{\mathrm{T}}\boldsymbol{A}^{-1}\boldsymbol{u}}.\tag{3.60}$$

记 $\boldsymbol{B}_k=\boldsymbol{A}_k^{-1}$, 由 $\boldsymbol{v}_k=\boldsymbol{s}_k$ 和 $\boldsymbol{u}_k$, 得

$$\boldsymbol{A}_k^{-1}\boldsymbol{u}_k=\frac{1}{\|\boldsymbol{s}_k\|_2^2}\boldsymbol{B}_k(\boldsymbol{z}_k-\boldsymbol{A}_k\boldsymbol{s}_k)=\frac{1}{\|\boldsymbol{s}_k\|_2^2}(\boldsymbol{B}_k\boldsymbol{z}_k-\boldsymbol{s}_k),$$

$$1+\boldsymbol{v}_k^{\mathrm{T}}\boldsymbol{A}_k^{-1}\boldsymbol{u}_k=1+\frac{1}{\|\boldsymbol{s}_k\|_2^2}\boldsymbol{s}_k^{\mathrm{T}}(\boldsymbol{B}_k\boldsymbol{z}_k-\boldsymbol{s}_k)=\frac{1}{\|\boldsymbol{s}_k\|_2^2}\boldsymbol{s}_k^{\mathrm{T}}\boldsymbol{B}_k\boldsymbol{z}_k.$$

如果 $\boldsymbol{s}_k^{\mathrm{T}}\boldsymbol{B}_k\boldsymbol{z}_k\neq 0$, 将两个式子代入式 (3.60), 有

$$\boldsymbol{B}_{k+1}=\left(\boldsymbol{A}_k+\boldsymbol{u}_k\boldsymbol{v}_k^{\mathrm{T}}\right)^{-1}=\boldsymbol{B}_k-\frac{1}{\boldsymbol{s}_k^{\mathrm{T}}\boldsymbol{B}_k\boldsymbol{z}_k}(\boldsymbol{B}_k\boldsymbol{z}_k-\boldsymbol{s}_k)\boldsymbol{s}_k^{\mathrm{T}}\boldsymbol{B}_k.$$

于是方法 (3.59) 改写为

$$\begin{gathered}\boldsymbol{x}^{(k+1)}=\boldsymbol{x}^{(k)}-\boldsymbol{B}_k\boldsymbol{F}\left(\boldsymbol{x}^{(k)}\right),\\ \boldsymbol{s}_k=\boldsymbol{x}^{(k+1)}-\boldsymbol{x}^{(k)},\quad \boldsymbol{z}_k=\boldsymbol{F}\left(\boldsymbol{x}^{(k+1)}\right)-\boldsymbol{F}\left(\boldsymbol{x}^{(k)}\right),\quad k=0,1,2,\cdots,\\ \boldsymbol{B}_{k+1}=\boldsymbol{B}_k+\frac{1}{\boldsymbol{s}_k^{\mathrm{T}}\boldsymbol{B}_k\boldsymbol{z}_k}(\boldsymbol{s}_k-\boldsymbol{B}_k\boldsymbol{z}_k)\boldsymbol{s}_k^{\mathrm{T}}\boldsymbol{B}_k.\end{gathered}\tag{3.61}$$

上式称为互逆形式的 Broyden 秩 1 方法, 或简称为逆 Broyden 秩 1 方法. 其中初始值 $\boldsymbol{x}^{(0)}$ 给定, $\boldsymbol{B}_0$ 可取 $\boldsymbol{F}'\left(\boldsymbol{x}^{(0)}\right)^{-1}$ 或单位矩阵 $\boldsymbol{I}$. 可以证明, 在一定条件下, 如果 $\boldsymbol{s}_k^{\mathrm{T}}\boldsymbol{B}_k\boldsymbol{z}_k\neq 0$, 那么逆 Broyden 秩 1 方法具有超线性收敛性.

逆 Broyden 秩 1 方法程序 MATLAB 程序

```
function s=CBroydenIterate(x,eps)
```

```
% 逆Broyden秩1迭代法求非线性方程组
% x为迭代初值，eps为允许误差值
if nargin==1
     eps=1.0e-6;
elseif nargin<1
     error
     return
end
x1=fx3(x);  % 第一次迭代
b1=inv(dfx3(x));
p=-b1*x1';
x3=x'+p;
d=fx3(x3');
q=(d-x1)';
b1=b1+(p-b1*q)*p'*b1*inv(p'*b1*q);
while(norm(p)>=eps)  % 循环迭代
% b1 = b1 + b3;
x1=fx3(x3');
p=-b1*x1';
x3=x3+p;
q=((fx3(x3'))-x1)';
b1=b1+(p-b1*q)*p'*b1*inv(p'*b1*q);
end
s=x3;
return
end
```

例 3.15　用逆 Broyden 秩 1 方法求解例 3.11 中的非线性方程组 (3.53), $\boldsymbol{B}_0$ 分别取 $\boldsymbol{F}'(\boldsymbol{x}^{(0)})^{-1}$ 和单位矩阵 $\boldsymbol{I}$, 初值 $\boldsymbol{x}^{(0)}=(0,0)^{\mathrm{T}}$.

解　由

$$\boldsymbol{F}\left(\boldsymbol{x}^{(k)}\right)=\begin{bmatrix}\left(x_1^{(k)}\right)^2-10x_1^{(k)}+\left(x_2^{(k)}\right)^2+8\\ x_1^{(k)}\left(x_2^{(k)}\right)^2+x_1^{(k)}-10x_2^{(k)}+8\end{bmatrix},$$

$$\boldsymbol{F}'\left(\boldsymbol{x}^{(k)}\right)=\begin{bmatrix}2x_1^{(k)}-10 & 2x_2^{(k)}\\ \left(x_2^{(k)}\right)^2+1 & x_1^{(k)}x_2^{(k)}-10\end{bmatrix},$$

得

$$B_0 = F'\left(x^{(0)}\right)^{-1} = \begin{bmatrix} -\frac{10}{99} & -\frac{1}{99} \\ 0 & -\frac{10}{99} \end{bmatrix}.$$

根据公式 (3.61), 将计算结果在表 3.8 中列出.

可在 MATLAB 窗口执行命令

```
function y=fx3(x)
   y(1)=x(1)*x(1)-10*x(1)+x(2)*x(2)+8;
   y(2)=x(1)*x(2)*x(2)+x(1)-10*x(2)+8;
   y=[y(1) y(2)];
 end
function y=dfx3(x)
      y(1)=2*x(1)-10;
      y(2)=2*x(2);
      y(3)=x(2)*x(2)+1;
      y(4)=2*x(1)*x(2)-10;
      y=[y(1) y(2);y(3) y(4)];
end
>> CBroydenIterate([0 0])
ans =
      1.0000
      1.0000
```

表 3.8

k	1	2	$\cdots$	6	7
$x_1^{(k)}$	0.88888889	0.96859382	$\cdots$	1.0000000	1.0000000
$x_2^{(k)}$	0.80808081	0.96776184	$\cdots$	1.0000000	1.0000000
$\Vert x^* - x^{(k)} \Vert_2$	0.221763	0.04500719	$\cdots$	6.982352×10^{-9}	5.635682×10^{-10}

取 $B_0 = I$ 时的计算结果在表 3.9 中给出.

表 3.9

k	1	2	$\cdots$	16	17
$x_1^{(k)}$	-8	-22.89655172	$\cdots$	1.0000000	0.99999999
$x_2^{(k)}$	-8	21.79310345	$\cdots$	0.99999949	1.0000000
$\Vert x^* - x^{(k)} \Vert_2$	12.727922	31.676463	$\cdots$	5.218444×10^{-7}	4.369377×10^{-10}

可以看出, 对于 $\boldsymbol{B}_0$ 的两种取法 Broyden 秩 1 方法都收敛, 虽然取 $\boldsymbol{B}_0=\boldsymbol{I}$ 避免了求导数和求逆, 但是迭代次数明显增加, 所以当问题的维数较大或导数计算较复杂或导数不存在时, 建议采用此法.

3.9 应用举例

3.9.1 静定平面桁架的内力计算

在工程设计中, 铁路大桥、油田井架、起重机、电视塔等都采用桁架结构, 应用桁架可以减轻结构的重量, 节省材料, 因而被广泛应用.

桁架是由一些杆件彼此在两端连接而成的一种工程结构, 受力后几何形状不变. 各杆都在一个平面内的桁架称为平面桁架.

桁架计算中一般不计算杆件重量, 从而各杆件都是二力杆, 每个节点 (铰接点) 都受平面汇交力系的作用. 计算中假定各杆件都是直杆, 所有外力都作用在桁架平面内, 作用点在节点上.

一个由铰接的静定桁架, 其桁架结构及受外力作用情况如图 3.4 所示, 求每个杆件的张力 $F_i(i=1,2,\cdots,13)$.

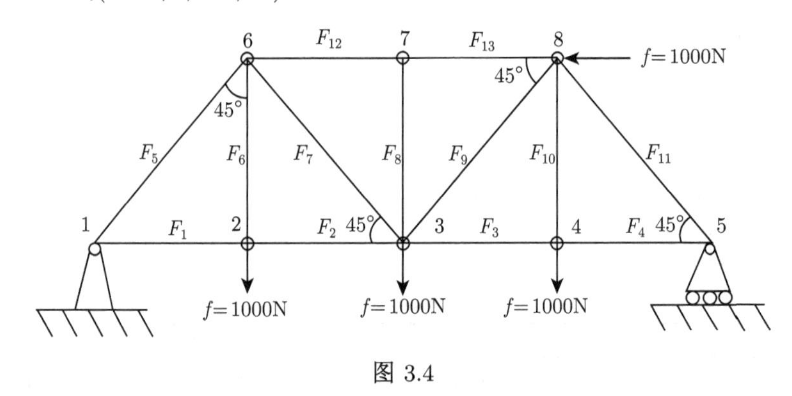

图 3.4

力学教程中的计算步骤是: 首先求出桁架的支座反力; 然后逐个地取各节点为研究对象, 分别列出平衡方程, 从只有一个未知力的方程算起, 逐步求出所有解. 这实际上是一个人工计算办法.

由力学知识, 当结点数 m 与杆件数 n 满足 $2m-3=n$ 时, 桁架是静定的. 图 3.4 所示桁架是静定的. 对静定的桁架, 杆件的应力完全可由各结点处的静力平衡方程所确定. 假定各杆件都受拉力, 那么在各结点处的平衡方程如下.

在结点 2 处,
$$\sum F_x=-F_1+F_2=0,$$
$$\sum F_y=F_6-1000=0;$$

在结点 3 处,
$$\sum F_x = -F_2 + F_3 - \frac{\sqrt{2}}{2}F_7 + \frac{\sqrt{2}}{2}F_9 = 0,$$
$$\sum F_y = \frac{\sqrt{2}}{2}F_7 + F_8 - \frac{\sqrt{2}}{2}F_9 - 1000 = 0;$$

在结点 4 处,
$$\sum F_x = -F_3 + F_4 = 0,$$
$$\sum F_y = F_{10} - 1000 = 0;$$

在结点 5 处,
$$\sum F_x = -F_4 - \frac{\sqrt{2}}{2}F_{11} = 0;$$

在结点 6 处,
$$\sum F_x = -\frac{\sqrt{2}}{2}F_5 + \frac{\sqrt{2}}{2}F_7 + F_{12} = 0,$$
$$\sum F_y = -\frac{\sqrt{2}}{2}F_5 - F_6 - \frac{\sqrt{2}}{2}F_7 = 0;$$

在结点 7 处,
$$\sum F_x = -F_{12} + F_{13} = 0,$$
$$\sum F_y = F_8 = 0;$$

在结点 8 处,
$$\sum F_x = -F_{13} - \frac{\sqrt{2}}{2}F_9 + \frac{\sqrt{2}}{2}F_{11} - 1000 = 0,$$
$$\sum F_y = -\frac{\sqrt{2}}{2}F_9 - F_{10} - \frac{\sqrt{2}}{2}F_{11} = 0.$$

联立以上方程并整理得
$$\boldsymbol{AF} = \boldsymbol{f},$$
其中
$$\boldsymbol{A} = \begin{bmatrix} 1 & -1 & 0 & 0 & 0 & 0 & 0 & 0 & 0 & 0 & 0 & 0 & 0 \\ 0 & 1 & -1 & 0 & 0 & 0 & \frac{1}{\sqrt{2}} & 0 & -\frac{1}{\sqrt{2}} & 0 & 0 & 0 & 0 \\ 0 & 0 & 1 & -1 & 0 & 0 & 0 & 0 & 0 & 0 & 0 & 0 & 0 \\ 0 & 0 & 0 & 1 & 0 & 0 & 0 & 0 & 0 & 0 & \frac{1}{\sqrt{2}} & 0 & 0 \\ 0 & 0 & 0 & 0 & -\frac{1}{\sqrt{2}} & 0 & \frac{1}{\sqrt{2}} & 0 & 0 & 0 & 0 & 1 & 0 \\ 0 & 0 & 0 & 0 & 0 & 1 & 0 & 0 & 0 & 0 & 0 & 0 & 0 \\ 0 & 0 & 0 & 0 & \frac{1}{\sqrt{2}} & 1 & \frac{1}{\sqrt{2}} & 0 & 0 & 0 & 0 & 0 & 0 \\ 0 & 0 & 0 & 0 & 0 & 0 & 0 & 1 & 0 & 0 & 0 & 0 & 0 \\ 0 & 0 & 0 & 0 & 0 & 0 & \frac{1}{\sqrt{2}} & 1 & \frac{1}{\sqrt{2}} & 0 & 0 & 0 & 0 \\ 0 & 0 & 0 & 0 & 0 & 0 & 0 & 0 & 0 & 1 & 0 & 0 & 0 \\ 0 & 0 & 0 & 0 & 0 & 0 & 0 & 0 & \frac{1}{\sqrt{2}} & 1 & \frac{1}{\sqrt{2}} & 0 & 0 \\ 0 & 0 & 0 & 0 & 0 & 0 & 0 & 0 & 0 & 0 & 0 & 1 & -1 \\ 0 & 0 & 0 & 0 & 0 & 0 & 0 & 0 & -\frac{1}{\sqrt{2}} & 0 & \frac{1}{\sqrt{2}} & 0 & -1 \end{bmatrix}, \quad \boldsymbol{f} = \begin{bmatrix} 0 \\ 0 \\ 0 \\ 0 \\ 0 \\ 1000 \\ 0 \\ 0 \\ 1000 \\ 1000 \\ 0 \\ 0 \\ 1000 \end{bmatrix},$$

$$\boldsymbol{F}=[F_1,F_2,\cdots,F_{13}]^{\mathrm{T}}.$$

运用 Gauss 列主元消去法求解方程组, 得

$$[\boldsymbol{A}|\boldsymbol{f}]\rightarrow\begin{bmatrix}1&-1&0&0&0&0&0&0&0&0&0&0&0&0\\0&1&-1&0&0&0&\frac{1}{\sqrt{2}}&0&\frac{1}{\sqrt{2}}&0&0&0&0&0\\0&0&1&-1&0&0&0&0&0&0&0&0&0&0\\0&0&0&1&0&0&0&0&0&0&\frac{1}{\sqrt{2}}&0&0&0\\0&0&0&0&1&0&-1&0&0&0&0&-\sqrt{2}&0&0\\0&0&0&0&0&1&0&0&0&0&0&0&0&1000\\0&0&0&0&0&0&\sqrt{2}&0&0&0&0&1&0&-1000\\0&0&0&0&0&0&0&1&0&0&0&0&0&0\\0&0&0&0&0&0&0&0&\frac{1}{\sqrt{2}}&0&0&\frac{1}{2}&0&1500\\0&0&0&0&0&0&0&0&0&1&0&0&0&1000\\0&0&0&0&0&0&0&0&0&0&\frac{1}{\sqrt{2}}&\frac{1}{2}&0&-2500\\0&0&0&0&0&0&0&0&0&0&0&1&-1&0\\0&0&0&0&0&0&0&0&0&0&0&0&-2&5000\end{bmatrix}.$$

回代求得

$$\begin{aligned}\boldsymbol{F}=&[F_1,F_2,\cdots,F_{13}]^{\mathrm{T}}\\=&[750.00,750.00,1250.00,1250.00,-2474.87,1000.00,1060.66,\\&0.00,353.55,1000.00,-1767.77,-2500.00,-2500.00]^{\mathrm{T}}.\end{aligned}$$

可在 MATLAB 窗口执行命令

```
A=[1 -1 0 0 0 0 0 0 0 0 0 0 0;
0 1 -1 0 0 0 1/1.414 0 -1/1.414 0 0 0 0;
0 0 1 -1 0 0 0 0 0 0 0 0 0;
0 0 0 1 0 0 0 0 0 0 1/1.414 0 0;
0 0 0 0 -1/1.414 0 1/1.414 0 0 0 0 1 0;
0 0 0 0 0 1 0 0 0 0 0 0 0;
0 0 0 0 1/1.414 1 1/1.414 0 0 0 0 0 0;
0 0 0 0 0 0 0 1 0 0 0 0 0;
0 0 0 0 0 0 1/1.414 1 1/1.414 0 0 0 0;
0 0 0 0 0 0 0 0 0 1 0 0 0;
```

```
0 0 0 0 0 0 0 0 1/1.414 1 1/1.414 0 0;
0 0 0 0 0 0 0 0 0 0 0 1 -1;
0 0 0 0 0 0 0 0 -1/1.414 0 1/1.414 0 -1];
f=[0 0 0 0 0 1000 0 0 1000 1000 0 0 1000]';
Gauss_lzy(A,f)
```

回车得到

```
ans =

  1.0e+003 *

    0.7500
    0.7500
    1.2500
    1.2500
   -2.4745
    1.0000
    1.0605
         0
    0.3535
    1.0000
   -1.7675
   -2.5000
   -2.5000
```

关于计算结果的说明:

(1) 各分量的单位均为 N;

(2) 列方程时设各杆均受拉力, 所以正值表示杆受拉力, 负值表示杆受压力;

(3) $F_8 = 0.00\text{N}$, 说明连接点 3 和 7 的竖杆不受力, 这种不受力的杆在进行桁架设计中可删除掉.

3.9.2 电路网络计算

大规模集成电路设计, 主要利用数值计算进行电路分析, 复杂电路有节点、支路和回路. 图 3.5 给出了一个 8 个节点、12 条支路的电阻网络. 一般对一个网络的电路分析主要依据如下.

基尔霍夫电流定律: 流入 (或流出) 电路中任一节点的全部瞬时电流代数和等于零.

基尔霍夫电压定律: 电路中通过任一回路的全部瞬时电压降 (或电压升) 的代数和恒等于零.

设一网络有 n 个节点、m 条支路, 那么可以写出 $2m$ 个线性无关的方程, 其中 $n-1$ 个节点电流方程, $m-(n-1)$ 个回路电压方程, m 个支路关系式.

如图 3.5 所示电阻网络, 可以写出如下 7 个独立的节点电流方程:

节点 a　$i_1-i_2+i_3=0$;　节点 b　$-i_3-i_4+i_5=0$;

节点 c　$i_2+i_6+i_7=0$;　节点 d　$i_4-i_6+i_8=0$;

节点 e　$-i_7-i_9-i_{10}=0$;　节点 f　$-i_8+i_9-i_{11}=0$;

节点 g　$-i_1+i_{10}+i_{12}=0$.

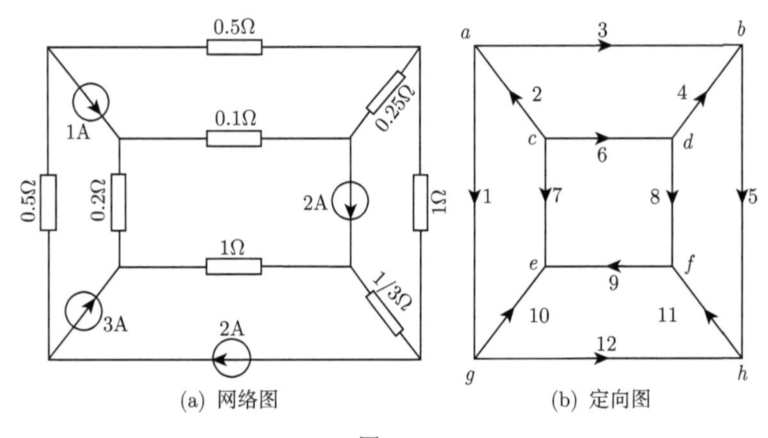

(a) 网络图　　(b) 定向图

图 3.5

5 个独立的回路电压方程:

回路 $aghba$　$-V_1+V_3+V_5-V_{12}=0$;

回路 $abdca$　$V_2+V_3-V_4-V_6=0$;

回路 $acega$　$V_1+V_2-V_7+V_{10}=0$;

回路 $efhge$　$V_9-V_{10}+V_{11}+V_{12}=0$;

回路 $bdfhb$　$V_4+V_5-V_8+V_{11}=0$.

12 个支路关系方程:

支路 1　$i_1=2V_1$;　支路 2　$i_2=-1$;　支路 3　$i_3=2V_3$;

支路 4　$i_4=4V_4$;　支路 5　$i_5=V_5$;　支路 6　$i_6=10V_6$;

支路 7　$i_7=5V_7$;　支路 8　$i_8=4$;　支路 9　$i_9=V_9$;

支路 10　$i_{10}=3$;　支路 11　$i_{11}=3V_{11}$;　支路 12　$i_{12}=-2$.

如果直接联立以上 24 个方程, 将得到一个 24 阶线性方程组, 尽管这个方程组的系数矩阵 $(a_{ij})_{24\times24}$ 中绝大多数为零元素, 求解并不算困难, 但它的书写是较烦琐的. 以下从两方面入手来简化这个方程组, 一是利用方程组本身的特殊性; 二是利用电路的知识变换变量.

简化方法一　从支路关系方程中解出 $i_k, k = 1, 2, \cdots, 12$, 代入节点电流方程, 得

$$i_1 - i_2 + i_3 = 2V_1 + 2V_3 + 1 = 0;$$

$$-i_3 - i_4 + i_5 = -2V_3 - 4V_4 + V_5 = 0;$$

$$i_2 + i_6 + i_7 = -1 + 10V_6 + 5V_7 = 0;$$

$$i_4 - i_6 + i_8 = 4V_4 - 10V_6 + 4 = 0;$$

$$-i_7 - i_9 + i_{10} = -5V_7 - V_9 - 3 = 0;$$

$$-i_8 + i_9 - i_{11} = -4 + V_9 - 3V_{11} = 0;$$

$$-i_1 + i_{10} + i_{12} = -2V_1 + 3 - 2 = 0.$$

连同 5 个回路电压方程, 联立得一个 12 阶线性方程组

$$\begin{bmatrix} 2 & 0 & 2 & 0 & 0 & 0 & 0 & 0 & 0 & 0 & 0 & 0 \\ 0 & 0 & 2 & -4 & 1 & 0 & 0 & 0 & 0 & 0 & 0 & 0 \\ 0 & 0 & 0 & 0 & 0 & 10 & 5 & 0 & 0 & 0 & 0 & 0 \\ 0 & 0 & 0 & -4 & 0 & -10 & 0 & 0 & 0 & 0 & 0 & 0 \\ 0 & 0 & 0 & 0 & 0 & 0 & 5 & 0 & -1 & 0 & 0 & 0 \\ 0 & 0 & 0 & 0 & 0 & 0 & 0 & 0 & 1 & 0 & -3 & 0 \\ -2 & 0 & 0 & 0 & 0 & 0 & 0 & 0 & 0 & 0 & 0 & 0 \\ -1 & 0 & 1 & 0 & 1 & 0 & 0 & 0 & 0 & 0 & 0 & -1 \\ 0 & 1 & 1 & -1 & 0 & -1 & 0 & 0 & 0 & 0 & 0 & 0 \\ 1 & 1 & 0 & 0 & 0 & 0 & -1 & 0 & 0 & 1 & 0 & 0 \\ 0 & 0 & 0 & 0 & 0 & 0 & 0 & 0 & 1 & -1 & 1 & 1 \\ 0 & 0 & 0 & 1 & 1 & 0 & 0 & -1 & 0 & 0 & 1 & 0 \end{bmatrix} \begin{bmatrix} V_1 \\ V_2 \\ V_3 \\ V_4 \\ V_5 \\ V_6 \\ V_7 \\ V_8 \\ V_9 \\ V_{10} \\ V_{11} \\ V_{12} \end{bmatrix} = \begin{bmatrix} -1 \\ 0 \\ 1 \\ -4 \\ 3 \\ 4 \\ -1 \\ 0 \\ 0 \\ 0 \\ 0 \\ 0 \end{bmatrix}$$

运用 Gauss 消去法解此方程得

$$\begin{aligned} &(V_1, V_2 \cdots, V_{11}, V_{12})^{\mathrm{T}} \\ =&(0.5,\ 1.68567,\ -1.0, 0.20231,\ -1.19075, 0.48092, 0.76185, \\ &-2.05202,\ 0.80925,\ -2.94508, -1.06358,\ -2.69075)^{\mathrm{T}}. \end{aligned}$$

可在 MATLAB 窗口执行命令

```
A=[2 0 2 0 0 0 0 0 0 0 0 0;
```

```
0 0 2 -4 1 0 0 0 0 0 0 0;
0 0 0 0 0 10 5 0 0 0 0 0;
0 0 0 -4 0 -10 0 0 0 0 0 0;
0 0 0 0 0 0 5 0 -1 0 0 0;
0 0 0 0 0 0 0 0 1 0 -3 0;
-2 0 0 0 0 0 0 0 0 0 0 0;
-1 0 1 0 1 0 0 0 0 0 0 -1;
0 1 1 -1 0 -1 0 0 0 0 0 0;
1 1 0 0 0 0 -1 0 0 1 0 0;
0 0 0 0 0 0 0 0 1 -1 1 1;
0 0 0 1 1 0 0 -1 0 0 1 0];
b=[-1 0 1 -4 3 4 -1 0 0 0 0 0]';
>> Gauss_lzy(A,b)
```

简化方法二　利用电路知识, 将支路电压表示成节点电压, 即用 $V_a, V_b, \cdots, V_h$ 这 8 个节点的电压来表示支路电压 $V_1, V_2, \cdots, V_{12}$. 选取 h 点为参考点, 于是 $V_h=0$, 具体形式为

$$
\begin{aligned}
&V_1=V_a-V_g;\quad V_2=V_c-V_a;\quad V_3=V_a-V_b;\quad V_4=V_d-V_b;\\
&V_5=V_b;\quad V_6=V_c-V_d;\quad V_7=V_c-V_e;\quad V_8=V_d-V_f;\\
&V_9=V_f-V_e;\quad V_{10}=V_g-V_e;\quad V_{11}=-V_f;\quad V_{12}=V_g.
\end{aligned}
$$

利用上式及支路关系方程可将各支路电流 $i_1, i_2, \cdots, i_{12}$ 用节点电压 $V_a, V_b, \cdots, V_g$ 来表示, 从而节点电流方程可变形为

$$i_1-i_2+i_3=2(V_a-V_g)+2(V_a-V_b)+1=0,$$

$$-i_3-i_4+i_5=-2(V_a-V_b)-4(V_d-V_b)+V_b=0,$$

$$i_2+i_6+i_7=-1+10(V_c-V_d)+5(V_c-V_e)=0,$$

$$i_4-i_6+i_8=4(V_d-V_b)-10(V_c-V_d)+4=0,$$

$$-i_7-i_9+i_{10}=-5(V_c-V_e)-(V_f-V_e)-3=0,$$

$$-i_8+i_9-i_{11}=-4+(V_f-V_e)+3V_f=0,$$

$$-i_1+i_{10}+i_{12}=-2(V_a-V_g)+3-2=0,$$

整理得

$$
\begin{bmatrix}
4 & -2 & 0 & 0 & 0 & 0 & -2 \\
-2 & 7 & 0 & -4 & 0 & 0 & 0 \\
0 & 0 & 15 & -10 & -5 & 0 & 0 \\
0 & -4 & -10 & 14 & 0 & 0 & 0 \\
0 & 0 & -5 & 0 & 6 & -1 & 0 \\
0 & 0 & 0 & 0 & -1 & 4 & 0 \\
-2 & 0 & 0 & 0 & 0 & 0 & 2
\end{bmatrix}
\begin{bmatrix} V_a \\ V_b \\ V_c \\ V_d \\ V_e \\ V_f \\ V_g \end{bmatrix}
=
\begin{bmatrix} -1 \\ 0 \\ 1 \\ -4 \\ 3 \\ 4 \\ -1 \end{bmatrix}.
$$

运用 Gauss 消去法得

$$
\begin{aligned}
&(V_a, V_b, V_c, V_d, V_e, V_f, V_g)^{\mathrm{T}} \\
=&(-2.19075, -1.19075, -0.50752, -0.98844, 0.25433, 1.06358, -2.69075)^{\mathrm{T}}.
\end{aligned}
$$

利用支路电压与节点电压间的关系得

$$
\begin{aligned}
&(V_1, V_2, V_3, \cdots, V_{12})^{\mathrm{T}} \\
=&(0.5,\ 1.68567, -1,\ 0.20231, -1.19075, 0.48092, -0.76185, \\
&-2.05202, 0.80925, -2.94508, -1.06358, -2.69075)^{\mathrm{T}}.
\end{aligned}
$$

再利用支路关系得

$$
\begin{aligned}
&(i_1, i_2, \cdots, i_{12})^{\mathrm{T}} \\
=&(1, -1, -2, 0.80924, -1.19075, 4.8092, 3.80925, 4, 0.80925, 3, 3.19074, -2)^{\mathrm{T}}.
\end{aligned}
$$

可在 MATLAB 窗口执行命令

```
A=[4 -2 0 0 0 0 -2;
-2 7 0 -4 0 0 0;
0 0 15 -10 -5 0 0;
0 -4 -10 14 0 0 0;
0 0 -5 0 6 -1 0;
0 0 0 0 -1 4 0;
-2 0 0 0 0 0 2];
b=[-1 0 1 -4 3 4 -1]';
>>Gauss_lzy(A,b)
```

小　　结

本章主要介绍了解线性方程组的直接法和迭代法. 非线性方程组的迭代法, 以及向量、矩阵的范数和病态方程组的基本概念.

直接法的基础是 Gauss 消去法及其矩阵形式的**LU**分解. 选取主元素是保证消去法计算稳定性及提高精度的有效方法, 列主元 Gauss 消去法以其算法组织简便, 计算量不大等优点见长, 比较常用, 必须熟练掌握. 利用三对角矩阵 (对角占优) 及对称正定矩阵的矩阵形式的特殊性, 可以简化**LU**分解, 得到追赶法及平方根法, 这两个方法不需选主元便数值稳定, 具有较高的计算精度, 是解决两类特殊形式方程组的有效方法.

对于大型稀疏线性方程组可采用迭代法求解, 比较简便有效的迭代法是 Gauss-Seidel 方法, 当选取合适的松弛因子时, SOR 方法可获得较快的收敛速度, 被广泛应用.

对于非线性方程组, 介绍了不动点迭代法、牛顿迭代法和拟牛顿迭代法. 其中牛顿迭代法是二次局部收敛的, 但牛顿迭代法对阶数较高的方程组来说计算量太大, 文中给出了一个简单的改进. 拟牛顿迭代法不需要求导数和求逆, 但只有超线性收敛.

向量或矩阵的范数可以用来描述解的精度、迭代的敛散性, 控制迭代次数. 应用矩阵范数可以描述方程组性态, 识别病态方程组, 从而找到解病态方程组的方法.

思　考　题

1. 在图 3.1 中, 若对事先给定的小数 $\varepsilon > 0$, $|a_{pk}| < \varepsilon$, 你应该如何处理? 在全主元消去过程中, 设第 k 步的主元

$$|a_{pq}| = \max_{k\leqslant i,j\leqslant n} |a_{ij}|,$$

若对事先给定的小数 $\varepsilon > 0$, $|a_{pk}| < \varepsilon$, 你应该如何处理?

2. 对于对称正定矩阵 $\boldsymbol{A}$ 进行 $\boldsymbol{LDL}^{\mathrm{T}}$ 分解, 可直接运用式 (3.21) 求 $\boldsymbol{L}$, $\boldsymbol{D}$. 问能否利用 $\boldsymbol{A} = \mathbf{LU}$, 将 $\boldsymbol{U}$ 中的对角线元素提出构成 $\boldsymbol{D}$, 从而得到 $\boldsymbol{L}$, $\boldsymbol{D}$?

3. 如何求非奇异矩阵 $\boldsymbol{A}$ 的逆矩阵?

4. 在式 (3.39) 中, 限制 $0 < q < 1$ 及 $\| \boldsymbol{x}^{(1)} - \boldsymbol{x}^{(0)} \| > 0$, 若 $q = \| \boldsymbol{B} \| = 0$ 或 $\| \boldsymbol{x}^{(1)} - \boldsymbol{x}^{(0)} \| = 0$, 情况怎样?

5. 已知线性方程组

$$\boldsymbol{Ax} + \boldsymbol{By} = \boldsymbol{b}, \quad \boldsymbol{Bx} + \boldsymbol{Ay} = \boldsymbol{c},$$

式中 $\boldsymbol{A}, \boldsymbol{B} \in \mathbf{R}^{n\times n}$ 且 $\boldsymbol{A}$ 非奇异, $\boldsymbol{x}, \boldsymbol{y}, \boldsymbol{b}, \boldsymbol{c} \in \mathbf{R}^n$.

(1) 下列迭代过程

$$\boldsymbol{Ax}^{(k+1)} = \boldsymbol{b} - \boldsymbol{By}^{(k)}, \quad \boldsymbol{Ay}^{(k+1)} = \boldsymbol{c} - \boldsymbol{Bx}^{(k)}, \quad k = 1, 2, \cdots$$

满足怎样的条件必收敛 (用范数描述)?

(2) 下列迭代过程

$$\boldsymbol{Ax}^{(k+1)} = \boldsymbol{b} - \boldsymbol{By}^{(k)}, \quad \boldsymbol{Ay}^{(k+1)} = \boldsymbol{c} - \boldsymbol{Bx}^{(k+1)}, \quad k = 1, 2, \cdots$$

与 (1) 中的迭代过程相比, 收敛速度如何变化?

6. 在 G-S 迭代公式 (3.37) 中, 迭代矩阵 $\boldsymbol{B}$ 等于多少?

7. 当 G-S 迭代收敛很慢时, 你应该如何处理?

8. SOR 方法又称为 G-S 迭代法的加速法, 试问 $\forall\omega\in(0,1)\bigcup(1,2)$, SOR 法是否一定比 G-S 法收敛得快? 你在使用 SOR 方法时, 如何选择最佳松弛因子?

9. 病态方程组有哪些特征? 怎样求解病态方程组?

10. 用迭代法求解非线性方程组时, 初值的选取是否对迭代序列的收敛性有影响?

11. 用牛顿迭代法求解非线性方程组时, 对初值的选取有什么要求? 如果初值选取不当会造成怎样的后果?

12. 阻尼牛顿法与牛顿法有什么共同点和不同点?

13. 拟牛顿法较牛顿法的优越性体现在哪些地方?

习 题 3

1. 用 Gauss 消去法解线性方程组

$$\begin{cases} x_1+2x_2+x_3-2x_4=4, \\ 2x_1+5x_2+3x_3-2x_4=7, \\ -2x_1-2x_2+3x_3+5x_4=-1, \\ x_1+3x_2+2x_3+3x_4=0. \end{cases}$$

2. 用列主元 Gauss 消去法解下列线性方程组

(1) $\begin{cases} 2x_2+2x_4=0, \\ 2x_1+2x_2+3x_3+2x_4=-2, \\ 4x_1-3x_2+5x_4=-7, \\ 6x_1+x_2-6x_3-5x_4=6; \end{cases}$

(2) $\begin{cases} 0.7290x_1+0.8100x_2+0.9000x_3=0.6867, \\ 1.000x_1+1.000x_2+1.000x_3=0.8338, \\ 1.331x_1+1.210x_2+1.100x_3=1.000. \end{cases}$

舍入到四位有效数字.

3. 利用 **LU** 分解求解下列线性方程组

(1) $\begin{cases} 2x_1+4x_2+2x_3+6x_4=9, \\ 4x_1+9x_2+6x_3+15x_4=23, \\ 2x_1+6x_2+9x_3+18x_4=22, \\ 6x_1+15x_2+18x_3+40x_4=47; \end{cases}$

(2) $\begin{cases} 1.00x_1+0.42x_2+0.54x_3+0.66x_4=1.00, \\ 0.42x_1+1.00x_2+0.32x_3+0.44x_4=2.00, \\ 0.54x_1+0.32x_2+1.00x_3+0.22x_4=3.00, \\ 0.66x_1+0.44x_2+0.22x_3+1.00x_4=4.00. \end{cases}$

舍入到四位有效数字.

4. 用追赶法求解下列三对角线性方程组

(1) $\begin{bmatrix} 3 & -1 & & & \\ -1 & 3 & -1 & & \\ & -1 & 3 & -1 & \\ & & -1 & 3 & -1 \\ & & & -1 & 3 \end{bmatrix} \begin{bmatrix} x_1 \\ x_2 \\ x_3 \\ x_4 \\ x_5 \end{bmatrix} = \begin{bmatrix} 1 \\ 0 \\ 0 \\ 0 \\ 1 \end{bmatrix}$;

(2) $\begin{bmatrix} 136.01 & 90.860 & & \\ 90.860 & 98.810 & -67.590 & \\ & -67.590 & 132.01 & 46.260 \\ & & 46.260 & 177.71 \end{bmatrix} \begin{bmatrix} x_1 \\ x_2 \\ x_3 \\ x_4 \end{bmatrix} = \begin{bmatrix} -33.254 \\ 49.709 \\ 28.067 \\ -7.324 \end{bmatrix}$.

舍入到五位有效数字.

5. 用平方根法求解对称正定线性方程组

$$\begin{bmatrix} 10 & 7 & 8 & 7 \\ 7 & 5 & 6 & 5 \\ 8 & 6 & 10 & 9 \\ 7 & 5 & 9 & 10 \end{bmatrix} \begin{bmatrix} x_1 \\ x_2 \\ x_3 \\ x_4 \end{bmatrix} = \begin{bmatrix} 2 \\ 3 \\ 4 \\ 6 \end{bmatrix}.$$

6. 用改进的平方根法求解对称正定线性方程组

$$\begin{bmatrix} 1 & 1 & 1 & 1 \\ 1 & 5 & 3 & 3 \\ 1 & 3 & 11 & 5 \\ 1 & 3 & 5 & 19 \end{bmatrix} \begin{bmatrix} x_1 \\ x_2 \\ x_3 \\ x_4 \end{bmatrix} = \begin{bmatrix} 1 \\ 1 \\ 1 \\ 1 \end{bmatrix}.$$

7. 设 $\boldsymbol{x} \in \mathbf{R}^n$, 试证明下列范数的等价性质.

(1) $\| \boldsymbol{x} \|_\infty \leqslant \| \boldsymbol{x} \|_1 \leqslant n \| \boldsymbol{x} \|_\infty$;　(2) $\| \boldsymbol{x} \|_2 \leqslant \| \boldsymbol{x} \|_1 \leqslant \sqrt{n} \| \boldsymbol{x} \|_2$;

(3) $\dfrac{1}{\sqrt{n}} \| \boldsymbol{x} \|_2 \leqslant \| \boldsymbol{x} \|_\infty \leqslant \| \boldsymbol{x} \|_2$.

8. 设 $\boldsymbol{A} \in \mathbf{R}^{n\times n}$, 证明 $\| \boldsymbol{A} \|_\infty = \max\limits_{1\leqslant i\leqslant n} \sum\limits_{j=1}^{n} |a_{ij}|$ 满足矩阵范数定义.

9. 设 $\boldsymbol{A}, \boldsymbol{B} \in \mathbf{R}^{n\times n}$, 且 $\boldsymbol{A}, \boldsymbol{B}$ 非奇异, 证明

$$\| \boldsymbol{A}^{-1} - \boldsymbol{B}^{-1} \| \leqslant \| \boldsymbol{A}^{-1} \| \cdot \| \boldsymbol{B}^{-1} \| \cdot \| \boldsymbol{A} - \boldsymbol{B} \|.$$

10. 用 Jacobi 迭代法及 G-S 迭代法求解线性方程组

$$\begin{cases} 2x_1 - x_2 + 10x_3 = -11, \\ 3x_2 - x_3 + 8x_4 = -11, \\ 10x_1 - x_2 + 2x_3 = 6, \\ -x_1 + 11x_2 - x_3 + 3x_4 = 25 \end{cases}$$

的第四次近似解 $\boldsymbol{x}^{(4)}$, 取初值 $\boldsymbol{x}^{(0)}=(1,1,1,1)^{\mathrm{T}}$. 如果把方程组中的位置改为三、四、一、二, 其结果如何? 这种变化有何意义?

11. 用 Jacobi 迭代法及 G-S 迭代法求解线性方程组

$$\begin{cases}5x_1-x_2-x_3-x_4=-4,\\-x_1+10x_2-x_3-x_4=12,\\-x_1-x_2+5x_3-x_4=8,\\-x_1-x_2-x_3+10x_4=34,\end{cases}$$

取 $\boldsymbol{x}^{(0)}=(0,0,0,0)^{\mathrm{T}}$, 当 $\|\boldsymbol{x}^{(k+1)}-\boldsymbol{x}^{(k)}\|\leqslant 0.005$ 时终止迭代.

12. 用 SOR 法 ($\omega=1.25$) 解线性方程组

$$\begin{bmatrix}4&3&0\\3&4&-1\\0&-1&4\end{bmatrix}\begin{bmatrix}x_1\\x_2\\x_3\end{bmatrix}=\begin{bmatrix}24\\30\\-24\end{bmatrix},$$

取 $\boldsymbol{x}^{(0)}=(1,1,1)^{\mathrm{T}}$, 当 $\|\boldsymbol{x}^{(k+1)}-\boldsymbol{x}^{(k)}\|\leqslant 0.0005$ 时终止迭代. 记录 k, 取 $\omega=1$, 求 $\|\boldsymbol{x}^{(k+1)}-\boldsymbol{x}^{(k)}\|$.

13. 对于病态方程组

$$\begin{bmatrix}1.0303&0.99030\\0.99030&0.95285\end{bmatrix}\begin{bmatrix}x_1\\x_2\end{bmatrix}=\begin{bmatrix}2.4944\\2.3988\end{bmatrix},$$

(1) 求 $\mathrm{cond}(\boldsymbol{A})$;

(2) 用迭代改善法求解方程组, 使 $\|\boldsymbol{x}^{(k+1)}-\boldsymbol{x}^{(k)}\|\leqslant 0.0005$.

14. 设函数 $\boldsymbol{\Phi}(\boldsymbol{x}):D\subset\mathbf{R}^3\to\mathbf{R}^3$ 定义如下, 用定理 3.7 证明 $\boldsymbol{\Phi}(\boldsymbol{x})$ 在 D 中有唯一不动点 $\boldsymbol{x}^*$, 并且迭代格式 $\boldsymbol{x}^{(k+1)}=\boldsymbol{\Phi}(\boldsymbol{x}^{(k)})(k=0,1,\cdots)$ 对任何初值 $\boldsymbol{x}^{(0)}\in D$ 都收敛到 $\boldsymbol{x}^*$.

(1) $\boldsymbol{\Phi}(\boldsymbol{x})=\begin{bmatrix}0.7\sin x_1+0.2\cos x_2\\0.7\cos x_1-0.2\sin x_2\end{bmatrix}, D=\{x\in\mathbf{R}^2\,|0\leqslant x_1,x_2\leqslant 1\}$;

(2) $\boldsymbol{\Phi}(\boldsymbol{x})=\begin{bmatrix}\dfrac{1}{12}(7+x_2^2+4x_3)\\\dfrac{1}{10}(11-x_1^2+x_3)\\\dfrac{1}{10}(8-x_2^3)\end{bmatrix}, D=\{x\in\mathbf{R}^3\,|0\leqslant x_1,x_2,x_3\leqslant 1.5\}$.

15. 分别用牛顿迭代法和逆 Broyden 秩 1 方法求解下列方程组

(1) $\begin{cases}3x_1^2-x_2^2=0,\\3x_1x_2^2-x_1^3-1=0;\end{cases}$ (2) $\begin{cases}x_1^2+x_2^2-4=0,\\x_1^2-x_2^2-1=0.\end{cases}$

数值实验 3

实验目的

通过上机计算, 使用多种方法计算方程组的数值解, 加深对方程组有关理论、方法的理解, 进一步了解各种方法的主要功能、优缺点及适用范围, 初步体会如何针对具体问题选择恰当的方法.

实验内容

1. 分别使用 Gauss 直接消去法及列主元 Gauss 法求解线性方程组

$$\begin{bmatrix} 0.00965 & 0.86173 & 0.54181 & 19.453 \\ 0.84254 & 73.594 & -23.841 & -3.0256 \\ 1.5362 & 3.4036 & 47.028 & -11.545 \\ 6.5871 & -2.6322 & 1.5445 & 1.2121 \end{bmatrix} \begin{bmatrix} x_1 \\ x_2 \\ x_3 \\ x_4 \end{bmatrix} = \begin{bmatrix} 40.328 \\ 45.351 \\ 30.414 \\ 14.511 \end{bmatrix}.$$

2. 用追赶法求解线性方程组

$$\begin{bmatrix} 6 & -2 & & & & \\ -3 & 6 & -2 & & & \\ & -3 & 6 & -2 & & \\ & & -3 & 6 & -2 & \\ & & & -3 & 6 & -2 \\ & & & & -3 & 6 \end{bmatrix} \begin{bmatrix} x_1 \\ x_2 \\ x_3 \\ x_4 \\ x_5 \\ x_6 \end{bmatrix} = \begin{bmatrix} 10 \\ 20 \\ 30 \\ 30 \\ 20 \\ 10 \end{bmatrix}.$$

3. 用 SOR 方法求解线性方程组

$$\begin{bmatrix} 4 & -1 & 0 & -1 & 0 & 0 \\ -1 & 4 & -1 & 0 & -1 & 0 \\ 0 & -1 & 4 & -1 & 0 & -1 \\ -1 & 0 & -1 & 4 & -1 & 0 \\ 0 & -1 & 0 & -1 & 4 & -1 \\ 0 & 0 & -1 & 0 & -1 & 4 \end{bmatrix} \begin{bmatrix} x_1 \\ x_2 \\ x_3 \\ x_4 \\ x_5 \\ x_6 \end{bmatrix} = \begin{bmatrix} 0 \\ 5 \\ 0 \\ 6 \\ -2 \\ 6 \end{bmatrix}.$$

(1) 写出迭代公式, 画出 SOR 算法流程.

(2) 取 $\boldsymbol{x}^{(0)} = (0,0,0,0,0,0)^{\mathrm{T}}$, 分别取 $\omega = 1.0$(G-S 迭代法), $\omega = 0.9$, $\omega = 1.1$, $\omega = 1.5$ 迭代, 当 $\| \boldsymbol{x}^{(k+1)} - x^{(k)} \| \leqslant 0.5 \times 10^{-4}$ 时终止迭代, 打印各种情况下的迭代次数.

4. 对于本章习题 14(2), 取初值 $\boldsymbol{x}^{(0)} = (1,1,1)^{\mathrm{T}}$, 用迭代格式 $\boldsymbol{x}^{(k+1)} = \boldsymbol{\Phi}\left(\boldsymbol{x}^{(k)}\right) (k = 0,1,\cdots)$ 求函数 $\boldsymbol{\Phi}(\boldsymbol{x})$ 在 D 中的不动点 $\boldsymbol{x}^*$, 使结果有 8 位有效数字.

5. 取初值 $\boldsymbol{x}^{(0)} = (1,1,1)^{\mathrm{T}}$, 用牛顿迭代法求非线性方程组 $\begin{cases} 12x_1 - x_2^2 - 4x_3 - 7 = 0, \\ x_1^2 + 10x_2 - x_3 - 11 = 0, \\ x_2^3 + 10x_3 - 8 = 0, \end{cases}$

并与上题进行比较.

6. 采用逆 Broyden 秩 1 方法求解上题, 其中初始矩阵分别取 $\boldsymbol{F}'\left(\boldsymbol{x}^{(0)}\right)^{-1}$ 和单位矩阵 $\boldsymbol{I}$, 并将计算结果与上题进行比较.

实验结果分析与总结

通过对各种方程组所使用不同方法的计算结果的对比分析, 总结各方法的适用范围, 从误差分析、迭代次数等方面, 总结各种方法的优缺点, 写出实验总结报告.

第 4 章　插值法与曲线拟合

在工程实际问题计算中, 常常会遇到函数值的近似计算问题. 在本门课程中, 数值微积分及常微分方程的数值解等, 都会涉及求函数的近似表达式问题. 插值法与曲线拟合都是求函数的一个近似表达式的古老而常用的方法.

4.1　插值问题及代数插值的基本概念

4.1.1　插值问题

在实际计算中常会出现这样的情况, 函数的解析表达式 $f(x)$ 未知, 而仅仅知道它在若干互异点处的函数值, 或者由于函数的解析表达式过于复杂, 仅求出若干点处的函数值. 如设

$$f(x_i) = y_i, \quad i = 0, 1, \cdots, n,$$

对 $\forall x \neq x_i (i = 0, 1, \cdots, n)$, 如何计算 $f(x), f'(x)$, 以及 $\int_a^b f(x) \mathrm{d}x$?

从一个简单函数类中求 $P(x)$, 使得

$$P(x_0) = y_0, P(x_1) = y_1, \cdots, P(x_n) = y_n, \tag{4.1}$$

而在其他点$x \neq x_i$处, $P(x) \approx f(x)$. 通常称这类近似代替问题为插值问题,$x_0, x_1, \cdots$, x_n 称为插值节点, 包含插值点的区间 $[a, b]$ 称为插值区间, $P(x)$ 称为插值函数, 式 (4.1) 称为插值条件.

4.1.2　代数插值

插值函数类是多种多样的, 一般根据问题的特征与研究的要求来选择. 最常用到的是代数函数插值, 也称为多项式函数插值, 多项式函数形式简单, 便于计算. 设插值函数是 n 次多项式

$$P_n(x) = a_0 + a_1 x + \cdots + a_n x^n, \tag{4.2}$$

其中 $a_0, a_1, \cdots, a_n$ 为待定系数. 由插值条件 (4.1) 得

$$\begin{cases} a_0 + a_1 x_0 + a_2 x_0^2 + \cdots + a_n x_0^n = y_0, \\ a_0 + a_1 x_1 + a_2 x_1^2 + \cdots + a_n x_1^n = y_1, \\ \qquad\qquad \vdots \\ a_0 + a_1 x_n + a_2 x_n^2 + \cdots + a_n x_n^n = y_n, \end{cases} \tag{4.3}$$

其系数矩阵的行列式为 Vandermonde 行列式

$$D=\begin{vmatrix}1 & x_0 & x_0^2 & \cdots & x_0^n\\ 1 & x_1 & x_1^2 & \cdots & x_1^n\\ \vdots & \vdots & \vdots & & \vdots\\ 1 & x_n & x_n^2 & \cdots & x_n^n\end{vmatrix}=\prod_{0\leqslant i<j\leqslant n}(x_j-x_i).$$

因为插值点互不相同, 即 $x_i\neq x_j(i\neq j)$, 所以 $D\neq 0$, 方程组 (4.3) 有唯一解 $a_i(i=0,1,\cdots,n)$. 综上所述得如下定理.

定理 4.1 在 $n+1$ 个互异插值点 $x_0,x_1,\cdots,x_n$ 处取给定值 $y_0,y_1,\cdots,y_n$ 的次数不高于 n 的代数多项式 (4.2) 存在且唯一.

值得注意的是, 尽管 $P_n(x)$ 唯一, 但其表达式的形式不唯一, 一般不宜直接求解方程组 (4.3), 因为计算量较大, 下面介绍几种求 $a_i(i=0,1,\cdots,n)$ 的常见方法.

4.2 Lagrange 插值法

4.2.1 Lagrange 插值公式

构造 n 次插值多项式

$$L_n(x)=\sum_{k=0}^{n}y_kl_k(x), \tag{4.4}$$

其中 $l_k(x)\,(k=0,1,\cdots,n)$ 都是 n 次多项式, 称为 Lagrange 插值基函数. 为了使 $L_n(x)$ 满足插值条件 (4.1), 即

$$\sum_{k=0}^{n}y_kl_k(x_i)=y_i,\quad i=0,1,\cdots,n,$$

$l_k(x)$ 需满足

$$l_k(x_i)=\begin{cases}1, & i=k,\\ 0, & i\neq k.\end{cases} \tag{4.5}$$

可见 n 个节点 $x_i(i\neq k)$ 都是 n 次多项式 $l_k(x)$ 的零点, 于是

$$l_k(x)=A_k\prod_{\substack{i=0\\ i\neq k}}^{n}(x-x_i),$$

其中 A_k 为待定系数. 再由式 (4.5) 得

$$A_k=\frac{1}{\prod\limits_{\substack{i=0\\ i\neq k}}^{n}(x_k-x_i)}.$$

从而

$$l_k(x) = \prod_{\substack{i=0 \\ i \neq k}}^{n} \frac{(x - x_i)}{(x_k - x_i)}, \quad k = 0, 1, \cdots, n. \tag{4.6}$$

代入式 (4.4) 得

$$\begin{aligned} L_n(x) &= \sum_{k=0}^{n} y_k \prod_{\substack{i=0 \\ i \neq k}}^{n} \frac{(x - x_i)}{(x_k - x_i)} \\ &= \sum_{k=0}^{n} y_k \frac{(x - x_0) \cdots (x - x_{k-1})(x - x_{k+1}) \cdots (x - x_n)}{(x_k - x_0) \cdots (x_k - x_{k-1})(x_k - x_{k+1}) \cdots (x_k - x_n)}. \end{aligned} \tag{4.7}$$

作为特例, 当 $n = 1$ 时, 得两点插值公式 (线性插值公式)

$$L_1(x) = y_0 \frac{x - x_1}{x_0 - x_1} + y_1 \frac{x - x_0}{x_1 - x_0} = y_0 + \frac{y_1 - y_0}{x_1 - x_0}(x - x_0).$$

当 $n = 2$ 时, 得三点插值公式

$$L_2(x) = y_0 \frac{(x - x_1)(x - x_2)}{(x_0 - x_1)(x_0 - x_2)} + y_1 \frac{(x - x_0)(x - x_2)}{(x_1 - x_0)(x_1 - x_2)} + y_2 \frac{(x - x_0)(x - x_1)}{(x_2 - x_0)(x_2 - x_1)}.$$

这是一个二次函数, 几何上表示一通过 $(x_0, y_0), (x_1, y_1), (x_2, y_2)$ 的抛物线, 也称为抛物插值公式.

若引入记号 $\omega_{n+1}(x) = \prod\limits_{i=0}^{n} (x - x_i)$, 则在节点 x_k 处的一阶导函数值为

$$\omega'_{n+1}(x) = \prod_{\substack{i=0 \\ i \neq k}}^{n} (x_k - x_i).$$

因此, 式 (4.7) 可简写成

$$L_n(x) = \sum_{k=0}^{n} y_k \frac{\omega_{n+1}(x)}{(x - x_k)\omega'_{n+1}(x_k)}.$$

Lagrange 插值的 MATLAB 程序

```
function yi=lagrange(x,y,xi)
% 用lagrange插值法求解
% yi=lagrange(x,y,xi)x是节点向量,y是节点上的函数值
% xi是插值点（可以是多个）,yi是返回插值
m=length(x);n=length(y);p=length(xi);
if m~=n
```

```
        error('向量x与y的长度必须一致');
    end
    s=0;
    for k=1:n
        t=ones(1,p);
        for j=1:n
            if j~=k
                t=t.*(xi-x(j))/(x(k)-x(j));
            end
        end
        s=s+t*y(k);
    end
    yi=s
```

例 4.1 设 $f(x)=\sqrt{x}$, 试分别应用 Lagrange 线性插值和抛物插值公式计算 $f(175)$ 的近似值.

解 取 $x_0=144, x_1=169, x_2=225$, 则 $y_0=12, y_1=13, y_2=15$. 以 x_1, x_2 为节点作线性插值

$$L_1(x)=13\frac{x-225}{169-225}+15\frac{x-169}{225-169}=\frac{1}{28}(x+195),$$

以 x_0, x_1, x_2 为节点作抛物插值

$$\begin{aligned}L_2(x)=&12\frac{(x-169)(x-225)}{(144-169)(144-225)}+13\frac{(x-144)(x-225)}{(169-144)(169-225)}\\&+15\frac{(x-144)(x-169)}{(225-144)(225-169)},\end{aligned}$$

计算得

$$L_1(175)=13.21428571,\quad L_2(175)=13.23015873.$$

Lagrange 插值在 MATLAB 命令窗口执行命令

```
>> x=[169 225];
>> y=[13 15];
>> y1=lagrange(x,y,175)
y1 =
   13.2143
```

抛物线插值在 MATLAB 命令窗口执行命令

```
>>x=[144 169 225];
```

```
>> y=[12 13 15];
>> y1=lagrange(x,y,175)
y1 =
    13.2302
```

用 $L_1(175)$, $L_2(175)$ 近似代替 $f(175)$, 哪一个更精确? 为此, 需要研究插值公式的截断误差.

4.2.2 Lagrange 插值的余项

在插值区间 $[a,b]$ 上用插值多项式 $L_n(x)$ 近似代替 $f(x)$, 除了在插值节点 x_i 上没有误差, 在其他点上一般是存在误差的, 若记

$$R_n(x) = f(x) - L_n(x), \tag{4.8}$$

则 $R_n(x)$ 就是用 $L_n(x)$ 近似代替 $f(x)$ 时的截断误差, 称为插值多项式的余项. 可根据如下定理来估计它的大小.

定理 4.2 设函数 $f(x)$ 在 $[a,b]$ 上具有直到 $n+1$ 阶导数, $x_0, x_1, \cdots, x_n$ 为 $[a,b]$ 上 $n+1$ 个互异的节点, $L_n(x)$ 为满足条件 (4.1) 的 n 次插值多项式. 那么, $\forall x \in [a,b]$, $\exists \xi \in [a,b]$, 使得

$$R_n(x) = \frac{f^{(n+1)}(\xi)}{(n+1)!}\omega_{n+1}(x). \tag{4.9}$$

证 据插值条件 (4.1) 知 $R_n(x_i) = 0\ (i = 0, 1, \cdots, n)$, 这表明 $n+1$ 个插值节点都是 $R_n(x)$ 的零点, 故可设

$$R_n(x) = K(x)\omega_{n+1}(x), \tag{4.10}$$

其中 $K(x)$ 为待定函数. 为了求得 $K(x)$, 对区间 $[a,b]$ 上异于 x_i 的任意一点 $x \neq x_i$, 作辅助函数

$$F(t) = f(t) - L_n(t) - K(x)\omega_{n+1}(t),$$

将 x 视为异于节点的一固定点, 则 $F(t)$ 满足

(1) $F(x) = F(x_0) = F(x_1) = \cdots = F(x_n) = 0$;

(2) 在 $[a,b]$ 上具有直到 $n+1$ 阶导数, 且

$$F^{(n+1)}(t) = f^{(n+1)}(t) - K(x)(n+1)!.$$

应用 Rolle 定理, 在 $F(t)$ 的两零点间至少有一个 $F'(t)$ 的零点, 故 $F'(t)$ 在 (a,b) 内至少有 n 个互异的零点. 反复应用 Rolle 定理知, $\exists \xi \in (a,b)$ 使得

$$F^{(n+1)}(\xi) = f^{(n+1)}(\xi) - K(x)(n+1)! = 0,$$

即

$$K(x) = \frac{f^{(n+1)}(\xi)}{(n+1)!}.$$

代入式 (4.10), 即得式 (4.9).

运用定理 4.2 的结论时, 它的准确值往往无法确定, 但 $|f^{(n+1)}(x)|$ 的上界却常常可以估计. 记 $M_{n+1} = \max\limits_{a\leqslant x\leqslant b} |f^{(n+1)}(x)|$, 则

$$\begin{aligned}|R_n(x)| &= \frac{1}{(n+1)!}|f^{(n+1)}(\xi)| \cdot |\omega_{n+1}(x)| \\ &\leqslant \frac{M_{n+1}}{(n+1)!}|\omega_{n+1}(x)| \leqslant \frac{M_{n+1}}{(n+1)!}\max_{a\leqslant x\leqslant b}|\omega_{n+1}(x)|. \qquad (4.11)\end{aligned}$$

从余项不等式 (4.11) 可以看出: $|R_n(x)|$ 的大小与 M_{n+1} 及 $|\omega_{n+1}(x)|$ 大小都有关. 当节点的个数 $m \gg n+1$, 对于指定的插值点 x, 应选择靠近 x 的 $n+1$ 个节点进行 n 次插值, 这样可使 $|\omega_{n+1}(x)|$ 减小.

例 4.2 估计例 4.1 中用 $L_1(175)$, $L_2(175)$ 近似计算 $f(175)$ 的误差.

解 因 $f''(x) = -\frac{1}{4}x^{-\frac{3}{2}}$, $f'''(x) = \frac{3}{8}x^{-\frac{5}{2}}$, 所以

$$\begin{aligned}M_2 &= \max_{169\leqslant x\leqslant 225}|f''(x)| = \frac{1}{4}\times 169^{-\frac{3}{2}} \approx 0.1138\times 10^{-3}, \\ M_3 &= \max_{144\leqslant x\leqslant 225}|f'''(x)| = \frac{3}{8}\times 144^{-\frac{5}{2}} \approx 0.1507\times 10^{-5},\end{aligned}$$

从而

$$\begin{aligned}|R_1(175)| &\leqslant \frac{M_2}{2}|\omega_2(175)| \approx 0.01707, \\ |R_2(175)| &\leqslant \frac{M_2}{3!}|\omega_3(175)| \approx 0.002336.\end{aligned}$$

4.2.3 插值误差的事后估计

利用式 (4.11), 可在计算之前就能估计出截断误差, 因此, 式 (4.11) 称为 Lagrange 插值截断误差的事前估计式.

如果不知道函数 $f(x)$ 的解析表达式, 那么就无法得到 M_{n+1}. 以下介绍用差值多项式 $P_n(x)$ 来估计误差的方法.

设 $L_n(x)$ 和 $\tilde{L}_n(x)$ 分别是用节点 $x_0, x_1, \cdots, x_{n-1}, x_n$ 和 $x_0, x_1, \cdots, x_{n-1}, x_{n+1}$ 构成的 Lagrange 多项式, 其余项分别为

$$f(x) - L_n(x) = \frac{f^{(n+1)}(\xi_1)}{(n+1)!}\omega_n(x)(x - x_n),$$

$$f(x) - \tilde{L}_n(x) = \frac{f^{(n+1)}(\xi_2)}{(n+1)!}\omega_n(x)(x - x_{n+1}).$$

假定 x_n 与 x_{n+1} 相差不远, 并认为 $f^{(n+1)}(\xi_1) \approx f^{(n+1)}(\xi_2)$, 则有

$$\frac{f(x) - L_n(x)}{f(x) - \tilde{L}_n(x)} \approx \frac{x - x_n}{x - x_{n+1}},$$

即

$$R_n(x) = f(x) - L_n(x) \approx \frac{x - x_n}{x_n - x_{n+1}}[L_n(x) - \tilde{L}_n(x)]. \tag{4.12}$$

用式 (4.12) 估计误差, 必须求出插值多项式 $L_n(x)$ 和 $\tilde{L}_n(x)$, 因此, 称此式为 Lagrange 插值的事后误差估计.

例 4.3 对例 4.1 的插值 $L_1(175)$ 做事后截断误差估计.

解 对于节点 $x_1 = 169, x_2 = 225, L_1(175) = 13.21428571$. 再以 $x_0 = 144, x_2 = 225$ 为节点, 得

$$\tilde{L}_1(175) = 12\frac{175 - 169}{169 - 144} + 15\frac{175 - 144}{225 - 144} \approx 13.14814815.$$

在 MATLAB 命令窗口执行命令

```
>> x=[144 225];
>> y=[12 15];
>> y1=lagrange(x,y,175)
y1 =
    13.1481
```

由式 (4.12) 得

$$R_1(175) \approx \frac{175 - 169}{169 - 144}[13.21428571 - 13.14814815] \approx 0.01587301.$$

如果由此结果修正 $L_1(175)$, 将 $R_1(175)$ 代入式 (4.8) 得

$$f(175) = L_1(175) + R_1(175) \approx 13.21428571 + 0.01587301 = 13.23015872.$$

与 $f(175) = 13.2287565\cdots$ 相比, 修正后的近似值较 $L_1(175)$ 准确, 这也是提高插值精度的一种方法.

4.3 Newton 插值法

Lagrange 插值法有一个缺点: 在求出了 n 次插值公式之后, 又有了新数据, 并想增加一个插值点, 这时所有的插值基函数都要重新计算. 从构造算法的一般原则来讲, 应设法充分利用已经获得的数据信息.

4.3.1 Newton 插值公式的形式

由高等代数理论知, 任何一个不高于 n 次的多项式, 都可以表示成函数 $1, (x-x_0), (x-x_0)(x-x_1), \cdots, (x-x_0)(x-x_1)\cdots(x-x_{n-1})$ 的线性组合, 因此, 满足插值条件 (4.1) 的 Lagrange 插值多项式 $L_n(x)$ 又可表示为

$$a_0 + a_1(x-x_0) + a_2(x-x_0)(x-x_1) + \cdots + a_n(x-x_0)(x-x_1)\cdots(x-x_{n-1}),$$

其中 $a_k(k=0,1,\cdots,n)$ 为待定系数. 称这种 n 次插值多项式为 Newton 插值多项式, 记为 $N_n(x)$, 即

$$\begin{aligned} N_n(x) =& a_0 + a_1(x-x_0) + a_2(x-x_0)(x-x_1) \\ &+ \cdots + a_n(x-x_0)(x-x_1)\cdots(x-x_{n-1}). \end{aligned} \tag{4.13}$$

由于 $N_n(x)$ 满足式 (4.1), 即 $N_n(x_i) = y_i\ (i=0,1,\cdots,n)$, 于是

$$N_n(x_0) = a_0 = y_0.$$

由 $N_n(x_1) = y_0 + a_1(x_1-x_0) = y_1$, 得

$$a_1 = \frac{y_1-y_0}{x_1-x_0}.$$

由 $N_n(x_2) = y_0 + \dfrac{y_1-y_0}{x_1-x_0}(x_2-x_0) + a_2(x_2-x_0)(x_2-x_1) = y_2$, 得

$$\begin{aligned} a_2 &= \frac{y_2 - y_0 - \dfrac{y_1-y_0}{x_1-x_0}(x_2-x_0)}{(x_2-x_0)(x_2-x_1)} = \frac{(y_2-y_1)(x_1-x_0)+(y_1-y_0)(x_1-x_2)}{(x_2-x_0)(x_2-x_1)(x_1-x_0)} \\ &= \left(\frac{y_2-y_1}{x_2-x_1} - \frac{y_1-y_0}{x_1-x_0}\right)\frac{1}{x_2-x_0}. \end{aligned}$$

可以看出 Newton 插值公式的系数有明显的规律性, 为了方便地表示这一规律, 以下引入差商的概念.

4.3.2 差商的定义与性质

定义 4.1 已知函数 $f(x)$ 在 $n+1$ 个互异的节点 $x_i(i=0,1,\cdots,n)$ 上的函数值, 称

$$f[x_i, x_{i+1}] = \frac{f(x_{i+1}) - f(x_i)}{x_{i+1} - x_i}, \quad i=0,1,\cdots,n-1$$

为 $f(x)$ 关于节点 x_i, x_{i+1} 的一阶差商; 称

$$f[x_i, x_{i+1}, x_{i+2}] = \frac{f[x_{i+1}, x_{i+2}] - f[x_i, x_{i+1}]}{x_{i+2} - x_i}, \quad i=0,1,\cdots,n-2$$

为 $f(x)$ 关于节点 x_i, x_{i+1}, x_{i+2} 的二阶差商. 若已知 k 阶差商, 称

$$f[x_i, x_{i+1}, \cdots, x_{i+k+1}] = \frac{f[x_{i+1}, x_{i+2}, \cdots, x_{i+k+1}] - f[x_i, x_{i+1}, \cdots, x_{i+k}]}{x_{i+k+1} - x_i},$$
$$i = 0, 1, 2, \cdots, n-k-1 \tag{4.14}$$

为 $f(x)$ 关于 $x_i, x_{i+1}, \cdots, x_{i+k+1}$ 的 $k+1$ 阶差商.

差商的三个性质 (证明略):

(1) $f(x)$ 关于点 $x_0, x_1, \cdots, x_k$ 的 k 阶差商可以表示成这些点处函数值的线性组合, 即

$$f[x_0, x_1, \cdots, x_k] = \sum_{i=0}^{k} \frac{f(x_i)}{\omega'_{k+1}(x_i)}.$$

式中 $\omega'_{k+1}(x_i) = (x_i - x_0) \cdots (x_i - x_{i-1})(x_i - x_{i+1}) \cdots (x_i - x_k)$.

(2) 差商具有对称性, 即任意调换节点的次序, 不会影响差商的值. 设 $i_0, i_1, \cdots, i_k$ 是 $0, 1, \cdots, k$ 的任一种排列, 则恒有

$$f[x_{i0}, x_{i1}, \cdots, x_{ik}] = f[x_0, x_1, \cdots, x_k].$$

(3) 设 $f(x)$ 为 x 的 n 次多项式, 则 $k(k \leqslant n)$ 阶差商 $f[x, x_0, x_1, \cdots, x_{k-1}]$ 为 x 的 $n-k$ 次多项式.

4.3.3 Newton 插值公式的计算

在引入式 (4.13) 时, 已经计算了前三个系数 $a_0 = f[x_0], a_1 = f[x_0, x_1], a_2 = f[x_0, x_1, x_2]$. 对于一般情况, 设 $x, x_i (i = 0, 1, \cdots, n)$ 都是插值区间 $[a, b]$ 内的点, 据定义 4.1,

$$f[x, x_0] = \frac{f(x) - f(x_0)}{x - x_0},$$
$$f[x, x_0, x_1] = \frac{f[x, x_0] - f[x_0, x_1]}{x - x_1},$$
$$\vdots$$
$$f[x, x_0, x_1, \cdots, x_n] = \frac{f[x, x_0, \cdots, x_{n-1}] - f[x_0, x_1, \cdots, x_n]}{x - x_n},$$

解得

$$f(x) = f(x_0) + f[x, x_0](x - x_0),$$
$$f[x, x_0] = f[x_0, x_1] + f[x, x_0, x_1](x - x_1),$$
$$\vdots$$
$$f[x, x_0, \cdots, x_{n-1}] = f[x_0, x_1, \cdots, x_n] + f[x, x_0, x_1, \cdots, x_n](x - x_n).$$

将以上各式从后式依次代入前式, 得

$$
\begin{aligned}
f(x) =& f(x_0) + f[x_0,x_1](x-x_0) + f[x_0,x_1,x_2](x-x_0)(x-x_1) + \cdots \\
& + f[x_0,x_1,\cdots,x_n](x-x_0)(x-x_1)\cdots(x-x_{n-1}) \\
& + f[x,x_0,x_1,\cdots,x_n](x-x_0)(x-x_1)\cdots(x-x_n) \\
=& N_n(x) + R_n(x).
\end{aligned}
$$

式中

$$
\begin{aligned}
N_n(x) =& f(x_0) + f[x_0,x_1]\omega_1(x) + f[x_0,x_1,x_2]\omega_2(x) + \cdots \\
& + f[x_0,x_1,\cdots,x_n]\omega_n(x),
\end{aligned} \tag{4.15}
$$

$$
R_n(x) = f[x,x_0,x_1,\cdots,x_n]\omega_{n+1}(x). \tag{4.16}
$$

式 (4.15) 称为 n 次 Newton 插值多项式, 与式 (4.13) 相比,

$$
a_k = f[x_0,x_1,\cdots,x_k], \quad k=0,1,2,\cdots,n, \tag{4.17}
$$

计算 a_k, 可列表进行, 以 $n=4$ 为例, 得差商表 4.1.

表 4.1

x_k	$f(x_k)$	$f[x_k,x_{k+1}]$	$f[x_k,x_{k+1},x_{k+2}]$	$f[x_k,x_{k+1},x_{k+2},x_{k+3}]$	$f[x_k,x_{k+1},x_{k+2},x_{k+3},x_{k+4}]$
x_0	$f(x_0)$	$f[x_0,x_1]$	$f[x_0,x_1,x_2]$	$f[x_0,x_1,x_2,x_3]$	$f[x_0,x_1,x_2,x_3,x_4]$
x_1	$f(x_1)$	$f[x_1,x_2]$	$f[x_1,x_2,x_3]$	$f[x_1,x_2,x_3,x_4]$	
x_2	$f(x_2)$	$f[x_2,x_3]$	$f[x_2,x_3,x_4]$		
x_3	$f(x_3)$	$f[x_3,x_4]$			
x_4	$f(x_4)$				

式 (4.16) 称为 Newton 插值多项式的余项. 如果 $f(x)$ 在 $[a,b]$ 上具有 $n+1$ 阶导数, 据插值多项式的唯一性知 $N_n(x)=L_n(x)$, 从而余项

$$
R_n(x) = f[x,x_0,\cdots,x_n]\omega_{n+1}(x) = \frac{f^{(n+1)}(\xi)}{(n+1)!}\omega_{n+1}(x). \tag{4.18}
$$

据式 (4.18) 可得差商与导数有如下关系

$$
f[x_0,x_1,\cdots,x_{n+1}] = \frac{1}{(n+1)!}f^{(n+1)}(\xi), \quad a<\xi<b, \tag{4.19}
$$

容易看出, Newton 插值多项式具有递推性, 即

$$
N_n(x) = N_{n-1}(x) + f[x_0,x_1,\cdots,x_n](x-x_0)(x-x_1)\cdots(x-x_{n-1}). \tag{4.20}
$$

Newton 插值的 MATLAB 程序

```
function f=newton(x,y,x0)
% 求已知数据点的牛顿插值多项式
% 求已知数据点的x坐标向量:x
% 求已知数据点的y坐标向量:y
% 插值的x坐标:x0
% 求得的牛顿插值多项式或在x0处的插值: f
syms t;
if length(x)==length(y)
      n=length(x);
      c(1:n)=0.0;
else
      disp('x和y的维数不相等!');
      return;
end
f=y(1);
l=1;
for(i=1:n-1)
      for(j=i+1:n)
           y1(j)=(y(j)-y(i))/(x(j)-x(i));
      end
      c(i)=y1(i+1);
      l=l*(t-x(i));
      f=f+c(i)*l;
      simplify(f);
      y=y1;
      if(i==n-1)
           if(nargin==3)
               f=subs(f,'t',x0);
          else
               f=collect(f);  % 将插值多项式展开
               f=vap(f,6);
         end
    end
end
```

例 4.4 某处海洋不同深度水温见下表, 试用 Newton 插值公式求深度 1000 米处的水温, 并估计误差.

水深 x/m	466	714	950	1422	1634
温度 $f(x)$/°C	7.04	4.28	3.40	2.54	2.13

解 利用差商定义构造差商表 (表 4.2), 再求 Newton 插值多项式的系数.

在 MATLAB 命令窗口执行命令

```
>> x=[466 714 950 1422 1634];
>> y=[7.04 4.28 3.40 2.54 2.13];
>> x0=1000;
>> ni=newton(x,y,x0)
```

表 4.2

k	x_k	$f(x_k)$	$f[x_k,x_{k+1}]$	$f[x_k,x_{k+1},x_{k+2}]$	$f[x_k,x_{k+1},x_{k+2},x_{k+3}]$	$f[x_k,x_{k+1},x_{k+2},x_{k+3},x_{k+4}]$
0	466	7.04	-0.1113×10^{-1}	0.1529×10^{-4}	-0.1318×10^{-7}	0.896×10^{-11}
1	714	4.28	-0.3729×10^{-2}	0.2693×10^{-5}	-0.275×10^{-8}	
2	950	3.40	-0.1822×10^{-2}	-0.163×10^{-6}		
3	1422	2.54	-0.1934×10^{-6}			
4	1634	2.13				

如果用三次 Newton 插值多项式近似代替 $f(x)$, 由表 4.2 得

$$
\begin{aligned}
N_3(x) =& 7.04 - 1.113\times10^{-2}(x-446) + 1.529\times10^{-5}(x-446)(x-714)\\
&- 1.318\times10^{-8}(x-446)(x-714)(x-950),
\end{aligned}
$$

于是

$$N_3(1000) = 3.331(°\mathrm{C}).$$

由式 (4.16) 得

$$|R_3(1000)| \approx 0.893\times10^{-11}|\omega_4(1000)| = 0.02878(°\mathrm{C}).$$

例 4.5 (反插值问题) 对于函数表中介于 $f(x_i)$ 与 $f(x_{i+1})$ 的任一数 C, 可以利用插值法求 x, 使得 $f(x)=C$, 只需将插值公式中的 x_i 与 $f(x_i)=y_i$ 相互对调即可. 已知某单调连续函数满足下表, 求 $f(x)$ 在 1.36 与 1.38 之间的根 x.

x	1.32	1.34	1.36	1.38	1.40
$f(x)$	−0.730432	−0.411496	−0.086144	0.245672	0.584

解 按 $|f(x)|$ 的大小排列成 y_k 并作差商表 4.3.

表 4.3

k	y_k	$x(y_k)$	$x[y_k, y_{k+1}]$	$x[y_k, y_{k+1}, y_{k+2}]$	$x[y_k, y_{k+1}, y_{k+2}, y_{k+3}]$	$x[y_k, y_{k+1}, y_{k+2}, y_{k+3}, y_{k+4}]$
0	-0.086144	1.36	0.0602744	-1.82203×10^{-3}	9.14878×10^{-5}	-6.29426×10^{-6}
1	0.245672	1.38	0.0608672	-1.76072×10^{-3}	9.55431×10^{-5}	
2	-0.411496	1.34	0.0602715	-1.85938×10^{-3}		
3	0.5840	1.40	0.0608628			
4	-0.730432	1.32				

以 y_0, y_1, y_2 为插值点, 代入式 (4.15) 得

$$
\begin{aligned}
N_3(y) =& x(y_0) + x[y_0, y_1](y - y_0) + x[y_0, y_1, y_2](y - y_0)(y - y_1) \\
&+ x[y_0, y_1, y_2, y_3](y - y_0)(y - y_1)(y - y_2).
\end{aligned}
$$

令 $y = 0$, 得 $f(x)$ 在 1.36 与 1.38 之间的根:

$$
\begin{aligned}
N_3(0) =& 1.36 + 0.0602744 \times 0.089477 - 1.82203 \times 10^{-3} \times 0.086144 \times (-0.245672) \\
&+ 9.14878 \times 10^{-5} \times 0.086144 \times (-0.245672 \times 0.411496) \\
=& 1.365230041.
\end{aligned}
$$

误差估计

$$
|R_3(0)| = |x[y_0, y_1, \cdots, y_4]\omega_4(0)| \approx 0.411496.
$$

4.3.4 差分与等距节点的 Newton 插值多项式

1. 差分及性质

Lagrange 插值与 Newton 插值, 其插值节点可以不等距, 适应性强, 但当插值节点等距时, 可以简化插值公式, 设等距节点以 $h(>0)$ 为步长, 则节点可表示为

$$
x_i = x_0 + ih, \quad i = 0, 1, \cdots, n.
$$

定义 4.2 称

$$
\Delta y_i = f(x_i + h) - f(x_i) = y_{i+1} - y_i
$$

为函数 $f(x)$ 在点 $x_i (i = 0, 1, \cdots, n-1)$ 处的一阶向前差分, 称 $\Delta^2 y_i = \Delta y_{i+1} - \Delta y_i$ 为函数 $f(x)$ 在点 $x_i (i = 0, 1, \cdots, n-2)$ 处的二阶向前差分. 一般地, 称 $\Delta^k y_i = \Delta^{k-1} y_{i+1} - \Delta^{k-1} y_i$ 为函数 $f(x)$ 在点 $x_i (i = 0, 1, \cdots, n-k)$ 处的 $k (k = 1, 2, \cdots)$ 阶向前差分.

类似地, 可以定义函数 $f(x)$ 在点 x_i 处的各阶向后差分

$$
\begin{cases}
\nabla y_i = y_i - y_{i-1}, \\
\nabla^k y_i = \nabla^{k-1} y_i - \nabla^{k-1} y_{i-1},
\end{cases}
\quad k = 1, 2, \cdots; i = n, n-1, \cdots, n-k.
$$

差分具有以下性质:

(1) 设 $x_i = x_0 + ih(i = 0, 1, 2, \cdots, n)$, 则差商与差分有下列关系

$$f[x_i, x_{i+1}, \cdots, x_{i+k}] = \frac{\Delta^k y_i}{k!h^k}. \tag{4.21}$$

(2) 如果 $f(x)$ 是 n 次多项式, 则当 $0 \leqslant k \leqslant n$ 时, $\Delta^k f(x)$ 是 $n-k$ 次多项式; 当 $k > n$ 时, $\Delta^k f(x) = 0$.

(3)$f(x)$ 在点 x_i 处的 k 阶差分可表示为一些函数值的线性组合

$$\Delta^k y_i = \sum_{j=1}^{k} (-1)^j \mathrm{C}_k^j y_{k+i-j}, \quad k = 1, 2, \cdots, n;\ i = 0, 1, \cdots, n. \tag{4.22}$$

证 仅证 (1), 用归纳法证.

对于 $k = 1$, 式 (4.21) 显然成立. 假设式 (4.21) 对 k 成立, 则当 $k+1$ 时

$$\begin{aligned}
f[x_i, x_{i+1}, \cdots, x_{i+k+1}] =& \frac{f[x_{i+1}, x_{i+2}, \cdots, x_{i+k+1}] - f[x_i, x_{i+1}, \cdots, x_{i+k}]}{x_{i+k+1} - x_i} \\
=& \left(\frac{\Delta^k y_{i+1}}{k!h^k} - \frac{\Delta^k y_i}{k!h^k} \right) \cdot \frac{1}{(k+1)h} \\
=& \frac{\Delta^k y_{i+1} - \Delta^k y_i}{(k+1)!h^{k+1}} = \frac{\Delta^{k+1} y_i}{(k+1)!h^{k+1}}.
\end{aligned}$$

按归纳法原理, 定理得证.

2. Newton 向前、向后插值多项式

设插值节点为 $x_k = x_0 + kh(k = 0, 1, \cdots, n), x = x_0 + th(t > 0)$, 则 $x - x_k = (t-k)h$, 代入 Newton 插值公式 (4.15), 并利用式 (4.21), 化简整理得

$$\begin{aligned}
N_n(x) =& N_n(x_0 + th) \\
=& y_0 + t\Delta y_0 + \frac{t(t-1)}{2!} \Delta^2 y_0 + \cdots + \frac{t(t-1)\cdots(t-n+1)}{n!} \Delta^n y_0,
\end{aligned} \tag{4.23}$$

称此式为 Newton 向前插值多项式. 相应地, 余项化简为

$$R_n(x) = R_n(x_0 + th) = \frac{t(t-1)\cdots(t-n)}{(n+1)!} f^{(n+1)}(\xi) h^{(n+1)}, \quad \xi \in (x_0, x_n). \tag{4.24}$$

公式 (4.23) 适宜于计算插值区间内插值始点 x_0 附近点 x 的函数值. 而当 x 位于插值终点 x_n 附近时, 为了提高插值精度, 宜将节点按 $x_n, x_{n-1}, \cdots, x_1, x_0$ 的次序重新排列, 此时 Newton 插值公式 (4.15) 可化成如下的向后插值公式

$$
\begin{aligned}
N_n(x) =& N_n(x_n - th) \\
=& y_n - t\nabla y_n + \frac{t(t-1)}{2!}\nabla^2 y_n + \cdots + \frac{t(t-1)\cdots(t-n+1)}{n!}\triangle^n f_n,
\end{aligned} \tag{4.25}
$$

及余项

$$
R_n(x) = R_n(x_n - th) = \frac{t(t-1)\cdots(t-n)(-1)^{n+1}}{(n+1)!}h^{n+1}f^{(n+1)}(\xi), \quad \xi \in (x_0, x_n). \tag{4.26}
$$

使用 Newton 向前差分多项式时, 首先要计算各阶差分值, 通常先构造差分表, 以 $n=4$ 为例得表 4.4.

表 4.4 向前差分表

y_i	Δy_i	$\Delta^2 y_i$	$\Delta^3 y_i$	$\Delta^4 y_i$
y_0	$\Delta y_0 = y_1 - y_0$	$\Delta^2 y_0 = \Delta y_1 - \Delta y_0$	$\Delta^3 y_0 = \Delta^2 y_1 - \Delta^2 y_0$	$\Delta^4 y_0 = \Delta^3 y_1 - \Delta^3 y_0$
y_1	$\Delta y_1 = y_2 - y_1$	$\Delta^2 y_1 = \Delta y_2 - \Delta y_1$	$\Delta^3 y_1 = \Delta^2 y_2 - \Delta^2 y_1$	
y_2	$\Delta y_2 = y_3 - y_4$	$\Delta^2 y_2 = \Delta y_3 - \Delta y_2$		
y_3	$\Delta y_3 = y_4 - y_3$			
y_4				

Newton 向前插值的 MATLAB 程序

```
function yi=newton1(x,y,xi)
% 等距节点的 Newton 向前插值公式, x为等距插值节点向量, 按行输入
% y为插值节点函数值向量, 按行输入, xi为标量, 自变量
% 计算初始值
h=x(2)-x(1);
t=(xi-x(1))/h;
% 计算差商表 Y
n=length(y);Y=zeros(n);Y(:,1)=y';
for k=1:n-1
    Y(:,k+1)=[diff(y',k);zeros(k,1)];
end
% 计算向前插值公式
yi=Y(1,1);
for i=1:n-1
    z=t
    for k=1:i-1
        z=z*(t-k);
```

```
        end
        yi=yi+Y(1,i+1)*z/prod([1:i]);
end
```

Newton 向后插值的 MATLAB 程序

```
function yi=newton2(x,y,xi)
% 等距节点的 Newton 向前插值公式，x 为等距插值节点向量，按行输入
% y为插值节点函数值向量，按行输入，xi 为标量，自变量
% 计算初始值
n=length(x);h=x(n)-x(n-1);t=(x(n)-xi)/h;
% 计算差商表Y
n=length(y);Y=zeros(n);Y(:,1)=y';
for k=1:n-1
        Y(:,k+1)=[zeros(k,1);diff(y',k)];
end
% 计算向前插值公式
h=x(n)-x(n-1);t=(x(n)-xi)/h;yi=Y(n,1);
for i=1:n-1
        z=t
        for k=1:i-1
                z=z*(t-k);
        end
        yi=yi+Y(n,i+1)*(-1) i*z/prod([1:i]);
end
```

例 4.6 已知 $y=\cos x$ 的部分点处的函数值见下表.

x_i	0.0	0.1	0.2	0.3	0.4	0.5
y_i	1.00000	0.99500	0.98007	0.95534	0.92106	0.87758

试求 $\cos 0.048$ 的近似值并估计误差.

解 构造向前差分表 4.5.

在 MATLAB 命令窗口执行命令

```
>> x=0:0.1:0.5;
>> y=[1 0.995 0.98007 0.95534 0.92106 0.87758];
>> xi=0.048;
>> yi=newton2(x,y,xi)
```

表 4.5

x_i	y_i	Δy_i	$\Delta^2 y_i$	$\Delta^3 y_i$	$\Delta^4 y_i$	$\Delta^5 y_i$
0.0	1.00000	−0.00500	−0.00993	0.00013	0.00012	−0.00002
0.1	0.99500	−0.01493	−0.00980	0.00025	0.00010	
0.2	0.98007	−0.02473	−0.00955	0.00035		
0.3	0.95534	−0.03428	−0.00920			
0.4	0.92106	−0.04348				
0.5	0.87758					

若采用四次多项式计算, 则 $n=4, h=0.1, t=0.48$, 代入式 (4.23) 得

$$
\begin{aligned}
N_4(0.048) =&1+0.48\times(-0.005)+\frac{0.48(0.48-1)}{2}(-0.00993)\\
&+\frac{0.48(0.48-1)(0.48-2)}{6}\times 0.0013\\
&+\frac{0.48(0.48-1)(0.48-2)(0.48-3)}{24}\times 0.00012\\
=&0.99884.
\end{aligned}
$$

由于 $|f^{(n+1)}(\xi)|\leqslant 1$, 所以得误差估计

$$
\begin{aligned}
|R_4(0.048)|\leqslant&\frac{1}{5!}0.1^5|0.48(0.48-1)(0.48-2)(0.48-3)(0.48-4)|\\
=&0.2804\times 10^{-6}.
\end{aligned}
$$

4.4 Hermite 插值法

4.4.1 Hermite 插值问题

Lagrange 插值多项式与 Newton 插值多项式只是在插值节点上取已知的函数值, 如果进一步要求插值多项式在节点处不仅函数值相等, 而且导数值也相等, 这就是 Hermite 插值问题.

设 $y=f(x)$ 在插值节点 $x_0<x_1<\cdots<x_n$ 上 $f(x_i)=y_i, f'(x_i)=y_i'(i=0,1,2,\cdots,n)$, 欲求一插值多项式 $H(x)$, 满足

$$
H(x_i)=y_i, H'(x_i)=y_i',\quad i=0,1,2,\cdots,n, \tag{4.27}
$$

显然, 由插值条件 (4.27) 可以确定一个次数不高于 $2n+1$ 的代数多项式 $H_{2n+1}(x)$, 从几何上讲, 曲线 $y=H_{2n+1}(x)$ 与 $y=f(x)$ 在节点处相交且有公共切线, 这时, Hermite 多项式将大大提高插值计算的精度.

4.4.2 Hermite 插值多项式及其余项

仿构造 Lagrange 的插值公式 (4.4) 的方法, 设 Hermite 插值多项式具有如下形式:

$$H_{2n+1}(x) = \sum_{j=0}^{n} \Big[y_j h_j(x) + y_j' \tilde{h}_j(x) \Big], \tag{4.28}$$

式中 $h_j(x), \tilde{h}_j(x)$ ($j = 0, 1, 2, \cdots, n$) 都是 $2n + 1$ 次多项式, 称为插值基函数. 为使 $H_{2n+1}(x)$ 满足插值条件 (4.27), 需满足

$$\begin{cases} h_j'(x_i) = \tilde{h}_j(x_i) = 0, \\ h_j(x_i) = \tilde{h}'(x_i) = \begin{cases} 0, & j \neq i, \\ 1, & j = i, \end{cases} \end{cases} \quad i, j = 0, 1, 2, \cdots, n. \tag{4.29}$$

条件 (4.29) 表明: $\forall j \in \{0, 1, \cdots, n\}$, $h_j(x)$ 有 n 个二重零点 $x_i (i = 0, 1, \cdots, n, i \neq j)$, 于是可设

$$h_j(x) = (\alpha x + \beta) l_j^2(x), \quad j = 0, 1, 2, \cdots, n, \tag{4.30}$$

式中 α, β 是待定常数, $l_j(x)$ 是 n 次 Lagrange 插值基函数, 即

$$l_j(x) = \prod_{\substack{i=0 \\ i \neq j}}^{n} \frac{x - x_i}{x_j - x_i}, \tag{4.31}$$

显然 $l_j(x_j) = 1$, 由式 (4.29) 中 $h_j(x_j) = 1$, 得

$$\alpha x_j + \beta = 1, \tag{4.32}$$

再由 $h_j'(x_j) = \alpha l_j^2(x_j) + 2(\alpha x_j + \beta) l_j(x_j) l_j'(x_j) = 0$, 得

$$\alpha + 2 l_j'(x_j) = 0. \tag{4.33}$$

对式 (4.31) 运用对数求导法得

$$\frac{l_j'(x)}{l_j(x)} = \sum_{\substack{i=0 \\ i \neq j}}^{n} \frac{1}{x - x_i},$$

将 $l_j(x_j) = 1$ 代入得

$$l_j'(x_j) = \sum_{\substack{i=0 \\ i \neq j}}^{n} \frac{1}{x_j - x_i}.$$

解方程 (4.32), (4.33) 得

$$\alpha = -\sum_{\substack{i=0\\i\neq j}}^{n} \frac{2}{x_j - x_i}, \quad \beta = 1 + \sum_{\substack{i=0\\i\neq j}}^{n} \frac{2x_j}{x_j - x_i}.$$

代入式 (4.30) 整理得

$$h_j(x) = \left[1 - 2(x - x_j)\sum_{\substack{i=0\\i\neq j}}^{n} \frac{1}{x_j - x_i}\right] l_j^2(x), \quad j = 0, 1, 2, \cdots, n. \tag{4.34}$$

再来确定 $\tilde{h}_j(x)$, 由条件 (4.29) 知 $\tilde{h}_j(x)$ 有一个单重零点 x_j 和 n 个二重零点 $x_i(i = 0, 1, \cdots, n; i \neq j)$, 故可设

$$\tilde{h}_j(x) = \gamma(x - x_j)l_j^2(x), \quad \text{其中}\gamma\text{为待定常数}.$$

由 $\tilde{h}'_j(x_j) = 1$, 可得 $\gamma = 1$, 从而

$$\tilde{h}_j(x) = (x - x_j)l_j^2(x), \quad j = 0, 1, 2, \cdots, n. \tag{4.35}$$

将式 (4.34), (4.35) 代入式 (4.28), 得 Hermite 插值多项式

$$H_{2n+1}(x) = \sum_{j=0}^{n} y_j \left[1 - 2(x - x_j)\sum_{\substack{i=0\\i\neq j}}^{n} \frac{1}{x_j - x_i}\right] l_j^2(x) + \sum_{j=0}^{n} y'_j(x - x_j)l_j^2(x). \tag{4.36}$$

可以证明:

(1) Hermite 插值多项式是唯一的.

(2) Hermite 插值多项式的余项为

$$R_{2n+1}(x) = f(x) - H_{2n+1}(x) = \frac{f^{(2n+2)}(\xi)}{(2n+2)!}\omega_{n+1}^2(x), \tag{4.37}$$

式中 $\xi \in [a, b]$, $\omega_{n+1}(x) = \prod_{i=0}^{n}(x - x_i)$.

Hermite 插值的 MATLAB 程序

```
function yi=hermite(x,y,ydot,xi)
% hermite 插值，x为插值节点向量，按行输入，y为插值节点函数值向量，按行输入
% xi为标量，自变量
% ydot为向量，插值节点处的导数值，如果此值缺省则用均差代替导数
```

```
% 端点用向前差商向后差商，中间点用中心差商
if isempty(ydot)==1
      ydot=gradient(y,x);
end
n=length(x);m1=length(y);m2=length(ydot);
if n~=m1|n~=m2|m1~=m2
      error('向量 x,y 与 ydot 的长度必须一致')
end
p=zeros(1,n);q=zeros(1,n);yi=0;
for j=1:n
     if j~=k
          t(j)=(xi-x(j))/(x(k)-x(j));
          z(j)=1/(x(k)-x(j));
     end
end
p(k)=prod(t);q(k)=sum(z);
yi=yi+y(k)*(1-2*(xi-x(k))*q(k))*p(k) 2+ydot(k)*(xi-x(k))*p(k) 2;
end
```

例 4.7 已知插值条件 $f(0)=0, f(1)=2, f'(0)=1, f'(1)=0$, 利用 Hermite 公式计算 $f(0.75)$.

解 由式 (4.34) 及 (4.35) 得

$$h_1(x)=-[1-2(x-1)]\left(\frac{x-0}{1-0}\right)^2=(3-2x)x^2,\quad \tilde{h}_0(x)=(x-0)\left(\frac{x-1}{0-1}\right)^2=x(x-1)^2.$$

代入式 (4.28), 得

$$\begin{aligned} H_3(x)=&y_0h_0(x)+y_0'\tilde{h}_0(x)+y_1h_1(x)+y_1'\tilde{h}_1(x)\\ =&x(x-1)^2+2x^2(3-2x)=-3x^2+4x^2+x, \end{aligned}$$

$$f(0.75)\approx H_3(0.75)=1.734375.$$

在 MATLAB 命令窗口执行命令

```
>> x=[0 1];
>> y=[0 2];
>> ydot=[1 0];
>> xi=0.75;
>> yi=hermite(x,y,ydot,xi)
```

4.5 分段低次插值法

4.5.1 高次插值中的问题

一般地, 适当提高插值多项式的次数, 有可能提高计算结果的准确程度, 但决不可由此得出结论, 认为插值多项式的次数越高越好. 例如, 对于函数

$$f(x)=1\frac{1}{(1+25x^2)},\quad -1\leqslant x\leqslant 1,$$

作 Lagrange 插值多项式

$$L_n(x)=\sum_{k=0}^{n}f(x_k)\left(\prod_{\substack{i=0\\ i\neq k}}^{n}\frac{x-x_i}{x_k-x_i}\right).$$

当 $n=10$ 时计算结果如图 4.1 所示.

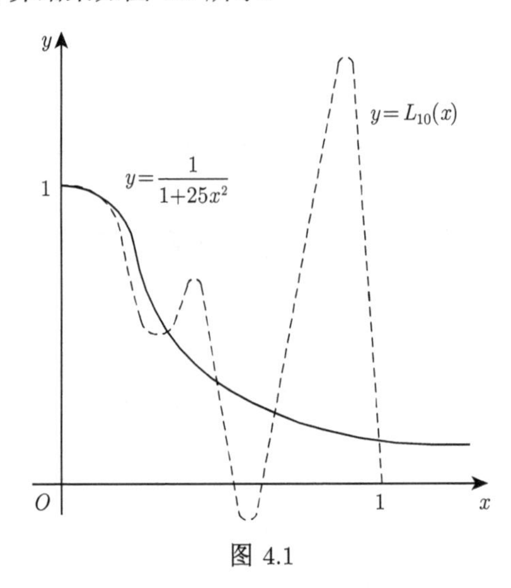

图 4.1

从图 4.1 可以看出, $f(x)$ 与 $L_{10}(x)$ 的偏差很大, 如 $|f(0.96)-L_{10}(0.96)|=|0.0416-1.80438|=1.76178$. 这说明不能靠提高多项式的次数来提高插值计算的精度, 为什么会出现这种现象呢?

(1) 据 Lagrange 插值余项估计式 (4.11), 当插值节点加密, n 增大时, 有时 $f^{(n+1)}(x)$ 变化迅猛, $M_{n+1}=\max\limits_{a\leqslant x\leqslant b}|f^{(n+1)}(x)|$ 可能非常大; 特别当插值节点比较分散, 插值区间较大时, $|\omega_{n+1}(x)|$ 也较大.

(2) 当 n 增大时, Lagrange 插值多项式次数增大, 计算量的增幅也是巨大的, 这就加大了计算过程中的舍入误差.

因此, 当插值节点数 $n+1$ 较大, 特别是插值区间较大时, 通常不采用高次插值, 而采用分段低次插值. 常用的有分段线性插值与分段二次插值.

4.5.2 分段线性插值

已知 $f(x)$ 在节点 $a=x_0<x_1<\cdots<x_n=b$ 上的函数值 $y_i(i=0,1,2,\cdots,n)$, 在每个子区间 $[x_{i-1},x_i](i=1,2,\cdots,n)$ 上作线性插值函数

$$L_{1i}(x)=\frac{x-x_i}{x_{i-1}-x_i}y_{i-1}+\frac{x-x_{i-1}}{x_i-x_{i-1}}y_i,\quad x_{i-1}\leqslant x\leqslant x_i;\ i=1,2,\cdots,n. \tag{4.38}$$

从几何上讲, 分段线性插值就是用一条过 $n+1$ 个点 $(x_0,y_0),(x_1,y_1),\cdots,(x_n,y_n)$ 的折线来近似表示 $f(x)$.

显然, 分段线性插值函数随区间长 h 的无限缩小而无限接近于 $f(x)$. 其插值余项为

$$|R_1(x)|\leqslant\frac{M_2}{2!}\left|(x-x_i)(x-x_{i-1})\right|\leqslant\frac{M_2}{8}\max_{1\leqslant i\leqslant n}h_i^2.$$

式中 $M_2=\max\limits_{a\leqslant x\leqslant b}|f''(x)|,h_i=|x_{i-1}-x_i|$.

分段线性插值的 MATLAB 程序

```
function yi=lineint(x,y,xi)
% 分段线性插值，x为插值节点向量，按行输入，y为插值节点函数值向量，按行输入
% xi为标量，自变量
n=length(x);m=length(y);
if n~=m
    error('向量x与y的长度必须一致');
end
for k=1:n-1
    if x(k)<=xi&xi,=x(k+1)
     yi=(xi-x(k+1))/(x(k)-x(k+1))*y(k)+(xi-x(k))/(x(k+1)-x(k))
        *y(k+1);
        return
    end
end
```

4.5.3 分段二次插值

对于插值节点 x_{i-1},x_i,x_{i+1}, 在小区间 $[x_{i-1},x_{i+1}]$ 内作二次插值

$$\begin{aligned}L_{2i}(x)=&\frac{(x-x_i)(x-x_{i+1})}{(x_{i-1}-x_i)(x_{i-1}-x_{i+1})}y_{i-1}+\frac{(x-x_{i-1})(x-x_{i+1})}{(x_i-x_{i-1})(x_i-x_{i+1})}y_i\\&+\frac{(x-x_i)(x-x_{i-1})}{(x_{i+1}-x_i)(x_{i+1}-x_{i-1})}y_{i+1},\quad x_{i-1}\leqslant x\leqslant x_{i+1};\ i=1,2,\cdots,n-1,\end{aligned}\tag{4.39}$$

其插值余项为

$$|R_2(x)|\leqslant\frac{M_3}{3!}|(x-x_{i-1})(x-x_i)(x-x_{i+1})|\leqslant\frac{M_3}{8}\max_{1\leqslant i\leqslant n}\Delta.$$

式中 $M_3=\max\limits_{a\leqslant x\leqslant b}|f'''(x)|,\Delta=\max\limits_{1\leqslant i\leqslant n-1}|x_{i+1}-x_{i-1}|$.

例 4.8 已知函数 $f(x)=\mathrm{sh}x$ 的函数值见表 4.6, 构造 4 次 Newton 插值多项式并计算 $f(0.596)$=sh0.596 的值.

表 4.6

k	0	1	2	3	4	5
x_k	0.40	0.55	0.65	0.80	0.90	1.05
$f(x_k)$	0.41075	0.57815	0.69675	0.88811	1.02652	1.25386

在 MATLAB 命令窗口执行命令

```
>> x=[0.40 0.55 0.65 0.80 0.90 1.05];
>> y=[0.41075 0.57815 0.69675 0.88811 1.02652 1.25386];
>> xi=0.596;
>> yi=newton2(x,y,xi)
```

4.6 三次样条插值法

分段低次插值计算简便, 能够满足一般工程计算的要求, 所以被广泛应用. 但它的一个主要缺点是没有足够的光滑性, 对于分段线性或分段二次插值, 在分段点处往往一阶导数不存在, 出现所谓的尖点.

一些工程实际问题对插值函数曲线的光滑性有较高的要求, 如飞机机翼形线、船体放样型值线等的设计, 都要求具有二阶的光滑度, 即插值函数在整个插值区间内二阶导数连续. 三次样条插值就具有这样的光滑性, 早期的绘图员这样描绘一条光滑曲线: 用一根富有弹性的细条 (样条 Spline), 使其固定在一些给定的点 (相当于插值点), 沿细条绘出一条光滑曲线.

4.6.1 三次样条插值问题

定义 4.3 已知函数 $S(x)(a \leqslant x \leqslant b)$ 及节点 $a = x_0 < x_1 < \cdots < x_n = b$. 如果 $S(x)$ 满足条件:

(1) 在每个小区间 $[x_{i-1}, x_i](i = 1, 2, \cdots, n)$ 上都是不高于三次多项式;

(2) 在整个插值区间 $[a, b]$ 上具有二阶连续导数;

(3)$S(x_i) = y_i = f(x_i), \quad i = 0, 1, \cdots, n,$

则称 $S(x)$ 为 $f(x)$ 在 $[a, b]$ 上的三次样条插值函数.

由上述定义可知, 要求$S(x)$, 首先应求出它在每个小区间$[x_{i-1}, x_i](i=1, 2, \cdots, n)$内的表达式, 它是一个三次多项式. 除了要求 $S(x)$ 满足插值条件

$$S(x_i) = y_i, \quad i = 0, 1, \cdots, n, \tag{4.40}$$

还需在内部节点满足如下连续性条件

$$\begin{cases} S(x_i - 0) = S(x_i + 0), \\ S'(x_i - 0) = S'(x_i + 0), \\ S''(x_i - 0) = S''(x_i + 0), \end{cases} \quad i = 1, 2, \cdots, n-1, \tag{4.41}$$

由于 $S(x)$ 在每个子区间 $[x_{i-1}, x_i](i = 1, 2, \cdots, n)$ 上是一个三次多项式, 如果要唯一确定 $S(x)$, 还需要附加两个条件, 通常是给出区间端点上的性态, 称为边界条件. 常用的有

(1) 已知两端点的一阶导数值

$$S'(x_0) = y_0', \quad S'(x_n) = y_n'; \tag{4.42}$$

(2) 已知两端点的二阶导数值

$$S''(x_0) = y_0'', \quad S''(x_n) = y_n''; \tag{4.43}$$

(3) 设 $y = f(x)$ 为周期函数, 且 $x_n - x_0 = T$, 则令

$$S(x_0) = S(x_n), \quad S'(x_0) = S'(x_n), \quad S''(x_0) = S''(x_n). \tag{4.44}$$

4.6.2 三次样条插值函数的求法

$S(x)$ 是分 n 段三次多项式, 如果采用待定系数法求 $S(x)$, 则需要解 $4n$ 阶的线性方程组, 当 n 较大时, 计算量很大, 以下介绍一个有效的方法.

由于 $S(x)$ 在 $[x_{i-1}, x_i](i = 1, 2, \cdots, n)$ 上是三次多项式, 于是 $S''(x)$ 在此小区间上是一线性函数. 若设 $S''(x_{i-1}) = M_{i-1}, S''(x_i) = M_i(i = 1, 2, \cdots, n)$, 则

$$S''(x) = M_{i-1}\frac{x_i - x}{h_i} + M_i\frac{x - x_{i-1}}{h_i}, \quad x_{i-1} \leqslant x \leqslant x_i, \tag{4.45}$$

其中 $h_i = x_i - x_{i-1}$, 将式 (4.45) 积分两次得

$$S(x) = \frac{M_{i-1}}{6h_i}(x_i - x)^3 + \frac{M_i}{6h_i}(x - x_{i-1})^3 + C_1 x + C_2.$$

由插值条件 $S(x_{i-1}) = y_{i-1}, S(x_i) = y_i$ 得

$$C_1 = \frac{y_i - y_{i-1}}{h_i} - \frac{(M_i - M_{i-1})h_i}{6}, \quad C_2 = \frac{y_{i-1}x_i - y_i x_{i-1}}{h_i} + \frac{h_i}{6}(M_i x_{i-1} - M_{i-1}x_i),$$

从而

$$\begin{aligned} S(x) =& \frac{M_{i-1}}{6h_i}(x_i - x)^3 + \frac{M_i}{6h_i}(x - x_{i-1})^3 + \left(\frac{y_{i-1}}{h_i} - \frac{M_{i-1}}{6}h_i\right)(x_i - x) \\ &+ \left(\frac{y_i}{h_i} - \frac{M_i}{6}h_i\right)(x - x_{i-1}), \quad x_{i-1} \leqslant x \leqslant x_i;\ i = 1, 2, \cdots, n. \end{aligned} \tag{4.46}$$

为了求出 $M_i(i = 0, 1, \cdots, n)$, 首先需要利用 $S'(x)$ 在节点 $x_i(i = 1, 2, \cdots, n-1)$ 的连续性条件. 由于

$$\begin{aligned} S'(x) =& -\frac{M_{i-1}}{2h_i}(x_i - x)^2 + \frac{M_i}{2h_i}(x - x_{i-1})^2 + \frac{y_i - y_{i-1}}{h_i} \\ &- \frac{h_i}{6}(M_i - M_{i-1}), \quad x_{i-1} \leqslant x \leqslant x_i, \end{aligned}$$

所以

$$S'(x_i - 0) = \frac{h_i}{6}M_{i-1} + \frac{h_i}{3}M_i + \frac{y_i - y_{i-1}}{h_i}.$$

利用 $S'(x)$ 在 $[x_i, x_{i+1}]$ 上的表达式, 可得

$$S'(x_i + 0) = -\frac{h_{i+1}}{3}M_i - \frac{h_{i+1}}{6}M_{i+1} + \frac{y_{i+1} - y_i}{h_{i+1}},$$

代入式 (4.41) 得

$$\frac{h_i}{6}M_{i-1} + \frac{h_i + h_{i+1}}{3}M_i + \frac{h_{i+1}}{6}M_{i+1} = \frac{y_{i+1} - y_i}{h_{i+1}} - \frac{y_i - y_{i-1}}{h_i}.$$

整理得

$$a_i M_{i-1} + 2M_i + c_i M_{i+1} = d_i, \quad i = 1, 2, \cdots, n-1. \tag{4.47}$$

式中

$$a_i = \frac{h_i}{h_i + h_{i+1}} = 1 - c_i,$$

$$
\begin{aligned}
c_i &= \frac{h_{i+1}}{h_i + h_{i+1}},\\
d_i &= \frac{6}{h_i + h_{i+1}}\left(\frac{y_{i+1} - y_i}{h_{i+1}} - \frac{y_i - y_{i-1}}{h_i}\right) = 6y[x_{i-1}, x_i, x_{i+1}].
\end{aligned}
\tag{4.48}
$$

为了唯一确定 $M_i(i = 0, 1, \cdots, n)$, 还需应用边界条件对方程组 (4.47) 补充两个方程. 对于第一边界条件 (4.42) 及第二边界条件 (4.43) 可统一写成

$$
2M_0 + c_0M_1 = d_0, \quad a_nM_{n-1} + 2M_n = d_n. \tag{4.49}
$$

式中 c_0, d_0, a_n, d_n 为常数, 对第一边界条件, 取

$$
\begin{aligned}
c_0 &= a_n = 1,\\
d_0 &= \frac{6}{h}\left(\frac{y_1 - y_0}{h_1} - y_0'\right),\\
d_n &= \frac{6}{h_n}\left(y_n' - \frac{y_n - y_{n-1}}{h_n}\right).
\end{aligned}
$$

对第二边界条件, 取

$$
c_0 = a_n = 0, \quad d_0 = 2y_0'', \quad d_n = 2y_n''.
$$

在第三边界条件下, 对周期函数方程 (4.48), (4.49) 的形式, 读者自己推导.

联立式 (4.47) ∼ (4.49), 写成矩阵形式

$$
\begin{bmatrix}
2 & c_0 & & & & \\
a_1 & 2 & c_1 & & & \\
 & a_2 & 2 & c_2 & & \\
 & & \ddots & \ddots & \ddots & \\
 & & & a_{n-1} & 2 & c_{n-1}\\
 & & & & a_n & 2
\end{bmatrix}
\begin{bmatrix} M_0 \\ M_1 \\ M_2 \\ \vdots \\ M_{n-1} \\ M_n \end{bmatrix}
=
\begin{bmatrix} d_0 \\ d_1 \\ d_2 \\ \vdots \\ d_{n-1} \\ d_n \end{bmatrix}.
\tag{4.50}
$$

由于 $a_i + c_i = 1(i = 1, 2, \cdots, n-1)$ 且 $|c_0| \leqslant 1, |a_n| \leqslant 1$, 所以方程 (4.50) 是对角占优的三对角方程组, 其解存在且唯一, 可用追赶法求之. 图 4.2 绘出了三次样条插值算法描述.

三次样条插值的 MATLAB 程序

```
function m=spline(x,y,dy0,dyn,xi)
% 三次样条插值（一阶导数边界条件）
```

Read $x_i, y_i(i=0, 1, \cdots, n), x$	
$x_1-x_0\Rightarrow h_1$, $(y_1-y_0)/h_1\Rightarrow M_1$, $1\Rightarrow i$	
While $i\leqslant n-1$	$x_{i+1}-x_i\Rightarrow h_{i+1}$, $(y_{i+1}-y_i)/h_{i+1}\Rightarrow M_{i+1}$
	$\dfrac{h_{i+1}}{h_i+h_{i+1}}\Rightarrow c_i$, $1-c\Rightarrow a_i$, $\dfrac{6(M_{i+1}-M_i)}{h_i+h_{i+1}}\Rightarrow d_i$,
	$i+1\Rightarrow i$
$1\Rightarrow c_0$, $1\Rightarrow a_0$, $6(M_1-y'_0)/h_1\Rightarrow d_0$, $6(y'_n-M_n)/h_n\Rightarrow d_n$	
调用追赶法子程序求解三对角方程组(4.50), 解存于(M_i)中	
If $x\in[x_{x-1},x_x]$, Then $x_x-x\Rightarrow x_x$, $x-x_{x-1}\Rightarrow x_{x-1}$	
$\dfrac{1}{h_x}\left[M_{x-1}\dfrac{x_x^3}{6}+M_x\dfrac{x_{x-1}^3}{6}+\left(y_{x-1}-M_{x-1}\dfrac{h_x^2}{6}\right)x_x+\left(y_x-M_x\dfrac{h_x^2}{6}\right)x_{x-1}\right]\Rightarrow y$	
Print y; Stop	

图 4.2 三次样条插值流程图

```
% m=spline(x,y,dy0,dyn,xi)，x是节点向量，y是节点上的函数值
% dy0,dyn是左右两端点的一阶导数值，如果 xi 缺省则输出各节点的一阶导数值
% m为xi的三次样条插值（可以是多个），y是返回插值
n=length(x)-1;
% 计算子区间的个数
h=diff(x);lemda=h(2:n)./(h(1:n-1)+h(2:n));mu=lemda;
g=3*(lemda.*diff(y(1:n))./h(1:n-1)+mu.*diff(y(2:n+1))./h(2:n));
g(1)=g(1)-lemda(1)*dy0;
g(n-1)=g(n-1)-mu(n-1)*dyn;
% 求解三对角方程组
dy=nachase(lemda,2*ones(1:n-1),mu,g);
% 若给插值点计算插值
m=[dy0,dy,dyn];
if nargin>=5
    s=zeros(size(xi));
    for i=1:n
        if i==1
            kk=find(xi<=x(2));
        else
```

```
                    kk=find(xi>x(i)&xi<=x(i+1));
                end
                xbar=(xi(kk)−x(i))/h(i);
s(kk)=alpha0(xbar)*y(i)+alpha1(xbar)*y(i+1)+h(i)*beta0(xbar)*m(i)+h(i)
*beta1(xbar)*m(i+1);
        end
        m=s
    end
    % 追赶法
    function x=nachase(a,b,c,d)
    n=length(a)′
    for k=2:n
        b(k)=b(k)-a(k)/b(k-1)*c(k-1);
        d(k)=d(k)-a(k)/b(k-1)*d(k-1);
    end
    x(n)=d(n)/b(n);
    for k=n−1:−1:1
        x(k)=(d(k)−c(k)*x(k+1))/b(k);
    end
    % 基函数
    x=x(:);
    function y=alpha0(x)
    y=2*x. 3−3*x. 2+1;
    function y=alpha1(x)
    y=−2*x. 3+3*x. 2;
    function y=beta0(x)
    y=x. 3−2*x. 2+x;
    function y=beta1(x)
    y=x. 3-x. 2;
```

例 4.9 已知下列函数值表及边界条件 $y_0''=y_4''=0$.

i	0	1	2	3	4
x_i	0.25	0.30	0.39	0.45	0.53
y_i	0.5000	0.5477	0.6245	0.6708	0.7280

解 利用式 (4.47) 计算 $a_i, c_i, d_i\ (i=1,2,3)$,

在 MATLAB 命令窗口执行命令

```
>>i=1:4;
>>x=[0.025 0.30 0.39 0.45 0.53];
>>m=spline(i,x,0.50,0.73)
```

计算结果见表 4.7.

表 4.7

i	1	2	3
a_i	0.3571	0.6000	0.4286
c_i	0.6429	0.4000	0.5714
d_i	−4.3143	−3.2667	−2.4286

将表 4.7 的数值代入式 (4.47), 并利用边界条件 $M_0 = M_4 = 0$, 整理得

$$\begin{cases} 2M_1 + 0.6429M_2 = -4.3143, \\ 0.6M_1 + 2M_2 + 0.4M_3 = -3.2667, \\ 0.4286M_2 + 2M_3 = -2.4286. \end{cases}$$

其解为 $M_0 = 0, M_1 = -1, M_2 = -0.8636, M_3 = -1.0292, M_4 = 0$, 将其代入式 (4.46) 得样条函数

$$S(x) = \begin{cases} -6.2653(x-0.25)^3 + 10(0.30-x) + 10.9697(x-0.25), & 0.25 \leqslant x \leqslant 0.30, \\ -3.4807(0.39-x)^3 - 1.5993(x-0.30)^3 & \\ +6.1137(0.39-x) + 6.9518(x-0.30), & 0.30 \leqslant x \leqslant 0.39, \\ -2.3969(0.45-x)^3 - 2.8583(x-0.39)^3 & \\ +10.4170(0.45-x) + 11.1903(x-0.39), & 0.39 \leqslant x \leqslant 0.45, \\ -2.1447(0.53-x)^3 + 8.3987(0.53-x) + 9.1(x-0.45), & 0.45 \leqslant x \leqslant 0.53. \end{cases}$$

以上所讲求三次样条函数 $S(x)$ 的方法, 其核心是求节点处的二阶导数值$M_i\,(i = 0, 1, \cdots, n)$. 在力学中, 二阶导数 M_i 表示梁在 x_i 处的弯矩, 而方程组 (4.47) 中每个方程只出现相邻三个点处的 M_i, 故称上述方法为三弯矩法.

还可以使用三斜率法求解 $S(x)$, 其核心是求解节点处的一阶导数值 $m_i\ (i = 0, 1, \cdots, n)$. 在每个小区间 $[x_{i-1}, x_i]$ 上用二点三次 Hermite 插值公式表示 $S(x)$, 它是以 m_{i-1}, m_i 为参数的三次多项式. 求解 m_i 的方法与求 M_i 的三弯矩法相同, 在力学中一阶导数 m_i 表示梁在 x_i 处的转角, 由此, 三斜率法也称三转角法.

4.6.3　三次样条插值的余项

定理 4.3　设 $f(x)$ 是 $[a, b]$ 上的二次连续可微函数, 在 $[a, b]$ 上以 $a = x_0 < x_1 < \cdots < x_n = b$ 为节点的三次样条插值函数 $S(x)$, 满足

$$|R(x)| = |f(x) - S(x)| \leqslant \frac{M}{2}\Delta^2,$$

式中

$$M = \max_{a \leqslant x \leqslant b} |f''(x)|, \quad \Delta = \max_{1 \leqslant i \leqslant n} |x_i - x_{i-1}|. \tag{4.51}$$

证 记 $R(x) = f(x) - S(x)$, $F(x) = R(u)\omega(x) - R(x)\omega(u)$, $\omega(x) = (x - x_{i-1})(x - x_i)$, 设 $u \in [x_{i-1}, x_i]$, 令

$$h_i = x_i - x_{i-1}.$$

则由于

$$|\omega(u)| \leqslant \frac{1}{4}(x_i - x_{i-1})^2 = \frac{1}{4}h_i^2,$$

所以

$$|R(u)| \leqslant \frac{1}{8}h_i^2 |f''(\xi) - S''(\xi)| \leqslant \frac{1}{8}h_i^2 [|f''(\xi)| + |S''(\xi)|]. \tag{4.52}$$

由式 (4.45) 知 $S''(x)$ 在 $[x_{i-1}, x_i]$ 上是线性函数, 从而

$$|S''(\xi)| \leqslant \max\{|M_{i-1}|, |M_i|\}, \quad x_{i-1} < \xi < x_i.$$

设 $\max\limits_{0 \leqslant i \leqslant n} |M_i| = M_{i_0}$, 于是 $\forall \xi \in [a, b]$, $|S''(\xi)| \leqslant M_{i_0}$. 又由式 (4.47) 得

$$a_{i_0} M_{i_0 - 1} + 2M_{i_0} + c_{i_0} M_{i_0 + 1} = 6f[x_{i_0 - 1}, x_{i_0}, x_{i_0 + 1}].$$

于是

$$\begin{aligned} 2|M_{i_0}| &\leqslant 6|f[x_{i_0-1}, x_{i_0}, x_{i_0+1}]| + a_{i_0}|M_{i_0-1}| + c_{i_0}|M_{i_0+1}| \\ &\leqslant 6|f[x_{i_0-1}, x_{i_0}, x_{i_0+1}]| + (a_{i_0} + c_{i_0})|M_{i_0}|. \end{aligned}$$

由于 $a_{i_0} + c_{i_0} = 1$, 所以

$$|M_{i_0}| \leqslant 6|f[x_{i_0-1}, x_{i_0}, x_{i_0+1}]| = 3|f''(\theta)|, \quad x_{i_0-1} \leqslant \theta \leqslant x_{i_0+1},$$

从而 $|S''(\xi)| \leqslant 3|f''(\theta)| \leqslant 3M$.
代入式 (4.52) 得

$$|R(u)| \leqslant \frac{1}{8}h_i^2[|f''(\xi)| + |S''(\xi)|] \leqslant \frac{1}{8}\Delta^2 4M = \frac{1}{2}M\Delta^2.$$

4.7 曲线拟合法

多项式插值是利用函数表构造一个插值多项式来近似表达已知函数, 其特点是插值多项式在节点处满足 $P(x_i) = y_i (i = 0, 1, \cdots, n)$. 而在解决实际问题时, 函数表 $(x_i, y_i)(i = 1, 2, \cdots, m)$ 一般是由观测所得, 往往不可避免地带有观测误差. 这些误差直接影响着插值多项式的精确度. 如果个别数据误差较大, 其插值效果显然

不理想, 其次, 实测数据往往较多 (即 m 值较大), 求插值多项式的计算工作量也是巨大的.

因此, 希望用另外的方法求逼近函数. 曲线拟合法依据观测数据, 在某个函数类中寻求一个逼近函数, 使得从总体上来说偏差 (按某种度量) 最小. 最常见的曲线拟合法是最小二乘法.

4.7.1 最小二乘原理

为了避免观测误差对逼近函数 $\phi(x)$ 的影响, 不能要求曲线 $y=\phi(x)$ 严格地通过所有已知数据点 $(x_i,y_i)(i=1,2,\cdots,m)$, 也即不能要求拟合函数在点 x_i 的偏差 (残差)

$$\delta_i=\varphi(x_i)-y_i,\quad i=1,2,\cdots,m$$

都严格等于零. 但是为了从整体上使其偏差最小, 须要求偏差 δ_i 的平方和最小, 即选取 $\phi(x)$ 使得

$$\sum_{i=1}^{m}\delta_i^2=\sum_{i=1}^{m}[\varphi(x_i)-y_i]^2=\min.$$

一般称此 "使偏差平方和最小" 的原则为最小二乘原则.

定义 4.4 已知$(x_i,y_i)(i=1,2,\cdots,m)$, 要求在某函数类$\varPhi(x)=\{\varphi_0(x),\varphi_1(x),\cdots,\varphi_n(x)\}$(其中 $n<m$) 中寻求一个函数

$$\varphi^*(x)=a_0^*\varphi_0(x)+a_1^*\varphi_1(x)+\cdots+a_n^*\varphi_n(x),\tag{4.53}$$

满足条件

$$\sum_{i=1}^{m}[\varphi^*(x_i)-y_i]^2=\min_{\varphi(x)\in\varPhi}\sum_{i=1}^{m}[\varphi(x_i)-y_i]^2.\tag{4.54}$$

称这种求函数近似表达式的方法为曲线拟合的最小二乘法, 称 $\varphi^*(x)$ 为最小二乘解.

4.7.2 最小二乘解的求法

在指定函数类 $\varPhi$ 中求最小二乘解 (4.53), 其关键在于求系数 $a_k^*(k=0,1,\cdots,n)$. 令

$$S(a_0,a_1,\cdots,a_n)=\sum_{i=1}^{m}\left[\sum_{j=0}^{n}a_j\varphi_j(x_i)-y_i\right]^2,$$

则 $(a_0^*,a_1^*,\cdots,a_n^*)$ 是多元函数 $S(a_0,a_1,\cdots,a_n)$ 极小值点. 令

$$\frac{\partial S}{\partial a_k}=\sum_{i=1}^{m}2\varphi_k(x_i)\left[\sum_{j=0}^{n}a_j\varphi_j(x_i)-y_i\right]=0,$$

对任意的函数 $u(x)$, $v(x)$, 记 $u=\{u(x_1),u(x_2),\cdots,u(x_m)\}$, $v=\{v(x_1),v(x_2),\cdots,v(x_m)\}$, 引入向量内积

$$(u,v)=\sum_{i=1}^{m}u(x_i)\cdot v(x_i),$$

则上述方程组可化为

$$(\varphi_k,\varphi_0)a_0+(\varphi_k,\varphi_1)a_1+\cdots+(\varphi_k,\varphi_n)a_n=(\varphi_k,f),\quad k=0,1,\cdots,n. \tag{4.55}$$

写成矩阵形式

$$\begin{bmatrix}(\varphi_0,\varphi_0) & (\varphi_0,\varphi_1) & \cdots & (\varphi_0,\varphi_n)\\ (\varphi_1,\varphi_0) & (\varphi_1,\varphi_1) & \cdots & (\varphi_1,\varphi_n)\\ \vdots & \vdots & & \vdots\\ (\varphi_n,\varphi_0) & (\varphi_n,\varphi_1) & \cdots & (\varphi_n,\varphi_n)\end{bmatrix}\begin{bmatrix}a_0\\ a_1\\ \vdots\\ a_n\end{bmatrix}=\begin{bmatrix}(\varphi_0,f)\\ (\varphi_1,f)\\ \vdots\\ (\varphi_n,f)\end{bmatrix}.$$

方程组 (4.55) 称为法方程组. 当 $\varphi_0,\varphi_1,\cdots,\varphi_n$ 线性无关时, 此方程组有唯一解 $a_j=a_j^*(j=0,1,\cdots,n)$, 并且可以证明

$$\varphi^*(x)=\sum_{j=0}^{n}a_j^*\varphi_j(x)$$

就是最小二乘解. 若选用代数多项式拟合, 即取 $\varphi_0(x)=1,\varphi_1(x)=x,\cdots,\varphi_n(x)=x^n$, 则拟合函数为 n 次多项式

$$P_n(x)=a_0+a_1x+\cdots+a_nx^n,$$

其中 $a_0,a_1,\cdots,a_n$ 由法方程组求解. 由于

$$(\varphi_j,\varphi_k)=\sum_{i=1}^{m}x_i^jx_i^k=\sum_{i=1}^{m}x_i^{j+k},\quad j,k=0,1,\cdots,n,$$

$$(\varphi_k,f)=\sum_{i=1}^{m}x_i^ky_i,\quad k=0,1,\cdots,n,$$

故相应的法方程组为

$$\begin{bmatrix}m & \sum\limits_{i=1}^{m}x_i & \cdots & \sum\limits_{i=1}^{m}x_i^n\\ \sum\limits_{i=1}^{m}x_i & \sum\limits_{i=1}^{m}x_i^2 & \cdots & \sum\limits_{i=1}^{m}x_i^{n+1}\\ \vdots & \vdots & & \vdots\\ \sum\limits_{i=1}^{m}x_i^n & \sum\limits_{i=1}^{m}x_i^{n+1} & \cdots & \sum\limits_{i=1}^{m}x_i^{2n}\end{bmatrix}\begin{bmatrix}a_0\\ a_1\\ \vdots\\ a_n\end{bmatrix}=\begin{bmatrix}\sum\limits_{i=1}^{m}y_i\\ \sum\limits_{i=1}^{m}x_iy_i\\ \vdots\\ \sum\limits_{i=1}^{m}x_i^ny_i\end{bmatrix}. \tag{4.56}$$

曲线拟合最小二乘法的 MATLAB 程序

```
function p=nafit(x,y,m)
% 多项式拟合
% p=nafit(x,y,m), x,y为数据向量, m为拟合多项式次数
% p返回多项式降幂排列
A=zeros(m+1,m+1);
for i=0:m
     for j=0:m
          A(i+1,j+1)=sum(x. (i+j));
     end
     b(i+1)=sum(x. i.*y);
end
a=A\b';
p=fliplr(a');
```

例 4.10　已知下列数据表, 求一多项式拟合曲线.

x_i	1	3	4	5	6	7	8	9	10
y_i	10	5	4	2	1	1	2	3	4

解　描绘数据点, 可以看出, 这些点的趋势近似于一条抛物线. 设拟合曲线为二次多项式

$$\varphi(x) = a_0 + a_1 x + a_2 x^2,$$

法方程组系数的计算值见表 4.8.

表 4.8

i	x_i	y_i	$x_i y_i$	x_i^2	$x_i^2 y_i$	x_i^3	x_i^4
1	1	10	10	1	10	1	1
2	3	5	15	9	45	27	81
3	4	4	16	16	64	64	256
4	5	2	10	25	50	125	625
5	6	1	6	36	36	216	1296
6	7	1	7	49	49	343	2401
7	8	2	16	64	128	512	4096
8	9	3	27	81	243	729	6561
9	10	4	40	100	400	1000	10000
$\sum$	53	32	147	381	1025	3017	25317

在 MATLAB 命令窗口执行命令

```
>>x=1:10;
```

```
>>y=[10 5 4 2 1 1 2 3 4];
>>p=nafit(x,y,2)
```

于是法方程组为

$$\begin{cases} 9a_0+53a_1+381a_2=32, \\ 53a_0+381a_1+3017a_2=147, \\ 381a_0+3017a_1+25317a_2=1025. \end{cases}$$

解得 $a_0=13.4597, a_1=-3.6053, a_2=0.2676$, 于是得拟合多项式

$$\varphi(x)=13.4597-3.6053x+0.2676x^2.$$

例 4.11 已知函数表

x_i	1	2	3	4	5	6	7	8
y_i	15.3	20.5	27.4	36.6	49.1	65.6	87.8	117.6

求形如 $y=ae^{bx}$(a,b 为待定系数) 的拟合曲线.

解 进行对数变换得

$$\ln y=\ln a+bx.$$

若令 $u=\ln y$, $c=\ln a$, 则得线性拟合曲线 $u=bx+c$, 数据处理结果见表 4.9.

表 4.9

i	x_i	y_i	$u_i=\ln y_i$	x_iu_i	x_i^2
1	1	15.3	2.7279	2.7279	1
2	2	20.5	3.0204	6.0408	4
3	3	27.4	3.3105	9.9316	9
4	4	36.6	3.6000	14.4002	16
5	5	49.1	3.8939	19.4693	25
6	6	65.6	4.1836	25.1015	36
7	7	87.7	4.4751	31.3254	49
8	8	117.6	4.7673	38.1383	64
$\sum$	36	419.7	29.9787	147.1350	204

由表 4.8 的数据得法方程组

$$\begin{cases} 8c+36b=29.9787, \\ 36c+204b=147.1350. \end{cases}$$

解得 $c=2.43686, b=0.29122$, 所以 $a=e^c=11.43707$. 从而得拟合曲线

$$y=11.43707e^{0.29122x}.$$

在 MATLAB 命令窗口执行命令

```
>>x=1:8;
>>y=[15.3 20.5 27.4 36.6 49.1 65.6 87.8 117.6];
>>p=nafit(x,y,2)
```

4.7.3 利用正交曲线族作最小二乘拟合

用代数曲线进行曲线拟合时, 要通过解法方程组才能得到问题的解, 但在实际计算时, 当法方程组的阶数 n 较大 ($n \geqslant 7$) 时, 系数矩阵的条件数 $\text{cond}(\boldsymbol{A})$ 往往较大, 方程组是病态的. 这时被拟合曲线上观测点 (x_i, y_i) 的微小误差, 会引起法方程组解的很大误差, 从而所求结果无实用价值. 解决这一问题的办法是利用正交函数族作基底, 求最小二乘拟合曲线.

定义 4.4 对于点集 $\{x_1, x_2, \cdots, x_m\}$ 及权 $\{\omega_1, \omega_2, \cdots, \omega_m\}$, 如果函数族 $\varphi_0(x)$, $\varphi_1(x), \cdots, \varphi_n(x)$ 满足

$$(\varphi_k, \varphi_j) = \sum_{i=1}^{m} \omega_i \varphi_k(x_i) \varphi_j(x_i) = \begin{cases} 0, & k \neq j, \\ c_k > 0, & k = j, \end{cases} \quad k, j = 0, 1, \cdots, n, \tag{4.57}$$

则称 $\varphi_0(x), \varphi_1(x), \cdots, \varphi_n(x)$ 是关于点集 $\{x_1, x_2, \cdots, x_m\}$ 的带权正交函数族.

权 $\omega_i (i = 1, 2, \cdots, m)$ 是一组正数, 反映了点 (x_i, y_i) 在拟合曲线中的地位与作用的强弱, 如果没有提到权 ω_i, 就意味着 $\omega_i = 1$.

在正交函数族下, 法方程组 (4.55) 简化成对角形

$$\begin{bmatrix} (\varphi_0, \varphi_0) & & & \\ & (\varphi_1, \varphi_1) & & \\ & & \ddots & \\ & & & (\varphi_n, \varphi_n) \end{bmatrix} \begin{bmatrix} a_0 \\ a_1 \\ \vdots \\ a_n \end{bmatrix} = \begin{bmatrix} (\varphi_0, f) \\ (\varphi_1, f) \\ \vdots \\ (\varphi_n, f) \end{bmatrix}, \tag{4.58}$$

其解为

$$a_k = a_k^* = \frac{(\varphi_k, f)}{(\varphi_k, \varphi_k)} = \frac{\displaystyle\sum_{i=1}^{m} \omega_i \varphi_k(x_i) y_i}{\displaystyle\sum_{i=1}^{m} \omega_i \varphi_k^2(x_i)}, \quad k = 0, 1, \cdots, n. \tag{4.59}$$

这样即使 n 较大, 也可避免求解病态方程组. 并按式 (4.59) 得最小二乘解

$$\varphi^*(x) = \sum_{k=0}^{n} a_k^* \varphi_k(x), \tag{4.60}$$

其平方误差

$$\| \delta \|_2^2 = \sum_{i=1}^{m} [y_i - \phi^*(x_i)]^2 = \sum_{i=1}^{m} y_i^2 - \sum_{k=0}^{n} c_k (a_k^*)^2.$$

此式的推导留给读者.

构造正交函数族的方法很多, 函数类也较多, 其中以多项式最为简便. 对于点集 $\{x_1, x_2, \cdots, x_m\}$ 及相应点的权系数 $\omega_i(i=1,2,\cdots,m)$, 用以下递推公式构造的多项式族 $p_0(x), p_1(x), \cdots, p_n(x)$ $(n \leqslant m)$ 是正交的.

$$\begin{cases} p_0(x)=1, \\ p_1(x)=x-\alpha_1, \\ p_{k+1}(x)=(x-\alpha_{k+1})p_k(x)-\beta_k p_{k-1}(x), \quad k=1,2,\cdots,n-1. \end{cases} \tag{4.61}$$

其中

$$\alpha_{k+1}=\frac{(xp_k,p_k)}{(p_k,p_k)}=\frac{\sum\limits_{i=1}^{m}\omega_i x_i p_k^2(x_i)}{\sum\limits_{i=1}^{m}\omega_i p_k^2(x_i)}, \quad k=0,1,2,\cdots,n-1.$$

$$\beta_k=\frac{(p_k,p_k)}{(p_{k-1},p_{k-1})}=\frac{\sum\limits_{i=1}^{m}\omega_i p_k^2(x_i)}{\sum\limits_{i=1}^{m}\omega_i p_{k-1}^2(x_i)}, \quad k=1,2,\cdots,n-1.$$

在进行计算或程序设计过程中, 可将构造正交多项式族 $\{p_k(x)\}$ 与计算 $\{a_k^*\}$ 等同时进行, 其算法流程如图 4.3 所示.

正交多项式曲线拟合的 MATLAB 程序

```
function a=ZJZXEC(x,y,m)
% 离散实验数据点的正交多项式最小二乘拟合
% 实验数据点的x坐标向量:x
% 实验数据点的y坐标向量:y
% 拟合多项式的次数:m
% 拟合多项式的系数向量:a
if length(x)==length(y)
    n=length(x);
else
    disp('x和y的维数不相等!');
    return
```

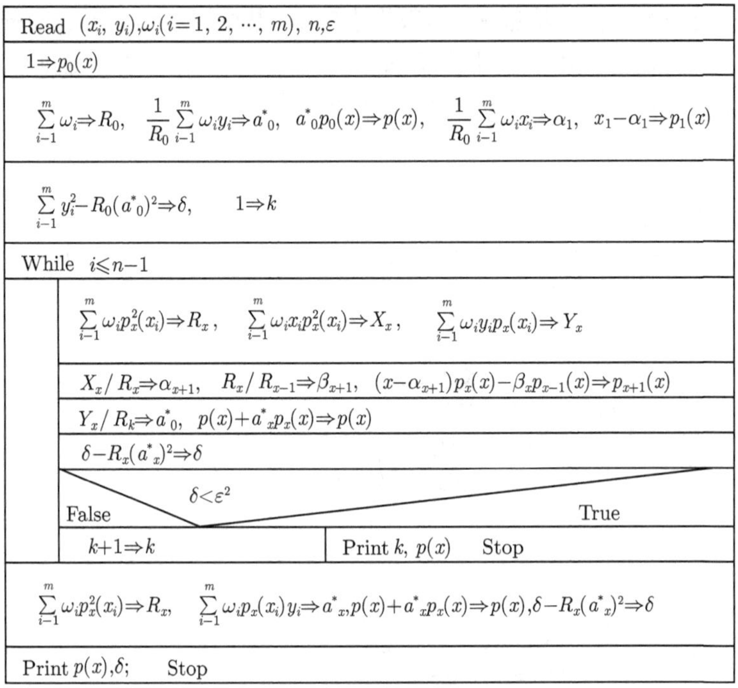

Read $(x_i, y_i), \omega_i(i=1, 2, \cdots, m), n, \varepsilon$

$1 \Rightarrow p_0(x)$

$\sum_{i-1}^{m} \omega_i \Rightarrow R_0$, $\frac{1}{R_0}\sum_{i-1}^{m} \omega_i y_i \Rightarrow a^*_0$, $a^*_0 p_0(x) \Rightarrow p(x)$, $\frac{1}{R_0}\sum_{i-1}^{m} \omega_i x_i \Rightarrow \alpha_1$, $x_1-\alpha_1 \Rightarrow p_1(x)$

$\sum_{i-1}^{m} y_i^2 - R_0(a^*_0)^2 \Rightarrow \delta$, $1 \Rightarrow k$

While $i \leqslant n-1$

$\sum_{i-1}^{m} \omega_i p_x^2(x_i) \Rightarrow R_x$, $\sum_{i-1}^{m} \omega_i x_i p_x^2(x_i) \Rightarrow X_x$, $\sum_{i-1}^{m} \omega_i y_i p_x(x_i) \Rightarrow Y_x$

$X_x / R_x \Rightarrow \alpha_{x+1}$, $R_x / R_{x-1} \Rightarrow \beta_{x+1}$, $(x-\alpha_{x+1})p_x(x) - \beta_x p_{x-1}(x) \Rightarrow p_{x+1}(x)$

$Y_x / R_k \Rightarrow a^*_0$, $p(x) + a^*_x p_x(x) \Rightarrow p(x)$

$\delta - R_x(a^*_x)^2 \Rightarrow \delta$

$\delta < \varepsilon^2$

False: $k+1 \Rightarrow k$

True: Print k, $p(x)$　Stop

$\sum_{i-1}^{m} \omega_i p_x^2(x_i) \Rightarrow R_x$, $\sum_{i-1}^{m} \omega_i p_x(x_i) y_i \Rightarrow a^*_x, p(x) + a^*_x p_x(x) \Rightarrow p(x), \delta - R_x(a^*_x)^2 \Rightarrow \delta$

Print $p(x), \delta$;　Stop

图 4.3　用正交多项式曲线拟合流程图

```
end   % 维数检查
syms v;
d=zeros(1,m+1);
q=zeros(1,m+1);
alpha=zeros(1,m+1);
for k=0:m
      px(k+1)=power(v,k);
end   % x的幂多项式
B2=[1];
d(1)=n;
for l=1:n
      q(1)=q(1)+y(l);
      alpha(1)=alpha(1)+x(l);
end
q(1)=q(1)/d(1);
alpha(1)=alpha(1)/d(1);
```

```
a(1)=q(1);   % 算法的第一步，求出拟合多项式的常数项
B1=[-alpha(1) 1];
for l=1:n
      d(2)=d(2)+(x(l)-alpha(1)) 2;
      q(2)=q(2)+y(l)*(x(l)-alpha(1));
      alpha(2)=alpha(2)+x(l)*(x(l)-alpha(1)) 2;
end
q(2)=q(2)/d(2);
alpha(2)=alpha(2)/d(2);
a(1)=a(1)+q(2)*(-alpha(1));  % 更新拟合多项式的常数项
a(2)=q(2); % 算法的第二步，求出拟合多项式的一次项系数
beta=d(2)/d(1);
for i=3:m+1
      B=zeros(1,i);
      B(i)=B1(i-1);
      B(i-1)=-alpha(i-1)*B1(i-1)+B1(i-2);
      for j=2:i-2
          B(j)=-alpha(i-1)*B1(j)+B1(j-1)-beta*B2(j);
      end
      B(1)=-alpha(i-1)*B1(1)-beta*B2(1);
      BF=B*transpose(px(1:i));
      for l=1:n
           Qx=subs(BF,'v',x(l));
           d(i)=d(i)+(Qx) 2;
           q(i)=q(i)+y(l)*Qx;
           alpha(i)=alpha(i)+x(l)*(Qx) 2;
      end
      alpha(i)=alpha(i)/d(i);
      q(i)=q(i)/d(i);
      beta=d(i)/d(i-1);
      for k=1:i-1
           a(k)=a(k)+q(i)*B(k);   % 更新拟合多项式的系数
      end
      a(i)=q(i)*B(i);
      B2=B1;
```

```
    B1=B;
end
```

例 4.12　已知一组实验数据如下

x_i	0.0	0.9	1.9	3.0	3.9	5.0
y_i	0.0	10.0	30.0	50.0	80.0	110.0

试利用正交多项式求二次拟合曲线.

解　取 $\omega_i = 1(i = 1, 2 \cdots, 6)$, 由式 (4.59), (4.61) 得

$$p_0(x) = 1,\ a_0^* = \frac{1}{6}\sum_{i=1}^{6} y_i = 46.667,$$

$$\alpha_1 = \frac{1}{6}\sum_{i=1}^{6} x_i = 2.45, \quad p_1(x) = x - \alpha_1 = x - 2.45,$$

$$a_1^* = \frac{\sum_{i=1}^{6} p_1(x_i) y_i}{\sum_{i=1}^{6} p_1^2(x_i)} = 22.254,$$

$$\alpha_2 = \frac{\sum_{i=1}^{6} x_i p_1^2(x_i)}{\sum_{i=1}^{6} p_1^2(x_i)} = 2.5183,$$

$$\beta_i = \frac{\sum_{i=1}^{6} p_1^2(x_i)}{\sum_{i=1}^{6} p_0^2(x_i)} = 2.9358,$$

$$p_2(x) = (x - \alpha_2)p_1(x) - \beta_1 p_0(x) = x^2 - 4.9683x + 3.234,$$

$$a_2^* = \frac{\sum_{i=1}^{6} p_2(x_i) y_i}{\sum_{i=1}^{6} p_2^2(x_i)} = 2.247.$$

所求二次拟合曲线为

$$y = a_0^* p_0(x) + a_1^* p_1(x) + a_2^* p_2(x) = 2.247x^2 + 11.09x - 0.5888.$$

在 MATLAB 命令窗口执行命令

```
>> x=[0.0 0.9 1.9 3.0 3.9 5.0];
>> y=[0.0 10.0 30.0 50.0 80.0 110.0];
>> a=ZJZXEC(x,y,2)
a =
   -0.5834 11.0814 2.2488
```

4.8 多元线性最小二乘法

一元回归分析中只考虑了一个自变量 x, 但是实际问题往往受多个因素的影响, 从而就要考虑因变量 y 与多个自变量 $x_1, x_2, \cdots, x_n$ 之间的函数关系, 这里讨论最基本的线性关系, 设

$$y = f(x_0, x_1, \cdots, x_n) \approx a_0x_0 + a_1x_1 + a_2x_2 + \cdots + a_nx_n.$$

为了处理方便, 取 $x_0 \equiv 1$. 已知 m 组数据 $(x_{10}, x_{11}, \cdots, x_{1n}; y_1)$, $(x_{20}, x_{21}, \cdots, x_{2n}; y_2)$, $\cdots$, $(x_{m0}, x_{m1}, \cdots, x_{mn}; y_n)$, 其中 $x_{i0} \equiv 1 (i = 1, 2, \cdots, m)$, 并假设 $m \geqslant n+1$. 现采用最小二乘原则来确定 $n+1$ 个待定系数 $a_0, a_1, \cdots, a_n$, 即寻求 $a_0^*, a_1^*, \cdots, a_n^*$ 满足

$$\sum_{i=1}^{m}\left[\sum_{j=0}^{n} a_j^* x_{ij} - y_i\right]^2 = \min_{a_j \in \mathbf{R}} \sum_{i=1}^{m}\left[\sum_{j=0}^{n} a_j x_{ij} - y_i\right]^2,$$

其中 $\mathbf{R}$ 表示实数集.

由于具体的求解过程类似于一元线性回归, 所以这里直接给出法方程组

$$\begin{bmatrix} m & \sum_{i=1}^{m} x_{i0}x_{i1} & \cdots & \sum_{i=1}^{m} x_{i0}x_{in} \\ \sum_{i=1}^{m} x_{i1}x_{i0} & \sum_{i=1}^{m} x_{i1}^2 & \cdots & \sum_{i=1}^{m} x_{i1}x_{in} \\ \vdots & \vdots & & \vdots \\ \sum_{i=1}^{m} x_{in}x_{i0} & \sum_{i=1}^{m} x_{in}x_{i1} & \cdots & \sum_{i=1}^{m} x_{in}^2 \end{bmatrix} \begin{bmatrix} a_0 \\ a_1 \\ \vdots \\ a_n \end{bmatrix} = \begin{bmatrix} \sum_{i=1}^{m} y_i \\ \sum_{i=1}^{m} x_{i1}y_i \\ \vdots \\ \sum_{i=1}^{m} x_{in}y_i \end{bmatrix}$$

4.9 多重多元线性最小二乘法

在实际工作中, 常常需要考察多个自变量对多个因变量的影响, 这里讨论多重多元线性回归. 为了讨论方便, 假设自变量的个数为 n, 因变量的个数为 p, 则设多

重多元线性回归方程为

$$\begin{aligned}
y_1 &\approx \beta_{01} + \beta_{11}x_1 + \beta_{21}x_2 + \cdots + \beta_{n1}x_n,\\
y_2 &\approx \beta_{02} + \beta_{12}x_1 + \beta_{22}x_2 + \cdots + \beta_{n2}x_n,\\
&\vdots\\
y_p &\approx \beta_{0p} + \beta_{1p}x_1 + \beta_{2p}x_2 + \cdots + \beta_{np}x_n.
\end{aligned}$$

已知 m 组自变量与因变量的实测数据为

$$\begin{gathered}
(x_{11}, x_{12}, \cdots, x_{1n}; y_{11}, y_{12}, \cdots, y_{1p}),\\
(x_{21}, x_{22}, \cdots, x_{2n}; y_{21}, y_{22}, \cdots, y_{2p}),\\
\vdots\\
(x_{m1}, x_{m2}, \cdots, x_{mn}; y_{m1}, y_{m2}, \cdots, y_{mp}).
\end{gathered}$$

为了保证方程的个数不少于待定系数 $\beta_{ij}(i = 1, 2, \cdots, m; \exists j \in \{1, 2, \cdots, p\})$ 的个数, 要求 $m > n + 1$.

由于用矩阵来研究多重多元线性回归模型比较方便, 所以将 n 组实测数据代入回归方程写成矩阵形式如下

$$\begin{bmatrix} y_{11} & y_{12} & \cdots & y_{1p} \\ y_{21} & y_{22} & \cdots & y_{2p} \\ \vdots & \vdots & & \vdots \\ y_{m1} & y_{m2} & \cdots & y_{mp} \end{bmatrix} = \begin{bmatrix} 1 & x_{11} & \cdots & x_{1n} \\ 1 & x_{21} & \cdots & x_{2n} \\ \vdots & \vdots & & \vdots \\ 1 & x_{m1} & \cdots & x_{mn} \end{bmatrix} \begin{bmatrix} \beta_{01} & \beta_{02} & \cdots & \beta_{0p} \\ \beta_{11} & \beta_{12} & \cdots & \beta_{1p} \\ \vdots & \vdots & & \vdots \\ \beta_{n1} & \beta_{n2} & \cdots & \beta_{np} \end{bmatrix}.$$

记 m 维列向量 $\mathbf{1} = (1, 1, \cdots, 1)^{\mathrm{T}}$, p 维列向量 $\boldsymbol{\beta}_0 = (\beta_{01}, \beta_{02}, \cdots, \beta_{0p})^{\mathrm{T}}$,

$$\boldsymbol{X} = \begin{bmatrix} x_{11} & x_{12} & \cdots & x_{1n} \\ x_{21} & x_{22} & \cdots & x_{2n} \\ \vdots & \vdots & & \vdots \\ x_{m1} & x_{m2} & \cdots & x_{mn} \end{bmatrix}, \quad \boldsymbol{Y} = \begin{bmatrix} y_{11} & y_{12} & \cdots & y_{1p} \\ y_{21} & y_{22} & \cdots & y_{2p} \\ \vdots & \vdots & & \vdots \\ y_{m1} & y_{m2} & \cdots & y_{mp} \end{bmatrix},$$

$$\boldsymbol{\beta} = \begin{bmatrix} \beta_{11} & \beta_{12} & \cdots & \beta_{1p} \\ \beta_{21} & \beta_{22} & \cdots & \beta_{2p} \\ \vdots & \vdots & & \vdots \\ \beta_{n1} & \beta_{n2} & \cdots & \beta_{np} \end{bmatrix}.$$

于是多重多元线性回归方程可写成

$$\boldsymbol{Y} \approx (\mathbf{1}\boldsymbol{X}) \begin{pmatrix} \boldsymbol{\beta}_0^{\mathrm{T}} \\ \boldsymbol{\beta} \end{pmatrix},$$

为了使方程组的解唯一, 设系数矩阵 $(\mathbf{1}\boldsymbol{X})$ 的秩为 $n+1$.

这里采用最小二乘原则来求待定系数矩阵 $\begin{pmatrix} \boldsymbol{\beta}_0^{\mathrm{T}} \\ \boldsymbol{\beta} \end{pmatrix}$, 即

$$\sum_{i=1}^{m}\sum_{j=1}^{p}\left(y_{ij}-\sum_{k=0}^{n}x_{ik}\beta_{kj}\right)^2=\min,$$

其中 $x_{i0}\equiv 1(i=1,2,\cdots,m)$. 具体求解过程参见文献 [1], 下面直接给出回归系数的计算结果

$$\begin{pmatrix} \hat{\boldsymbol{\beta}}_0^{\mathrm{T}} \\ \hat{\boldsymbol{\beta}} \end{pmatrix}=\begin{pmatrix} \overline{\boldsymbol{Y}}^{\mathrm{T}}-\overline{\boldsymbol{X}}^{\mathrm{T}}\boldsymbol{L}_{xx}^{-1}\boldsymbol{L}_{xy} \\ \boldsymbol{L}_{xx}^{-1}\boldsymbol{L}_{xy} \end{pmatrix},$$

其中 $\boldsymbol{I}$ 为 m 阶单位矩阵, 且

$$\boldsymbol{L}_{xx}=\boldsymbol{X}^{\mathrm{T}}\left(\boldsymbol{I}-\frac{1}{m}\mathbf{1}\mathbf{1}^{\mathrm{T}}\right)\boldsymbol{X},\quad \boldsymbol{L}_{xy}=\boldsymbol{X}^{\mathrm{T}}\left(\boldsymbol{I}-\frac{1}{m}\mathbf{1}\mathbf{1}^{\mathrm{T}}\right)\boldsymbol{Y},$$

$$\overline{\boldsymbol{X}}=\frac{1}{m}\boldsymbol{X}^{\mathrm{T}}\mathbf{1},\quad \overline{\boldsymbol{Y}}=\frac{1}{m}\boldsymbol{Y}^{\mathrm{T}}\mathbf{1}.$$

4.10 应用举例

4.10.1 三次样条函数的力学背景及外形曲线设计

在 4.6 节中利用三次样条函数 $S(x)$ 的二阶导数 $S''(x)$ 在插值区间 $[x_{i-1},x_i](i=1,2,\cdots,n)$ 上是线性函数的性质, 推导出了计算 $S''(x_i)=M_i(i=0,1,\cdots,n)$ 的三对角方程组 (4.47) 的方法, 称为三弯矩法.

实际上, "样条" 作为早期的描图工具, 是一根富有弹性的细条, 分别用压铁使其通过给定的数据点, 沿样条画出所需曲线. 如果把样条看成弹性细梁, 压铁看成作用在梁上的集中载荷, 于是样条曲线在力学上可模拟为弹性细梁在外加集中载荷作用下弯曲变形曲线. 设此曲线方程为 $S=S(x)$, 由材料力学的理论知, 梁弯曲时其挠曲线的曲率与弯矩 $M(x)$ 成正比, 而与梁的抗弯刚度 EJ(e 为弹性系数, j 为梁的横截面惯性矩) 成反比, 即

$$\frac{|S''(x)|}{[1+(S'(x))^2]^{\frac{2}{3}}}=\frac{M}{EJ}, \tag{4.62}$$

式中曲线斜率 $S'(x)$ 反映了梁截面的转角. 一般梁的变形微小, 从而转角也很小, 所以 $(S'(x))^2\ll 1$. 若选取坐标轴正向与曲线凹向一致, 则式 (4.62) 简化为

$$S''(x)=\frac{1}{EJ}M(x). \tag{4.63}$$

切出相邻压铁之间的一段梁来看, 在两端有集中力, 梁内没有外力作用. 在这一段梁内任一截面的弯矩 $M(x)$ 等于此截面一边的所有外力对该截面形心的力矩的代数和, 因此 $M(x)$ 为一线性函数, 而在整个梁上, 弯矩 $M(x)$ 是连续的折线函数. 据式 (4.63) 知, 在整个梁上样条函数 $S=S(x)$ 是分段三次多项式, 且具有二阶连续导函数.

在实际应用中, 如高速飞行器、船体放样、汽车外形设计等都广泛应用三次样条插值. 表 4.10 给出了某飞行器头部剖面外形曲线的一些控制点, 试在自然边界条件下, 求三次样条插值函数.

表 4.10

x_i	0	70	130	210	337	578	776	1012	1142	1462	1841
y_i	0	57	78	103	135	182	214	224	256	272	275

运用式 (4.47), (4.48) 求三次样条函数, 得

$$\begin{bmatrix} 2 & c_1 & & & & \\ a_2 & 2 & c_2 & & & \\ & a_3 & 2 & c_3 & & \\ & & \ddots & \ddots & \ddots & \\ & & & a_8 & 2 & c_8 \\ & & & & a_9 & 2 \end{bmatrix}\begin{bmatrix} M_1 \\ M_2 \\ M_3 \\ \vdots \\ M_8 \\ M_9 \end{bmatrix}=\begin{bmatrix} d_1 \\ d_2 \\ d_3 \\ \vdots \\ d_8 \\ d_9 \end{bmatrix},$$

其中 a_i, c_i, b_i 及解 $M_i(i=1,2,\cdots,9)$ 的计算结果列于表 4.11.

表 4.11

i	h_i	a_i	c_i	d_i	M_i
1	70	0.53846	0.46154	−0.02143	−0.01115865
2	60	0.42857	0.57143	−0.00161	0.00192558
3	80	0.38647	0.61353	−0.00175	−0.00118306
4	127	0.34511	0.65489	−0.00093	−0.00021613
5	241	0.54897	0.45103	−0.00046	−0.00013430
6	198	0.45622	0.54378	−0.00048	−0.00015365
7	236	0.64481	0.35519	−0.00057	−0.00019925
8	130	0.28889	0.71111	−0.00056	−0.00020580
9	320	0.45780	0.54220	−0.00036	−0.00013351
10	379	—	—	—	—

在 MATLAB 命令窗口执行命令

```
>>i=1:10;
>>y=[70 130 210 337 578 776 1012 1142 1426 1841];
>>m=spline(i,y,57,275)
```

将 $M_i(i=1,2,\cdots,9)$ 代入式 (4.46) 可得光滑的三次样条插值函数, 如当 $x\in[150,300]$ 时, 样条插值函数的表达式为

$$S(x)=\begin{cases}-6.476\times10^{-6}(x-210)^3-0.9493(x-210)+1.3033(x-130), & 130\leqslant x<210,\\ 1.268\times10^{-6}(x-337)^3-0.83607(x-337)+1.0584(x-210), & 210\leqslant x<337.\end{cases}$$

4.10.2 悬浮粒子的沉降速度

流体中的颗粒悬浮物 (如含沙水流中的悬移质) 在重力作用下发生沉降, 研究结果表明, 单颗粒球体悬浮物在静水中的沉速可由如下 Stokes 公式计算

$$\omega_0=\frac{g}{18}\frac{\gamma_s-\gamma}{\gamma}\frac{d^2}{\upsilon},$$

式中 γ_s,γ 分别为悬浮物的体密度及流体密度; d 为悬浮物颗粒的直径; υ 为运动粘滞系数; g 为重力加速度.

实际上, 流体中的悬浮物不是以单颗粒形式互不干扰地下沉, 而是相互干扰, 部分或全部颗粒成群下沉, 研究人员发现某流体中悬浮物群体沉降速度 ω 具有如下关系:

$$\omega=\omega_0(1-c_1\rho_\upsilon)\left(1-c_2\rho_\upsilon^{\frac{1}{3}}\right),$$

式中 ρ_υ 为悬浮物的体积浓度, c_1,c_2 为经验常数, 表 4.12 列出了一组实验数据, 试直接应用最小二乘法求 c_1,c_2,ω_0 的最佳值.

表 4.12

i	ρ_υ	ω/cm/s	i	ρ_υ	ω/cm/s
1	0.0	0.0943	7	0.10	0.492
2	0.00333	0.0815	8	0.15	0.0397
3	0.00666	0.0761	9	0.20	0.0316
4	0.010	0.0740	10	0.25	0.0234
5	0.020	0.0688	11	0.30	0.0169
6	0.050	0.0612	12	0.35	0.0125

实验误差的平方和为

$$R=\sum_{i=1}^{12}\left[\omega-\omega_0(1-c_1\rho_\upsilon)\left(1-c_2\rho_\upsilon^{\frac{1}{3}}\right)\right]^2.$$

令 $\dfrac{\partial R}{\partial\omega_0}=0,\ \dfrac{\partial R}{\partial c_1}=0,\ \dfrac{\partial R}{\partial c_2}=0$, 并将表 4.11 的数据代入整理得

$$\omega_0=\frac{62.92-18.093c_2}{12-1.44c_1-(9.5544-1.7516c_1)c_2+(2.4949-0.5488c_1)c_2^2},$$

$$c_2=\frac{18.093-2.1103c_1-(2.47772-1.7516c_1)\omega_0}{(1.0976c_1-0.1485c_1^2-2.4949)\omega_0},$$

$$c_1=\frac{-3.8445+2.1103c_2+(1.44-1.7516c_2+0.5488c_2^2)\omega_0}{(0.35055+0.14854c_2^2-0.454c_2)\omega_0}.$$

解得

$$\begin{cases} \omega_0 = 0.0935(\text{cm / s}), \\ c_2 = 0.75, \\ c_1 = 2.03. \end{cases}$$

于是该流体中悬浮物群体沉降速度为

$$\omega = 0.0935(1 - 2.03\rho_v)\left(1 - 0.75\rho_v^{\frac{1}{3}}\right).$$

在 MATLAB 命令窗口执行命令

```
>>x=1:12;
>>y=[0 0.00333 0.00666 0.010 0.020 0.050 0.10 0.15 0.20 0.25 0.30
0.35];
>> p=nafit(x,y, ω)
```

小　结

插值法是求函数近似表达式的一种比较古老的方法. Lagrange 插值法作为代数插值的基本方法, 不仅在理论分析方面而且在实际应用 (如求数值微积分、求微分方程数值解等) 中有着广泛地应用, 它的误差估计公式是整个代数插值误差分析的基础, 它的插值基函数形式对称便于记忆. 但是当为了提高精度而增加节点时, 插值基函数 $l_k(x)(k = 0, 1, \cdots, n)$ 都要随着改变, 前面的计算结果无法利用. Newton 插值法克服了这一缺点, 当增加节点时, 只需在原计算结果上再加一个插值项. Hermite 插值不仅保证了插值多项式在节点处函数值相等, 而且在节点处导数值也相等.

Lagrange 插值、Newton 插值、Hermite 插值都属高次多项式插值, 多项式表达式唯一. 值得注意, 单靠增大插值多项式的次数来提高插值计算的精度, 不但加大了计算工作量, 而且还会造成插值多项式不收敛, 出现 Runge 现象. 当插值区间较大时, 应采用分段低次插值, 无论分段线性或分段二次插值, 当插值区间长度 $h \to 0$ 时, 插值函数收敛于 $f(x)$, 但光滑性较差. 三次样条插值不但保留了分段低次插值多项式运算简单和良好收敛性的优点, 而且提高了插值函数的光滑性, 在工业设计中有广泛的应用.

与插值法不同, 曲线拟合法力求从整体上逼近待求函数, 它能滤去给定实验数据中的 “噪音”. 当拟合函数是代数多项式时, 相应的法方程组是关于待定参数的线性方程组, 这类线性最小二乘法是处理实验数据的常用方法, 但当法方程组的阶数较高时, 其系数矩阵的条件数也较大. 构造正交函数族作为基底, 求最小二乘拟合曲线, 其法方程组简化为对角方程组.

由于实际问题中经常有多个自变量、多个因变量的情形, 所以采用最小二乘原则给出了多元线性最小二乘法和多重多元最小二乘法的计算公式.

思　考　题

1. 在 $[a,b]$ 上任取插值点 $a \leqslant x_0 < x_1 < x_2 < \cdots < x_n \leqslant b$, 作函数 $f(x)$ 的不高于 n 次的插值多项式 $P_n(x)$, 假设 $f(x)$ 在 $[a,b]$ 上为任意次可微, 且 $|f^{(k)}(x)| \leqslant M(k=0,1,\cdots,n)$. 问当 $n \to \infty$ 时, 序列 $P_n(x)$ 在 $[a,b]$ 是否收敛于 $f(x)$?

2. 设 $x_0, x_1, \cdots, x_n$ 是任意给定的 $n+1$ 个互不相同的节点, $f(x)$ 是次数不高于 n 次的多项式, $P_n(x)$ 是关于这组节点的 n 次插值多项式, 那么 $f(x)$ 与 $P_n(x)$ 有何种关系?

3. 什么是差商? Newton 插值公式是怎么构造的? 与 Lagrange 插值相比, 它的优缺点是什么?

4. 以差商、差分所构成的 Newton 插值公式各有何特点? Newton 前插公式和后插公式的形式是什么? 它们分别适用于什么样的插值点?

5. 分段低次插值有哪些常用公式? 与高次代数插值相比, 它的优点是什么?

6. 三次样条插值与其他插值法相比, 优点是什么?

7. 给定区间 $[a,b]$ 的一个分划 $\Delta: a = x_0 < x_1 < x_2 < \cdots < x_n = b$, 问 $f(x)$ 关于 Δ 的三次样条插值与分段两点三次 Hermite 插值有何不同?

8. 插值法和去曲线拟合法有哪些共同点和不同点?

9. 何谓最小二乘原理, 用最小二乘原理拟合实验数据的一般步骤是什么?

10. 多元线性最小二乘法与一元的曲线拟合法有什么共同点和区别?

习　题　4

1. 已知函数表如下

x	10	11	12	13
$\ln x$	2.3026	2.3979	2.4849	2.5649

试分别用 Lagrange 线性插值与二次插值计算 $\ln 11.75$ 的近似值, 并估计截断误差.

2. 如用等距节点线性插值公式计算 $y = \sin(x)$ 的近似值, 并要求截断误差不超过 0.5×10^{-4}, 则步长应取多大?

3. 已知函数表如下

x	0.0	0.2	0.4	0.6	0.8
e^x	1.0000	1.2214	1.4919	1.8221	2.2255

(1) 用三点与四点前插公式计算 $\mathrm{e}^{0.12}$ 的近似值, 并估计截断误差.

(2) 用三点与四点后插公式计算 $\mathrm{e}^{0.72}$ 的近似值, 并估计截断误差.

4. 已知函数表如下

x	0.4	0.5	0.6	0.7	0.8
$f(x)$	0.67032	0.60653	0.54881	0.49659	0.44993

试构造一差分表, 并适当选取三个节点按等距节点 Newton 插值公式计算 $f(0.25)$ 的近似值, 并做事后误差估计.

5. 设 $f(x)=(x-x_0)(x-x_1)\cdots(x-x_n)$, 试证明

(1) 对任意的 x, $f[x_0,x_1,\cdots,x_n,x]=1$;

(2) 对任意的 x, $f[x_0,x_1,\cdots,x_n,x,z]=0$.

6. 求满足下列条件的 Hermite 插值多项式

x	1	2
y	2	3
y'	1	-1

7. 已知数据表如下

x	1	2	4	5
y	1	4	6	4

试求满足条件的 $S'(1)=0, S'(5)=1$ 的三次样条函数 $S(x)$, 并求 $S(1.5), S'(1.5)$ 的值.

8. 用最小二乘法求一个形如 $y=a+bx^2$ 的经验公式, 使其与下列数据拟合.

x	19	25	31	38	44
y	19.0	32.3	49.0	73.3	97.8

9. 对于给定数据

x	-3	-1	0	1	3	5
y	-6	-5	-1	0	1	3

试分别用一次、二次和三次多项式以最小二乘法拟合这些数据, 并比较优劣.

数值实验 4

实验目的与要求

(1) 通过熟悉 Lagrange 插值、Newton 插值、Hermite 插值、分段低次插值、三次样条插值等近似计算方法, 体会它们不同的特征.

(2) 通过对比不同插值公式的计算量、计算精度、计算机实现的难易程度等, 学会针对几乎提问题选择恰当的插值方法.

(3) 通过作不同形式的拟合曲线, 体会到其最小二乘解的算法实质是一样的, 以整体误差最小为目标, 但需要事先通过描点选择恰当的拟合曲线类型.

实验内容

1. 已知正弦函数表

x_i	0.5	0.7	0.9	1.1	1.3	1.5	1.7	1.9
$\sin(x_i)$	0.4794	0.6442	0.7833	0.8912	0.9636	0.9975	0.9917	0.9463

试按下列插值方法计算各节点间中点的函数值, 并将计算结果与 $\sin(x)$ 在相应点的函数值作比较.

(1) 用 Lagrange 插值公式 $L_7(x)$ 计算.

(2) 分别用向前、向后 Newton 插值公式 $N_7(x)$ 计算.

(3) 分别用分段线性插值、分段二次插值公式计算.

(4) 用三次样条插值计算, 分别取边界条件: ① $S''(0.5)=-0.48$, $S''(1.9)=-0.95$; ② $S''(0.5)=S''(1.9)=0$

2. 已知实验数据如下:

x_i	y_i	x_i	y_i
1	33.40	5	267.55
1.5	79.50	5.5	280.50
2	122.65	6	296.65
2.5	159.05	6.5	301.85
3	189.15	7	310.40
3.5	214.15	7.5	318.15
4	238.65	8	325.25
4.5	252.50	8.5	340.55

使用最小二乘法, 并分别用下列曲线作曲线拟合:

(1) 抛物线 $y=a+bx+cx^2$; (2) 指数函数 $y=ae^{bx}$.

实验结果分析与总结

(1) 通过对不同方法下插值计算结果的对比, 分析总结不同插值方法的主要优缺点, 以及使用各方法需要注意的事项, 写出实验总结报告;

(2) 对比不同拟合曲线下最小二乘法的计算结果, 总结运用最小二乘法处理实验数据的一般步骤, 写出实验总结报告.

第 5 章　数值积分与数值微分

求函数 $f(x)$ 在区间 $[a,b]$ 上的定积分

$$I(f)=\int_a^b f(x)\mathrm{d}x \tag{5.1}$$

是微积分中基本问题之一, 也是实际问题中经常遇到的计算问题.

当被积函数 $f(x)$ 的原函数不能用初等函数表示, 或者 $f(x)$ 及其原函数的表达式很复杂, 甚至在有些实际问题中 $f(x)$ 是以表格的形式给出的, 这时无法应用求定积分的 Newton-Leibniz 公式. 因此, 需要研究计算定积分的近似方法 —— 数值积分法.

对于连续函数, 由定积分的定义, 容易得到近似计算公式

$$\int_a^b f(x)\mathrm{d}x \approx \sum_{k=1}^{n} f(x_k)\Delta x_k,$$

其中 $x_k(k=1,2,\cdots,n)$ 为积分区间 $[a,b]$ 上的若干个节点, Δx_k 为子区间 $[x_{k-1},x_k]$ 的长度. 一般说来, 数值积分公式就是被积函数在积分区间内若干节点处函数值 $f(x_k)$ 的线性组合

$$I_n=\sum_{k=1}^{n} A_k f(x_k) \tag{5.2}$$

作为定积分 (5.2) 的近似值. 式中 A_k 称为求积系数, 它仅与节点值及区间 $[a,b]$ 有关, 而与被积函数 $f(x)$ 的形式无关. 称

$$R_n(f)=I(f)-I_n=\int_a^b f(x)\mathrm{d}x-\sum_{k=1}^{n} A_k f(x_k) \tag{5.3}$$

为求积公式 (5.2) 的余项或误差.

以下推导几种常用的求积公式, 并估计它的误差.

5.1　插值型求积公式

设节点 $x_k\in[a,b](k=0,1,2,\cdots,n)$, 过这些节点作 $f(x)$ 的 n 次插值多项式

$$L_n(x)=\sum_{k=0}^{n} f(x_k)l_k(x),$$

其中 $l_k(x)$ 是由式 (4.6) 确定的插值基函数. 于是

$$f(x)=\sum_{k=0}^{n}f(x_k)\cdot l_k(x)+\frac{f^{(n+1)}(\xi)}{(n+1)!}\omega_{n+1}(x),\quad a<\xi<b.$$

两端积分得

$$I(f)=\int_a^b f(x)\mathrm{d}x=\sum_{k=0}^{n}A_kf(x_k)+R_n(f),\tag{5.4}$$

其中

$$A_k=\int_a^b l_k(x)\mathrm{d}x=\int_a^b\frac{1}{\omega'_{n+1}(x_k)}\frac{\omega_{n+1}(x)}{(x-x_k)}\mathrm{d}x,\tag{5.5}$$

$$R_n(f)=\int_a^b\frac{f^{(n+1)}(\xi)}{(n+1)!}\omega_{n+1}(x)\mathrm{d}x,\quad a<\xi<b.\tag{5.6}$$

若被积函数 $f(x)$ 是次数不超过 n 次的多项式, 则 $f^{(n+1)}(x)=0$, 于是 $R_n(f)=0$, $I(f)=I_n$, 即插值求积公式所得值等于积分 $I(f)$ 的准确值. 一般地, 如果求积公式 (5.2) 对于任何次数不高于 m 的多项式都精确成立, 而对某个 $m+1$ 次多项式不能精确成立, 则称求积公式 (5.2) 具有 m 次代数精度.

如果某个求积公式对于比较多的函数能够精确成立, 那么这个公式就有比较大的使用价值, 代数精度可以在一定程度上表明求积公式在这方面的优劣程度. 一般地, 在某邻域内多项式可以任意逼近一个连续函数, 如果一个求积公式对于较高次的多项式是精确成立的, 这就意味着它对较多的连续函数求积结果误差较小.

5.2 Newton-Cotes 求积公式

在插值型求积公式 (5.4) 中, 若节点等距, 即

$$h=\frac{b-a}{n},\quad x_k=a+kh,\quad k=0,1,2,\cdots,n.$$

为了化简式 (5.5), 作变量替换 $x=a+ht$, 则得

$$\begin{aligned}A_k&=\int_a^b l_k(x)\mathrm{d}x=\int_a^b\left(\prod_{\substack{j=0\\j\neq k}}^{n}\frac{x-x_j}{x_k-x_j}\right)\mathrm{d}x=h\int_0^n\left(\prod_{\substack{j=0\\j\neq k}}^{n}\frac{t-j}{k-j}\right)\mathrm{d}t\\&=\frac{(-1)^{n-k}}{k!(n-k)!}h\int_0^n\left[\prod_{\substack{j=0\\j\neq k}}^{n}(t-j)\right]\mathrm{d}t=(b-a)C_k^{(n)},\quad k=0,1,\cdots,n,\end{aligned}$$

其中

$$C_k^{(n)} = \frac{(-1)^{n-k}}{n \cdot k!(n-k)!} \int_0^n \left[\prod_{\substack{j=0 \\ j \neq k}}^{n} (t-j) \right] \mathrm{d}t \tag{5.7}$$

称为 Cotes 系数. 等距节点插值求积公式

$$I_n = (b-a) \sum_{k=0}^{n} C_k^{(n)} f(x_k) \tag{5.8}$$

常称为 Newton-Cotes 求积公式. 其余项为

$$\begin{aligned} R_n(f) &= \int_a^b \frac{f^{(n+1)}(\xi)}{(n+1)!} \omega_{n+1}(x) \mathrm{d}x \\ &= \frac{h^{n+2}}{(n+1)!} \int_0^n f^{(n+1)}(\xi) t(t-1) \cdots (t-n) \mathrm{d}t. \end{aligned} \tag{5.9}$$

下面给出一些特殊情形的 Newton-Cotes 公式.

(1) $n=1$, 按公式 (5.7) 有

$$\begin{aligned} C_0^{(1)} &= \frac{-1}{1 \cdot 0! \cdot 1!} \int_0^1 (t-1) \mathrm{d}t = \frac{1}{2}, \\ C_1^{(1)} &= \int_0^1 t \mathrm{d}t = \frac{1}{2}, \end{aligned}$$

得两点求积公式

$$I_1 = T_1 = \frac{(a-b)}{2} [f(a) + f(b)], \tag{5.10}$$

称为梯形公式.

(2) $n=2$, 按公式 (5.7) 有

$$\begin{aligned} C_0^{(2)} &= \frac{(-1)^2}{2 \cdot 2!} \int_0^2 (t-1)(t-2) \mathrm{d}t = \frac{1}{6}, \\ C_1^{(2)} &= \frac{(-1)^2}{2 \cdot 1! \cdot 1!} \int_0^2 t(t-2) \mathrm{d}t = \frac{1}{6}, \\ C_2^{(2)} &= \frac{(-1)^2}{2 \cdot 2! \cdot 0!} \int_0^2 t(t-1) \mathrm{d}t = \frac{1}{6}, \end{aligned}$$

得三点求积公式

$$I_2 = S_1 = \frac{b-a}{6} \left[f(a) + 4f\left(\frac{a+b}{2}\right) + f(b) \right], \tag{5.11}$$

称为 Simpson 公式或抛物线公式.

(3) $n=4$, 由式 (5.7) 有

$$C_0^{(4)}=\frac{(-1)^4}{4\cdot 0!\cdot 4!}\int_0^4 (t-1)(t-2)(t-3)(t-4)\mathrm{d}t=\frac{7}{90},$$

$$C_1^{(4)}=\frac{(-1)^3}{4\cdot 1!\cdot 3!}\int_0^4 t(t-2)(t-3)(t-4)\mathrm{d}t=\frac{32}{90},$$

$$C_2^{(4)}=\frac{(-1)^2}{4\cdot 2!\cdot 2!}\int_0^4 t(t-1)(t-3)(t-4)\mathrm{d}t=\frac{12}{90},$$

$$C_3^{(4)}=\frac{(-1)^3}{4\cdot 3!\cdot 1!}\int_0^4 t(t-1)(t-2)(t-4)\mathrm{d}t=\frac{32}{90},$$

$$C_4^{(4)}=\frac{(-1)^4}{4\cdot 4!\cdot 0!}\int_0^4 t(t-1))(t-2)(t-3)\mathrm{d}t=\frac{7}{90},$$

得五点求积公式

$$I_4=C_1=\frac{b-a}{90}\left[7f(x_0)+32f(x_1)+12f(x_2)+32f(x_3)+7f(x_4)\right], \tag{5.12}$$

称为 Cotes 求积公式.

Newton-Cotes 公式 Matlab 程序

```
function t=trapz(fname,a,b,n)
% 定步长梯形法求积分
% t=trpz(fname,a,b,n),fname为被积函数,a,b为积分上下限,n为等分数
h=(b-a)/n;
fa=feval(fname,a);fb=feval(fname,b);f=feval(fname,a+h:h:b-h+0.001*h);
t=h*(0.5*(fa+fb)+sum(f))
end
```

从以上特例可以看出：Cotes 系数 $C_k^{(n)}(k=0,1,\cdots,n)$ 与 $f(x)$ 及积分区间 $[a,b]$ 无关, 可以直接由式 (5.7) 算出, 其部分值列于表 5.1.

从表 5.1 可以看出 Cotes 系数具有如下性质：

(1) $C_k^{(n)}=C_{n-k}^{(n)}$；

(2) $\sum\limits_{k=0}^{n}C_k^{(n)}=1$.

当 n 较大 (如 $n\geqslant 8$), Cotes 系数中出现负值, 给求积结果的误差分析带来困难, 且随着 n 的增大, 舍入误差的积累也增大, 所以在实际计算中一般不用高阶的 Newton-Cotes 公式.

表 5.1

n	$C_0^{(n)}$	$C_1^{(n)}$	$C_2^{(n)}$	$C_3^{(n)}$	$C_4^{(n)}$	$C_5^{(n)}$	$C_6^{(n)}$	$C_7^{(n)}$	$C_8^{(n)}$
1	$\frac{1}{2}$	$\frac{1}{2}$							
2	$\frac{1}{6}$	$\frac{4}{6}$	$\frac{1}{6}$						
3	$\frac{1}{8}$	$\frac{3}{8}$	$\frac{3}{8}$	$\frac{1}{8}$					
4	$\frac{7}{90}$	$\frac{32}{90}$	$\frac{12}{90}$	$\frac{32}{90}$	$\frac{7}{90}$				
5	$\frac{19}{288}$	$\frac{75}{288}$	$\frac{50}{288}$	$\frac{50}{288}$	$\frac{75}{288}$	$\frac{19}{288}$			
6	$\frac{41}{840}$	$\frac{216}{840}$	$\frac{27}{840}$	$\frac{272}{840}$	$\frac{27}{840}$	$\frac{216}{840}$	$\frac{41}{840}$		
7	$\frac{751}{17280}$	$\frac{3577}{17280}$	$\frac{1323}{17280}$	$\frac{2989}{17280}$	$\frac{2989}{17280}$	$\frac{1323}{17280}$	$\frac{3577}{17280}$	$\frac{751}{17280}$	
8	$\frac{989}{28350}$	$\frac{5888}{28350}$	$\frac{-928}{28350}$	$\frac{10496}{28350}$	$\frac{-4540}{28350}$	$\frac{10496}{28350}$	$\frac{-928}{28350}$	$\frac{5888}{28350}$	$\frac{989}{28350}$

梯形求积公式 (5.10)、Simpson 公式 (5.11)、Cotes 公式 (5.12) 所对应的余项分别为

$$R_T(f) = -\frac{1}{12}(b-a)^3 f''(\eta), \quad a < \eta < b, \tag{5.13}$$

$$R_S(f) = -\frac{(b-a)^5}{2880} f^{(4)}(\eta), \quad a < \eta < b, \tag{5.14}$$

$$R_C(f) = -\frac{8}{945}\left(\frac{b-a}{4}\right)^7 f^{(6)}(\eta), \quad a < \eta < b, \tag{5.15}$$

事实上, 在式 (5.9) 中取 $n=1$, 得到

$$R_T(f) = \frac{(b-a)^3}{2!}\int_0^1 f''(\xi)t(t-1)\mathrm{d}t.$$

设 $f''(t)$ 在 $[a,b]$ 上连续, 而函数 $t(t-1)$ 在 $[0,1]$ 上恒为负, 由积分中值定理, 存在 $\eta \in (a,b)$, 使

$$\int_0^1 f''(\xi)t(t-1)\mathrm{d}t = f''(\eta)\int_0^1 t(t-1)\mathrm{d}t = -\frac{1}{6}f''(\eta).$$

于是得式 (5.13). 同理可证式 (5.14), (5.15).

由式 (5.13)—(5.15) 易知, 梯形公式、Simpson 公式和 Cotes 公式的代数精度分别是 1, 3, 5. 一般地, 由式 (5.9) 可得, Newton-Cotes 公式 (5.8) 的代数精度至少有 n 次. 可以证明当 n 是偶数时, 式 (5.8) 的代数精度为 $n+1$ 次.

例 5.1 Simpson 公式计算积分 $\int_1^{1.5} \sin\frac{1}{x}\mathrm{d}x$ 的近似值, 并求截断误差.

解 由式 (5.11) 得

$$
\begin{aligned}
\int_1^{1.5} \sin\frac{1}{x}\mathrm{d}x &\approx \frac{0.5}{6}\left(\sin 1 + 4\sin\frac{1}{1.25} + \sin\frac{1}{1.5}\right) \\
&= 0.0833(0.84147 + 4\times 0.71736 + 0.61837) \\
&= 0.36076,
\end{aligned}
$$

又

$$
f^{(4)}(x) = \left(\frac{24}{x^5} - \frac{12}{x^7}\right)\cos\frac{1}{x} + \left(\frac{1}{x^8} - \frac{36}{x^6}\right)\sin\frac{1}{x},
$$

$$
\max_{1\leqslant x\leqslant 1.5}\left|f^{(4)}(x)\right| \leqslant \max_{1\leqslant x\leqslant 1.5}\left(\frac{24}{|x^5|} + \frac{12}{|x^7|} + \frac{1}{|x^8|} + \frac{36}{|x^6|}\right) = 73.
$$

由式 (5.14) 得截断误差估计

$$
|R_S(f)| = \frac{0.5^5}{2880}\left|f^{(4)}(\eta)\right| \leqslant \frac{0.5^5}{2880}\times 73 = 0.000792.
$$

5.3 复化求积法

当积分区间比较大时, 在整个区间上用 Newton-Cotes 公式求积分, 精度难以保证. 若增加节点, 使用高阶 Newton-Cotes 公式, 一方面 Cotes 系数的计算较繁, 舍入误差增大; 另一方面, 高次等距插值多项式 $L_n(x)$ 可能引起严重的振荡性, 使得求积公式数值不稳定.

一个有效的办法是把积分区间分成若干小区间, 在每个小区间上采用低阶求积公式. 若将积分区间 $[a,b]$ 划分成 n 等份, 步长为 $h=(b-a)/n$, 分点为 $x_k = a+kh(k=0,1,2,\cdots,n)$, 则

$$
I(f) = \int_a^b f(x)\mathrm{d}x = \sum_{k=0}^{n-1}\int_{x_k}^{x_{k+1}} f(x)\mathrm{d}x \approx \sum_{k=0}^{n-1} I_k, \tag{5.16}
$$

称为复化求积公式.

复化 Simpson 公式程序

```
function I=squad(x,y)
% 复化Simpson求积公式
% x为向量, 被积函数自变量等距节点
% y为向量, 被积函数在节点处的函数值
n=length(x);m=length(y);
```

```
if n~=m
    error('向量 x,y 的长度必须一致');
end
if rem(n-1,2)~=0
    I=squad(x,y);
    return;
end
N=(n-1)/2;h=(x(n)-x(1))/N;a=zeros(1,n);
for k=1:N
    a(2*k-1)=a(2*k-1)+1;
    a(2*k)=a(2*k)+4;
    a(2*k+1)=a(2*k+1)+1;
end
I=h/6*sum(a.*y);
```

1. 复化梯形公式及误差

$$
\begin{aligned}
T_n &= \sum_{k=0}^{n-1} I_k = \sum_{k=0}^{n-1} \frac{h}{2}[f(x_k)+f(x_{k+1})] \\
&= \frac{h}{2}\left[f(a)+2\sum_{k=1}^{n-1} f(x_k)+f(b)\right], \\
R_T(f) &= I(f)-T_n = \sum_{k=0}^{n-1}\left[\int_{x_k}^{x_{k+1}} f(x)\mathrm{d}x - I_k\right] \\
&= \sum_{k=0}^{n-1} \frac{-h^3}{12} f''(\eta_k), \quad x_k<\eta_k<x_{k+1}.
\end{aligned} \tag{5.17}
$$

应用函数值介值定理及定积分概念得

$$
\begin{aligned}
R_T(f) &= -\frac{b-a}{12}h^2 f''(\eta) \\
&\approx -\frac{h^2}{12}[f'(b)-f'(a)], \quad a<\eta<b.
\end{aligned} \tag{5.18}
$$

2. 复化 Simpson 公式及误差

$$
S_n = \frac{h}{6}\left[f(a)+4\sum_{k=0}^{n-1} f\left(x_{k+\frac{1}{2}}\right)+2\sum_{k=1}^{n-1} f(x_k)+f(b)\right], \tag{5.19}
$$

式中 $x_{k+\frac{1}{2}}$ 是区间 $[x_k, x_{k+1}]$ 的中点. 截断误差为

$$\begin{aligned} R_S(f) = I(f) - S_n &= -\frac{b-a}{2880}h^4 f^{(4)}(\eta) \\ &\approx -\frac{1}{180}\left(\frac{h}{2}\right)^4 [f'''(b) - f'''(a)], \quad a < \eta < b. \end{aligned} \tag{5.20}$$

3. **复化 Cotes 公式及误差**

将区间 $[x_k, x_{k+1}]$ 四等分, 分点依次记 $x_{k+\frac{1}{4}}, x_{k+\frac{1}{2}}, x_{k+\frac{3}{4}}$. 在每个子区间上应用 Cotes 公式 (5.12), 得

$$\begin{aligned} C_n =& \frac{h}{90}\left[7f(a) + 32\sum_{k=0}^{n-1} f\left(x_{k+\frac{1}{4}}\right) + 12\sum_{k=0}^{n-1} f\left(x_{k+\frac{1}{2}}\right)\right. \\ &\left. + 32\sum_{k=0}^{n-1} f\left(x_{k+\frac{3}{4}}\right) + 14\sum_{k=1}^{n-1} f(x_k) + 7f(b)\right], \end{aligned} \tag{5.21}$$

其截断误差

$$\begin{aligned} R_C(f) = I(f) - C_n &= -\frac{2(b-a)}{945}\left(\frac{h}{4}\right)^6 f^{(6)}(\eta) \\ &\approx -\frac{2}{945}\left(\frac{h}{4}\right)^6 [f^{(5)}(b) - f^{(5)}(a)], \quad a < \eta < b. \end{aligned} \tag{5.22}$$

例 5.2 把区间 $[1, 1.5]$ 五等分, 用复化 Simpson 公式计算 $\int_1^{1.5} \sin\frac{1}{x}\mathrm{d}x$ 的近似值, 并估计截断误差.

解 由式 (5.19) 得积分近似值

$$\begin{aligned} \int_1^{1.5} \sin\frac{1}{x}\mathrm{d}x \approx& \frac{0.1}{6}\left[\sin 1 + 4\sum_{k=0}^{4}\sin\frac{1}{1+0.05(2k+1)}\right. \\ &\left. + 2\sum_{k=1}^{4}\sin\frac{1}{1+0.1k} + \sin\frac{1}{1.5}\right] = 0.36081069. \end{aligned}$$

又由例 5.1 知 $\max\limits_{1\leqslant x\leqslant 1.5} |f^{(4)}(x)| \leqslant 73$, 代入式 (5.20) 得截断误差

$$|R_S(f)| \leqslant \frac{0.5^5}{2880 \times 5^4} \times 73 = 1.27 \times 10^{-6}.$$

比三点 Simpson 公式 (5.11) 的计算精度大大提高.

在 MATLAB 命令窗口执行命令

```
>> x=1:0.1:1.5;
>> y=sin(1./x);
>> I=squad(x,y)
```

4. 步长的选取问题

用复化公式提高了计算精度, 但对于给定的误差限 ε, 步长 h 应取多大? 即应将区间 $[a,b]$ 等分成多少份? 可以根据式 (5.18), (5.20), (5.22) 分别求出运用复化梯形、复化 Simpson、复化 Cotes 公式时, 应将区间分成的份数. 例如, 对例 5.2 中的积分, 若给定截断误差限 $\varepsilon = 1.27\times 10^{-6}$, 则运用复化梯形公式, 需将积分区间分成 $n \geqslant 157$; 运用复化 Simpson 公式, 需取 $n \geqslant 5$; 运用复化 Cotes 公式, 只需取 $n \geqslant 2$ 即可.

但是, 确定被积函数 $f(x)$ 高阶导数的界, 需要预先进行很多手工计算, 有时很难估计. 以下以复化梯形算法为例, 介绍在计算过程中自动选取步长的方法, 也称后验截断误差估计方法.

设 T_n, T_{2n} 分别是将积分区间分成 n 和 $2n$ 等份时, 由复化梯形公式 (5.17) 所得积分 $I(f)$ 的近似值, 则由式 (5.18), 其截断误差分别为

$$
\begin{aligned}
I(f) - T_n &= -\frac{b-a}{12}h^2 f''(\eta_1), \quad a < \eta_1 < b, \\
I(f) - T_{2n} &= -\frac{b-a}{12}\left(\frac{h}{2}\right)^2 f''(\eta_2), \quad a < \eta_2 < b.
\end{aligned}
$$

式中 $h = \dfrac{b-a}{n}$. 假定 $f''(x)$ 在 $[a,b]$ 上变化不大, 则

$$
\frac{I(f) - T_n}{I(f) - T_{2n}} \approx 4,
$$

从而

$$
I(f) - T_{2n} \approx \frac{1}{3}(T_{2n} - T_n). \tag{5.23}
$$

可见, 对给定的误差限 ε, 若 $|T_{2n} - T_n| < 3\varepsilon$, 则用 T_{2n} 作为 $I(f)$ 的近似值即可. 在实际计算 T_{2n} 时, 可利用已求得的 T_n, 由式 (5.17)

$$
\begin{aligned}
T_{2n} &= \frac{1}{2}\frac{h}{2}\left[f(a) + 2\sum_{k=1}^{2n-1} f\left(a + \frac{h}{2}k\right) + f(b)\right] \\
&= \frac{h}{4}\left[f(a) + 2\sum_{k=1}^{n-1} f(a+hk) + f(b) + 2\sum_{k=1}^{n} f\left(a + \frac{h}{2}(2k-1)\right)\right] \\
&= \frac{1}{2}T_n + \frac{h}{2}\sum_{k=1}^{n} f\left[a + \frac{h}{2}(2k-1)\right].
\end{aligned}
$$

式中 $h = \dfrac{b-a}{n}$. 变步长复化梯形算法流程图如图 5.1 所示.

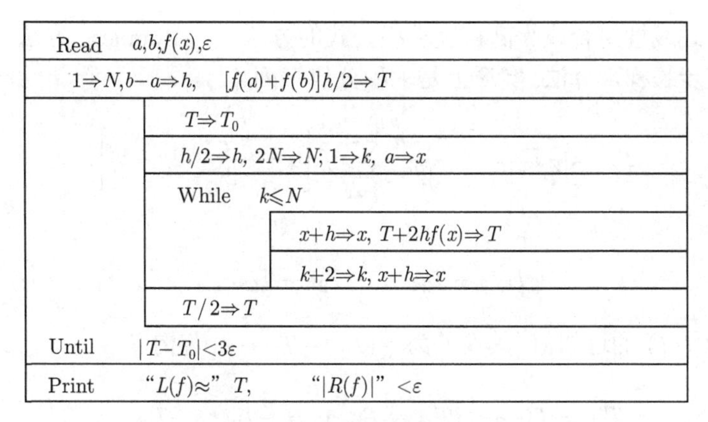

图 5.1 复化梯形算法流程图

变步长复化梯形算法的MATLAB 程序

```
function I=tquad(fun,a,b,ep)
% 变步长梯形求积公式
% fun为被积函数，a,b为积分上下限，ep为精度(默认值为 1e-5)
if nargin<4 ep=1e-5;
end
N=1;h=b-a;
T=h/2*(feval(fun,a)+feval(fun,b));
while 1
    h=h/2;I=T/2;
    for k=1:N
      I=I+h*feval(fun,a+(2*k-1)*h);
    end
    if abs(I-T)<ep
      break;
    end
    N=2*N;T=I;
end
```

5.4 Romberg 求积方法

5.4.1 Romberg 算法思想与公式

5.3 节介绍的变步长积分法, 是以逐次减半步长的方法来保证计算积分的精度, 但增加了计算工作量; 选用高精度计算公式, 其计算公式复杂. 本节介绍运用简单的低精度公式线性组合成为高精度求积公式的方法 ——Romberg 方法.

对于变步长梯形算法, 实质上是求积分值序列 $\{T_{2^k}\}$:

$$T_{2^k}=\frac{1}{2}T_{2^{k-1}}+\frac{b-a}{2^k}\sum_{i=1}^{2^{k-1}}f\left[a+\frac{b-a}{2^k}(2i-1)\right]. \tag{5.24}$$

据式 (5.23)

$$I(f)-T_{2^k}\approx\frac{1}{3}(T_{2^k}-T_{2^{k-1}}),$$

用 T_{2^k} 作为 $I(f)$ 的近似值, 其误差为 $\frac{1}{3}(T_{2^k}-T_{2^{k-1}})$. 若构造

$$\tilde{T}_{2^k}=T_{2^k}+\frac{1}{3}(T_{2^k}-T_{2^{k-1}})=\frac{4}{3}T_{2^k}-\frac{1}{3}T_{2^{k-1}}, \tag{5.25}$$

则 $\tilde{T}_{2^k}$ 比 T_{2^k} 更接近于 $I(f)$. 可从以下两方面加以验证.

首先, 用一个实例予以直观说明, 对于积分 $I(f)=\int_0^1\frac{1}{x}\sin x\mathrm{d}x$, 由式 (5.24) 计算得 $T_4=0.9445135, T_8=0.9456909$. 代入式 (5.25) 得

$$\tilde{T}_4=\frac{4}{3}T_8-\frac{1}{3}T_4=0.9460833.$$

$\tilde{T}_4$ 具有七位有效数字, 其精度比 T_{256} 还要高, 而计算 $\tilde{T}_4$ 只涉及九个点上的函数值.

其次, 容易推导出 $\tilde{T}_{2^k}=S_{2^{k-1}}$. 事实上

$$\begin{aligned}\tilde{T}_{2m}&=\frac{1}{3}(4T_{2m}-T_m)=\frac{1}{3}\left[2T_m+2h\sum_{i=0}^{m-1}f\left(a+h\left(i+\frac{1}{2}\right)\right)-T_m\right]\\&=\frac{h}{6}\left[f(a)+2\sum_{i=1}^{m-1}f(x_i)+4\sum_{i=0}^{m-1}f\left(a+h\left(i+\frac{1}{2}\right)\right)+f(b)\right]=S_m,\end{aligned}$$

式中 $m=2^{k-1}, h=\frac{(b-a)}{2^{k-1}}$. 由式 (5.19)

$$\tilde{T}_{2^k}=T_{2^k}+\frac{1}{4-1}(T_{2^k}-T_{2^{k-1}})=S_{2^{k-1}}. \tag{5.26}$$

同理

$$\tilde{S}_{2^k}=S_{2^k}+\frac{1}{4^2-1}(S_{2^k}-S_{2^{k-1}})=C_{2^{k-1}}, \tag{5.27}$$

$$\tilde{C}_{2^k}=C_{2^k}+\frac{1}{4^3-1}(C_{2^k}-C_{2^{k-1}})=R_{2^{k-1}}. \tag{5.28}$$

上式称为 Romberg 公式.

综上所述, 采用区间逐次分半的方法, 利用式 (5.24) 计算出序列 $\{T_{2^k}\}$, 对该序列进行线性组合, 分别按式 (5.26)—(5.28) 计算出 Simpson 序列 $\{S_{2^k}\}$, Cotes 序列 $\{C_{2^k}\}$ 和 Romberg 序列 $\{R_{2^k}\}$, 如图 5.2 所示.

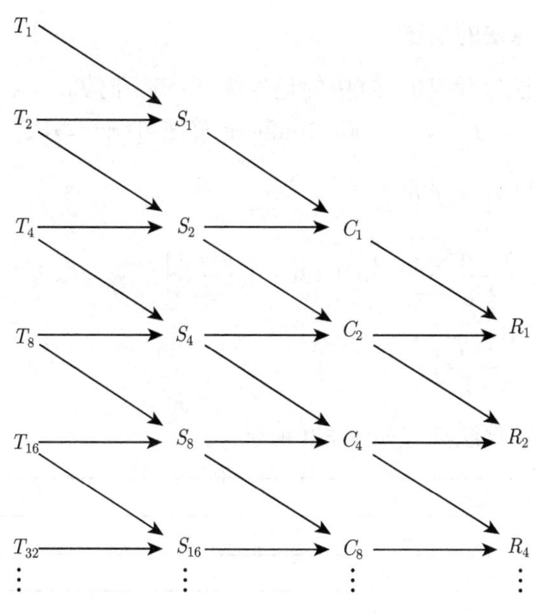

图 5.2 Romberg 积分计算图

例 5.3 用 Romberg 算法计算定积分 $\int_1^{1.5} \sin\frac{1}{x}\mathrm{d}x$, 使截断误差 $\varepsilon < 10^{-8}$.

解 计算梯形值序列 $\{T_{2^k}\}$ 的公式为

$$T_0 = \frac{0.5}{2}\left(\sin 1 + \sin\frac{1}{1.5}\right),$$

$$T_{2^k} = \frac{1}{2}T_{2^{k-1}} + \frac{0.5}{2^k}\sum_{i=1}^{2^{k-1}} \sin\frac{1}{1+(2i-1)/2^{k+1}}, \quad k = 0, 1, 2, \cdots,$$

式中 $T_{2^{-1}}$ 表示 T_0, 按 Romberg 积分法, 逐次运用式 (5.26)—(5.28) 加速, 计算结果见表 5.2.

表 5.2

k	T_{2^k}	$S_{2^{k-1}}$	$C_{2^{k-2}}$	$R_{2^{k-3}}$
0	0.364960197			
1	0.361819121	0.360772095		
2	0.361060408	0.360807503	0.360809836	
3	0.360873023	0.360810561	0.360810764	0.360810778
4	0.360826334	0.360810771	0.360810785	0.360810785

从表 5.2 可以看出, $|R_2 - R_1| < 10^{-8}$. 实际上, 在计算出 $\{T_{2^k}\}$ 以后, 只做了少量的四则运算, 即得 $\{S_{2^k}\}$, $\{C_{2^k}\}$, $\{R_{2^k}\}$, 且加速收敛效果非常明显.

5.4.2 Romberg 算法的描述

将 Romberg 算法过程 (图 5.2) 中的记号统一处理, 记 $T_{2^k}=T_{2^k}^{(0)}, S_{2^{k-1}}=T_{2^{k-1}}^{(1)}$, $C_{2^{k-2}}=T_{2^{k-2}}^{(2)}, R_{2^{k-3}}=T_{2^{k-3}}^{(3)},\cdots$, 则 Romberg 算法可统一写成

$$\begin{cases} T_1^{(0)}=\dfrac{1}{2}(b-a)[f(a)+f(b)], \\ T_{2^k}^{(0)}=\dfrac{1}{2}T_{2^{k-1}}^{(0)}+\dfrac{b-a}{2^k}\displaystyle\sum_{i=1}^{2^{k-1}}f\left[a+(2i-1)\dfrac{b-a}{2^k}\right], \quad k=1,2,\cdots;m=1,2,\cdots. \\ T_{2^{k-1}}^{(m)}=\dfrac{4^m T_{2^k}^{(m-1)}-T_{2^{k-1}}^{(m-1)}}{4^m-1}, \end{cases} \tag{5.29}$$

其计算结果见表 5.3, 算法流程如图 5.3 所示.

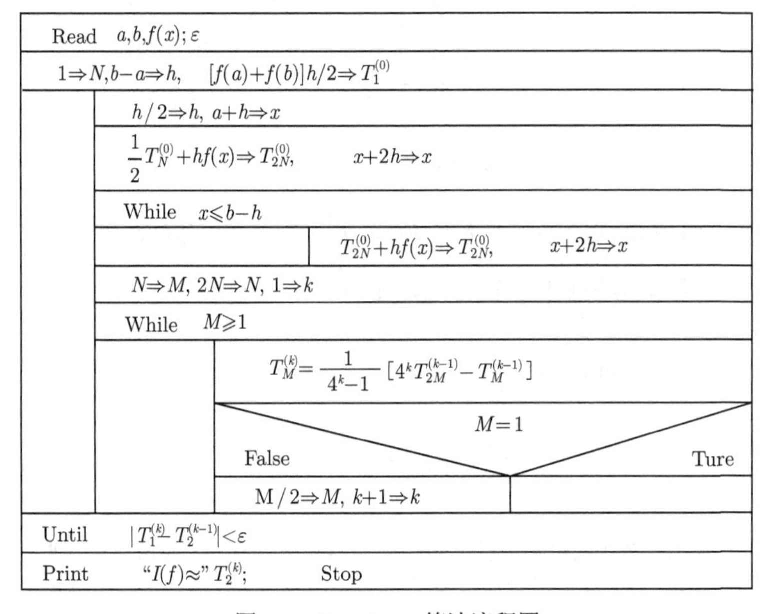

图 5.3　Romberg 算法流程图

Romberg 算法 Matlab 程序

```
Function [R,quad,err,h]=romber(f,a,b,n,delta)
% f是被积函数
% a,b分别是积分的上下限
% n+1是T数表的列数
% delta是允许误差
% R是T数表
% quad 是所求积分值
```

```
M=1;
h=b-a;
err=1;
j=0;
R=zeros(4,4);
R(1,1)=h*(feval('f',a)+feval('f',b))/2;
while((err>delta)&(j<n))|(j<4)
    j=j+1;
    h=h/2;
    s=0;
    for p=1:M
       x=a+h*(2*p-1);
       s=s+feval('f',x);
    end
    R(j+1,1)=R(j,1)/2+h*s;
    M=2*M;
    for K=1:j
       R(j+1,K+1)=R(j+1,K)+(R(j+1,K)-R(j,K))/(4^ K-1);
    end
    err=abs(R(j,j)-R(j+1,K+1));
end
quad=R(j+1,j+1)
```

表 5.3

区间等分数 N	$T_N^{(0)}$	$T_{N/2}^{(1)}$	$T_{N/4}^{(2)}$	$T_{N/8}^{(3)}$	$T_{N/16}^{(4)}$
1	$T_1^{(0)}$				
2	$T_2^{(0)}$	$T_1^{(1)}$			
4	$T_4^{(0)}$	$T_2^{(1)}$	$T_1^{(2)}$		
8	$T_8^{(0)}$	$T_4^{(1)}$	$T_2^{(2)}$	$T_1^{(3)}$	
16	$T_{16}^{(0)}$	$T_8^{(1)}$	$T_4^{(2)}$	$T_2^{(3)}$	$T_1^{(4)}$
⋮	⋮	⋮	⋮	⋮	⋮

5.5 Gauss 型求积公式

Newton-Cotes 求积公式, 是用积分区间的等分点作求积节点而构造的插值型求积公式, 简化了处理过程, 但却限制了公式的代数精度. 例如, 两点公式

$$\int_{-1}^{1} f(x)\mathrm{d}x = A_0 f(x_0) + A_1 f(x_1),$$

若固定 $x_0 = -1, x_1 = 1$, 利用 $n = 1$ 的 Newton-Cotes 公式 (5.10) 得

$$\int_{-1}^{1} f(x)\mathrm{d}x \approx f(-1) + f(1),$$

仅对 $f(x) = 1, x$ 无误差, 即求积公式只有一次代数精度. 能否通过调整 x_0, x_1 及 A_0, A_1, 使求积公式有更高的代数精度? 答案是肯定的, 实际上求积公式的代数精度可提高至三次. 当求积公式对 $f(x) = 1, x, x^2, x^3$ 都准确成立时, x_0, x_1, A_0, A_1 满足方程组

$$\begin{cases} A_0 + A_1 = 2, \\ A_0 x_0 + A_1 x_1 = 0, \\ A_0 x_0^2 + A_0 x_1^2 = \dfrac{2}{3}, \\ A_0 x_0^3 + A_0 x_1^3 = 0, \end{cases}$$

解得

$$A_0 = A_1 = 1, \quad x_0 = -x_1 = -\frac{\sqrt{3}}{3}.$$

从而

$$\int_{-1}^{1} f(x)\mathrm{d}x \approx f\left(-\frac{\sqrt{3}}{3}\right) + f\left(\frac{\sqrt{3}}{3}\right).$$

此式有三阶代数精度.

一般地, 设节点 $x_k \in [a, b] (0 \leqslant k \leqslant n)$, 插值求积公式

$$\int_a^b f(x)\mathrm{d}x \approx \sum_{k=0}^{n} A_k f(x_k), \tag{5.30}$$

其中

$$A_k = \int_a^b \prod_{\substack{i=0 \\ i \neq k}}^{n} \frac{x - x_i}{x_k - x_i} \mathrm{d}x. \tag{5.31}$$

当节点等距时, 式 (5.30) 至少具有 $n + 1$ 次代数精度. 若放弃积分区间端点为节点以及节点等距分布的限制, 而采用优选的节点, 则可使式 (5.30) 达到更高的代数精度.

5.5.1 Gauss 型求积公式的构造

如果求积公式 (5.30) 至少有 $2n+1$ 次代数精度, 则称它为 Gauss 求积公式, $x_k(0 \leqslant k \leqslant n)$ 称为 Gauss 点, $A_k(0 \leqslant k \leqslant n)$ 称为 Gauss 求积系数.

可以像引例中构造两点 Gauss 求积公式那样, 通过解含有 $2n+2$ 个未知数的非线性方程组直接确定 $x_k, A_k(k=0,1,\cdots,n)$, 从而构造 $n+1$ 点 Gauss 型求积公式. 但其计算量甚大, 一个简单的方法是利用正交多项式确定 Gauss 点及求积系数.

定理 5.1 求积公式 (5.30) 中节点 $x_k(k=0,1,\cdots,n)$ 是 Gauss 点的充分必要条件是 $n+1$ 次多项式 $\omega_{n+1}(x)=\prod\limits_{k=0}^{n}(x-x_k)$ 与任意次数不超过 n 的多项式 $P(x)$ 都正交. 即

$$\int_a^b P(x)\omega_{n+1}(x)\mathrm{d}x=0. \tag{5.32}$$

证 必要性: 设 $x_k(k=0,1,\cdots,n)$ 是 Gauss 点, 则求积公式 (5.30) 具有 $2n+1$ 次代数精度. 对任何不高于 n 次的多项式 $P(x), P(x)\omega_{n+1}(x)$ 的次数不超过 $2n+1$, 代入式 (5.30)

$$\int_a^b P(x)\omega_{n+1}(x)\mathrm{d}x=\sum_{k=0}^{n}A_kP(x_k)\omega_{n+1}(x_k)=0.$$

充分性: 若式 (5.32) 对任意次数不超过 n 的多项式 $P(x)$ 都成立. 对任意次数不超过 $2n+1$ 的多项式 $f(x)$, 用 $\omega_{n+1}(x)$ 除它, 记商为 $q(x)$, 余式为 $r(x)$, 即

$$f(x)=q(x)\omega_{n+1}+r(x).$$

式中 $q(x), r(x)$ 都是次数不超过 n 的多项式. 积分得

$$\int_a^b f(x)\mathrm{d}x=\int_a^b q(x)\omega_{n+1}(x)\mathrm{d}x+\int_a^b r(x)\mathrm{d}x=\int_a^b r(x)\mathrm{d}x.$$

由于 $r(x)$ 的次数不超过 n, 而式 (5.30) 作为插值型求积公式至少具有 n 次代数精度, 所以式 (5.30) 对 $r(x)$ 准确成立. 即

$$\int_a^b r(x)\mathrm{d}x=\sum_{k=0}^{n}A_kr(x_k),$$

又因 $f(x_k)=r(x_k)\ (k=0,1,2,\cdots,n)$, 代入上式得

$$\int_a^b f(x)\mathrm{d}x=\sum_{k=0}^{n}A_kf(x_k).$$

故式 (5.30) 至少有 $2n+1$ 次代数精度, $x_k(k=0,1,\cdots,n)$ 是 Gauss 点.

5.5.2 Gauss-Legendre 公式

引入 Legendre 多项式

$$P_n(x)=\frac{1}{2^n\cdot n!}\frac{\mathrm{d}^n[(x^2-1)^n]}{\mathrm{d}x^n},\quad n=0,1,2,\cdots,$$

当 $n=0,1,2,\cdots$ 时, 它的具体表达式如下:

$$P_0(x)=1,\quad P_1(x)=x,$$

$$P_2(x)=\frac{1}{3}(3x^2-1),\quad P_3(x)=\frac{1}{2}(5x^2-3x),$$

$$P_4(x)=\frac{1}{8}(35x^4-30x^2+3),\quad \cdots.$$

可以证明: 它们是区间 $[-1,1]$ 上的正交多项式系, 且 $P_n(x)(n=1,2,\cdots)$ 的零点都是位于 $[-1,1]$ 内的实数.

若取 $P_{n+1}(x)$ 的零点 $x_k(k=0,1,\cdots,n)$, 构造求积公式

$$\int_{-1}^{1}f(x)\mathrm{d}x\approx\sum_{k=0}^{n}A_kf(x_k),\tag{5.33}$$

式中

$$A_k=\int_{-1}^{1}\frac{P_{n+1}(x)}{(x-x_k)P'_{n+1}(x_k)}\mathrm{d}x=\frac{2}{(1-x_k^2)[P'_{n+1}(x_k)]^2},$$

称式 (5.33) 为 Gauss-Legendre 求积公式, 它具有 $2n+1$ 次代数精度.

Gauss_Legendre 求积程序

```
function I=Gauss_Legendre(fun,a,b,N)
% Gauss_Legendre求积公式
% fun为被积函数, a,b为积分上下限
% N为等分区间数
h=(b-a)/N;I=0;
for k=1:N
    t=[-sqrt(3/5) 0 sqrt(3/5)];A=[5/9 8/9 5/9];
    F=feval(fun,h/2*t+a+(k-1/2)*h);
    I=I+sum(A.*F);
end
I=h/2*I;
```

事实上, $\omega_{n+1}(x)=\prod\limits_{k=0}^{n}(x-x_k)$ 与 $P_{n+1}(x)$ 仅相差一常数因子. 当 $f(x)$ 为任

意次数不超过 n 的多项式时, $f(x)$ 可以表示为 $P_0(x),\cdots,P_n(x)$ 的线性组合, 从而 $\omega_{n+1}(x)$ 与 $f(x)$ 正交, 据定理 5.1 知 $x_k(k=0,1,\cdots,n)$ 为 Gauss 点. 为了便于应用, 表 5.4 给出了 Gauss-Legendre 公式的求积节点 x_k 与系数 A_k, 将此表的数据代入式 (5.34) 可方便地写出常用的求积公式.

表 5.4

节点数 n	节点 $x_k(k=0,1,\cdots,n)$	系数 $A_k(k=0,1,\cdots,n)$
2	±0.57735027	1.00000000
3	±0.77459667	0.55555556
	0.00000000	0.88888889
4	±0.86113631	0.34785485
	±0.33998104	0.65214515
5	±0.90617985	0.23692689
	±0.53846931	0.47862867
	0.00000000	0.56888889

例如, 三点 Gauss-Legendre 公式为

$$\begin{aligned}\int_{-1}^{1} f(x)\mathrm{d}x \approx & 0.55555556 f(-0.77459667) \\ & +0.88888889 f(0)+0.55555556 f(0.77459667).\end{aligned}$$

对于一般区间 $[a,b]$ 的情况, 只需作变换 $x=\frac{1}{2}(b-a)t+\frac{1}{2}(b+a)$, 则

$$\begin{aligned}\int_a^b f(x)\mathrm{d}x &= \frac{b-a}{2}\int_{-1}^{1} f\left(\frac{b-a}{2}t+\frac{b+a}{2}\right)\mathrm{d}t \\ &= \frac{b-a}{2}\int_{-1}^{1} F(t)\mathrm{d}t \approx \frac{b-a}{2}\sum_{k=0}^{n} A_k F(t_k),\end{aligned} \tag{5.34}$$

其中 t_k, A_k 查表 5.4.

例 5.4 用三点 Gauss-Legendre 求积公式计算

$$I=\int_1^{1.5} \sin\frac{1}{x}\mathrm{d}x.$$

解 作变量替换 $x=\frac{(5+t)}{4}$, 得

$$I=\int_1^{1.5}\sin\frac{1}{x}\mathrm{d}x=\frac{1}{4}\int_{-1}^{1}\sin\frac{4}{5+t}\mathrm{d}t,$$

取节点数 $n=3$, 查表 5.4, 并应用式 (5.34), 得

$$I \approx \frac{1}{4}\left[0.5555556\left(\sin\frac{4}{5-0.77459667}+\sin\frac{4}{5+0.77459667}\right)\right.$$
$$\left.+0.88888889\sin 0.8\right]=0.36081165.$$

这个结果比例 5.1 中用三点 Newton-Cotes 公式的计算结果精确得多.

在 MATLAB 命令窗口执行命令

```
>> fun=inline('sin(1./x)');
>>I=Gauss_Legendre (fun,1,1.5,3)
```

5.5.3 Gauss 型求积公式的截断误差

式 (5.33) 具有 $2n+1$ 次代数精度, 从而对次数不大于 $2n+1$ 的多项式精确成立. 但对于一般的连续函数, 其 Gauss 型求积公式的截断误差, 可利用 Hermite 插值公式推出.

以 Gauss 点 $x_k(k=0,1,\cdots,n)$ 为节点作被积函数 $f(x)$ 的 Hermite 插值多项式 $H_{2n+1}(x)$, 由式 (4.37) 得

$$f(x)=H_{2n+1}(x)+\frac{f^{(2n+2)}(\xi)}{(2n+2)!}\omega_{n+1}^2(x), \quad a<\xi<b.$$

由于 $H_{2n+1}(x)$ 是次数为 $2n+1$ 的插值多项式, 所以 Gauss 求积公式 (5.31) 对 $H_{2n+1}(x)$ 能准确成立, 即

$$\int_a^b H_{2n+1}(x)\mathrm{d}x=\sum_{k=0}^{n}A_k H_{2n+1}(x_k)=\sum_{k=0}^{n}A_k f(x_k),$$

从而得 Gauss 型求积公式 (5.30) 的截断误差

$$\begin{aligned}R_n(f)&=\int_a^b f(x)\mathrm{d}x-\sum_{k=0}^{n}A_k f(x_k)\\&=\int_a^b [f(x)-H_{2n+1}(x)]\mathrm{d}x=\int_a^b \frac{f^{(2n+2)}(\xi)}{(2n+2)!}\omega_{n+1}^2(x)\mathrm{d}x\\&=\frac{f^{(2n+2)}(\eta)}{(2n+2)!}\int_a^b \omega_{n+1}^2(x)\mathrm{d}x, \quad a<\eta<b.\end{aligned}$$

5.6 二重积分的数值解法

设二元函数 $f(x,y)$ 在闭区域 $D=\{(x,y)|\varphi_1(x)\leqslant y\leqslant\varphi_2(x),a\leqslant x\leqslant b\}$ 上连

续, 则 $f(x,y)$ 在 D 上的二重积分可化为二次积分, 即

$$\iint_D f(x,y)\mathrm{d}x\mathrm{d}y = \int_a^b \mathrm{d}x \int_{\varphi_1(x)}^{\varphi_2(x)} f(x,y)\mathrm{d}y.$$

从而利用一元函数的插值型求积公式, 求出二重积分的近似值.

5.6.1　积分区域为矩形域的解法

设 $f(x,y)$ 的积分区域为矩形域 $D=\{(x,y)|a\leqslant x\leqslant b, c\leqslant y\leqslant d\}$, 则二重积分

$$\iint_D f(x,y)\mathrm{d}x\mathrm{d}y = \int_c^d \mathrm{d}y \int_a^b f(x,y)\mathrm{d}x.$$

1. **二重积分的复化梯形公式**

先将$[a,b]$ 划分成 n 等份, 分点为 $x_i=a+ih(i=0,1,2,\cdots,n)$, 步长为 $h=\dfrac{b-a}{n}$; 再将 $[c,d]$ 划分成 m 等份, 分点为 $y_j=c+j\tau(j=0,1,2,\cdots,m)$, 步长为 $\tau=\dfrac{d-c}{m}$, 则直线族 $x=x_i(i=0,1,2,\cdots,n)$ 和 $y=y_j(j=0,1,2,\cdots,m)$ 将矩形的积分区域 D 分成了 $n\times m$ 个小矩形

$$D_{ij}=\{(x,y)|x_i\leqslant x\leqslant x_{i+1}, y_j\leqslant y\leqslant y_{j+1}\},\quad i=0,1,\cdots,n-1; j=0,1,\cdots,m-1,$$

则

$$\iint_D f(x,y)\mathrm{d}x\mathrm{d}y = \sum_{i=0}^{n-1}\sum_{j=0}^{m-1}\iint_{D_{ij}} f(x,y)\mathrm{d}x\mathrm{d}y = \sum_{i=0}^{n-1}\sum_{j=0}^{m-1}\int_{y_j}^{y_{j+1}}\mathrm{d}y\int_{x_i}^{x_{i+1}} f(x,y)\mathrm{d}x.$$

利用一元函数的梯形公式, 并记 $f(x_i,y_j)=f_{ij}$, 则有

$$\begin{aligned}
&\int_{y_j}^{y_{j+1}}\mathrm{d}y\int_{x_i}^{x_{i+1}} f(x,y)\mathrm{d}x \approx \frac{h}{2}\int_{y_j}^{y_{j+1}}[f(x_i,y)+f(x_{i+1},y)]\mathrm{d}y\\
\approx&\frac{h}{2}\frac{\tau}{2}\{[f(x_i,y_j)+f(x_i,y_{j+1})]+[f(x_{i+1},y_j)+f(x_{i+1},y_{j+1})]\}\\
\approx&\frac{h\tau}{4}(f_{ij}+f_{i,j+1}+f_{i+1,j}+f_{i+1,j+1}),
\end{aligned}$$

从而二重积分的近似值为

$$\iint_D f(x,y)\mathrm{d}x\mathrm{d}y \approx \frac{h\tau}{4}\sum_{i=0}^{n-1}\sum_{j=0}^{m-1}(f_{ij}+f_{i,j+1}+f_{i+1,j}+f_{i+1,j+1}) \approx \frac{h\tau}{4}\sum_{i=0}^{n-1}\sum_{j=0}^{m-1}\lambda_{ij}f_{ij},$$

其中

$$
\begin{cases}
\lambda_{00} = \lambda_{0m} = \lambda_{n0} = \lambda_{nm} = 1, \\
\lambda_{i0} = \lambda_{im} = 2, \quad i = 1, 2, \cdots, n-1, \\
\lambda_{0j} = \lambda_{nj} = 2, \quad j = 1, 2, \cdots, m-1, \\
\lambda_{ij} = 4, \quad i = 1, 2, \cdots, n-1; j = 1, 2, \cdots, m-1,
\end{cases}
$$

并称其为二重积分的梯形公式.

二重积分的梯形公式 Matlab 程序

```
function q=DblTraprl(f,a,A,b,B,m,n)
% 被积函数:func
% x 积分区间左端点:a
% x 积分区间右端点:A
% y 积分区间左端点:b
% y 积分区间右端点:B
% x 方向子区间数目的一半:m
% y 方向子区间数目的一半:n
% 积分值:q
if m==1 && n==1   %梯形公式
    q=((B-b)*(A-a)/4)*(subs(sym(f),findsym(sym(f)),{a,b})+···
subs(sym(f),findsym(sym(f)),{a,B})+···
subs(sym(f),findsym(sym(f)),{A,b})+···
subs(sym(f),findsym(sym(f)),{A,B});
else   %复合梯形公式
    C=4*ones(n+1,m+1);
    C(1,:)=2;
    C(:,1)=2;
    C(n+1,:)=2;
    C(:,m+1)=2;
    C(1,1)=1;
    C(1,m+1)=1;
    C(n+1,1)=1;
    C(n+1,m+1)=1;   %C矩阵
end
F=zeros(n+1,m+1);
q=0;
```

```
for i=0:n
    for j=0:m
      x=a+j*(A—a)/a;
      y=b+j*(B—b)/m;
      F(i+1,j+1)=subs(sym(f),findsym(sym(f)),{x,y});
      q=q+F(i+1,j+1)*C(i+1,j+1);
    end
end
q=((B—b)*(A—a)/4/m/n)*q;
end
```

2. 二重积分的复化 Simpon 公式

将 $[a,b]$ 分成 $2n$ 等份, 分点为 $x_i=a+ih(i=0,1,2,\cdots,2n)$, 步长为 $h=\dfrac{b-a}{2n}$; 再将 $[c,d]$ 分成 $2m$ 等份, 分点为 $y_j=c+j\tau(j=0,1,2,\cdots,2m)$, 步长为$\tau=\dfrac{d-c}{2m}$, 则直线族 $x=x_{2i}(i=0,1,2,\cdots,n)$ 和 $y=y_{2j}(j=0,1,2,\cdots,m)$ 将矩形的积分区域 D 分成了 $n\times m$ 个小矩形

$$D_{ij}=\{(x,y)|x_{2i}\leqslant x\leqslant x_{2i+2},y_{2j}\leqslant y\leqslant y_{2j+2}\},\quad i=0,1,\cdots,n-1;j=0,1,\cdots,m-1.$$

在 D_{ij} 上利用一元函数的 Simpson 公式, 有

$$\begin{aligned}\iint_{D_{ij}}f(x,y)\mathrm{d}x\mathrm{d}y&=\int_{y_{2j}}^{y_{2j+2}}\mathrm{d}y\int_{x_{2i}}^{x_{2i+2}}f(x,y)\mathrm{d}x\\&\approx\frac{h}{3}\int_{y_{2j}}^{y_{2j+2}}[f(x_{2i},y)+4f(x_{2i+1},y)+f(x_{2i+2},y)]\mathrm{d}y\\&\approx\frac{h}{3}\frac{\tau}{3}[(f_{2i},f_{2j}+4f_{2i},f_{2j+1}+f_{2i},f_{2j+2})+4(f_{2i+1},f_{2j}\\&\quad+4f_{2i+1},f_{2j+1}+f_{2i+1},f_{2j+2})\\&\quad+(f_{2i+2},f_{2j}+4f_{2i+2},f_{2j+1}+f_{2i+2},f_{2j+2})],\end{aligned}$$

从而二重积分的近似值为

$$\iint_D f(x,y)\mathrm{d}x\mathrm{d}y\approx\sum_{i=0}^{n-1}\sum_{j=0}^{m-1}\iint_{D_{ij}}f(x,y)\mathrm{d}x\mathrm{d}y\approx\frac{h\tau}{9}\sum_{i=0}^{2n}\sum_{j=0}^{2m}\lambda_{ij}f_{ij},$$

其中,

$$
\begin{cases}
\lambda_{00} = \lambda_{0,2m} = \lambda_{2n,0} = \lambda_{2n,2m} = 1, \\
\lambda_{i0} = \lambda_{i,2m} = 2, \quad i = 2, 4, \cdots, 2n-2, \\
\lambda_{0j} = \lambda_{2n,j} = 2, \quad j = 2, 4, \cdots, 2m-2, \\
\lambda_{i0} = \lambda_{i,2m} = 4, \quad i = 1, 3, \cdots, 2n-1, \\
\lambda_{0j} = \lambda_{2n,j} = 4, \quad j = 1, 3, \cdots, 2m-1, \\
\lambda_{ij} = 4, \quad i = 2, 4, \cdots, 2n-2; j = 2, 4, \cdots, 2m-2, \\
\lambda_{ij} = 8, \quad i = 1, 3, \cdots, 2n-1; j = 2, 4, \cdots, 2m-2, \\
\lambda_{ij} = 8, \quad i = 2, 4, \cdots, 2n-2; j = 1, 3, \cdots, 2m-1, \\
\lambda_{ij} = 16, \quad i = 1, 3, \cdots, 2n-1; j = 1, 3, \cdots, 2m-1,
\end{cases}
$$

并称其为二重积分的 Simpson 公式.

二重积分的 Simpson 公式程序

```
function q=DblSimpson(f,a,A,b,B,m,n)
% 被积函数:func
% x 积分区间左端点:a
% x 积分区间右端点:A
% y 积分区间左端点:b
% y 积分区间右端点:B
% x 方向子区间数目的一半:m
% y 方向子区间数目的一半:n
% 积分值:q
if(m==1 && n==1)  %辛普森公式
    q=((B-b)*(A-a)/9)*(subs(sym(f),findsym(sym(f)),{a,b})+
    subs(sym(f),findsym(sym(f)),{a,B})+
    subs(sym(f),findsym(sym(f)),{A,b})+
    subs(sym(f),findsym(sym(f)),{A,B})+
    4*subs(sym(f),findsym(sym(f)),{(A-a)/2,b})+
    4*subs(sym(f),findsym(sym(f)),{(A-a)/2,B})+
    4*subs(sym(f),findsym(sym(f)),{a,(B-b)/2})+
    4*subs(sym(f),findsym(sym(f)),{A,(B-b)/2})+
    16*subs(sym(f),findsym(sym(f)),{(A-a)/2,(B-b)/2}));
Else  %复合辛普森公式
    q=0;
    for i=0:n-1
```

```
        for j=0:m-1
            x=a+2*i*(A-a)/2/n;
            y=b+2*j*(B-b)/2/m;
            x1=a+(2*i+1)*(A-a)/2/n;
            y1=b+(2*j+1)*(B-b)/2/m;
            x2=a+2*(i+1)*(A-a)/2/n;
            y2=b+2*(j+1)*(B-b)/2/m;
            q=q+subs(sym(f),findsym(sym(f)),{x,y})+
            subs(sym(f),findsym(sym(f)),{x,y2})+
            subs(sym(f),findsym(sym(f)),{x2,y})+
            subs(sym(f),findsym(sym(f)),{x2,y2})+
            4*subs(sym(f),findsym(sym(f)),{x,y1})+
            4*subs(sym(f),findsym(sym(f)),{x2,y1})+
            4*subs(sym(f),findsym(sym(f)),{x1,y})+
            4*subs(sym(f),findsym(sym(f)),{x1,y2})+
            16*subs(sym(f),findsym(sym(f)),{x1,y1});
        end
    end
end
q=((B-b)*(A-a)/36/m/n)*q;
```

例 5.5 用二重积分的梯形公式及 Simpson 公式计算积分

$$\iint_D \ln(xy^2)\mathrm{d}x\mathrm{d}y,$$

其中 $D=\{(x,y)|1\leqslant x\leqslant 2, 1\leqslant y\leqslant 1.5\}$, 区间 $[1,2]$ 四等分, 区间 $[1,1.5]$ 二等分.

解 将 f_{ij} 及 λ_{ij} 的值在表 5.5 中给出, 其中括号中的 λ_{ij}^1 是复化梯形公式的, λ_{ij}^2 是复化 Simpson 公式的.

表 5.5

	0	1	2	3	4
0	0 (1,1)*	0.223144 (2,4)	0.405465 (2,2)	0.559616 (2,4)	0.639147 (1,1)
1	0.446287 (2,4)	0.669431 (4,16)	0.851752 (4,8)	1.005903 (4,16)	1.139434 (2,4)
2	0.810930 (1,1)	1.034074 (2,4)	1.216395 (2,2)	1.370546 (2,4)	1.504077 (1,1)

* 表示 $f_{ij}(\lambda_{ij}^1,\lambda_{ij}^2)$

用复化梯形公式计算, 可知 $h=\tau=0.25$, $n=4$, $m=2$, 则

$$\iint_D \ln(xy^2)\mathrm{d}x\mathrm{d}y \approx \frac{h\tau}{4}\sum_{i=0}^{n}\sum_{j=1}^{m}\lambda_{ij}f_{ij} \approx \frac{0.25^2}{4}\times 25.852420 \approx 0.403944063,$$

用复化 Simpson 公式计算, 可知 $h=\tau=0.25$, $n=2$, $m=1$, 则

$$\iint_D \ln(xy^2)\mathrm{d}x\mathrm{d}y \approx \frac{h\tau}{9}\sum_{i=0}^{2n}\sum_{j=1}^{2m}\lambda_{ij}f_{ij} \approx \frac{0.25^2}{9}\times 58.909638 \approx 0.409094708.$$

二重积分的精确解为 0.409542504, 可见复化 Simpson 公式的近似程度优于复化梯形公式.

复化梯形公式在 MATLAB 命令窗口执行命令

```
>>q=DblTraprl('log(x*y^2)',1,2,1,1.5,15,10)
```

复化 Simpson 公式在 MATLAB 命令窗口执行命令

```
>> q=DblSimpson q=DblSimpson(f,a,A,b,B,m,n)
```

5.6.2 一般区域上的解法

如果二重积分 $\iint_D f(x,y)\mathrm{d}x\mathrm{d}y$ 的积分区域 D 为非矩形时, 作矩形区域 $R=\{(x,y)|a\leqslant x\leqslant b, c\leqslant y\leqslant d\}$, 满足 $D\subset R$, 同时设

$$F(x,y)=\begin{cases} f(x,y), & (x,y)\in D,\\ 0, & (x,y)\in R-D,\end{cases}$$

则

$$\iint_D f(x,y)\mathrm{d}x\mathrm{d}y = \iint_R f(x,y)\mathrm{d}x\mathrm{d}y.$$

这样就可以利用矩形域上的复化梯形公式和复化 Simpson 公式计算其近似值.

5.7 数 值 微 分

实际问题中变量之间的关系通常是由离散的数据 $(x_i, f(x_i))(i=0,1,\cdots,n)$ 给出, 若求变量的变化率, 只能用数值方法求它的近似导数 —— 数值微商 (微分).

5.7.1 插值型求导公式及截断误差

构造数值微分公式的普遍方法是用一个易于计算其微分的函数近似替代原问题中的函数 $f(x)$, 插值多项式首先被选中. 设 $x_i\in[a,b](i=0,1,\cdots,n)$, $L_n(x)$ 为

由插值数据点 $(x_i, f(x_i))(i=0,1,\cdots,n)$ 所决定的不超过 n 次的 Lagrange 型插值多项式, 据定理 4.2,

$$f(x)=L_n(x)+\frac{f^{(n+1)}(\xi)}{(n+1)!}\omega_{n+1}(x), \quad a<\xi<b,$$

对上式两端求 k 次导数, 得

$$f^{(k)}(x)=L_n^{(k)}(x)+\frac{\mathrm{d}^k}{\mathrm{d}x^k}\left[\frac{f^{(n+1)}(\xi)}{(n+1)!}\omega_{n+1}(x)\right], \quad k=1,2,\cdots. \tag{5.35}$$

若以插值多项式的导数 $L_n^{(k)}(x)$ 作为 $f^{(k)}(x)(k=1,2,\cdots)$ 的近似值, 其误差为等式右端的第二项, 一般来说是难以估计的.

考虑一阶数值微分公式 $f'(x)\approx L_n'(x)$, 其截断误差为

$$\begin{aligned}R_n'(x)&=\frac{\mathrm{d}}{\mathrm{d}x}\left[\frac{f^{(n+1)}(\xi)}{(n+1)!}\omega_{n+1}(x)\right]\\&=\frac{f^{(n+1)}(\xi)}{(n+1)!}\omega_{n+1}'(x)+\frac{\omega_{n+1}(x)}{(n+1)!}\frac{\mathrm{d}f^{(n+1)}(\xi)}{\mathrm{d}x}.\end{aligned}$$

由于 $\xi=\xi(x)\in(a,b)$, 无法对上式右端第二项之值作出估计. 若求节点 x_i 处的导数值, 则 x_i 处的截断误差为

$$R_n'(x_i)=\frac{f^{(n+1)}(\xi)}{(n+1)!}\prod_{\substack{j=0\\j\neq i}}^{n}(x_i-x_j), \quad i=0,1,\cdots,n. \tag{5.36}$$

以下就等距节点情况下, 写出几个常用的数值微分公式. 记 $x_i=x_0+ih, f(x_i)=y_i\,(i=0,1,\cdots,n)$.

(1) 两点公式 $(n=1)$

作线性插值函数 $L_1(x)$, 求导得

$$L_1'(x)=\frac{1}{h}[-f(x_0)+f(x_1)]=\frac{1}{h}(y_1-y_0),$$

带余项的两点公式为

$$\begin{aligned}f'(x_0)&=\frac{1}{h}(y_1-y_0)-\frac{h}{2}f''(\xi_0), \quad x_0<\xi_0<x_1,\\f'(x_1)&=\frac{1}{h}(y_1-y_0)-\frac{h}{2}f''(\xi_1), \quad x_0<\xi_1<x_1.\end{aligned}$$

(2) 三点公式 $(n=2)$

作二次插值函数 $L_2(x)$, 求导得

$$L_2'(x)=\frac{2x-x_1-x_2}{2h^2}y_0-\frac{2x-x_0-x_2}{h^2}y_1+\frac{2x-x_0-x_1}{2h^2}y_2.$$

带余项的三点公式为

$$f'(x_0)=\frac{1}{2h}(-3y_0+4y_1-y_2)+\frac{h^2}{3}f'''(\xi_0),\quad x_0<\xi_0<x_1,$$

$$f'(x_1)=\frac{1}{2h}(-y_0+y_2)+\frac{h^2}{6}f'''(\xi_1),\quad x_0<\xi_1<x_2,$$

$$f'(x_2)=\frac{1}{2h}(y_0-4y_1+3y_2)+\frac{h^2}{3}f'''(\xi_2),\quad x_0<\xi_2<x_2,$$

进一步可得带余项的三点二阶导数公式为

$$f''(x_0)=\frac{1}{h^2}(y_0-2y_1+y_2)-hf'''(\xi_1)+\frac{h^2}{6}f^{(4)}(\xi_2),$$

$$f''(x_1)=\frac{1}{h^2}(y_0-2y_1+y_2)-\frac{h^2}{12}f^{(4)}(\xi_3),$$

$$f''(x_2)=\frac{1}{h^2}(y_0-2y_1+y_2)-hf'''(\xi_4)-\frac{h^2}{6}f^{(4)}(\xi_5),$$

式中 $x_0<\xi_i<x_2\ (i=1,2,3,4,5)$.

5.7.2　步长的选取问题

经验告诉我们, 多数的数值积分法具有良好的数值性质. 但作为互逆运算的数值微分, 虽然计算公式简单, 但计算结果常常带有较大误差. 由微分定义

$$\lim_{h\to 0}\frac{f(x+h)-f(x)}{h}=f'(x),$$

得数值微分公式

$$f'(x)\approx\frac{f(x+h)-f(x)}{h},$$

其误差为$\dfrac{h}{2}f''(\xi)$(ξ 在 x 与 $x+h$ 之间), 从理论上讲, 随着 h 的减少, 其误差越来越小. 但实际上, 当 h 过小时, $f(x+h)$ 与 $f(x)$ 相当接近, 相减时就会造成有效数字的对消, 使计算结果产生大的误差. 表 5.6 列出了 $f(x)=\mathrm{e}^x$ 在 $x=0$ 点对不同的 h 数值导数值及其误差 (计算基于 8 位数字).

计算结果表明, 当 h 较小 ($h=10^{-4}$ 左右) 时, 误差较小. h 较大或 h 太小时, 误差都较大. 设函数值 $f(x_i)$ 的近似值为 $\tilde{f}(x_i)$, 误差为 $\varepsilon_i=\tilde{f}(x_i)-f(x_i)$, 于是计算 x_i 点的导数时

$$\frac{\tilde{f}(x_{i+1})-\tilde{f}(x_i)}{h}=\frac{f(x_{i+1})-f(x_i)}{h}+\frac{\varepsilon_{i+1}-\varepsilon_i}{h}.$$

表 5.6

h	$[f(h)-f(0)]/h$	$f'(x)-[f(h)-f(0)]/h$
10^{-1}	1.0517092	-0.517092×10^{-1}
10^{-2}	1.0050163	-0.501630×10^{-2}
10^{-3}	1.0004937	-0.493700×10^{-3}
10^{-4}	1.0000169	-0.169000×10^{-4}
10^{-5}	0.99986792	0.133080×10^{-3}
10^{-6}	0.99837780	0.162220×10^{-2}
10^{-7}	0.10430813	0.895669187
10^{-8}	0	1

由两点微分公式

$$\frac{\tilde{f}(x_{i+1})-\tilde{f}(x_i)}{h}-f'(x_i)=\frac{1}{2}f''(\xi_i)h+\frac{\varepsilon_{i+1}-\varepsilon_i}{h},\quad x_i<\xi_i<x_{i+1}.$$

若记 $M_2=\max\limits_{a\leqslant x\leqslant b}|f''(x)|,\varepsilon=\max\limits_{1\leqslant i\leqslant n}|\varepsilon_i|$, 则

$$\left|\frac{\tilde{f}(x_{i+1})-\tilde{f}(x_i)}{h}-f'(x_i)\right|\leqslant\frac{1}{2}M_2h+\frac{2\varepsilon}{h}.$$

上式表明: 实际计算过程中的误差含两部分, 误差限中$\frac{1}{2}M_2h$ 是公式的截断误差, 当 $h\to0$ 时截断误差趋于零; 而舍入误差 $2\frac{\varepsilon}{h}$ 当 $h\to0$ 时却趋于无穷大. 在计算中要适当地选取 h, 使得误差

$$R(h)=\frac{1}{2}M_2h+2\varepsilon\frac{1}{h}$$

作为 h 的函数达到最小值. 令 $\frac{\mathrm{d}R}{\mathrm{d}h}=0$, 解得

$$h=\sqrt{\frac{4\varepsilon}{M_2}}=2\sqrt{\frac{\varepsilon}{M_2}}.$$

对于表 5.5 的数据, 由于 $f''(x)=\mathrm{e}^x$, 取 $M_2=2,\varepsilon=\frac{1}{2}\times10^{-8}$, 代入上式解得 $h\approx10^{-4}$, 与实际计算结果一致.

5.7.3 用三次样条函数求数值微分

由于三次样条插值函数 $S(x)$ 不仅与 $f(x)$ 的函数值很接近, 而且导数值也很接近. 所以, 用样条插值函数计算函数的数值导数, 不仅精度好, 而且还可以求到非节点处的导数值, 即

$$f^{(k)}(x)\approx S^{(k)}(x),\quad k=1,2,\tag{5.37}$$

其中样条函数 $S(x)$ 是分段函数, 在区间 $[x_{i-1},x_i]$ 上的一阶和二阶导数为

$$S'(x)=-\frac{M_{i-1}}{2h_i}(x_i-x)^2+\frac{M_i}{2h_i}(x-x_{i-1})^2+\frac{y_i-y_{i-1}}{h_i}-\frac{h_i}{6}(M_i-M_{i-1}),\quad x_{i-1}\leqslant x\leqslant x_i,$$

$$S''(x)=M_{i-1}+\frac{M_i-M_{i-1}}{h_i}(x-x_{i-1}),\quad x_{i-1}\leqslant x\leqslant x_i,$$

其中 $h_i=x_i-x_{i-1}, M_i$ 可由三弯矩方程 (4.47) 求出.

应用三次样条插值函数求数值微分的公式 (5.37) 不仅可以求非节点处的导数值, 而且计算精度也大大提高. 这里不加证明地给出如下误差估计:

设 $f(x)$ 在 $[a,b]$ 上具有四阶连续导数, 则当 $h=\max\limits_{1\leqslant i\leqslant n}h_i\to 0(n\to\infty), \forall x\in[a,b]$,

$$\left|f^{(k)}(x)-S^{(k)}(x)\right|\leqslant C_k h^{4-k},\quad k=0,1,2,$$

其中 $C_k(k=0,1,2)$ 是与节点 $x_0,x_1,\cdots,x_n$ 无关的常数.

5.8 应用举例

5.8.1 示踪响应

在化工及环保工程中常会遇到示踪试验研究, 设某液体流过一装置, 在其入口瞬时投放染料, 使用光电计量器测量其出口处的染料浓度 (测量数据见表 5.7). 已知光电计量器的输出读数与染料浓度成正比, 求装置内液体的平均滞留时间 T_m.

设在时刻 t 被观测到的响应 $y(t)$, 染料分子在装置内滞留时间 t 的密度函数 $g(t)$, 则 $y(t)$ 与 $g(t)$ 成正比, 且满足

$$g(t)=\frac{y(t)}{\int_0^{+\infty}y(t)\mathrm{d}t}.$$

因而

$$T_m=\int_0^{+\infty}tg(t)\mathrm{d}t=\frac{\int_0^{+\infty}ty(t)\mathrm{d}t}{\int_0^{+\infty}y(t)\mathrm{d}t}=\frac{\int_0^{66}ty(t)\mathrm{d}t}{\int_0^{66}y(t)\mathrm{d}t}.$$

对于上述两个欲计算的积分, 据表 5.7 的数据点的分布, 将积分区间分为 [0,10], [10,66]. 在 $[0,10]$ 上取 $h=2$, 在 $[10,66]$ 上取 $h=8$, 应用复化 Simpson 公式 (5.19)

得

$$\begin{aligned}\int_0^{66} ty(t)\mathrm{d}t &= \int_0^{66} f(t)\mathrm{d}t = \int_0^{66} f(t)\mathrm{d}t + \int_{10}^{66} f(t)\mathrm{d}t \\ &= \frac{2}{6}\left[f(0) + 4\sum_{k=0}^{4} f(2k+1) + 2\sum_{k=1}^{4} f(2k) + f(10)\right] \\ &\quad + \frac{8}{6}\left[f(10) + 4\sum_{k=1}^{7} f(8k+6) + 2\sum_{k=2}^{7} f(8k+2) + f(66)\right] \\ &= 1887.2 + 4126.5 = 6013.7.\end{aligned}$$

$$\begin{aligned}\int_0^{66} y(t)\mathrm{d}t &= \int_0^{10} y(t)\mathrm{d}t + \int_{10}^{66} y(t)\mathrm{d}t \\ &= \frac{2}{6}\left[y(0) + 4\sum_{k=0}^{4} y(2k+1) + 2\sum_{k=1}^{4} y(2k) + y(10)\right] \\ &\quad + \frac{8}{6}\left[y(0) + 4\sum_{k=1}^{7} y(8k+6) + 2\sum_{k=2}^{7} y(8k+2) + y(66)\right] \\ &= 371.1 + 228.6 = 599.7.\end{aligned}$$

于是

$$T_m = \frac{6013.7}{599.7} = 10.03(\mathrm{s}).$$

表 5.7

序号	时间 t/s	计量器读数 y/mv	$y \cdot t$	序号	时间 t/s	计量器读数 y/mv	$y \cdot t$
0	0	0	0	13	22	6.4	140.8
1	1	27.4	27.4	14	26	3.9	101.4
2	2	41.1	82.2	15	30	2.4	72.0
3	3	46.4	139.2	16	34	1.4	47.6
4	4	47.1	188.4	17	38	0.9	34.2
5	5	44.8	224.0	18	42	0.5	21.0
6	6	42.3	253.8	19	46	0.3	13.8
7	7	38.7	270.9	20	50	0.2	10.0
8	8	35.0	280.0	21	54	0.1	5.4
9	9	31.3	281.0	22	58	0.1	5.8
10	10	28.0	280.0	23	62	0.1	6.2
11	14	17.3	242.2	24	66	0.05	3.3
12	18	10.6	190.8				

5.8.2　地球卫星轨道长度的计算

卫星的轨道是一个椭圆, 若用 a 表示椭圆的长半轴, c 表示焦距 (焦点到椭圆中心的距离), 则椭圆周长的计算公式是

$$S = 4a\int_0^{\frac{\pi}{2}} \sqrt{1-\left(\frac{c}{a}\right)^2 \sin^2 t}\mathrm{d}t,$$

称此积分为椭圆型积分, 椭圆型积分其原函数无法用初等函数表示, 即无法用 Newton-Leibniz 公式计算出 S 的精确值, 只能求数值积分.

若用 H_0, H 分别表示卫星的近地点与远地点的距离. 因为地球位于椭圆的一个焦点上, 则长半轴、焦距与 H_0, H 及地球半径 R 之间的关系为

$$a = \frac{1}{2}(2R + H + H_0), \quad c = \frac{1}{2}(H - H_0).$$

已知我国第一颗人造地球卫星的近地点距离 $H_0 = 439\text{km}$, 远地点距离 $H_0 = 2384\text{km}$, 试分别应用下列方法计算该卫星轨道长度 S.

解　将 $R = 6371\text{km}$, $H_0 = 439\text{km}$, $H = 2384\text{km}$ 代入, 解得 $a = 7782.5\text{km}$, $c = 972.5\text{km}$, 于是

$$f(t) = \sqrt{1-\left(\frac{c}{a}\right)^2 \sin^2 t} = \sqrt{1-0.01561496\sin^2 t},$$

$$S = 31130\int_0^{\frac{\pi}{2}} f(t)\mathrm{d}t.$$

(1) 选用复化 Simpson 公式

$$S_n = \frac{h}{6}\left[f(0) + 2\sum_{i=1}^{n-1} f(t_i) + 4\sum_{i=0}^{n-1} f\left(t_i + \frac{h}{2}\right) + f\left(\frac{\pi}{2}\right)\right],$$

并取 $n = 8$, 即 $h = \dfrac{\pi}{16}$, 所需 $f(t_i)$ 的值见表 5.8, 计算得 $S_8 \approx 1.5646463$, 于是卫星轨道长度

$$S \approx 31130 \times S_8 = 48707.43932(\text{km}).$$

表 5.8

t_i	$f(t_i)$	t_i	$f(t_i)$
0	1	$9\pi/32$	0.99532374
$\pi/32$	0.99992499	$10\pi/32$	0.99458722

续表

t_i	$f(t_i)$	t_i	$f(t_i)$
$2\pi/32$	0.99970280	$11\pi/32$	0.99390891
$3\pi/32$	0.99934188	$12\pi/32$	0.99331354
$4\pi/32$	0.99885597	$13\pi/32$	0.99682468
$5\pi/32$	0.99826355	$14\pi/32$	0.99246126
$6\pi/32$	0.99758725	$15\pi/32$	0.99223740
$7\pi/32$	0.99685289	$16\pi/32$	0.99223740
$8\pi/32$	0.99608861		

(2) 选用 Romberg 算法

$$\begin{cases} T_1^{(0)} = \dfrac{\pi}{4}\left[f(0)+f\left(\dfrac{\pi}{2}\right)\right], \\ T_{2^k}^{(0)} = \dfrac{1}{2}T_{2^{k-1}}^{(0)} + \dfrac{\pi}{2^{k+1}}\displaystyle\sum_{i=1}^{2^{k-1}} f\left(\dfrac{2i-1}{2^{k+1}}\pi\right), \quad k=1,2,\cdots;m=1,2,3, \\ T_{2^{k-1}}^{(m)} = \dfrac{4^m T_{2^k}^{(m-1)} - T_2}{4^m-1}, \end{cases}$$

其计算结果见表 5.9, 取 $I(f)=\displaystyle\int_0^{\frac{\pi}{2}} f(t)\mathrm{d}t \approx T_1^{(3)} = 1.55646464$, 则卫星轨道长度

$$S \approx 31130 \times 1.5646464 = 48707.44243(\mathrm{km}).$$

表 5.9

区间等分数 N	$T_N^{(0)}$	$T_{N/2}^{(1)}$	$T_{N/4}^{(2)}$	$T_{N/8}^{(3)}$
1	1.5646404			
2	1.5646467	1.5646488		
4	1.5646467	1.5646467	1.5646466	
8	1.5646465	1.5646464	1.5646464	1.5646464

(3) 选用三点 Gauss 公式, 首先作变量替换 $t=\dfrac{\pi}{4}(1+x)$.

$$\begin{aligned} I(f) &= \int_0^{\frac{\pi}{2}} f(t)\mathrm{d}t = \frac{\pi}{4}\int_{-1}^{1} f\left[\frac{\pi}{4}(1+x)\right]\mathrm{d}x \\ &= \frac{\pi}{4}\sum_{k=0}^{4} A_k f\left[\frac{\pi}{4}(1+x_k)\right], \end{aligned}$$

其中 Gauss 点 x_k 及系数 $A_k(k=0,1,2,3,4)$ 查表 5.4, 得

$$\begin{aligned}I(f)\approx&\frac{\pi}{4}\left\{0.23692689\left\{f\left[(1-0.90617985)\frac{\pi}{4}\right]+f\left[(1+0.90617985)\frac{\pi}{4}\right]\right\}\right.\\&+0.47862867\left\{f\left[(1+0.53846931)\frac{\pi}{4}\right]+f\left[(1-0.53846931)\frac{\pi}{4}\right]\right\}\\&\left.+0.56888889f\left(\frac{\pi}{4}\right)\right\}=\frac{\pi}{4}\times 1.99216943\\=&1.5646462.\end{aligned}$$

于是卫星轨道长度

$$S\approx 31130\times I(f)=48707.4362(\text{km}).$$

(1) 复化 Simpson 公式

在 MATLAB 命令窗口执行命令

```
>>x=[0 π/32 2π/32 3π/32 4π/32 5π/32 6π/32 7π/32 8π/32 9π/32
10π/32 11π/32 12π/32 13π/32 14π/32 15π/32 16π/32];
>>y=[1 0.99992499 0.99970280 0.99934188 0.99826355 0.99758725
0.99685289 0.99608861 0.99532374 0.99458722 0.99390891 0.99331354
0.99682468 0.99246126 0.99223740 0.99223740]
>>I=squad(x,y)
```

(2) Romberg 算法

在 MATLAB 命令窗口执行命令

```
>> t=romber('1-0.01561496*(sin(t))^2)',0,π/2,)
```

(3) 三点 Gauss 公式

在 MATLAB 命令窗口执行命令

```
>> fun=inline('1-0.01561496*(sin(t))^2)');
>> I=Gauss_Legendre (fun,0,π/2,3)
```

小　结

本章首先介绍了一元函数常用的数值积分和数值微分方法, 其实质都是用 $f(x)$ 的插值多项式 $P_n(x)$ 近似代替 $f(x)$, 从而获得 $f(x)$ 的积分和微分的近似值. 根据插值节点的不同取法, 数值积分可分为两类.

第一类为等距节点下的 Newton-Cotes 公式, 是基本的求积公式, 其特点是算法简便, 易编程序. 实际计算中需适当选取步长, 以保证计算精度, 步长可由复化公式的余项来估计或在计算过程中自动选取步长, 此类方法中以复化 Simpson 公式及

Romberg 算法最为常用, Romberg 积分法是在将积分区间逐次对分的过程中, 用简单的低精度的线性组合得到较高精度公式的一种方法, 其思想方法值得学习借鉴.

第二类为等距节点下的 Gauss 求积公式, 具有计算精度高、代数精度高、稳定性好的特点, 是一种常用的求积公式.

数值微分公式分为插值型和样条函数型求导公式, 插值型只能用于求节点处的导数, 主要用于把微分方程化为节点值的代数方程; 样条函数型求导公式可用来求数值微分, 不仅可求节点处的导数值, 也可用于求非节点的导数, 且计算精度较高, 但计算较为复杂.

最后, 利用二元函数在闭区域上的连续性, 将二重积分化为二次积分, 采用一元函数的插值型求积公式, 求出二重积分的近似值, 其计算过程要比一重积分复杂.

思 考 题

1. 列表总结梯形公式、Simpson 公式、Cotes 公式及其复化求积公式的基本形式、代数精度、截断误差表达式, 截断误差是步长 h 的几阶无穷小量?

2. 用复化求积公式求 $\int_a^b f(x)\mathrm{d}x$ 的近似值, 若 $|f'(x)| \leqslant M$, 应把区间 $[a,b]$ 等分成多少份, 才能保证误差不超过 ξ?

3. 求积公式的 m 次代数精度的定义是什么? 代数精度的意义是什么? 能使求积公式

$$\int_a^b f(x)\mathrm{d}x \approx \sum_{k=0}^{n} A_i f(x_k)$$

的代数精度大于 $2n+1$ 吗?

4. 求积公式

$$\int_{-1}^{1} f(x)\mathrm{d}x \approx \frac{1}{9}\left[5f\left(-\sqrt{0.6}\right) + 8f(0) + 5f\left(\sqrt{0.6}\right)\right]$$

的代数精度是多少?

5. 分别讨论在 $n = 1, 2, 4$ 时 Newton-Cotes 公式的代数精度, 从中可得到什么启发?

6. Romberg 求积公式是怎样形成的? 怎样用 Romberg 方法求积分的近似值, 对给定的误差限 ξ, 怎样确定所求结果是在允许误差范围之内?

7. 对比函数 $f(x)$ 的下列向前差商公式与中心差商公式

(1) $f'(x) \approx \dfrac{f(x+h) - f(x)}{h}$; (2) $f'(x) \approx \dfrac{f(x+h) - f(x-h)}{2h}$.

试推导它们的截断误差的表达式, 并作图予以几何解释.

8. 函数 $f(x) = \sqrt{x}$ 在 $x = 2$ 处的一阶中心差商为

$$f'(2) \approx \frac{1}{2h}\left(\sqrt{2+h} - \sqrt{2-h}\right).$$

(1) 在 $h \to 0$ 过程中, 上式的计算值是否越来越接近精确值 $f'(2) = \dfrac{1}{2\sqrt{2}}$?

(2) 如果将上式改写成等价形式

$$f'(2) \approx \frac{1}{(\sqrt{2+h}+\sqrt{2-h})},$$

计算结果会怎样?

(3) 试就 $h=0.001, 0.0001, 0.00001$ 列表计算, 对比以上二式的计算结果 (计算过程中保留六位有效数字).

9. 在求解二重积分时, 引用的一重积分的公式是否有所改变?

10. 二重积分的积分区域不规则时, 运算过程如何处理?

习　题　5

1. 确定下列求积公式中的待定系数或节点, 使其具有尽可能高的代数精度.

(1) $\displaystyle\int_{-1}^{1} f(x)\mathrm{d}x \approx A_0 f(0) + A_1 f(x_1) + f(1)$;

(2) $\displaystyle\int_{-1}^{1} f(x)\mathrm{d}x \approx \frac{1}{3}[f(-1) + 2f(x_1) + 3f(x_2)]$;

(3) $\displaystyle\int_{0}^{h} f(x)\mathrm{d}x \approx \frac{h}{2}[f(0) + f(h)]ah^2[f'(0) - f'(h)]$.

2. 用梯形公式及 Simpson 公式计算积分 $\displaystyle\int_0^1 \mathrm{e}^{-x}\mathrm{d}x$, 并估计误差.

3. 用复化梯形公式及复化 Simpson 公式计算积分 $\displaystyle\int_{1.6}^{3.8} f(x)\mathrm{d}x$, 其中 $f(x)$ 由下表给出.

x	$f(x)$	x	$f(x)$	x	$f(x)$
1.6	4.953	2.4	11.023	3.2	20.533
1.8	6.050	2.6	13.464	3.4	29.964
2.0	7.389	2.8	16.445	3.6	36.598
2.1	9.025	3.0	20.086	3.8	44.701

4. 用复化梯形公式和复化 Simpson 公式计算下列积分, 要求误差不超过 10^{-3}.

(1) $\displaystyle\int_0^1 \frac{x}{1+x^2}\mathrm{d}x$;

(2) $\displaystyle\sqrt{\frac{2}{\pi}}\int_0^1 \mathrm{e}^{-\frac{x^2}{2}}\mathrm{d}x$.

5. 用 Romberg 算法计算积分, 要求误差不超过 10^{-6}.

(1) $\displaystyle\int_0^2 \sqrt{1-0.25\sin^2 x}\mathrm{d}x$;

(2) $\displaystyle\int_0^1 \frac{4}{1+x^2}\mathrm{d}x$.

6. 用下列方法计算积分 $\displaystyle\int_{-1}^{1} \frac{\sin x}{2-x}\mathrm{d}x$.

(1) 三点及五点的 Gauss 型求积公式；

(2) 将区间四等分, 在每个小区间上用两点 Gauss 公式.

7. 已知 $f(x)$ 的部分数据见下表.

x	1.8	2.0	2.2	2.4	2.6
$f(x)$	3.12014	4.42569	6.04241	8.03014	10.46675

试分别对 $h=0.4$, $h=0.2$, 用三点求导公式计算 $f'(2.2)$, $f''(2.2)$.

8. 用重积分的梯形公式及 Simpson 公式计算积分

$$\iint_D (\ln x + 2y)\mathrm{d}x\mathrm{d}y,$$

其中 $D=\{(x,y)|1.4\leqslant x\leqslant 2.0, 1.0\leqslant y\leqslant 1.5\}$, 区间 $[1.4,2.0]$ 四等分, 区间 $[1,1.5]$ 二等分.

数值实验 5

实验目的

通过编程上机计算, 进一步熟悉各种数值积分方法, 特别对同一积分使用多种方法求解, 比较各种方法的特点, 从而能够熟练运用这些方法.

实验内容

1. 对于积分 $I_1=\int_0^1 \frac{\sin x}{x}\mathrm{d}x$, $I_2=\int_0^1 \mathrm{e}^{-x^2}\mathrm{d}x$ 应用下列方法求解：

(1) 分别采用 $n=50$, $n=100$, $n=200$ 的复化梯形公式；

(2) 对于 $\xi=\frac{1}{2}\times 10^{-6}$, 分别应用变步长的复化梯形公式及变步长的复化 Simpson 公式；

(3) 应用 Romberg 算法, 直至误差小于 $\frac{1}{2}\times 10^{-6}$；

(4) 分别应用五点 Cotes 公式及五点 Gauss-Legendre 公式计算；

(5) 将积分区间四等分, 并在每一小区间内分别运用两点、三点 Gauss-Legendre 公式.

2. 试用步长 $h=\tau=0.5$ 的复化梯形公式和复化 Simposn 公式计算二重积分

$$\iint_D \mathrm{e}^{0.2xy}\mathrm{d}x\mathrm{d}y,$$

其中 $D=\{(x,y)|0\leqslant x\leqslant 3, 1.0\leqslant y\leqslant x\}$.

实验结果分析

对以上所采用的多种公式、多类方法的计算结果进行对比, 特别是各种方法所使用的节点数, 计算结果中的有效数字的位数及误差的对比, 对各种方法的优缺点做出评价. 针对某一方法的不足, 分析解决问题的思路.

第 6 章　常微分方程的数值解法

在科学技术和工程实际问题中, 常常需要求解常微分方程. 我们学习过几种类型的常微分方程的解析解求解方法, 在更多情况下, 无法求得解析解. 而在多数工程应用问题中, 往往不一定要求解析解, 只需知道解在若干点上的函数值, 即求数值解.

对一阶常微分方程初值问题

$$\begin{cases} y' = f(x,y)a < x < b, \\ y(a) = y_0, \end{cases} \tag{6.1}$$

求其数值解, 就是计算出解函数 $y(x)$ 在离散点 $x_1 < x_2 < \cdots < x_n$ 处的近似值 $y_1, y_2, \cdots, y_n$.

由常微分方程基本理论知: 当 $f(x,y)$ 在矩形区域 $D = \{(x,y)|a \leqslant x \leqslant b, c \leqslant y \leqslant d\}$ 上连续, 且关于变量 y 满足 Lipschitz 条件, 即对任意的 (x,y_1), $(x,y_2) \in D$, 都有

$$|f(x,y_1) - f(x,y_2)| \leqslant L|y_1 - y_2|,$$

其中 L 为常数, 则初值问题 (6.1) 的解存在且唯一. 本章主要对这类初值问题介绍几种常用的数值方法.

6.1　Euler 法

Euler 法是求解初值问题 (6.1) 的一种古老的数值方法, 方法简便、几何意义明了, 是构造其他方法的基础. 对于离散节点 $a = x_0 < x_1 < \cdots < x_n = b$, 记 $h_i = x_{i+1} - x_i (i = 0, 1, \cdots, n-1)$, 称$h_i$ 为 x_i 到 x_{i+1} 的步长. 一般为简单计, 取等步长 $h_i = \dfrac{b-a}{n} = h(i = 0, 1, \cdots, n-1)$.

6.1.1　Euler 法显式格式

对方程 (6.1) 两端分别在 $[x_i, x_{i+1}]$ 上积分得

$$y(x_{i+1}) - y(x_i) = \int_{x_i}^{x_{i+1}} f(x, y(x))\mathrm{d}x, \tag{6.2}$$

将右端积分用左端点矩形公式 $\int_{x_i}^{x_{i+1}} f(x,y(x))\mathrm{d}x \approx hf(x_i,y(x_i))$ 代替, 整理得

$$y_{i+1} = y_i + hf(x_i,y_i), \quad i=0,1,\cdots,n-1. \tag{6.3}$$

称式 (6.3) 为 Euler 法显式格式, 它由 y_0 出发, 依次求出 $y_1,y_2,\cdots,y_n$. 在几何上式 (6.1) 的精确解 $y=y(x)$ 是一条过点 $P_0(x_0,y_0)$ 的积分曲线, 如图 6.1 所示的 P_0Q 曲线. 方程的近似解 Euler 公式 (6.3) 对应着折线 P_0P_n 上的一系列点的纵坐标. 实际上, 首先过 $P_0(x_0,y_0)$ 点作斜率为 $f(x_0,y_0)$ 的直线 $y=y_0+f(x_0,y_0)(x-x_0)$, 取 $x=x_1$ 得 $y_1=y_0+hf(x_0,y_0)$. 再过点 $P_1(x_1,y_1)$ 点作斜率为 $f(x_1,y_1)$ 的直线 $y=y_1+f(x_1,y_1)(x-x_1)$, 令 $x=x_2$, 得 $y_2=y_1+hf(x_1,y_1)$ 及点 $P_2(x_2,y_2)$.

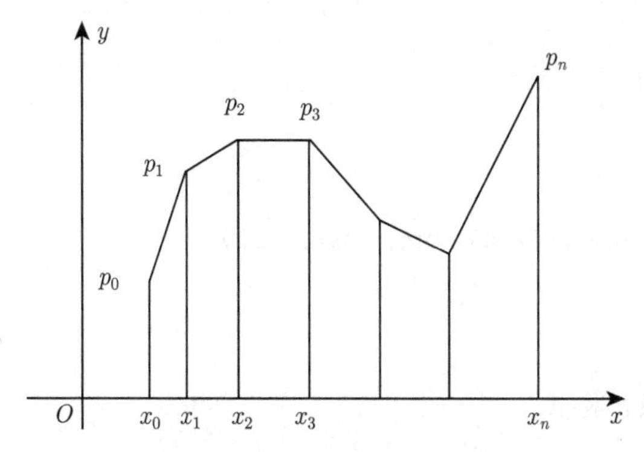

图 6.1 Euler 折线法示意图

以此类推, 得折线上的一系列点 (图 6.1), 折线上转折点的纵坐标 $y_0,y_1,\cdots,y_n$ 就是 Euler 法显式格式的数值解, 所以式 (6.3) 也称 Euler 折线法.

用折线近似表示曲线所产生的误差, 可由 $y(x_{i+1})$ 在点 x 处的 Taylor 展式导出:

$$\begin{aligned} y(x_{i+1}) &= y(x_i) + hy'(x_i) + \frac{1}{2}h^2y''(\xi) \\ &= y(x_i) + hf(x,y(x_i)) + \frac{1}{2}y''(\xi), \quad x_i \leqslant \xi \leqslant x_{i+1}. \end{aligned}$$

可见, 若令 $y(x_i)=y_i$, 应用公式 (6.3) 所产生的截断误差为

$$e_{i+1} = y(x_{i+1}) - y_{i+1} = \frac{1}{2}y''(\xi) = O(h^2),$$

称此误差为局部截断误差.

Euler 方法 MATLAB 程序

```
function E=Euler_1(fun,x0,y0,xN,N)
    % Euler向前公式
```

```
% fun为一阶微分方程的函数
% x0,y0为初始条件
% xN为取值范围的一个端点
% h为区间步长
% N为区间个数
% x为Xn构成的向量
% y为Yn构成的向量
x=zeros(1,N+1);
y=zeros(1,N+1);
x(1)=x0;
y(1)=y0;
h=(xN-x0)/N;
for n=1:N
   x(n+1)=x(n)+h;
   y(n+1)=y(n)+h*feval(fun,x(n),y(n));
end
T=[x',y']
```

6.1.2　Euler 法隐式格式

在积分方程 (6.2) 中, 若右端积分用右端点矩形公式

$$\int_{x_i}^{x_{i+1}} f(x,y(x))\mathrm{d}x \approx hf(x_{i+1},y_{i+1})$$

计算, 整理得 Euler 法隐式格式

$$y_{i+1}=y_i+hf(x_{i+1},y_{i+1}),\quad i=0,1,\cdots,n-1, \tag{6.4}$$

其局部截断误差为

$$e_{i+1}=-\frac{1}{2}h^2y''(\xi),\quad x_i\leqslant\xi\leqslant x_{i+1}.$$

若将式 (6.2) 中右端积分应用梯形积分公式

$$\int_{x_i}^{x_{i+1}} f(x,y(x))\mathrm{d}x \approx \frac{h}{2}[f(x_i,y(x_i))+f(x_{i+1},y(x_{i+1}))]$$

来计算, 得 Euler 法梯形公式

$$y_{i+1}=y_i+\frac{h}{2}[f(x_i,y_i)+f(x_{i+1},y_{i+1})],\quad i=0,1,\cdots,n-1, \tag{6.5}$$

其局部截断误差为

$$e_{i+1} = -\frac{1}{12}h^3y'''(x_i) + O(h^4) = O(h^3).$$

实际上, 利用 $f(x_i, y(x_i)) = y'(x_i)$, 并对 $y(x_{i+1})$ 及 $y'(x_{i+1})$ 在点 x_i 作 Taylor 展开, 得

$$\begin{aligned}
e_{i+1} =& y(x_{i+1}) - y_{i+1} \\
=& y(x_{i+1}) - y_i - \frac{h}{2}[f(x_i, y_i) + f(x_{i+1}, y_{i+1})] \\
=& y(x_{i+1}) - y_i - \frac{h}{2}y'(x_i) - \frac{h}{2}y'(x_{i+1}) \\
=& \left[y(x_i) + hf'(x_i) + \frac{h^2}{2}y''(x_i) + \frac{h^3}{6}y'''(x_i) + O(h^4)\right] - y_i \ - \frac{h}{2}y'(x_i) \\
& -\frac{h}{2}\left[y'(x_i) + hy''(x_i) + \frac{h^2}{2}y'''(x_i) + O(h^3)\right] \\
=& \frac{1}{12}h^3y'''(x_i) + O(h^4).
\end{aligned}$$

可见, 梯形法的局部截断误差与 h^3 同阶, 比 Euler 法 (6.3), (6.4) 的局部截断误差高一阶, 因而梯形法 (6.5) 的精度较高.

式 (6.4) 与梯形公式 (6.5) 都是隐式格式, 因为在右端含 $f(x_{i+1}, y_{i+1})$, 所以不能直接由 y_i 推出 y_{i+1}. 一般使用迭代法求解, 并由显式 Euler 公式 (6.3) 提供初值. 例如, 梯形公式 (6.5) 的迭代过程为

$$\begin{cases} y_{i+1}^{(0)} = y_i + hf(x_i, y_i), \quad i = 0, 1, \cdots, n-1, \\ y_{i+1}^{(k+1)} = y_i + \dfrac{h}{2}\left[f(x_i, y_i) + f\left(x_{i+1}, y_{i+1}^{(k)}\right)\right], \quad k = 0, 1, 2, \cdots. \end{cases} \tag{6.6}$$

一般情况下, 当$\left|\dfrac{h}{2}\dfrac{\partial f}{\partial y}\right| < 1$ 且 $(x, y) \in D$ 时, 迭代过程 (6.6) 收敛. 当只进行一次迭代 $(k = 0)$, 式 (6.6) 实际上是用 Euler 法显式格式 (6.3) 先求出一个初步的近似值, 称为预测值, 它的精度不高. 然后用梯形公式 (6.5) 对预测值校正一次, 其过程可用如下对称的方式表示

$$\begin{cases} y_r = y_i + hf(x_i, y_i), \\ y_s = y_i + hf(x_{i+1}, y_r), \quad i = 0, 1, \cdots, n-1, \\ y_{i+1} = \dfrac{1}{2}(y_r + y_s), \end{cases} \tag{6.7}$$

称此式为 Euler 法预测–校正式.

隐式 EulerMATLAB 程序

```
function E2=Euler_2(fun,x0,y0,xN,N)
% 向后Euler公式
% fun为一阶微分方程的函数
% x0,y0为初始条件
% xN为取值范围的一个端点
% h为区间步长
% N为区间的个数
% x为Xn构成的向量
% y为Yn构成的向量
x=zeros(1,N+1);
y=zeros(1,N+1);
x(1)=x0;
y(1)=y0;
h=(xN-x0)/N;
for n=1:N
%用迭代法求y(n+1)
    x(n+1)=x(n)+h;
    z0=y(n)+h*feval(fun,x(n),y(n));
    for k=1:3
      z1=y(n)+h*feval(fun,x(n+1),z0);
      if abs(z1-z0)<1e-3
        break;
      end
      z0=z1;
    end
    y(n+1)=z1;
end
T=[x',y']
```

6.1.3 Euler 法的 (整体) 截断误差

前面推导了 Euler 显式格式 (6.3) 的局部截断误差, 它是假定 $y(x_i) = y_i$ 精确成立的前提下, 计算 y_{i+1} 所产生的截断误差. 由于 Euler 法是步进法, 即一步步推

求后面节点处的函数值, 那么它的整体截断误差应为

$$E(i,h)=y(x_i)-y_i=\sum_{j=1}^{i}e_j.$$

假定计算 y_i 时用到前一步的精确值 $y(x_{i-1})$, 计算结果记为 $\tilde{y}_i=y(x_{i-1})+hf(x_{i-1},y(x_{i-1}))$, 它的局部截断误差为 $e_i=y(x_i)-\tilde{y}_i$, 则

$$\begin{aligned}|E(i,h)|&=|y(x_i)-y_i|\\&\leqslant|y(x_i)-\tilde{y}_i|+|\tilde{y}_i-y_i|\\&\leqslant|e_i|+|y(x_{i-1})+hf(x_{i-1},y(x_{i-1}))-y_{i-1}-hf(x_{i-1},y_{i-1})|\\&\leqslant|e_i|+|y(x_{i-1})-y_{i-1}|+h|f(x_{i-1},y(x_{i-1}))-f(x_{i-1},y_{i-1})|,\end{aligned}$$

由 $f(x,y)$ 在 D 上满足 Lipschitz 条件, 所以存在常数 L, 使得

$$|f(x_{i-1},y(x_{i-1}))-f(x_{i-1},y_{i-1})|\leqslant L|y(x_{i-1})-y_{i-1}|.$$

代入上式, 整理得

$$|E(i,h)|\leqslant|e_i|+(1+hL)|E(i-1,h)|.$$

反复利用此式, 得

$$\begin{aligned}|E(i,h)|\leqslant&|e_i|+(1+hL)|e_{i-1}|+(1+hL)^2|e_{i-2}|\\&+\cdots+(1+hL)^{i-1}|e_1|.\end{aligned}$$

对于 Euler 法显式格式, $|e_j|=O(h^2)(j=0,1,\cdots,i)$. 并利用 $(1+x)\leqslant e^x$, 得

$$\begin{aligned}|E(i,h)|&\leqslant\sum_{j=0}^{i-1}(1+hL)^j|e_{i-j}|=O(h^2)\sum_{j=0}^{i-1}(1+hL)^j\\&=\frac{(1+hL)^i-1}{1+hL-1}O(h^2)\leqslant\frac{e^{ihL}-1}{L}O(h)\leqslant\frac{1}{L}(e^{(b-a)L}-1)O(h)=O(h).\end{aligned}$$

一般地, 如果某种方法的局部截断误差为 $O(h^{p+1})$, 则称该方法的 (整体) 截断误差为 p 阶, 或者说具有 p 阶精度.

Euler 显式法及 Euler 隐式法的截断误差都为一阶的, 而 Euler 梯形法为二阶的.

例 6.1 试分别用 Euler 法显式格式和预测–校正格式求解初值问题

$$\begin{cases}\dfrac{\mathrm{d}y}{\mathrm{d}x}=-y, & 0\leqslant x\leqslant 1,\\ y(0)=1,\end{cases}$$

并将计算结果与精确解 $y=\mathrm{e}^{-x}$ 作比较.

解　取步长 $h=0.1$, Euler 显式格式表达式为

$$\begin{cases} y_0=1, \\ y_{i+1}=y_i+0.1(-y_i)=0.9y_i, \quad i=0,1,\cdots,9. \end{cases}$$

预测–校正法的计算公式为

$$\begin{cases} y_r=y_i+0.1(-y_i)=0.9y_i, \\ y_s=y_i+0.1(-y_r)=0.91y_i, \quad i=0,1,\cdots,9, \\ y_{i+1}=\dfrac{1}{2}(y_r+y_s)=0.905y_i, \end{cases}$$

它们的计算结果列于表 6.1 中.

表 6.1

	Euler 法显式格式		Euler 法预测–校正式	
x_i	y_i	$\|y_i-e^{-x_i}\|$	y_i	$\|y_i-e^{-x_i}\|$
0.1	0.9000000	4.8374×10^{-3}	0.9050000	1.626×10^{-4}
0.2	0.8100000	8.7308×10^{-3}	0.8190250	2.942×10^{-4}
0.3	0.7290000	1.1818×10^{-2}	0.7412176	3.994×10^{-4}
0.4	0.6561000	1.4220×10^{-2}	0.6708020	4.820×10^{-4}
0.5	0.5904900	1.6041×10^{-2}	0.6070758	5.451×10^{-4}
0.6	0.5314410	1.7371×10^{-2}	0.5494036	5.920×10^{-4}
0.7	0.4782969	1.8282×10^{-2}	0.4972102	6.249×10^{-4}
0.8	0.4304672	1.8862×10^{-2}	0.4499753	6.463×10^{-4}
0.9	0.3874205	1.9149×10^{-2}	0.4072276	6.579×10^{-4}
1.0	0.3486784	1.9201×10^{-2}	0.3685410	6.616×10^{-4}

首先建立一个 f1.M 函数文件:

```
Function z=f1(x,y)
z=-y;
end
```

Euler 法显式格式在 MATLAB 命令窗口执行命令

```
>> E=Euler_1('f1',0,1,1,10)
```

Euler 法预测–校正格式在 MATLAB 命令窗口执行命令

```
>> E2=Euler_2('f1',0,1,1,10)
```

6.2　Runge-Kutta 方法

解微分方程初值问题的 Euler 法属单步法, 只需利用前一个节点处的 y_i, 就可

求出 y_{i+1} 的值. 这类方法算式简单, 但精确度略低, 本节介绍一类具有较高精确度的显式单步法 ——Runge-Kutta(R-K) 方法.

6.2.1 Runge-Kutta 法的基本思想

设 $y(x)$ 是初值问题 (6.1) 的解, 由微分中值定理得

$$y(x_{i+1}) - y(x_i) = hy'(x_i + \xi_i h), \quad 0 < \xi_i < 1,$$

即

$$y(x_{i+1}) = y(x_i) + kh, \tag{6.8}$$

其中 $k = f(x_i+\xi_i h, y(x_i+\xi_i h))$, 可以看成 $y(x)$ 在 $[x_i, x_{i+1}]$ 上的平均斜率. 只要对平均斜率 k 提供一种有效的算法, 式 (6.8) 就给出一种求解初值问题 (6.1) 的数值公式. 当取 $k = f(x_i, y_i)$ 时, 就得到一阶精度的显式 Euler 公式; 当取 $k = f(x_{i+1}, y_{i+1})$ 时, 则得到一阶精度的隐式 Euler 公式; 当取$k = \frac{1}{2}[f(x_i, y_i) + f(x_{i+1}, y_{i+1})]$ 时, 得到了具有二阶精度的梯形公式. 可以设想, 如果在 $[x_i, x_{i+1}]$ 上能够多预测几个点的斜率值, 用它们的加权平均值代替 k, 就可能得到具有更高精度的数值解公式, 这就是 Runge-Kutta 法的基本思想. 由此得 Runge-Kutta 法的一般形式

$$\begin{cases} k_1 = f(x_i, y_i), \\ k_j = f\left(x_i + \alpha_j h, y_i + h\sum\limits_{l=1}^{j-1}\beta_{jl}k_l\right), \quad i = 0, 1, \cdots, n-1; j = 2, 3, \cdots, m, \\ y_{i+1} = y_i + h\sum\limits_{j=1}^{m}\lambda_j k_j, \end{cases} \tag{6.9}$$

式中 $\alpha_j, \beta_{jl}, \lambda_j$ 都是待定参数, 且满足 $\alpha_j = \sum\limits_{l=1}^{j-1}\beta_{jl}(j = 2, 3, \cdots, m)$. k_j 表示 $y(x)$ 在点 $x_i + \alpha_j h\ (0 \leqslant \alpha_j \leqslant 1)$ 处的斜率预测值.

公式 (6.9) 称为 m 阶 Runge-Kutta 公式, 选取待定参数使之具有尽可能高的精度. 一般利用函数的 Taylor 展开式确定 $\alpha_j, \beta_{jl}, \lambda_j$, 使局部截断误差 $e_{i+1} = O(h^{p+1})$ 中的 p 尽可能大.

6.2.2 二阶 Runge-Kutta 公式

由式 (6.9), 二阶 Runge-Kutta 公式的一般形式为

$$\begin{cases} k_1 = f(x_i, y_i), \\ k_2 = f(x_i + \alpha h, y_i + \alpha h k_1), \quad i = 0, 1, \cdots, n-1, \\ y_{i+1} = y_i + h(\lambda_1 k_1 + \lambda_2 k_2), \end{cases} \tag{6.10}$$

为了使局部截断误差 e_{i+1} 最小, 进行如下 Taylor 展开

$$\begin{aligned}
k_1 &= f(x_i,y_i) = y'(x_i),\\
k_2 &= f(x_i+\alpha h, y_i+\alpha h k_1)\\
&= f(x_i,y_i)+\alpha h f_x(x_i,y_i)+\alpha h k_1 f_y(x_i,y_i)+O(h^2)\\
&= y'(x_i)+\alpha h[f_x(x_i,y_i)+f_y(x_i,y_i)y'(x_i)]+O(h^2)\\
&= y'(x_i)+\alpha h y''(x_i)+O(h^2).
\end{aligned}$$

由式 (6.10)

$$y_{i+1} = y_i + h(\lambda_1+\lambda_2)y'(x_i)+\lambda_2\alpha h^2 y''(x_i)+O(h^3),$$

又利用 $y(x)$ 在点 x_i 处的 Taylor 展式, 并令 $x = x_{i+1}$,

$$y(x_{i+1}) = y(x_i)+hy'(x_i)+\frac{h^2}{2}y''(x_i)+O(h^3).$$

两式相减得式 (6.10) 的局部截断误差

$$e_{i+1} = y(x_{i+1})-y_{i+1} = h(\lambda_1+\lambda_2-1)y'(x_i)+h^2\left(\lambda_2\alpha-\frac{1}{2}\right)y''(x_i)+O(h^3),$$

为了使 e_{i+1} 的关于 h 的阶数尽可能高, 取

$$\begin{cases}\lambda_1+\lambda_2 = 1,\\ \alpha\lambda_2 = \dfrac{1}{2},\end{cases}$$

此时 $e_{i+1} = O(h^3)$, 式 (6.10) 的整体截断误差为二阶.

(1) 取 $\alpha = 1, \lambda_1 = \lambda_2 = \dfrac{1}{2}$, 式 (6.10) 为

$$\begin{cases}k_1 = f(x_i,y_i),\\ k_2 = f(x_i+h, y_i+k_1h), \quad i=0,1,\cdots,n-1,\\ y_{i+1} = y_i+\dfrac{1}{2}h(k_1+k_2),\end{cases} \tag{6.11}$$

此式与 Euler 法预测–校正格式 (6.7) 相同.

(2) 取 $\alpha = \dfrac{1}{2}, \lambda_1 = 0, \lambda_2 = 1$, 式 (6.10) 为

$$\begin{cases}k_1 = f(x_i,y_i),\\ k_2 = f\left(x_i+\dfrac{1}{2}h, y_i+\dfrac{1}{2}k_1h\right), \quad i=0,1,\cdots,n-1,\\ y_{i+1} = y_i+hk_2,\end{cases} \tag{6.12}$$

此式也称为 Euler 中点公式.

二阶 Runge-Kutta MATLAB程序

```
function DELGKT2_kuta(f,h,a,b,y0,varvec)
format long;
N=(b-a)/h;
y=zeros(N+1,1);
y(1)=y0;
x=a:h:b;
var=findsym(f);
for i=2:N+1
    k1=Funval(f,varvec,[x(i-1) y(i-1)]);
    k2=Funval(f,varvec,[x(i-1)+h y(i-1)+k1*h]);
    y(i)=y(i-1)+h*(k1+k2)/2;
end
format short;
end
```

6.2.3 高阶 Runge-Kutta 公式

类似于二阶 Runge-Kutta 公式的推导过程, 借助于 Taylor 展开公式, 可以确定三阶、四阶, 乃至更高阶的 Runge-Kutta 公式, 只是推导过程复杂一些. 这里直接给出一个常用的四阶 Runge-Kutta 公式

$$\begin{cases} k_1 = f(x_i, y_i), \\ k_2 = f\left(x_i + \dfrac{1}{2}h, y_i + \dfrac{1}{2}hk_1\right), \\ k_3 = f\left(x_i + \dfrac{1}{2}h, y_i + \dfrac{1}{2}hk_2\right), \\ k_4 = f(x_i + h, y_i + hk_3), \\ y_{i+1} = y_i + \dfrac{h}{6}(k_1 + 2k_2 + 2k_3 + k_4), \end{cases} \quad i = 0, 1, \cdots, n-1, \tag{6.13}$$

式 (6.13) 也称为经典的四阶 Runge-Kutta 公式, 它的局部截断误差 $e_{i+1} = O(h^5)$.

一般地, 若 m 阶 Runge-Kutta 公式 (6.9) 的局部截断误差 $e_{i+1} = O(h^{p+1})$, 则 $p \leqslant m$. 特别地, 当 $m > 4$ 时, $p < m$, 且计算量大大增加.

四阶 Runge-Kutta 算法的 MATLAB 程序

```
function y=DELGKT4_lungkuta(f,h,a,b,y0,varvec)
format long;
N=(b-a)/h;
```

```
y=zeros(N+1,1);
y(1)=y0;
x=a:h:b;
var=findsym(f);
for i=2:N+1
    K1=Funval(f,varvec,[x(i-1) y(i-1)]);
    K2=Funval(f,varvec,[x(i-1)+h/2 y(i-1)+K1*h/2]);
    K3=Funval(f,varvec,[x(i-1)+h/2 y(i-1)+K2*h/2]);
    K4=Funval(f,varvec,[x(i-1)+h y(i-1)+h*K3]);
    y(i)=y(i-1)+h*(K1+2*K2+2*K3+K4)/6;
end
format short;
```

例 6.2　试用 Runge-Kutta 方法求解初值问题

$$\begin{cases} \dfrac{\mathrm{d}y}{\mathrm{d}x} = -y, \quad 0 \leqslant x \leqslant 1, \\ y(0) = 1. \end{cases}$$

解　分别采用二阶 Runge-Kutta 公式 (6.11)、四阶 Runge-Kutta 公式 (6.13) 计算, 为了便于对比, 采用不同步长, 并列出 Euler 显式格式 (6.3) 的计算结果.

(1) Euler 显式格式 (取 $h = 0.025$).

$$y_{i+1} = y_i + 0.025(-y_i) = 0.975y_i, \quad i = 0, 1, \cdots, 39.$$

在 MATLAB 命令窗口执行命令

```
>>E=Euler_1(f1,0,1,1,10)
```

(2) 二阶 Runge-Kutta 公式 (取 $h = 0.05$).

$$\begin{cases} k_1 = -y_i, \\ k_2 = -(y_i - 0.05y_i) = -0.95y_i, \\ y_{i+1} = y_i + \dfrac{0.25}{2(-y_i - 0.95y_i)} = 0.95125y_i, \end{cases} \qquad i = 0, 1, \cdots, 19.$$

在 MATLAB 命令窗口执行命令

```
>> DELGKT2_kuta(f1,0.1,0,1,1,[x y])
```

(3) 四阶 Runge–Kutta 公式 (取 $h = 0.1$)

$$\begin{cases} k_1 = -y_i, \\ k_2 = -\left(y_i - \dfrac{0.1}{2}y_i\right) = -0.95y_i, \\ k_3 = -\left(y_i + \dfrac{0.1}{2}k_2\right) = 0.9525y_i, \\ k_4 = -(y_i + 0.1k_3) = -0.90475y_i, \\ y_{i+1} = y_i + \dfrac{0.1}{6}(k_1 + 2k_2 + 2k_3 + k_4) = 0.9048375y_i, \end{cases} \qquad i = 0, 1, \cdots, 9.$$

在 MATLAB 命令窗口执行命令

```
>>y=DELGKT4_lungkuta(f1,0.1,0,1,1,[x y])
```

以上三个公式的计算结果以及与精确解 $y = e^{-x}$ 的误差均列于表 6.2 中.

表 6.2

	Euler 法 ($h = 0.025$)		二阶 R-K 法 ($h = 0.05$)		四阶 R-K 法 ($h = 0.1$)	
x_i	y_i	$\lvert y_i - \mathrm{e}^{-x_i}\rvert$	y_i	$\lvert y_i - \mathrm{e}^{-x_i}\rvert$	y_i	$\lvert y_i - \mathrm{e}^{-x_i}\rvert$
0.1	0.903688	1.149×10^{-3}	0.9048766	3.914×10^{-5}	0.9048375	8.20×10^{-8}
0.2	0.816652	2.079×10^{-3}	0.8188016	7.084×10^{-5}	0.8187309	1.48×10^{-7}
0.3	0.737998	2.820×10^{-3}	0.7409144	9.615×10^{-5}	0.7408184	2.02×10^{-7}
0.4	0.666920	3.400×10^{-3}	0.6704360	1.160×10^{-4}	0.6703203	2.43×10^{-7}
0.5	0.602688	3.843×10^{-3}	0.6066619	1.312×10^{-4}	0.6065309	2.75×10^{-7}
0.6	0.544642	4.170×10^{-3}	0.5489841	1.425×10^{-4}	0.5488119	2.98×10^{-7}
0.7	0.492186	4.399×10^{-3}	0.4967357	1.504×10^{-4}	0.4965856	3.15×10^{-7}
0.8	0.44783	4.546×10^{-3}	0.4494845	1.555×10^{-4}	0.4493293	3.25×10^{-7}
0.9	0.401945	4.625×10^{-3}	0.4067280	1.583×10^{-4}	0.4065700	3.32×10^{-7}
1.0	0.363232	4.647×10^{-3}	0.3680386	1.592×10^{-4}	0.3678798	3.33×10^{-7}

计算结果表明: 选取步长不一样, 三种方法的计算工作量大体相同, 但计算精度却大不一样. 四阶 Runge-Kutta 法作为精度较高的单步法有着广泛的应用. 值得注意的是, 高阶 Runge-Kutta 公式的推导是基于初值问题解的 Taylor 展式, 因而要求 $y(x)$ 具有较好的光滑性. 如果解 $y(x)$ 的光滑性较差, 即使运用了较高阶的 Runge-Kutta 公式, 计算结果也未必理想. 实际计算中, 应根据问题的具体特点, 选择合适的算法.

6.2.4 变步长方法

设所采用数值方法的局部截断误差 $\mathrm{e}_{i+1} = O(h^{p+1})$, 一般认为步长 h 越小, 局部截断误差就越小. 但是, 从整个区间上看, 步长越小, 计算量越大, 而且还可能导致舍入误差的严重积累. 合理的解决办法是在方程解 $y(x)$ 变化较大的部位, 步长 h 取小, 而在方程解 $y(x)$ 变化缓慢处, 步长 h 取大, 这就是变步长方法.

从节点 x_i 出发, 以步长 h 直接求出节点 x_{i+1} 处的近似值, 记为 $y_{i+1}^{(h)}$, 于是

$$y(x_{i+1}) - y_{i+1}^{(h)} \approx Ch^{p+1}.$$

由于步长 h 不大, 这里忽略了系数 C_i 在相邻区间的差别, 视为同一常数 C.

然后以$\dfrac{h}{2}$ 为步长, 仍从节点 x_i 出发, 计算两步求出节点 $x_{i+1} = x_i + h$ 处的近似值, 记为 $y_{i+1}^{(\frac{h}{2})}$. 由于每步的截断误差为 $C\left(\dfrac{h}{2}\right)^{p+1}$, 于是得

$$y(x_{i+1}) - y_{i+1}^{(\frac{h}{2})} \approx 2C\left(\frac{h}{2}\right)^{p+1}.$$

以上两式相除得

$$\frac{y(x_{i+1}) - y_{i+1}^{(\frac{h}{2})}}{y(x_{i+1}) - y_{i+1}^{(h)}} \approx \left(\frac{1}{2}\right)^{p}.$$

由此可以看到: 当步长减半后, 误差减少至原来的 $\left(\dfrac{1}{2}\right)^{p}$. 将上式改写成

$$y(x_{i+1}) - y_{i+1}^{(\frac{h}{2})} \approx \frac{1}{2^p - 1}\left(y_{i+1}^{(\frac{h}{2})} - y_{i+1}^{(h)}\right).$$

上式说明用 $y_{i+1}^{(\frac{h}{2})}$ 作为 $y(x_{i+1})$ 的近似值, 其误差可由先后两次计算结果的差来表示, 若记

$$\Delta = \frac{1}{2^p - 1}\left|y_{i+1}^{(\frac{h}{2})} - y_{i+1}^{(h)}\right|,$$

可用 Δ 来断定所选步长是否合适. 对于给定的误差限 ε,

(1) 若 $\Delta < \varepsilon$, 则取 $y_{i+1} = y_{i+1}^{(\frac{h}{2})}$;

(2) 若 $\Delta \geqslant \varepsilon$, 则将步长反复减半, 直到 $\Delta < \varepsilon$, 并取最后一次的计算结果作为 y_{i+1}.

6.3 线性多步法

对微分方程 (6.1) 两端从 x_{i-1} 到 x_{i+1} 积分得

$$y(x_{i+1}) - y(x_{i-1}) = \int_{x_{i-1}}^{x_{i+1}} f(x, y(x))\mathrm{d}x, \quad i = 1, 2, \cdots, n-1.$$

应用 Simpson 求积公式 (5.11), (5.14) 得

$$y(x_{i+1}) - y(x_{i-1}) = \frac{2h}{6}(f_{i-1} + 4f_{i+1}) - \frac{(2h)^5}{2880}f^{(4)}(\xi, y(\xi)),$$

式中 $f_i = f(x_i, y(x_i)), \xi \in (x_{i-1}, x_{i+1})$. 于是得到初值问题的 Simpson 公式

$$y_{i+1} = y_{i-1} + \frac{h}{3}(f_{i-1} + 4f_i + f_{i+1}), \quad i = 1, 2, \cdots, n-1. \tag{6.14}$$

它的局部截断误差为

$$\mathrm{e}_{i+1} = -\frac{1}{90}h^5 y^{(5)}(\xi), \quad x_{i-1} < \xi < x_{i+1}.$$

Simpson 公式是一个四阶的隐式方法, 它不同于前面介绍的由 y_i 的集散计算 y_{i+1} 单步法, 计算时不仅用到 y_i 及 f_i, 而且还用到 $y_{i-1}, f_{i-1}, f_{i+1}$, 称这种方法为多步法.

线性多步法计算公式的一般形式为

$$y_{i+1} = \sum_{j=1}^{k} \alpha_j y_{i-j+1} + h\sum_{j=0}^{k} \beta_j f_{i-j+1}, \quad k \geqslant 2, \tag{6.15}$$

式中 α_j, β_j 为常数, $f_{i-j+1} = f(x_{i+j-1}, y_{i+j+1})$.

构造线性多步法计算公式 (6.15) 常用两类方法, 一是利用 Taylor 级数, 采用待定系数法确定 α_i, β_j; 另一类是利用数值积分公式直接求得式 (6.15) 形式的计算公式. 本节只介绍后者, 以下主要讨论几种常用的 Adams 公式.

6.3.1 Adams 显式公式

注意到数值积分多是由插值多项式积分得出的, 可以利用 $f_{i+1-j} (j = 0, 1, \cdots, k)$ 的值构造计算 $f(x, y(x))$ 的插值多项式, 代入积分方程

$$y(x_{i+1}) - y(x_i) = \int_{x_i}^{x_{i+1}} f(x, y(x))\mathrm{d}x,$$

取 $x_i, x_{i-1}, \cdots, x_{i-k}$ 为节点, 作函数 $f(x, y(x))$ 的 Lagrang 插值多项式

$$P_k(x) = \sum_{j=i-k}^{i} l_j(x) f_j = \sum_{j=i-k}^{i} \frac{\omega(x)}{(x - x_j)\omega'(x_j)} f_j,$$

式中 $\omega(x) = (x - x_i)(x - x_{i-1}) \cdots (x - x_{i-k})$, 则

$$f(x, y(x)) = P_k(x) + \frac{\omega(x)}{(k+1)!} y^{(k+2)}(\eta_i), \quad x_i < \eta_i < x_{i+1}.$$

两端积分

$$\int_{x_i}^{x_{i+1}} f(x,y(x))\mathrm{d}x = \sum_{j=i-k}^{i} f_j \int_{x_i}^{x_{i+1}} \frac{\omega(x)}{(x-x_i)\omega'(x_j)}\mathrm{d}x$$

代入积分方程, 可得 Adams 显式公式

$$y_{i+1} = y_i + \frac{h}{A}(a_0 f_i + a_1 f_{i-1} + \cdots + a_k f_{i-k}), \tag{6.16}$$

及其局部截断误差

$$e_{i+1} = rh^{k+2}y^{(k+2)}(\xi_i), \quad x_i < \xi_i < x_{i+1}. \tag{6.17}$$

式中系数 A, $a_j(j=0,1,\cdots,k)$, r 都与节点个数 k 有关, 它们的具体值见表 6.3.

表 6.3

k	B	b_0	b_1	b_2	b_3	b_4	b_5	R
2	12	23	−16	5				3/8
3	24	55	−59	37	−9			251/720
4	720	1901	−2774	2616	−1274	251		95/289
5	1440	4288	−7923	9982	−7298	2877	−475	10987/60480

查表 6.3, 当 $k=3$ 时, 式 (6.16) 成为

$$y_{i+1} = y_i + \frac{h}{24}(55f_i - 59f_{i-1} + 37f_{i-2} - 9f_{i-3}), \quad i=3,4,\cdots,n-1, \tag{6.18}$$

它的局部截断误差

$$e_{i+1} = \frac{251}{720}h^5 y^{(5)}(\xi_i), \quad x_i < \xi_i < x_{i+1}. \tag{6.19}$$

此式说明: 式 (6.18) 是一个四步四阶显式公式.

四阶显式 AdamsMATLAB 程序

```
function [k,X,Y,wucha,P]=Adams4y(x0,b,y0,h)
x=x0; y=y0;p=128;
n=fix((b-x0)/h);
if n<5,
return,
end;
X=zeros(p,1);
Y=zeros(p,length(y)); f=zeros(p,1);
```

```
k=1; X(k)=x; Y(k,:)=y';
for k=2:3
x1=x+h/2; x2=x+h/2;
x3=x+h;k1=x-y;
y1=y+h*k1/2;
x=x+h;k2=x1-y1;
y2=y+h*k2/2;k3=x2-y2;
y3=y+h*k3;k4=x3-y3;
y=y+h*(k1+2*k2+2*k3+k4)/6;
X(k)=x;Y(k,:)=y; k=k+1;
end
X,Y,
for k=3:n
X(k+1)=X(1)+h*k;
Y(k+1)=(1/24.9)*(0.24*k+0.12+(Y(k-2:k))'*[-0.1 0.5 22.1]'),
k=k+1,
end
for k=2:n+1
wucha(k)=norm(Y(k)-Y(k-1));
end
X=X(1:n+1);Y=Y(1:n+1,:);n=1:n+1,
wucha=wucha(1:n,:);P=[n',X,Y,wucha'];
```

6.3.2 Adams 隐式公式

若取 $x_{i+1}, x_i, x_{i-1}, \cdots, x_{i-k+1}$ 为节点, 作函数 $f(x, y(x))$ 的 Lagrange 插值多项式, 类似于式 (6.16) 的推导过程, 可得 Adams 隐式公式

$$y_{i+1} = y_i + \frac{h}{B}(b_0 f_{i+1} + b_1 f_i + \cdots + b_k f_{i-k+1}), \tag{6.20}$$

它的局部截断误差为

$$\mathrm{e}_{i+1} = Rh^{k+2} y^{(k+2)}(\xi_i), \quad x_i < \xi_i < x_{i+1}, \tag{6.21}$$

式中系数 $B, b_j (j = 0, 1, \cdots, k)$, R 都与节点个数 k 有关, 它们的具体值见表 6.4.

表 6.4　Aadms 隐式公式系数表

k	B	b_0	b_1	b_2	b_3	b_4	b_5	R
2	12	5	8	-1				$-1/24$
3	24	9	19	-5	1			$-19/720$
4	720	251	646	-264	106	-19		$-3/160$
5	1440	475	1427	-798	482	-173	27	$-863/60480$

查表 6.4, 当 $k=3$ 时, 式 (6.20) 成为

$$y_{i+1}=y_i+\frac{h}{24}(9f_{i+1}+19f_i-5f_{i-1}+f_{i-2}),\quad i=2,3,\cdots,n-1. \tag{6.22}$$

它的局部截断误差

$$e_{i+1}=-\frac{19}{720}h^5y^{(5)}(\xi_i),\quad x_i<\xi_i<x_{i+1}. \tag{6.23}$$

此式说明式 (6.22) 是一个三步四阶隐式公式.

与单步法不同, 多步法的起步仅有 y_0 是不行的. 例如, 四步显式公式 (6.18) 起步时需已知 y_0,y_1,y_2,y_3; 三步隐式公式 (6.22) 需已知 y_0,y_1,y_2 才能起步. 一般多步公式的起步初值可由同阶精度的 Runge-Kutta 公式计算; 或使用简单的低阶公式, 并通过缩小步长以达到起步初值的精度.

例 6.3　分别用 Adams 四步显式和三步隐式公式求解初值问题

$$\begin{cases}\dfrac{\mathrm{d}x}{\mathrm{d}y}=-y,\quad 0\leqslant x\leqslant 1,\\ y(0)=1.\end{cases}$$

解　取步长为 $h=0.1$, 代入四步显式公式 (6.18) 得

$$\begin{aligned}y_{i+1}&=y_i+\frac{h}{24}(-55y_i+59y_{i-1}-37y_{i-2}+9y_{i-3})\\&=\frac{1}{24}(18.5y_i+5.9y_{i-1}-3.7y_{i-2}+0.9y_{i-3}),\quad i=3,4,\cdots,9.\end{aligned}$$

将 $h=0.1$ 代入三步隐式公式 (6.22), 得

$$y_{i+1}=y_i+\frac{0.1}{24}(-9y_{i+1}-19y_i+5y_{i-1}-y_{i-2}).$$

整理得

$$y_{i+1}=\frac{10}{249}(22.1y_i+0.5y_{i-1}-0.1y_{i-2}),\quad i=2,3,\cdots,9.$$

若以精确解 $y=\mathrm{e}^{-x}$ 给出初值, 计算结果见表 6.5.

Adams 四步显式在 MATLAB 命令窗口执行命令

```
>>x0=0;b=1;y0=1;h=1/10;
>>[k,X,Y,wucha,P]= Adams4y (x0,b,y0,h)
```

表 6.5

	四步显式方法		三步隐式方法	
x_i	y_i	$\lvert y_i - y(x_i)\rvert$	y_i	$\lvert y_i - y(x_i)\rvert$
0.3			0.74088006	2.14×10^{-7}
0.4	0.670322919	2.873×10^{-6}	0.670319661	3.85×10^{-7}
0.5	0.606535474	4.815×10^{-6}	0.606501380	5.21×10^{-7}
0.6	0.548818406	6.770×10^{-6}	0.548811007	6.29×10^{-7}
0.7	0.496593391	8.088×10^{-6}	0.496584852	7.11×10^{-7}
0.8	0.449338154	9.190×10^{-6}	0.449328191	7.73×10^{-7}
0.9	0.406579611	9.952×10^{-6}	0.406568844	8.15×10^{-7}
1.0	0.367889955	1.051×10^{-6}	0.367878598	8.43×10^{-7}

6.3.3 Adams 预测–校正方法

Adams 显式公式 (6.16) 计算简便, 隐式公式 (6.20) 计算精度高, 但一般情况下需要用迭代法求解, 计算量较大. 实际计算中, 往往把显式和隐式两种 Adams 公式结合起来, 构成预测–校正方法.

以四阶 Adams 公式为例, 先由显式公式 (6.16) 计算出近似值, 作为隐式公式的预测值, 代入式 (6.20) 作校正, 即

$$\begin{cases} \bar{y}_{i+1} = y_i + \dfrac{h}{24}(55f_i - 59f_i + 37f_{i-2} - 9f_{i-3}), \\ \bar{f}_{i+1} = f(x_{i+1}, \bar{y}_{i+1}), \\ y_{i+1} = y_i + \dfrac{h}{24}(9\bar{f}_{i+1} + 19f_i - 5f_{i-1} + f_{i-2}), \end{cases} \quad i = 3, 4, \cdots, n-1. \tag{6.24}$$

此法的算法流程如图 6.2 所示, 其中初值 y_0, y_1, y_2 由四阶 Runge-Kutta 公式计算.

Adams 预测–校正法的 MATLAB 程序

```
function y = DEYCJZ_adms(f, h,a,b,y0,varvec)
% f是函数
% h是步长
% a是区间起始值, b是区间终点值
% y0是函数初值
format long;
N=(b-a)/h;
y=zeros(N+1,1);
x=a:h:b;
y(1)=y0;
```

```
y(2)=y0+h*Funval(f,varvec,[x(1) y(1)])
for i=3:N+1
    v1=Funval(f,varvec,[x(i-2) y(i-2)]);
    v2=Funval(f,varvec,[x(i-1) y(i-1)]);
    t=y(i-1) + h*(3*v2-v1)/2;
    v3=Funval(f,varvec,[x(i) t]);
    y(i)=y(i-1)+h*(v2+v3)/2;
end
format short;
```

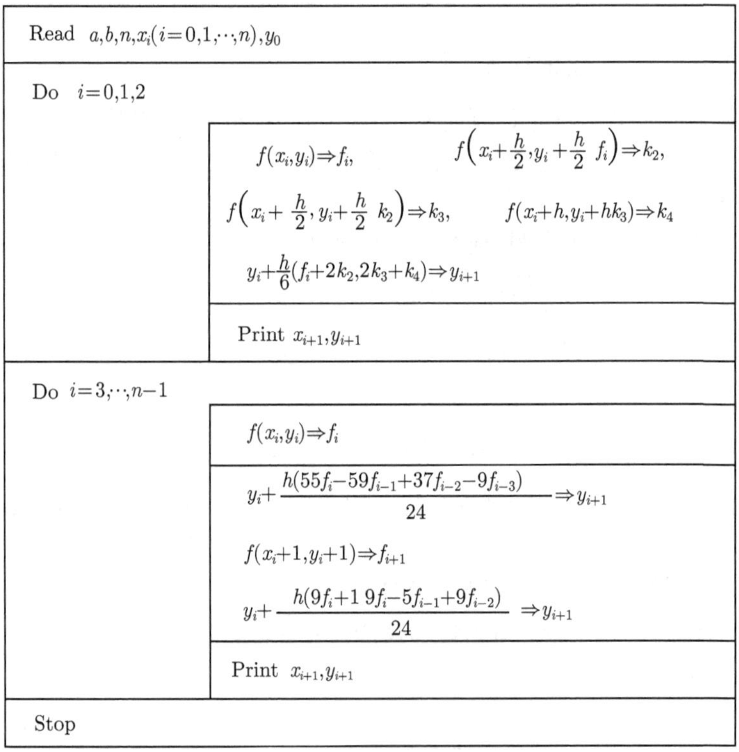

Read $a,b,n,x_i(i=0,1,\cdots,n),y_0$

Do $i=0,1,2$

$f(x_i,y_i)\Rightarrow f_i$, $f\left(x_i+\frac{h}{2},y_i+\frac{h}{2}f_i\right)\Rightarrow k_2$,

$f\left(x_i+\frac{h}{2},y_i+\frac{h}{2}k_2\right)\Rightarrow k_3$, $f(x_i+h,y_i+hk_3)\Rightarrow k_4$

$y_i+\frac{h}{6}(f_i+2k_2,2k_3+k_4)\Rightarrow y_{i+1}$

Print x_{i+1},y_{i+1}

Do $i=3,\cdots,n-1$

$f(x_i,y_i)\Rightarrow f_i$

$y_i+\dfrac{h(55f_i-59f_{i-1}+37f_{i-2}-9f_{i-3})}{24}\Rightarrow y_{i+1}$

$f(x_i+1,y_i+1)\Rightarrow f_{i+1}$

$y_i+\dfrac{h(9f_i+1\,9f_i-5f_{i-1}+9f_{i-2})}{24}\Rightarrow y_{i+1}$

Print x_{i+1},y_{i+1}

Stop

图 6.2 Adams 预测-校正法流程图

例 6.4 用 Adams 预测-校正法求解初值问题

$$\begin{cases}\dfrac{\mathrm{d}x}{\mathrm{d}y}=x+y, \quad 0\leqslant x\leqslant 1,\\ y(0)=1.\end{cases}$$

解 取步长 $h=0.1$, 选用四阶 Runge-Kutta 公式 (6.13) 计算初值 y_1, y_2, y_3, 将 $h=0.1$ 代入式 (6.13) 得

$$\begin{cases} k_1 = f(x_i, y_i) = x_i + y_i, \\ k_2 = f(x_i + 0.05, y_i + 0.05k_1) = k_1 + 0.05(1 + k_1), \\ k_3 = f(x_i + 0.05, y_i + 0.05k_2) = k_1 + 0.05(1 + k_2), \\ k_4 = f(x_i + 0.1, y_i + 0.1k_3) = k_1 + 0.1(1 + k_3), \\ y_{i+1} = y_i + \dfrac{0.1}{6}(k_1 + 2k_2 + 2k_3 + k_4). \end{cases}$$

将 $h=0.1$ 代入 Adams 预测–校正公式 (6.24), 利用已计算的起步初值 $y_i(i=0,1,2,3)$ 计算 $y_i(i=4,\cdots,10)$, 计算结果见表 6.6. 为了比较, 表 6.6 列出了两种方法的计算结果, 并列出了与精确解 $y(x)=2\mathrm{e}^x-x-1$ 的误差.

在 MATLAB 命令窗口执行命令

```
>>y = DEYCJZ_adms(x+y 0.1,0,1,1,[x y])
```

表 6.6

	四阶 Runge-Kutta 方法		Adams 预测–校正法	
x_i	y_i	$\lvert y_i - y(x_i)\rvert$	y_i	$\lvert y_i - y(x_i)\rvert$
0.1	1.110341667	1.695×10^{-7}		
0.2	0.242805142	3.746×10^{-7}		
0.3	1.399716994	6.210×10^{-7}		
0.4	1.583648480	9.151×10^{-7}	1.583649081	3.146×10^{-7}
0.5	1.797441277	1.264×10^{-6}	1.797441839	7.028×10^{-7}
0.6	2.044235924	1.667×10^{-6}	2.044236573	1.027×10^{-6}
0.7	2.327503253	2.162×10^{-6}	2.327504100	1.314×10^{-6}
0.8	2.651079126	2.730×10^{-6}	2.651080099	1.758×10^{-6}
0.9	3.019202828	3.395×10^{-6}	3.019203948	2.274×10^{-6}
1.0	3.436559488	4.169×10^{-6}	3.436560812	2.845×10^{-6}

6.4 数值解法的收敛性及稳定性

在学习了初值问题 (6.1) 的各种数值解法以后, 为了能够正确地运用这些方法, 有必要简单了解一下关于常微分方程初值问题数值解法的收敛性及稳定性. 收敛性讨论的是当步长 h 趋于零时, 方法的整体截断误差是否趋于零的问题; 稳定性则是讨论计算过程中的扰动 (舍入误差) 对计算结果的影响.

6.4.1 数值解法的收敛性

对于给定的初值问题, 如果所采用的数值解法对任一固定的节点 $x_i = a + ih$, 当步长 $h \to 0$ 时, 数值解收敛于精确解 $y(x_i)$, 则称该数值方法是收敛的.

前面所介绍的显式单步法可以统一写成

$$y_{i+1} = y_i + h\varphi(x_i, y_i, h), \quad i = 1, \cdots, n-1, \tag{6.25}$$

其中 $\varphi(x, y, h)$ 称为增量函数, $\varphi(x, y, h)$ 的具体形式依赖于方程 (6.1) 中的 $f(x, y)$ 以及离散方式. 例如, Euler 法显式格式中

$$\varphi(x, y, h) = f(x, y),$$

而在 Euler 法预测–校正式 (6.7) 中

$$\varphi(x, y, h) = \frac{1}{2}[f(x, y) + f(x + h, y + hf(x, y))].$$

关于显式单步法有以下收敛性定理.

定理 设初值问题 (6.1) 的数值解计算公式为式 (6.25), 且满足:

(1) 局部截断误差 $e_{i+1} = O(h^{p+1})$;

(2) 增量函数 $\varphi(x, y, h)$ 关于变量 y 满足 Lipschitz 条件, 即存在常数 L, 使对任意的 $x \in [a, b]$ 及任意的 y_1, y_2, 都满足不等式

$$|\varphi(x, y_1, h) - \varphi(x, y_2, h)| \leqslant L|y_1 - y_2|, \tag{6.26}$$

则单步法 (6.25) 的整体截断误差是 p 阶的, 即

$$E(i, h) = y(x_i) - y_i = O(h^p).$$

当 $p \geqslant 1$ 时, 式 (6.25) 收敛.

证 记 $\tilde{y}_{i+1} = y(x_i) + h\varphi(x_i, y(x_i), h)$, 由条件 (1), 存在常数 C, 使得

$$|e_{i+1}| = |y(x_{i+1}) - \tilde{y}_{i+1}| \leqslant ch^{p+1}, \quad i = 0, 1, \cdots, n-1,$$

又据条件 (2) 得

$$\begin{aligned}
|\tilde{y}_{i+1} - y_{i+1}| &\leqslant |y(x_i) - y_i| + h|\varphi(x_i, y(x_i), h) - \varphi(x_i, y_i, h)| \\
&\leqslant |y(x_i) - y_i| + hL|y(x_i) - y_i| \\
&= (1 + hL)|y(x_i) - y_i|, \quad i = 0, 1, \cdots, n-1.
\end{aligned}$$

于是

$$
\begin{aligned}
|E(i,h)| &= |y(x_i) - y_i| \\
&\leqslant |y(x_i) - \tilde{y}_i| + |\tilde{y}_i - y_i| \\
&\leqslant Ch^{p+1} + (1+hL)|E(i-1,h)| \\
&\leqslant [1+(1+hL)]Ch^{p+1} + (1+hL)^2|E(i-2,h)| \leqslant \cdots \\
&\leqslant [1+(1+hL)+\cdots+(1+hL)^{i-1}]Ch^{p+1} + (1+hL)^i|E(0,h)| \\
&= [(1+hL)^i - 1]\frac{Ch^p}{L} + (1+hL)^i|E(0,h)|.
\end{aligned}
$$

利用 $1+x<e^x(x>0)$, $ih \leqslant b-a$, 得

$$
\begin{aligned}
|E(i,h)| &\leqslant (e^{ihL}-1)\frac{Ch^p}{L} + (1+hL)^i|E(0,h)| \\
&\leqslant \frac{e^{(b-a)L}-1}{L}Ch^p + (1+hL)^i|E(0,h)|.
\end{aligned}
$$

当 $E(0,h) = y(x_0) - y_0 = 0$ 时,

$$
|E(i,h)| \leqslant \frac{e^{(b-a)}-1}{L}Ch^p.
$$

这说明式 (6.25) 的整体截断误差是 p 阶的. 所以, 当 $p \geqslant 1$ 时

$$
\lim_{h\to 0} E(i,h) = 0
$$

对任意自然数 i 都成立, 即该方法收敛.

可以证明: 当 $f(x,y)$ 关于 y 满足 Lipschitz 条件时, Euler 法、Runge-Kutta 法的增量函数 $\varphi(x,y,h)$ 都对 y 满足 Lipschitz 条件, 从而定理的结论对这些方法都成立.

6.4.2 数值解法的稳定性

一个收敛的数值解法, 截断误差的影响随步长 h 的减小而减小. 但另一方面, 舍入误差的影响会随步长 h 的减小而增大. 在使用某种数值方法计算的过程中, 如果某步长产生的舍入误差以后不能逐步减弱, 累积起来势必给结果造成难以估量的影响, 这样的数值方法就不宜采用.

如果某种数值方法, 在节点 x_i 处的 y_i 值有大小为 δ 的扰动 (舍入误差), 而在其后的各节点 x_j $(j>1)$ 处的 y_j 值的扰动都不超过 δ, 则称该数值方法是 (绝对) 稳定的.

各种数值方法的稳定性, 依赖于算法过程以及方程的形式, 这取决于方程右端 $f(x,y)$ 的表达式, 给讨论数值方法的稳定性带来困难. 为简便起见, 我们以一个简单的微分方程为例, 来说明讨论数值解法稳定性的过程. 以下针对微分方程

$$\frac{\mathrm{d}y}{\mathrm{d}x} = \lambda y \tag{6.27}$$

进行讨论, 其中 λ 为常数 (可以是复常数). 对于某一数值方法, 若在任意节点 x_i 处的 y_i 值的扰动, 在以后的计算中逐步减弱, 则称 $H = \lambda h$(h 为步长) 的取值范围为该方法的稳定区域. 稳定区域越大, 该数值方法的适用性越广. 下面分别讨论方程 (6.27) 的三种单步法的稳定区域.

1. Euler 法显式格式的稳定区域

由式 (6.3) 及 (6.27) 得

$$y_{i+1} = (1+\lambda h)y_i = (1+H)y_i, \quad i = 0, 1, \cdots, n-1.$$

若节点 x_i 处 y_i 值有扰动 δ_i, 由此所引起的 y_{i+1} 的扰动为 δ_{i+1}, 则有

$$y_{i+1} + \delta_{i+1} = (1+H)(y_i + \delta_i),$$

从而

$$\delta_{i+1} = (1+H)\delta_i.$$

一般地,

$$\delta\delta_{i+j} = (1+H)^j\delta_i, \quad j = 1, 2, \cdots, n-i.$$

当 $|1+H| < 1$ 时, 第 i 步运算产生的扰动, 在以后的计算中逐步减弱. 从而方程 (6.27) 的 Euler 法显式格式的稳定区域为 $|1+H| < 1$, 在复平面上表示以 $(-1,0)$ 为圆心的单位圆内部. 特别地, 当 λ 为负实数 ($\lambda < 0$) 时, 稳定域为 $-2 < \lambda h < 0$, 计算时步长应满足 $0 < h \leqslant \dfrac{2}{\lambda}$.

2. Euler 法隐式格式的稳定区域

由式 (6.4) 及 (6.27) 得

$$y_{i+1} = y_i + \lambda h y_{i+1} = y_i + H y_{i+1}, \quad i = 1, \cdots, n-1.$$

设在节点 x_i 处 y_i 值有扰动 δ_i, 由此所引起的 y_{i+1} 的扰动为 δ_{i+1}, 则有

$$y_{i+1} + \delta_{i+1} = y_i + \delta_i + H(y_{i+1} + \delta_{i+1}), \quad i = 0, 1, \cdots, n-1.$$

从而

$$\delta_{i+1} = \delta_i + H\delta_{i+1}.$$

于是

$$\delta_{i+1} = \frac{\delta_i}{1-H}.$$

一般地,

$$\delta_{i+j} = \frac{\delta_i}{(1-H)^j}, \quad j = 1, 2, \cdots, n-i.$$

从而得方程 (6.27) 的 Euler 法隐式格式的稳定区域 $|1-H|>1$, 在复平面上表示以 (1,0) 为圆心的单位圆外部, 它较显式格式的稳定区域大得多. 当 λ 为负实数 ($\lambda<0$) 时, 对任意的 $h>0$, $|1-\lambda h|>1$ 恒成立. 这种对步长选取无限制的稳定区域称为无条件稳定区域.

3. 梯形公式的稳定区域

由式 (6.5) 及 (6.27) 得

$$y_{i+1} = y_i + \frac{1}{2}\lambda h(y_i + y_{i+1}), \quad i = 0, 1, \cdots, n-1.$$

设在节点 x_i 处 y_i 值有扰动 δ_i, 由此所引起的 y_{i+1} 的扰动为 δ_{i+1}, 类似于前面的讨论可得

$$\delta_{i+1} = \left(\frac{2+H}{2-H}\right)^j \delta_i, \quad j = 1, 2, \cdots, n-i.$$

由此得方程 (6.27) 的梯形算法的稳定区域为

$$|2+H| < |2-H|.$$

它表示左半复平面. 当 λ 为负实数 ($\lambda<0$) 时, 为无条件稳定区域.

类似地, 可以分析 Runge-Kutta 法、Aadms 法的稳定区域, 由于推导过程复杂, 故从略. 在实际计算中, 当方程中 $f(x,y)$ 的表达式比较复杂时, 分析一个解法的稳定性是困难的, 人们常常通过数值试验进行判断. 经验告诉我们: 一个不稳定的算法, 计算结果变化急剧, 解的误差往往以指数级增大. 若解出现这种不稳定现象, 减小步长再算, 如仍不正常, 改用其他数值方法.

6.5 微分方程组及高阶微分方程的数值解法

6.5.1 一阶微分方程组的数值解法

对于一阶常微分方程组的初值问题

$$\begin{cases} y_k' = f_k(x, y_1, \cdots y_m), \\ y_k(x_0) = y_{k0}, \end{cases} \qquad k = 1, 2, \cdots, m, \tag{6.28}$$

令 $y=(y_1,y_2,\cdots,y_m), f=(f_1,f_2,\cdots,f_m), y_0=(y_{10},y_{20},\cdots,y_{m0})$. 则初值问题 (6.28) 可以写成向量形式

$$\begin{cases} y'=f(x,y), \\ y(x_0)=y_0. \end{cases} \tag{6.29}$$

形式上与单个方程的初值问题 (6.1) 完全一样, 只是这里的表达式由向量及向量函数构成. 这样就可以把前面介绍的各种数值解以及误差估计、收敛性、稳定性等推广到一阶方程组中, 其结论形式上也是一样的, 这里不再赘述了. 例如, 方程 (6.29) 的经典四阶 Runge-Kutta 公式为

$$\begin{cases} y_{i+1}=y_i+\dfrac{h}{6}(k_1+2k_2+2k_3+k_4), \\ k_1=f(x_i,y_i), \\ k_2=f\left(x_i+\dfrac{h}{2},y_i+\dfrac{h}{2}k_1\right), \\ k_3=f\left(x_i+\dfrac{h}{2},y_i+\dfrac{h}{2}k_2\right), \\ k_4=f(x_i+h,y_i+hk_3), \end{cases} \qquad i=0,1,\cdots,n-1,$$

其中 $f=(f_1,f_2,\cdots,f_m), y_i=(y_{1i},y_{2i},\cdots,y_{mi}), k_j=(k_{1j},k_{2j},\cdots,k_{mj})(j=1,2,3,4)$.

为了便于理解, 对于两个方程 $(m=2)$ 的初值问题, 其分量形式为

$$\begin{cases} \dfrac{\mathrm{d}y_1}{\mathrm{d}x}=f_1(x,y_1,y_2), \quad y_1(x_0)=y_{10}, \\ \dfrac{\mathrm{d}y_2}{\mathrm{d}x}=f_2(x,y_1,y_2), \quad y_2(x_0)=y_{20}. \end{cases}$$

它的经典四阶 Runge-Kutta 公式为

$$\begin{cases} y_{1,i+1}=y_{1i}+\dfrac{h}{6}(k_{11}+2k_{12}+2k_{13}+k_{14}), \\ y_{2,i+1}=y_{2i}+\dfrac{h}{6}(k_{21}+2k_{22}+2k_{23}+k_{24}). \end{cases} \tag{6.30}$$

其中,

$$k_{11}=f_1(x_i,y_{1i},y_{2i}),$$

$$k_{21}=f_2(x_i,y_{1i},y_{2i}),$$

$$k_{12}=f_1\left(x_i+\frac{h}{2},y_{1i}+\frac{h}{2}k_{11},y_{2i}+\frac{h}{2}k_{21}\right),$$

$$k_{22}=f_2\left(x_i+\frac{h}{2},y_{1i}+\frac{h}{2}k_{11},y_{2i}+\frac{h}{2}k_{21}\right),$$

$$k_{13} = f_1\left(x_i + \frac{h}{2}, y_{1i} + \frac{h}{2}k_{12}, y_{2i} + \frac{h}{2}k_{22}\right),$$
$$k_{23} = f_2\left(x_i + \frac{h}{2}, y_{1i} + \frac{h}{2}k_{12}, y_{2i} + \frac{h}{2}k_{22}\right),$$
$$k_{14} = f_1(x_i + h, y_{1i} + hk_{13}, y_{2i} + hk_{23}),$$
$$k_{24} = f_2(x_i + h, y_{1i} + hk_{13}, y_{2i} + hk_{23}).$$

例 6.5 求解初值问题

$$\begin{cases} \dfrac{\mathrm{d}y_1}{\mathrm{d}x} = \dfrac{1}{y_2 - x}, & y_1(0) = 1, \quad 0 < x < 1, \\ \dfrac{\mathrm{d}y_2}{\mathrm{d}x} = 1 - \dfrac{1}{y_1}, & y_2(0) = 1, \quad 0 < x < 1. \end{cases}$$

解 取步长 $h = 0.1$, 应用四阶 Runge-Kutta 公式 (6.30) 计算, 结果见表 6.7. 同时, 表中还列出了数值解与解析解 $y_1(x) = \mathrm{e}^x, y_2(x) = \mathrm{e}^{-x} + x$ 的误差.

在 MATLAB 命令窗口执行命令

```
>>y=DELGKT4_lungkuta('1/(y-x)',0.1,1,1,1,[x y])
```

表 6.7

	四阶 Runge-Kutta 方法		Adams 预测–校正法	
x_i	y_i	$\|y_i - y(x_i)\|$	y_i	$\|y_i - y(x_i)\|$
0.1	1.110341667	1.695×10^{-7}		
0.2	0.242805142	3.746×10^{-7}		
0.3	1.399716994	6.210×10^{-7}		
0.4	1.583648480	9.151×10^{-7}	1.583649081	3.146×10^{-7}
0.5	1.797441277	1.264×10^{-6}	1.797441839	7.028×10^{-7}
0.6	2.044235924	1.667×10^{-6}	2.044236573	1.027×10^{-6}
0.7	2.327503253	2.162×10^{-6}	2.327504100	1.314×10^{-6}
0.8	2.651079126	2.730×10^{-6}	2.651080099	1.758×10^{-6}
0.9	3.019202828	3.395×10^{-6}	3.019203948	2.274×10^{-6}
1.0	3.436559488	4.169×10^{-6}	3.436560812	2.845×10^{-6}

6.5.2 高阶微分方程的数值解法

对于 m 阶常微分方程的初值问题

$$\begin{cases} \dfrac{\mathrm{d}^m y}{\mathrm{d}x^m} = f(x, y, y', \cdots, y^{(m-1)}), & m \geqslant 2, \\ y^{(k)}(x_0) = y_0^{(k)}, & k = 0, 1, \cdots, m-1, \end{cases} \tag{6.31}$$

通过变量替换, 可以化为一阶微分方程组的初值问题来求解, 令

$$\begin{aligned}
y_1 &= y, \\
y_2 &= y_1' = y', \\
y_3 &= y_2' = y_1'' = y'', \\
&\vdots \\
y_m &= y_{m-1}' = y_{m-2}'' = \cdots = y^{(m-1)},
\end{aligned}$$

则 m 阶常微分方程初值问题 (6.31) 就可以化为如下形式的一阶常微分方程组的初值问题

$$\begin{cases}
y_1' = y_2, y_1(x_0) = y_0^{(0)}, \\
y_2' = y_3, y_2(x_0) = y_0^{(1)}, \\
\qquad\vdots \\
y_{m-1}' = y_m, y_{m-1}(x_0) = y_0^{(m-2)}, \\
y_m' = f(x, y_1, \cdots, y_m), y_m(x_0) = y_0^{(m-1)}.
\end{cases}$$

剩下的问题只是求解此一阶微分方程组的初值问题.

6.6 常微分方程边值问题的数值解法

二阶微分方程边值问题一般写成

$$\begin{cases}
y'' = f(x, y, y'), \\
y(a) = \alpha, y(b) = \beta,
\end{cases} \quad a < x < b. \tag{6.32}$$

解这类边值问题的基本方法有两种, 一是将其化为等价的初值问题来解, 二是直接化为差分方程来解.

6.6.1 边值问题的试射法

试射法的实质就是将边界条件化为等价的初始条件, 然后采用解初值问题的各种数值方法求解. 设与边值问题 (6.32) 等价的初值问题为

$$\begin{cases}
y'' = f(x, y, y'), \\
y(a) = \alpha, y'(a) = \gamma,
\end{cases} \quad a < x < b. \tag{6.33}$$

关键问题在于如何确定 γ 值, 使得初始条件 $y'(a) = \gamma$ 与边界条件 $y(b) = \rho$ 等价. 试射法利用 γ 的猜测值, 用插值逼近的方法求出 γ 的近似值.

首先给出 γ 的猜测值 γ_1, 求解初值问题

$$\begin{cases} y''=f(x,y,y'), & a<x<b, \\ y(a)=\alpha, y'(a)=\gamma_1, \end{cases}$$

解出 $y_i^{(1)}(i=1,2,\cdots,n)$. 对于给定解的误差限 ε, 如果

$$|y_n^{(1)}-\beta|<\varepsilon$$

成立, 则 $y_i^{(1)}(i=1,2,\cdots,n-1)$ 为边值问题 (6.32) 的数值解. 否则, 再给出 γ 的猜测值 γ_2. 例如, 当 $y_n^{(1)}>\beta$ 时, 可取 $\gamma_2=\dfrac{\gamma_1}{2}$, 并求解相应的初值问题. 如果所得解 $y_i^{(2)}(i=1,2,\cdots,n)$ 满足

$$|y_n^{(2)}-\beta|<\varepsilon,$$

取其为边值问题 (6.32) 的数值解. 否则,

$$\gamma_{k+1}=\gamma_k+\frac{\gamma_k-\gamma_{k-1}}{y_n^{(k)}-y_n^{(k-1)}}(\beta-y_n^{(k)}), \quad k=2,3,\cdots.$$

进行线性插值, 求出 γ_k 的更新值 γ_{k+1}, 并求解相应的初值问题

$$\begin{cases} y''=f(x,y,y'), & a<x<b, \\ y(a)=\alpha, y'(a)=\gamma_{k+1}, & k=2,3,\cdots. \end{cases}$$

直至其解 $y_i^{(k+1)}(i=1,2,\cdots,n)$ 满足

$$|y_n^{(k+1)}-\beta|<\varepsilon.$$

从几何上讲, 上述过程为反复调整左边界的斜率值 γ, 使得积分曲线在右边界通过或接近 (b,β), 故称试射法.

试射法 MATLAB 程序

```
function [x,y]=lsh(func1,func2,a,b,ya,yb,N)
h=(b-a)/N;
u(1,1)=ya;
u(1,2)=0;
v(1,1)=0;
v(1,2)=1;
for i=1:N
    x(i,:)=a+(i-1)*h;
    K1=h*u(i,2);
```

```
    L1=h*feval(func1,x(i,:),u(i,1),u(i,2));
    K2=h*(u(i,2)+1/2*L1);
    L2=h*feval(func1,x(i,:)+1/2*h,u(i,1)+1/2*K1,u(i,2)+1/2*L1);
    K3=h*(u(i,2)+1/2*L2);
    L3=h*feval(func1,x(i,:)+1/2*h,u(i,1)+1/2*K2,u(i,2)+1/2*L2);
    K4=h*(u(i,2)+L3);
    L4=h*feval(func1,x(i,:)+h,u(i,1)+K3,u(i,2)+L3);
    u(i+1,1)=u(i,1)+1/6*(K1+2*K2+2*K3+K4);
    u(i+1,2)=u(i,2)+1/6*(L1+2*L2+2*L3+L4);
    k1=h*v(i,2);
    l1=h*feval(func2,x(i,:),v(i,1),v(i,2));
    k2=h*(v(i,2)+1/2*l1);
    l2=h*feval(func2,x(i,:)+1/2*h,v(i,1)+1/2*k1,v(i,2)+1/2*l1);
    k3=h*(v(i,2)+1/2*l2);
    l3=h*feval(func2,x(i,:)+1/2*h,v(i,1)+1/2*k2,v(i,2)+1/2*l2);
    k4=h*(v(i,2)+l3);
    l4=h*feval(func2,x(i,:)+h,v(i,1)+k3,v(i,2)+l3);
    v(i+1,1)=v(i,1)+1/6*(k1+2*k2+2*k3+k4);
    v(i+1,2)=v(i,2)+1/6*(l1+2*l2+2*l3+l4);
end
u
v
x(N+1,:)=x(N,:)+h;
y(1,1)=ya;
y(1,2)=(yb-u(N+1,1))/v(N+1,1);
end
```

6.6.2　边值问题的有限差分法

解边值问题 (6.32) 的有限差分法, 是用差商代替导数, 用含有有限个离散未知量的差分方程来代替连续变量的微分方程及边界条件, 并把相应的差分方程的解作为边值问题的数值解. 令

$$y'(x_i) \approx \frac{y(x_{i+1}) - y(x_{i-1})}{2h} \approx \frac{y_{i+1} - y_{i-1}}{2h},$$

$$y''(x_i) \approx \frac{y(x_{i+1}) - 2y(x_i) + y(x_{i-1})}{h^2} \approx \frac{y_{i+1} - 2y_i + y_{i-1}}{h^2}.$$

将其代入方程 (6.32), 得

$$\begin{cases} y_{i+1}-2y_i+y_{i-1}=h^2 f\left(x_i, y_i, \dfrac{y_{i+1}-y_{i-1}}{2h}\right), \quad i=1,2,\cdots,n-1, \\ y_0=\alpha, y_n=\beta. \end{cases} \tag{6.34}$$

差分方程 (6.34) 的具体形式依赖于 $f(x,y,y')$ 的表达式, 如果 $f(x,y,y')$ 是关于 y 及 y' 的线性函数, 则得二阶线性微分方程的边值问题

$$\begin{cases} y''+p(x)y'+q(x)y=r(x), \\ y(a)=\alpha, \quad y(b)=\beta. \end{cases} \tag{6.35}$$

其差分方程为

$$\begin{cases} \left(1-\dfrac{h}{2}p_i\right)y_{i-1}+(h^2q_i-2)y_i+\left(1+\dfrac{h}{2}p_i\right)y_{i+1}=h^2 r_i, \quad i=1,2,\cdots,n-1, \\ y_0=\alpha, y_n=\beta. \end{cases} \tag{6.36}$$

其中 $p_i=p(x_i)$, $q_i=q(x_i)$, $r_i=r(x_i)$. 写成矩阵形式

$$\begin{bmatrix} h^2q_1-2 & 1+\dfrac{h}{2}p_1 & & & \\ 1+\dfrac{h}{2}p_2 & h^2q_2-2 & 1+\dfrac{h}{2}p_2 & & \\ & \ddots & \ddots & \ddots & \\ & & 1-\dfrac{h}{2}p_{n-2} & h^2q_{n-2}-2 & 1+\dfrac{h}{2}p_{n-2} \\ & & & 1-\dfrac{h}{2}p_{n-1} & h^2q_{n-1}-2 \end{bmatrix} \begin{bmatrix} y_1 \\ y_2 \\ \vdots \\ y_{n-2} \\ y_{n-1} \end{bmatrix} = \begin{bmatrix} h^2r_1-\left(1-\dfrac{h}{2}p_1\right)\alpha \\ h^2r_2 \\ \vdots \\ h^2r_{n-2} \\ h^2r_{n-1}-\left(1+\dfrac{h}{2}p_{n-1}\right)\beta \end{bmatrix}. \tag{6.37}$$

这是一个系数矩阵为三对角的线性方程组, 宜用追赶法求解.

可以证明: 如果当 $x\in[a,b]$ 时, $p(x)$, $q(x)$, $r(x)$ 连续, 且 $q(x)\leqslant 0(q(x)\not\equiv 0)$, 差分步长 h 满足 $\dfrac{h}{2}M\leqslant 1$, 其中 $M=\max\limits_{a\leqslant x\leqslant b}|p(x)|$, 则方程组 (6.37) 的系数矩阵对角占优, 从而方程组有唯一解.

有限差分 MATLAB 程序

```
function [k,A,B1,X,Y,y,wucha,p]=yxcf(q1,q2,q3,alpha,beta,h)
n=fix((b-a)/h);
X=zeros(n+1,1);
Y=zeros(n+1,1);
A1=zeros(n,n);
A2=zeros(n,n);
A3=zeros(n,n);
A=zeros(n,n);
B=zeros(n,1);
for k=1:n
    X=a:h:b;
    k1(k)=feval(q1,X(k));
    A1(k+1,k)=1+h*k1(k)/2;
    k2(k)=feval(q2,X(k));
    A2(k,k)=-2-(h. 2)*k2(k);
    A3(k,k+1)=1-h*k1(k)/2;
    k3(k)=feval(q3,X(k));
end
for k=2:n
B(k,1)=(h. 2)*k3(k);
end
B(1,1)=(h. 2)*k3(1)-(1+h*k1(1)/2)*alpha;
B(n-1,1)=(h.^2)*k3(n-1)-(1+h*k1(n-1)/2)*beta;
A=A1(1:n-1,1:n-1)+A2(1:n-1,1:n-1)+A3(1:n-1,1:n-1);
B1=B(1:n-1,1);
Y=A\B1;Y1=Y';
y=[alpha;Y;beta];
for k=2:n+1
wucha(k)=norm(y(k)-y(k-1));
k=k+1;
end
X=X(1:n+1);
y=y(1:n+1,1);
k=1:n+1;
wucha=wucha(1:k,:);
```

```
plot(X,y(:,1),'mp');
xlabel('轴 \it x');
ylabel('轴 \it y'),legend('是边值问题的数值解y(x)的曲线')
title('用有限差分法求线性边值问题的数值解的图形'),
p=[k',X',y,wucha'];
end
```

例 6.6 用差分法求解边值问题

$$\begin{cases} y'' - y = x, \quad 0 < x < 1, \\ y(0) = 0, y(1) = 1. \end{cases}$$

解 取 $h = 0.1$, 则 $n = 10$, 方程组 (6.37) 的具体形式为

$$\begin{bmatrix} -2.01 & 1 & & & & \\ 1 & -2.01 & 1 & & & \\ & 1 & -2.01 & 1 & & \\ & & \ddots & \ddots & \ddots & \\ & & & 1 & -2.01 & 1 \\ & & & & 1 & -2.01 \end{bmatrix} \begin{bmatrix} y_1 \\ y_2 \\ y_3 \\ \vdots \\ y_9 \\ y_{10} \end{bmatrix} = \begin{bmatrix} 1 \times 10^{-3} \\ 2 \times 10^{-3} \\ 3 \times 10^{-3} \\ \vdots \\ 8 \times 10^{-3} \\ 9 \times 10^{-3} - 1 \end{bmatrix}.$$

计算结果为

x_k	0.1	0.2	0.3	0.4	0.5	0.6	0.7	0.8	0.9
y_k	0.00749	0.14268	0.21830	0.28811	0.38690	0.48357	0.59107	0.71148	0.84706

MATLAB 调用命令:

```
>> [k,A,B1,X,Y,y,wucha,p]=yxcf(-2.01,1,e-3,0,1,0.1)
```

6.7 应用举例

6.7.1 悬臂梁的弯曲问题

设某梁受均匀载荷作用而发生弯曲变形, 由材料力学知, 梁的弯曲变形一般用横截面的线位移与角位移来度量. 取梁变形前的轴线为 x 轴, 如图 6.3 所示, 梁在 xOy 面内发生平面弯曲, 轴的线位移即平面曲线 $\widehat{OA}$, 称为挠曲线, 挠曲线上某点的 y 值称为挠度. 在该点的角位移 (即切线与 x 轴的夹角) 称为梁横截面的转角. 通常由于梁的变形很小, 所以 $\tan\theta \approx \theta$, 故采用挠曲线的变化率 $\dfrac{\mathrm{d}x}{\mathrm{d}y}$ 作为横截面的转角值.

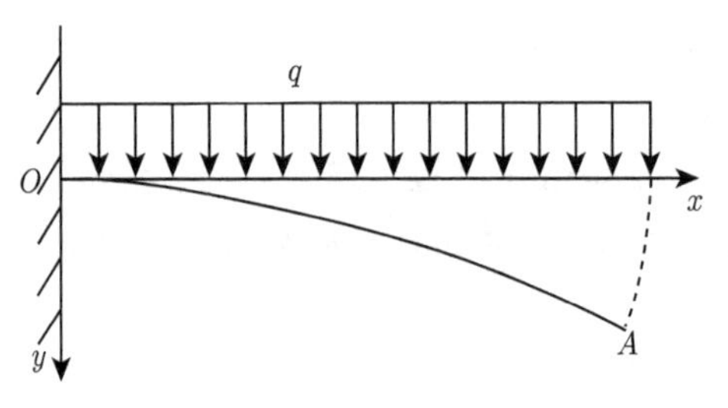

图 6.3

由材料力学知, 弯曲梁上任一点的曲率 $\frac{1}{\rho}$ 与弯矩 $M(x)$ 成正比, 即

$$\frac{1}{\rho}=\frac{1}{EJ}M(x). \tag{6.38}$$

据平面曲线曲率公式

$$\frac{1}{\rho}=\frac{|y''|}{[1+(y')^2]^{\frac{3}{2}}},$$

考虑到梁的挠曲线通常是平缓曲线, 即 y' 很小, 从而 $(y')^2\ll 1$. 且在图 6.3 的坐标系下 $M(x)$ 与 y'' 总是符号相反, 式 (6.38) 变为

$$y''=\frac{-1}{EJ}M(x).$$

对于均匀载荷, 梁的弯矩 $M(x)=-\frac{q}{2}(l-x)^2$, 代入上式得

$$y''=\frac{q}{2EJ}(l-x)^2. \tag{6.39}$$

式中 E 为材料的弹性模量, J 是横截面对中性轴的惯性矩, 即 $J=\frac{1}{12}BH^3$.

若已知悬臂梁长 $I=3\text{m}$, 截面高 $H=0.18\text{m}$, 宽 $B=0.09\text{m}$, 梁上作用的均匀分布截荷 $q=1.5\text{kN/m}$, 材料的弹性模量 $E=200\text{GPa}$. 试求出梁每隔 0.5m 处的挠度和转角.

将以上数据代入式 (6.39) , 为了便于同时求出挠度和转角, 将式 (6.39) 化为等价的一阶方程组的初值问题

$$\begin{cases}\theta'=0.875\times 10^{-3}(3-x)^2,\\ y'=\theta, 0<x<3,\\ y(0)=0, \theta(0)=0.\end{cases}$$

取步长, 利用经典的 Runge-Kutta 公式 (6.30) 计算 $y(x)$ 与 $\theta(x)$ 的前三个值

$$\begin{cases}\theta_{i+1}=\theta_i+\dfrac{0.5\times 0.875\times 10^{-3}}{6}[(3-x)^2+4(3-x_i-0.25)^2+(3-x_i-0.5)^2],\\ y_{i+1}=y_i+0.5\theta_i+\dfrac{0.5^2\times 0.857\times 10^{-3}}{6}[(3-x)^2+2(3-x_i-0.25)^2],\end{cases} \quad i=0,1,2.$$

用以上计算结果作为初始值, 再应用 Adams 预测–校正公式 (6.24)

$$\begin{cases}\tilde{\theta}_{i+1}=\theta_i+\dfrac{0.5\times 0.875\times 10^{-3}}{24}\Big[-9(3-x_{i-3})^2+37(3-x_{i-2})^2\\ \qquad -59(3-x_{i-1})^2+55(3-x_i)^2\Big],\\ \theta_{i+1}=\theta_i+\dfrac{0.5\times 0.875\times 10^{-3}}{24}[(3-x_{i-2})^2-5(3-x_{i-1})^2 \qquad i=3,4,5,6.\\ \qquad +19(3-x_i)^2+9(3-x_{i+1})^2],\\ y_{i+1}=y_i+\dfrac{0.5}{24}(\theta_{i-2}-5\theta_{i-1}+19\theta_i+9\tilde{\theta}_{i+1}).\end{cases}$$

计算结果列于表 6.8, 并与此问题的解析解

$$\begin{cases}\theta(x)=0.007713-\dfrac{1}{3}\times 0.857\times 10^{-3}(3-x)^3,\\ y(x)=\dfrac{1}{12}\times 0.857\times 10^{-3}(3-x)^4+0.007713x-0.005784\end{cases}$$

进行比较.

在 MATLAB 命令窗口执行命令

```
>>DELGKT4_lungkuta('0.875 × 10^-3(3 − x)^2 ', 0.5,0,3,3,[x y])
```

表 6.8

x_i /m	转角 θ/rad		挠度 y/m	
	θ_i	$\theta(x_i)$	y_i	$y(x_i)$
0.5	0.00325	0.00325	0.000861	0.000861
1.0	0.00543	0.00543	0.00307	0.00307
1.5	0.00675	0.00675	0.00615	0.00615
2.0	0.007428	0.007427	0.009717	0.009713
2.5	0.007678	0.007677	0.013507	0.013498
3.0	0.007714	0.007713	0.017359	0.017354

6.7.2 固体材料中的温度分布

两个同心金属圆管, 管半径分别为 a, b, 中间夹着某种固体材料. 若内外两层金属管的温度恒定, 分别为 T_0, T_n, 以下讨论夹层中的固体材料的温度分布.

由于热量是沿管径方向传递的, 所以固体材料中的温度 T 和热通量 q 都是半径 r 的函数, 即 $T=T(r)$, $q=q(r)$, 两者之间满足

$$q=-k\frac{\mathrm{d}T}{\mathrm{d}r}.$$

取一个单位长度的与金属管同心的薄壳作为体积微元, 设此圆环薄壳的内径为 r, 外径为 $r+\delta r$. 于是流入圆环内表面的热量为 $2\pi rq$, 流出外表面的热量为 $2\pi(r+\delta r)\left(q+\dfrac{\mathrm{d}q}{\mathrm{d}r}\delta r\right)$. 据热量守恒定律得

$$2\pi rq = 2\pi(r+\delta r)\left(q+\frac{\mathrm{d}q}{\mathrm{d}r}\delta r\right).$$

化简整理, 并令 $\delta r \to 0$ 得

$$r\frac{\mathrm{d}q}{\mathrm{d}r}+q=0,$$

将 $q=-k\dfrac{\mathrm{d}T}{\mathrm{d}r}$ 代入, 得温度分布的边值问题

$$\begin{cases} r\dfrac{\mathrm{d}^2T}{\mathrm{d}r^2}+\dfrac{\mathrm{d}T}{\mathrm{d}r}=0, \quad a<r<b, \\ T(a)=T_0, T(b)=T_n. \end{cases}$$

如果管半径 $a=10$cm, $b=45$cm, 内外层金属圆管温度 $T_0=500$ ℃, $T_n=25$ ℃. 取 $h=5$, 应用有限差分法求解上述边值问题, 将各数据代入式 (6.367) 得

$$\begin{bmatrix} -1.2 & 0.7 & 0 & 0 & 0 & 0 \\ 0.7 & -1.6 & 0.9 & 0 & 0 & 0 \\ 0 & 0.9 & -2.0 & 1.1 & 0 & 0 \\ 0 & 0 & 1.1 & -2.4 & 1.3 & 0 \\ 0 & 0 & 0 & 1.3 & -2.8 & 1.5 \\ 0 & 0 & 0 & 0 & 1.5 & -3.2 \end{bmatrix} \begin{bmatrix} T_1 \\ T_2 \\ T_3 \\ T_4 \\ T_5 \\ T_6 \end{bmatrix} = \begin{bmatrix} -2.5 \\ 0 \\ 0 \\ 0 \\ 0 \\ -42.5 \end{bmatrix}.$$

计算结果见表 6.9, 表中同时列出了解析解 $T=-315.808\ln r+1227.175$ 的相应值, 以作比较.

在 MATLAB 命令窗口执行命令

```
>>[x,y]=lsh(func1,func2,10,45,500,25,40)
```

表 6.9

r_i	15	20	25	30	35	40
T_i	372.87	282.07	211.44	153.66	104.77	62.39
$T(r_i)$	371.95	281.10	210.63	153.05	104.37	62.20

小 结

本章介绍了求常微分方程数值解的基本思想和基本方法, 着重讨论了初值问题的数值解法. 对于初值问题, 常用的数值解法有 Euler 法、Runge-Kutta 法、Adams 法等, 前两种是单步方法, 后一种是多步方法. 一般说来, Euler 法计算简单, 几何意义明显, 但精度较低. Runge-Kutta 法及 Adams 法都具有较好的稳定性和较高的计算精度, 因而在实际计算中被广泛应用. 预测–校正方法把显式格式和隐式格式结合起来, 使得隐式格式既能通过显式格式来计算, 又能保持隐式格式稳定性好的优点.

实际计算中往往依据方程的具体形式以及对解的精度要求, 选择适当的数值方法, 在保证数值稳定性的前提下, 选择合适的步长, 并根据精度要求调整步长. 对于计算区间较长或函数 $f(x,y)$ 变化较大的情形可运用变步长方法.

本章还简单介绍了一阶常微分方程组初值问题的数值解法, 以及将高阶常微分方程初值问题化为一阶方程组初值问题的方法. 最后简单介绍了化常微分方程问题为初值问题的试射法, 及直接求解边值问题的差分法, 实际上差分法也是求偏微分方程数值解的基本方法之一.

思 考 题

1. 何为数值方法的显式格式? 何为隐式格式? 试将本章所介绍的主要方法按显式、隐式格式分类. 隐式格式的主要优、缺点是什么? 计算隐式格式的主要方法有哪些?

2. 分析常微分方程数值解局部截断误差的一般方法是什么? 试讨论初值问题

$$\begin{cases} y' = ax + b, \quad 0 < x < 1, \\ y(0) = 0, \end{cases}$$

Euler 法显式公式的局部截断误差.

3. 试分别取步长 $h = 10^{-k}(k = 1, 2, \cdots, 6)$, 用 Euler 法显式格式求解初值问题

$$\begin{cases} y' = x + y, \quad 0 < x < 1. \\ y(0) = 1, \end{cases}$$

在 PC 机上采用单精度运算, 观察 $|y_{0.1} - y(0.1)|$ 的变化情况, 总结计算误差随 h 减小的变化规律, 并分析其原因?

4. 什么是单步法? 什么是多步法? 本章介绍的主要方法哪些属单步法? 哪些属多步法? 运用多步法计算时, 初值需注意什么? 应用 Adams 公式时, 常用什么方法计算初值?

习　题　6

1. 试分别用 Euler 法显式格式及改进的 Euler 公式求解下列初值问题的解, 并与精确解作比较.

(1) $\begin{cases} y' = x - y, & 0 < x < 1, \\ y(0) = 1, \end{cases}$

取 $h = 0.1$, 精确解 $y = 2\mathrm{e}^{-x} + x - 1$.

(2) $\begin{cases} y' + y + xy^2 = 0, & 0 < x < 2, \\ y(0) = 1, \end{cases}$

取 $h = 0.2$, 精确解 $y = \dfrac{1}{2\mathrm{e}^x - x - 1}$.

2. 用经典 Runge-Kutta 法求解下列初值问题.

(1) $\begin{cases} y' = y - \dfrac{2x}{y}, & 0 < x < 2, \\ y(0) = \sqrt{2}, \end{cases}$

取 $h = 0.2$, 并与精确解 $y = 2\mathrm{e}^x + x - 1$ 作比较.

(2) $\begin{cases} y' = 1 + x\sin(x), & 0 < x < 1, \\ y(0) = 0.1, h = 0.1. \end{cases}$

3. 用四阶 Adams 预测–校正公式求解初值问题.

$$\begin{cases} y' = y - \dfrac{2x}{y}, & 0 < x < 2, \\ y(0) = 1, h = 0.2, \end{cases}$$

起步初值 y_1, y_2, y_3 分别由下列方法计算:

(1) 经典的 Runge-Kutta 法;

(2) 缩小步长 $\dfrac{1}{10}h$, $\dfrac{h}{100}$ 后, 由 Euler 显式法计算.

4. 取 $h = 0.1$, 试分别用改进的 Euler 公式及经典 Runge-Kutta 公式求解下列初值问题.

(1) $\begin{cases} y' = 3y + 2x, & y(0) = 0, & 0 < x < 1, \\ z' = 4y + z, & z(0) = 1; \end{cases}$

(2) $\begin{cases} y' = xy - z, & y(0) = 1, & 0 < x < 1. \\ z' = \dfrac{x + y}{z}, & z(0) = 2. \end{cases}$

5. 将二阶初值问题化为一阶方程组的初值问题, 并用经典的 Runge-Kutta 方法, 取 $h = 0.1$, 求出区间 $[0, 1]$ 上的数值解.

6. 取 $h = 0.2$, 分别使用试射法和差分法求解边值问题

$$\begin{cases} y'' + y = 0, & 0 < x < 1, \\ y(0) = 0, y(1) = 1.5. \end{cases}$$

数值实验 6

实验目的与要求

进一步加深理解、熟悉掌握求解常微分方程初值问题的各种数值解法, 通过对多种方法的程序设计、上机计算, 以及多种情况下计算结果的对比分析, 体会所有解法的优缺点及适用场合. 初步具有依据方程类型及对解得精度要求, 适当选择求解方法和步长的能力.

实验内容

用下列方法和要求求初值问题

$$\begin{cases} y' = y + \sin(x), \quad 0 < x < 1, \\ y(0) = 0 \end{cases}$$

在 $x_i = 0.1i (i = 1, 2, \cdots, 10)$ 的计算结果, 并与精确解 $y = \dfrac{1}{2}(\mathrm{e}^x - \sin x - \cos x)$ 作对比.

(1) 用改进的 Euler 公式, 取 $h = 10^{-k} (k = 1, 2, \cdots, 6)$, 分别采用单精度、双精度编程计算.

(2) 用经典的 Runge-Kutta 方法求解, 取 $h = 0.1, 0.01$.

(3) 用四阶 Adams 预测–校正法求解, 取 $h = 0.1, 0.01$, 初值由 (1) 或 (2) 的两种方式提供.

实验结果与分析

(1) 对同一种方法, 将不同步长下的计算结果与精确解作比较, 总结步长 h 的选取应注意的问题.

(2) 对同一步长. 将不同方法的计算结果的精确程度、运算量等作比较, 分析不同方法的优缺点. 全面总结、对比分析计算结果, 写出实验总结报告.

第 7 章　矩阵特征值与特征向量的计算

物理、力学中的振动问题, 弹性结构中的稳定性问题和许多工程实际问题, 最终归结为求矩阵的特征值与特征向量, 即求数 λ 及非零向量 $\boldsymbol{x}$, 满足

$$\boldsymbol{A}\boldsymbol{x}=\lambda\boldsymbol{x},$$

其中数 λ 称为矩阵 $\boldsymbol{A}$ 特征值, $\boldsymbol{x}\neq 0$ 称为 $\boldsymbol{A}$ 对应特征值 λ 的特征向量.

由线性代数的理论知: λ 为 $\boldsymbol{A}$ 特征值的充要条件是 λ 为特征方程

$$\det(\lambda\boldsymbol{I}-\boldsymbol{A})=0$$

的根. 特征方程是关于特征值 λ 的 n 次代数方程, 在复数域内共有 n 个根 $\lambda_1,\lambda_2,\cdots,\lambda_n$. 并且有

(1) $\displaystyle\sum_{i=1}^{n}\lambda_i=\sum_{i=1}^{n}a_{ii}=\mathrm{tr}(\boldsymbol{A})$,

(2) $\displaystyle\prod_{i=1}^{n}\lambda_i=\det(\boldsymbol{A})$.

当 n 较大时, 如果按行列式展开的方法求 $\varphi(\lambda)=|\lambda\boldsymbol{I}-\boldsymbol{A}|$ 的零点, 其工作量是巨大的, 在实用中往往难以实现. 因此, 有必要研究有效的计算矩阵 $\boldsymbol{A}$ 特征值的数值方法, 本章将介绍迭代方法和相似变换方法.

7.1　幂法与反幂法

7.1.1　幂法

矩阵的按模最大的特征值称为主特征值, 许多实际问题, 往往只要求出矩阵的主特征值. 幂法就是求矩阵的主特征值与对应特征向量的一种迭代方法.

设矩阵 $\boldsymbol{A}$ 有一完全的特征向量组, 即特征向量 $\boldsymbol{x}_1,\boldsymbol{x}_2,\cdots,\boldsymbol{x}_n$ 线性无关. 且所对应的特征值满足主特征值占优

$$|\lambda_1|>|\lambda_2|\geqslant|\lambda_3|\geqslant\cdots\geqslant|\lambda_n|. \tag{7.1}$$

任取一个非零向量 $\boldsymbol{\nu}_0$, 构造向量序列

$$\boldsymbol{v}_k=\boldsymbol{A}\boldsymbol{v}_{k-1}=\boldsymbol{A}^k\boldsymbol{v}_0,\quad k=1,2,\cdots. \tag{7.2}$$

以下利用此序列求主特征值 λ_1 及所对应的特征向量. 由于迭代序列 $\{\boldsymbol{v}_k\}$ 实质上是由矩阵 $\boldsymbol{A}$ 各次幂作用于初始向量 $\boldsymbol{v}_0$ 而形成的, 故称此迭代方法为幂法.

因为 $\boldsymbol{x}_1, \boldsymbol{x}_2, \cdots, \boldsymbol{x}_n$ 构成 $\mathbf{R}^n$ 的一个基底, 所以对 $\boldsymbol{v}_0 \neq 0$, 存在一组不全为零的数 $\alpha_1, \cdots, \alpha_n$, 使得

$$\boldsymbol{v}_0 = \alpha_1 \boldsymbol{x}_1 + \alpha_2 \boldsymbol{x}_2 + \cdots + \alpha_n \boldsymbol{x}_n.$$

假定 $\alpha_1 \neq 0$, 按迭代公式 (7.2) 得

$$\begin{aligned}
\boldsymbol{v}_1 &= \boldsymbol{A}\boldsymbol{v}_0 = \lambda_1 \alpha_1 \boldsymbol{x}_1 + \lambda_2 \alpha_2 \boldsymbol{x}_2 + \cdots + \lambda_n \alpha_n \boldsymbol{x}_n, \\
\boldsymbol{v}_2 &= \boldsymbol{A}\boldsymbol{v}_1 = \lambda_1^2 \alpha_1 \boldsymbol{x}_1 + \lambda_2^2 \alpha_2 \boldsymbol{x}_2 + \cdots + \lambda_n^2 \alpha_n \boldsymbol{x}_n, \\
&\vdots \\
\boldsymbol{v}_k &= \boldsymbol{A}\boldsymbol{v}_{k-1} = \lambda_1^k \alpha_1 \boldsymbol{x}_1 + \lambda_2^k \alpha_2 \boldsymbol{x}_2 + \cdots + \lambda_n^k \alpha_n \boldsymbol{x}_n \\
&= \lambda_1^k \left[\alpha_1 \boldsymbol{x}_1 + \left(\frac{\lambda_2}{\lambda_1} \right)^k \alpha_2 \boldsymbol{x}_2 + \cdots + \left(\frac{\lambda_n}{\lambda_1} \right)^k \alpha_n \boldsymbol{x}_n \right].
\end{aligned}$$

记 $\sum\limits_{i=2}^{n} \left(\frac{\lambda_i}{\lambda_1} \right)^k \alpha_i \boldsymbol{x}_i = \boldsymbol{\varepsilon}_k$, 则上式简化为

$$\boldsymbol{v}_k = \lambda_1^k (\alpha_1 \boldsymbol{x}_1 + \boldsymbol{\varepsilon}_1), \quad k = 1, 2, \cdots. \tag{7.3}$$

由式 (7.1) 得 $\left| \frac{\lambda_i}{\lambda_1} \right| < 1 \, (i = 2, 3, \cdots, n)$, 则当 $k \to \infty$ 时, $\boldsymbol{\varepsilon}_k \to 0$, 于是当 k 充分大时

$$\boldsymbol{v}_k \approx \lambda_1^k \alpha_1 \boldsymbol{x}_1, \tag{7.4}$$

且

$$\boldsymbol{A}(\lambda_1^k \alpha_1 \boldsymbol{x}_1) \approx \lambda_1 (\lambda_1^k \alpha_1 \boldsymbol{x}_1).$$

因此, $\boldsymbol{v}_k$ 就是 $\boldsymbol{A}$ 的属于主特征值 λ_1 的特征向量的近似值. 用 $(\boldsymbol{v}_k)_i$ 表示向量 $\boldsymbol{v}_k$ 的第 i 个分量, 由式 (7.3) 得

$$\frac{(\boldsymbol{v}_{k+1})_i}{(\boldsymbol{v}_k)_i} = \lambda_1 \frac{(\alpha_1 \boldsymbol{x}_1 + \boldsymbol{\varepsilon}_{k+1})_i}{(\alpha_1 \boldsymbol{x}_1 + \boldsymbol{\varepsilon}_k)_i}, \quad i = 1, 2, \cdots, n.$$

故

$$\lim_{k \to \infty} \frac{(\boldsymbol{v}_{k+1})_i}{(\boldsymbol{v}_k)_i} = \lambda_1, \quad i = 1, 2, \cdots, n. \tag{7.5}$$

这说明两相邻迭代分量的比值收敛于主特征值 λ_1.

观察式 (7.4), 当 $|\lambda_1| > 1$ 时, $\boldsymbol{v}_k$ 的不等于零的分量将随 $k \to \infty$ 而无限增大, 造成 “溢出”; 而当 $|\lambda_1| < 1$ 时, $\boldsymbol{v}_k$ 的各分量又将随 $k \to \infty$ 而趋于零. 所以, 必须对上述幂法进行修正.

幂法 MATLAB 程序

```
function [l,v,s]=pmethod(A,x0,eps)
% 幂法求矩阵的主特征值及主特征向量
% 已知矩阵: A
% 迭代初始向量: x0
% 迭代的精度: eps
% 求得的矩阵的特征值: l
% 求得的矩阵主特征向量: v
% 迭代步数: s
if nargin==2
    eps=1.0e-6;
    end
    v=x0;  % v为主特征向量
    M=5000;  % 迭代步数限制
    m=0;
    l=0;
    for(k=1:M)
        y=A*v;
        m=max(y);  % m为按模最大的分量
        v=y/m;
        if(abs(m-l)<eps)
            l=m;  % 到所需精确, 退出, l为主特征值
            s=k;  % 为迭代步数
            return;
        else
            if(k==M)
                disp('迭代步数太多, 收敛速度太慢!')
                l=m;
                s=M;
            else
                l=m;
            end
        end
    end
```

7.1.2 实用幂法

从非零向量 $\boldsymbol{v}_0 = \sum_{i=1}^{n} \alpha_i \boldsymbol{x}_i (\alpha_1 \neq 0)$ 出发, 对迭代序列 (7.2) 作如下修正

$$\begin{cases} \boldsymbol{A}\boldsymbol{u}_k = \boldsymbol{A}\boldsymbol{v}_{k-1}, \\ \boldsymbol{v}_k = \dfrac{\boldsymbol{u}_k}{m_k} = \dfrac{\boldsymbol{u}_k}{\max(\boldsymbol{u}_k)}, \end{cases} \quad k = 1, 2, \cdots. \tag{7.6}$$

式中 $m_k = \max(\boldsymbol{u}_k)$ 表示向量 $\boldsymbol{u}_k$ 的绝对值最大的分量. 则

$$\lim_{k\to\infty} \boldsymbol{v}_k = \frac{\boldsymbol{x}_1}{\max(\boldsymbol{x}_1)}, \tag{7.7}$$

$$\lim_{k\to\infty} m_k = \lim_{k\to\infty} \max(\boldsymbol{u}_k) = \lambda_1. \tag{7.8}$$

事实上

$$\boldsymbol{v}_k = \frac{\boldsymbol{u}_k}{m_k} = \frac{\boldsymbol{A}\boldsymbol{v}_{k-1}}{m_k} = \frac{\boldsymbol{A}^2\boldsymbol{v}_{k-2}}{m_k m_{k-1}} = \cdots = \frac{\boldsymbol{A}^k\boldsymbol{v}_0}{\prod\limits_{i=1}^{k} m_i}.$$

由于 $\max(\boldsymbol{v}_k) = \max\left(\dfrac{\boldsymbol{u}_k}{\max(\boldsymbol{u}_k)}\right) = 1$, 所以 $\prod\limits_{i=1}^{k} m_i = \max(\boldsymbol{A}^k\boldsymbol{v}_0)$. 于是

$$\begin{aligned} \boldsymbol{v}_k = \frac{\boldsymbol{A}^k\boldsymbol{v}_0}{\max(\boldsymbol{A}^k\boldsymbol{v}_0)} &= \frac{\lambda_1^k \alpha_1 \boldsymbol{x}_1 + \sum\limits_{i=2}^{n} \lambda_i^k \alpha_i \boldsymbol{x}_i}{\max\left(\lambda_1^k \alpha_1 \boldsymbol{x}_1 + \sum\limits_{i=2}^{n} \lambda_i^k \alpha_i \boldsymbol{x}_i\right)} \\ &= \frac{\alpha_1\boldsymbol{x}_1 + \boldsymbol{\varepsilon}_k}{\max(\alpha_1\boldsymbol{x}_1 + \boldsymbol{\varepsilon}_k)} \to \frac{\boldsymbol{x}_1}{\max(\boldsymbol{x}_1)}, \quad k \to \infty. \end{aligned}$$

同理

$$\boldsymbol{u}_k = \boldsymbol{A}\boldsymbol{v}_{k-1} = \boldsymbol{A}\left(\frac{\boldsymbol{A}^{k-1}\boldsymbol{v}_0}{\max(\boldsymbol{A}^{k-1}\boldsymbol{v}_0)}\right) = \frac{\boldsymbol{A}^k\boldsymbol{v}_0}{\max(\boldsymbol{A}^{k-1}\boldsymbol{v}_0)},$$

$$m_k = \max(\boldsymbol{u}_k) = \frac{\lambda_1^k \max(\alpha_1\boldsymbol{x}_1 + \boldsymbol{\varepsilon}_k)}{\lambda_1^{k-1} \max(\alpha_1\boldsymbol{x}_1 + \boldsymbol{\varepsilon}_{k-1})} \to \lambda_1, \quad k \to \infty.$$

例 7.1 试用幂法计算实对称矩阵

$$\boldsymbol{A} = \begin{bmatrix} -1 & 2 & 1 \\ 2 & -4 & 1 \\ 1 & 1 & -6 \end{bmatrix}$$

的主特征值 λ_1 及其所对应的特征向量, 要求 $|m_k - m_{k-1}| < 10^{-8}$.

解　取初始向量 $\boldsymbol{v}_0=(1,1,1)^{\mathrm{T}}$, 应用式 (7.6) 进行迭代, 部分迭代结果见表 7.1.

在 MATLAB 命令窗口执行命令

```
>> A=[-1 2 1;2 -4 1;1 1 -6];
>> x0=[1 1 1]';
>> [l,v,s]=pmethod(A,x0)
```

表 7.1

k	$\boldsymbol{v}_k^{\mathrm{T}}$	m_k	$\|m_k - m_{k-1}\|$
0	(1,1,1)		
5	(−0.179803366,−0.,1)	−6.26409186	0.43×10^{-1}
10	(−0.081673107,−0.30697771,1)	−6.37858254	0.13×10^{-1}
15	(−0.055174692,−0.35765357,1)	−6.41021590	0.34×10^{-2}
20	(−0.048413347,−0.37058404,1)	−6.41833779	0.87×10^{-3}
25	(−0.046713405,−0.37383503,1)	−6.42038304	0.22×10^{-3}
30	(−0.046287596,−0.37464935,1)	−6.42089555	0.55×10^{-4}
35	(−0.046181038,−0.37485314,1)	−6.42105591	0.14×10^{-4}
40	(−0.046154378,−0.37490412,1)	−6.42105591	0.34×10^{-5}
45	(−0.046147708,−0.37491688,1)	−6.42106394	0.86×10^{-6}
50	(−0.046146040,−0.37492007,1)	−6.42106594	0.21×10^{-6}
55	(−0.046145622,−0.37492086,1)	−6.42106645	0.54×10^{-7}
60	(−0.046145518,−0.37492106,1)	−6.42106657	0.13×10^{-7}
61	(−0.046145509,−0.37492108,1)	−6.42106658	0.10×10^{-7}
62	(−0.046145503,−0.37492109,1)	−6.42106659	0.77×10^{-8}

从以上幂法的论证过程可以看出: 其收敛速度依赖于 $\left|\dfrac{\lambda_2}{\lambda_1}\right|$, 这个比值越小, 收敛速度越快; 这个比值越接近 1, 收敛速度越慢. 例 7.1 的收敛速度比较慢, 经验证 $\left|\dfrac{\lambda_2}{\lambda_1}\right| \approx 0.76$.

另一方面, 初始向量 v_0 的选取对迭代次数也有影响. 若 v_0 选取不当, 使得 $\boldsymbol{v}_0 = \sum\limits_{i=1}^{n} \alpha_i \boldsymbol{x}_i$ 中 $\alpha_1 = 0$, 尽管由于迭代运算中的舍入误差导致 $\boldsymbol{v}_k$ 中的 $\alpha_1 \neq 0$, 并随 k 的增大而逐渐取得优势, 使迭代收敛, 但迭代次数会大增. 实际计算中, 可设迭代次数控制量 N, 当 $|m_N - m_{N-1}| < \varepsilon$ 仍不成立时, 停机检查, 根据 $\boldsymbol{v}_k$ 的变化趋势重置 $\boldsymbol{v}_0$, 或运用加速技术.

7.1.3 幂法的 Aitken(埃特金) 加速法

由式 (7.6)—(7.8) 及推导过程可得

$$m_k - \lambda_1 = O\left(\left(\frac{\lambda_2}{\lambda_1}\right)^k\right).$$

从而可知 m_k 线性收敛于 λ_1, 即

$$\frac{m_{k+1}-\lambda_1}{m_k-\lambda_1} \approx \frac{\lambda_2}{\lambda_1}.$$

于是

$$\frac{m_{k+1}-\lambda_1}{m_k-\lambda_1} \approx \frac{m_{k+2}-\lambda_2}{m_{k+1}-\lambda_1},$$

解得

$$\tilde{m}_{k+1} = m_k - \frac{(m_{k+2}-m_k)^2}{m_k-2m_{k+1}+m_{k+2}}. \tag{7.9}$$

同样可得 λ_1 所对应特征向量的如下加速迭代公式

$$\tilde{\boldsymbol{v}}_{k+1} = \boldsymbol{v}_k - \frac{(\boldsymbol{v}_{k+2}-\boldsymbol{v}_k)^2}{\boldsymbol{v}_k-2\boldsymbol{v}_{k+1}+\boldsymbol{v}_{k+2}}. \tag{7.10}$$

可见, 应用 Aitken 加速公式 (7.9), (7.10) 之前, 需应用式 (7.6) 计算三次. 对例 7.1 进行计算, 取 $\boldsymbol{v}_0=(1,1,1)^{\mathrm{T}}$, 计算结果列于表 7.2. 与表 7.1 比较, 要达到 $|m_k-m_{k-1}|<10^{-8}$, 幂法需迭代 $k=62$ 次, 而 Aitken 加速幂法只需迭代 $k=23$ 次.

表 7.2

k	$\tilde{\boldsymbol{v}}_k^{\mathrm{T}}$	$\tilde{m}_k$	$\lvert\tilde{m}_k-\tilde{m}_{k-1}\rvert$
0	(1,1,1)		
5	(−0.040218749,−0.35237239,1)	−6.43203285	0.34×10^{-1}
10	(−0.046217941,−0.3752841,1)	−6.42093776	0.49×10^{-3}
15	(−0.046144330,−0.37491683,1)	−6.42106876	0.63×10^{-5}
20	(−0.046145497,−0.37492120,1)	−6.42106659	0.95×10^{-7}
25	(−0.046145476,−0.37492111,1)	−6.42106663	0.37×10^{-7}
30	(−0.046145486,−0.37492114,1)	−6.42106661	0.17×10^{-7}
35	(−0.046145482,−0.37492113,1)	−6.42106662	0.67×10^{-8}

若以幂法迭代至 $k=20$ 时的 $\boldsymbol{v}_{20}$ 作为初始值, 再应用 Aitken 加速法, 计算结果列于表7.3, 其收敛速度增加很快. 实际上, 要达到 $\tilde{\boldsymbol{v}}_3=(-0.0461454830,-0.374921131,1)^{\mathrm{T}}$ 的结果, 取 $\boldsymbol{v}_0=(1,1,1)^{\mathrm{T}}$ 开始迭代, 直接应用幂法需迭代 $k=87$ 次, 应用 Aitken 加速幂法需迭代 $k=28$ 次.

表 7.3

k	$\tilde{\boldsymbol{v}}_k^{\mathrm{T}}$	$\tilde{m}_k$	$\lvert\tilde{m}_k-\tilde{m}_{k-1}\rvert$
20	(−0.048413347,−0.37058404,1)		
25	(−0.046144484,−0.37492304,1)	−6.42106820	−6.42106820
30	(−0.046145483,−0.37492113,1)	−6.42106661	0.000001591
35	(−0.046145483,−0.37492113,1)	−6.42106661	0.000000001

7.1.4 反幂法

设矩阵 $\boldsymbol{A}$ 非奇异, 则由 $\boldsymbol{A}\boldsymbol{x}_i=\lambda\boldsymbol{x}_i(i=1,2,\cdots,n)$ 可推得

$$\boldsymbol{A}^{-1}\boldsymbol{x}_i=\frac{1}{\lambda}\boldsymbol{x}_i,\quad i=1,2,\cdots,n.$$

若 $|\lambda_1|\geqslant|\lambda_2|\geqslant\cdots\geqslant|\lambda_n|$, 则 $\boldsymbol{A}^{-1}$ 的特征值满足

$$\left|\frac{1}{\lambda_n}\right|\geqslant\left|\frac{1}{\lambda_{n-1}}\right|\geqslant\cdots\geqslant\left|\frac{1}{\lambda_1}\right|.$$

对 $\boldsymbol{A}^{-1}$ 应用幂法求它的主特征值 λ_n^{-1} 及所对应的特征向量 $\boldsymbol{x}_n$, 这一方法被称为反幂法. 换言之, 反幂法可用于求 $\boldsymbol{A}$ 的按模最小的特征值与所对应的特征向量的近似值. 在式 (7.6) 中以 $\boldsymbol{A}^{-1}$ 代替 $\boldsymbol{A}$ 迭代, 需要求 $\boldsymbol{A}^{-1}$, 为了避免求逆阵, 可通过解线性方程组进行迭代

$$\begin{cases}\boldsymbol{A}\boldsymbol{u}_k=\boldsymbol{v}_{k-1},\\ \boldsymbol{v}_k=\dfrac{\boldsymbol{u}_k}{m_k}=\dfrac{\boldsymbol{u}_k}{\max(\boldsymbol{u}_k)},\end{cases}\quad k=1,2,\cdots. \tag{7.11}$$

由于需要反复求解方程组, 所以不宜使用 Gauss 消去法. 若对 $\boldsymbol{A}$ 作 **LU** 分解, 则每次迭代只需求解上、下两个简单的三角形方程组

$$\begin{cases}\boldsymbol{L}\boldsymbol{w}_k=\boldsymbol{v}_{k-1},\\ \boldsymbol{U}\boldsymbol{u}_k=\boldsymbol{w}_k,\\ \boldsymbol{v}_k=\dfrac{\boldsymbol{u}_k}{m_k}=\dfrac{\boldsymbol{u}_k}{\max(\boldsymbol{u}_k)},\end{cases}\quad k=1,2,\cdots. \tag{7.12}$$

当 $|\lambda_1|\geqslant|\lambda_2|\geqslant\cdots\geqslant|\lambda_n|$ 时, 有以下极限

$$\lim_{k\to\infty}m_k=\lim_{k\to\infty}\max(\boldsymbol{u}_k)=\lambda_n^{-1},$$

$$\lim_{k\to\infty}\boldsymbol{v}_k=\frac{\boldsymbol{x}_n}{\max(\boldsymbol{x}_n)}.$$

于是, 当 k 充分大时, $\boldsymbol{A}\boldsymbol{v}_k\approx\dfrac{1}{m_k}\boldsymbol{v}_k$.

反幂法 MATLAB 程序

```
function [m,u]=powinv(A,ep,Nmax)
% 为矩阵绝对值最小特征值反幂法，A为矩阵，ep为精度（默认值为1e−5)
% Nmax为最大迭代次数（默认值为500)，m为绝对值最小的特征值
% u为对应最小特征值的特征向量
if nargin<3
    Nmax=500;
end
if nargin<2
    ep=1e−5;
end
n=length(A);u=ones(n,1);k=0;m1=0;invA=inv(A);
while k<=Nmax
    v=invA*u;
    [vmax,i]=max(abs(v));
    m=v(i);u=v/m;
    if abs(m−m1)<ep
        break;
    end
    m1=m;k=k+1;
end
m=1/m;
```

例 7.2 试用反幂法求矩阵

$$\boldsymbol{A}=\begin{bmatrix}2&8&9\\8&3&4\\9&4&7\end{bmatrix}.$$

按模最小的特征值及所对应的特征向量, 要求 $|m_k-m_{k-1}|<10^{-8}$.

解 因为 $\boldsymbol{A}$ 的各阶主子式不为零, 应用式 (3.10) 对 $\boldsymbol{A}$ 的 $\mathbf{LU}$ 分解, 得

$$\boldsymbol{A}=\mathbf{LU}=\begin{bmatrix}1&0&0\\4&1&0\\4.5&1.103483&1\end{bmatrix}\begin{bmatrix}2&8&9\\0&-29&-32\\0&0&1.8103448\end{bmatrix}.$$

取初始向量 $\boldsymbol{v}_0=(1,1,1)^{\mathrm{T}}$, 应用式 (7.12) 进行迭代, 计算结果列于表 7.4. 只

需迭代 10 次, 就可得满足精度要求的 $\lambda_3 \approx \dfrac{1}{m_{10}} = 0.81333258$ 及所对应特征向量 $\boldsymbol{x}_3 \approx \boldsymbol{v}_{10}$.

在 MATLAB 命令窗口执行命令

```
>> A=[2 8 9;8 3 4;9 4 7];
>> [m,u]=powinv(A,1e-8)
m =
    0.8133
u =
    0.1832
    1.0000
   -0.9130
```

表 7.4

k	$\boldsymbol{v}_k^{\mathrm{T}}$	m_k	$\lvert m_k - m_{k-1}\rvert$
0	(1,1,1)		
1	(0.43478261,1,−0.47826087)	1.21904762	0.22
2	(0.19018405,1,−0.88343558)	1.01242236	0.79
3	(0.18427518,1,−0.91241509)	1.21279579	0.20
4	(0.18314756,1,−0.91293297)	1.22933399	0.17×10^{-1}
5	(0.18319627,1,−0.91304707)	1.22943487	0.10×10^{-3}
6	(0.18318705,1,−0.91304168)	1.22951369	0.79×10^{-4}
7	(0.18318795,1,−0.91304265)	1.22950865	0.50×10^{-5}
8	(0.18318784,1,−0.91304255)	1.22950941	0.76×10^{-6}
9	(0.18318785,1,−0.91304256)	1.22950933	0.79×10^{-7}
10	(0.18318785,1,−0.91304256)	1.22950934	0.95×10^{-8}

7.1.5 用反幂法对近似特征值精确化

若已知 $\boldsymbol{A}$ 的某特征值 λ_i 的近似值 $\tilde{\lambda}$, 则

$$0 < |\lambda_i - \tilde{\lambda}_i| \ll |\lambda_j - \tilde{\lambda}_i|, \quad j \neq i, \tag{7.13}$$

于是 $\lambda_i - \tilde{\lambda}_i$ 就是矩阵 $\boldsymbol{A} - \tilde{\lambda}_i \boldsymbol{I}$ 的按模最小的特征值, 应用反幂法

$$\begin{cases} \left(\boldsymbol{A} - \tilde{\lambda}_i \boldsymbol{I}\right) \boldsymbol{u}_k = \boldsymbol{v}_{k-1}, \\ \boldsymbol{v}_k = \dfrac{\boldsymbol{u}_k}{m_k} = \dfrac{\boldsymbol{u}_k}{\max(\boldsymbol{u}_k)}, \end{cases} \quad k = 1, 2, \cdots,$$

对 $\left(\boldsymbol{A}-\tilde{\lambda}_i\boldsymbol{I}\right)$ 进行 LU 分解, 代入式 (7.12), 则有

$$\lim_{k\to\infty} m_k=\frac{1}{\lambda_i-\tilde{\lambda}_i},$$

且当 k 充分大时

$$(\boldsymbol{A}-\tilde{\lambda}_i\boldsymbol{I})\boldsymbol{v}_k\approx\frac{1}{m_k}\boldsymbol{v}_k,$$

即

$$\boldsymbol{A}\boldsymbol{v}_k\approx\left(\tilde{\lambda}_i+\frac{1}{m_k}\right)\boldsymbol{v}_k\approx\lambda_i\boldsymbol{v}_k.$$

例 7.3 对于例 7.1 中的实对称矩阵 $\boldsymbol{A}$, 已知 $\tilde{\lambda}=-6.42$ 为 $\boldsymbol{A}$ 的一个近似特征值, 试用反幂法对 $\tilde{\lambda}$ 精确化, 并求对应的特征向量.

解 对 $\boldsymbol{A}-\tilde{\lambda}\boldsymbol{I}=\boldsymbol{A}+6.42\boldsymbol{I}$ 作 LU 分解得

$$\begin{aligned}\boldsymbol{A}+6.42\boldsymbol{I}&=\mathbf{LU}\\&=\begin{bmatrix}1&0&0\\0.36900369&1&0\\0.18450185&0.37514808&1\end{bmatrix}\begin{bmatrix}5.42&2&1\\0&1.6819926&0.63099631\\0&0&-1.218904\times10^{-3}\end{bmatrix}.\end{aligned}$$

取 $\boldsymbol{v}_0=(1,1,1)^{\mathrm{T}}$ 代入式 (7.12), 迭代结果见表 7.5.

表 7.5

k	$\boldsymbol{v}_k^{\mathrm{T}}$	m_k
0	(1,1,1)	
1	(−0.04616784,−0.37593814,1)	−474.83801
2	(−0.04614569,−0.37492057,1)	−937.85987
3	(−0.04614548,−0.37492113,1)	−937.54585

只需迭代 3 次, 即可得精度较高的近似特征值及特征向量

$$\boldsymbol{v}_3^{\mathrm{T}}\approx(-0.04614548,-0.37492113,1),$$

$$\lambda\approx\tilde{\lambda}+\frac{1}{m_3}=-6.42-\frac{1}{937.54585}=-6.421066614.$$

这一结果应用幂法需迭代 87 次.

由式 (7.13) 知, $\lambda_i-\tilde{\lambda}_i$ 按模远远小于其他特征值, 从而迭代过程收敛极快. 另一方面, 如果初步求得 $\boldsymbol{A}$ 的全部特征值, 则可应用反幂法对每个近似特征值精确化, 并求得全部特征向量.

7.2 Jacobi 法

7.2.1 旋转变换

Jacobi(雅可比) 法是用于求实对称矩阵特征值的一种旋转变换方法. 由线性代数理论知: 对于 n 阶实对称矩阵 $\boldsymbol{A}$, 一定存在正交矩阵 $\boldsymbol{P}$, 使

$$\boldsymbol{P}^{\mathrm{T}}\boldsymbol{A}\boldsymbol{P}=\boldsymbol{\Lambda}=\begin{bmatrix}\lambda_1 & & & \\ & \lambda_2 & & \\ & & \ddots & \\ & & & \lambda_n\end{bmatrix},$$

其中 $\boldsymbol{P}$ 的第 j 列向量为对应特征值 λ_j 的特征向量 $(j=1,2,\cdots,n)$. 如何构造数值方法计算正交矩阵 $\boldsymbol{P}$ 及所有的特征值 λ_j $(j=1,2,\cdots,n)$? 回顾平面解析几何中将平面二次曲线通过坐标旋转化为标准型的过程, 将二次曲线用矩阵表示, 恰是实对称矩阵, 而旋转变换对应一个正交矩阵. 一般地, 记

$$\boldsymbol{P}=\boldsymbol{P}(r,s,\theta)=\begin{bmatrix}1 & & & & & & & & & & \\ & \ddots & & & & & & & & & \\ & & 1 & & & & & & & & \\ & & & \cos\theta & & & & -\sin\theta & & & \\ & & & & 1 & & & & & & \\ & & & & & \ddots & & & & & \\ & & & & & & 1 & & & & \\ & & & \sin\theta & & & & \cos\theta & & & \\ & & & & & & & & 1 & & \\ & & & & & & & & & \ddots & \\ & & & & & & & & & & 1\end{bmatrix}\begin{matrix} \\ \\ \\ r行 \\ \\ \\ \\ s行 \\ \\ \\ \\ \end{matrix}.$$

容易验证: $\boldsymbol{P}$ 是一正交矩阵, 由 $\boldsymbol{P}$ 所构成的线性变换保持向量长度不变. 事实上, $\forall \boldsymbol{x}\in\mathbf{R}^n$,

$$\boldsymbol{P}\boldsymbol{x}=(x_1,\cdots,x_{r-1},x_r\cos\theta-x_s\sin\theta,\cdots,x_r\sin\theta+x_s\cos\theta,\cdots,x_n)^{\mathrm{T}}.$$

显然 $\|\boldsymbol{P}\boldsymbol{x}\|_2=\|\boldsymbol{x}\|_2$. $\boldsymbol{P}\boldsymbol{x}$ 相当于把 $\boldsymbol{x}$ 在 r,s 坐标轴平面中旋转一个 θ 角, 故称旋转变换, $\boldsymbol{P}$ 称为旋转矩阵. 旋转矩阵 $\boldsymbol{P}$ 有以下性质:

(1) 对任意实对称矩阵 $\boldsymbol{A}$, $\boldsymbol{P}^{-1}\boldsymbol{A}\boldsymbol{P}$ 仍是实对称矩阵, 且与 $\boldsymbol{A}$ 有相同的特征值.

(2) $\|\boldsymbol{PA}\|_2=\|\boldsymbol{A}\|_2, \|\boldsymbol{AP}\|_2=\|\boldsymbol{A}\|_2$, 即无论用 $\boldsymbol{P}$ 左乘或右乘矩阵 $\boldsymbol{A}$, 其范数保持不变.

(3) 有限个旋转矩阵的乘积仍为正交矩阵.

7.2.2 Jacobi 算法

Jacobi 算法是通过一系列旋转变换, 把实对称矩阵 $\boldsymbol{A}$ 化为对角阵, 从而求得特征值及所对应的特征向量, 记 $\boldsymbol{A}=\boldsymbol{A}_0$, 对 $\boldsymbol{A}$ 作一系列旋转变换

$$\begin{cases}\boldsymbol{A}_1=\boldsymbol{P}_1^{\mathrm{T}}\boldsymbol{A}_0\boldsymbol{P}_1,\\ \boldsymbol{A}_k=\boldsymbol{P}_k^{\mathrm{T}}\boldsymbol{A}_{k-1}\boldsymbol{P}_k, \quad k=1,2,\cdots.\end{cases} \tag{7.14}$$

由 $\boldsymbol{A}_{k-1}$ 变到 $\boldsymbol{A}_k$, 除第 r,s 行及 r,s 列的交叉点元素变化外, 其他值不变, 计算式为

$$\begin{cases}a_{rr}^{(k)}=a_{rr}^{(k-1)}\cos^2\theta+2a_{rs}^{(k-1)}\sin\theta\cos\theta+a_{ss}^{(k-1)}\sin^2\theta,\\ a_{ss}^{(k)}=a_{rr}^{(k-1)}\sin^2\theta-2a_{rs}^{(k-1)}\sin\theta\cos\theta+a_{ss}^{(k-1)}\cos^2\theta,\\ a_{rs}^{(k)}=a_{sr}^{(k)}=\left(a_{ss}^{(k-1)}-a_{rr}^{(k-1)}\right)\sin\theta\cos\theta+a_{rs}^{(k-1)}(\cos^2\theta-\sin^2\theta),\\ a_{rj}^{(k)}=a_{jr}^{(k)}=a_{rj}^{(k-1)}\cos\theta+a_{sj}^{(k-1)}\sin\theta, \quad j\neq p,q,\\ a_{sj}^{(k)}=a_{js}^{(k)}=-a_{rj}^{(k-1)}\sin\theta+a_{sj}^{(k-1)}\cos\theta, \quad j\neq p,q,\\ a_{ij}^{(k)}=a_{ij}^{(k-1)}, \quad i,j\neq p,q.\end{cases} \tag{7.15}$$

由 $\boldsymbol{A}_{k-1}$ 到 $\boldsymbol{A}_k$, 构造旋转矩阵 $\boldsymbol{P}_k=\boldsymbol{P}_k(r,s,\theta)\,(k=1,2,\cdots)$, 所需考虑的主要问题如下: 选取 r,s, 使得

$$\left|a_{rs}^{(k-1)}\right|=\max\left\{\left|a_{ij}^{(k-1)}\right|, 1\leqslant i,j\leqslant n, i\neq j\right\}. \tag{7.16}$$

选取 θ 使得 $\left|a_{rs}^{(k)}\right|=0$.

为了保证 $a_{rs}^{(k)}=a_{sr}^{(k)}=0$, 按式 (7.15), θ 应满足

$$\tan 2\theta=\frac{2a_{rs}^{(k-1)}}{a_{rr}^{(k-1)}-a_{ss}^{(k-1)}}.$$

规定 $|\theta|\leqslant\dfrac{\pi}{4}$, 若 $a_{rr}^{(k-1)}=a_{ss}^{(k-1)}$, 则当 $a_{rs}^{(k-1)}>0$ 时, 取 $\theta=\dfrac{\pi}{4}$; 当 $a_{rs}^{(k-1)}<0$ 时, $\theta=-\dfrac{\pi}{4}$. 为了式 (7.15) 计算方便, 令

$$y=\left|a_{rr}^{(k-1)}-a_{ss}^{(k-1)}\right|,$$

$$x = 2\text{sign}\big(a_{rr}^{(k-1)} - a_{ss}^{(k-1)}\big) \cdot a_{rs}^{(k-1)},$$

则 $\tan 2\theta = \dfrac{x}{y}$, 又据 $\cos 2\theta = \dfrac{1}{\sqrt{1+\tan^2 2\theta}}$, $\sin 2\theta = \tan 2\theta \cdot \cos 2\theta$, 得

$$\begin{aligned} &\cos 2\theta = \frac{y}{\sqrt{x^2+y^2}}, \quad \cos\theta = \sqrt{\frac{1+\cos 2\theta}{2}}, \\ &\sin 2\theta = \frac{y}{\sqrt{x^2+y^2}}, \quad \sin\theta = \frac{\sin 2\theta}{2\cos\theta}. \end{aligned} \tag{7.17}$$

7.2.3　Jacobi 迭代的收敛性

据式 (7.15) 容易验证

$$\big(a_{rr}^{(k)}\big)^2 + \big(a_{ss}^{(k)}\big)^2 = \big(a_{rr}^{(k-1)}\big)^2 + \big(a_{ss}^{(k-1)}\big)^2 + \big(a_{rs}^{(k-1)}\big)^2.$$

若记 $\sigma_1(\boldsymbol{A}) = \sum\limits_{i\neq j}(a_{ij})^2$, $\sigma_2(\boldsymbol{A}) = \sum\limits_{i=1}^{n}(a_{ii})^2$, 则

$$\begin{aligned} \sigma_1(\boldsymbol{A}_k) &= \sigma_1(\boldsymbol{A}_{k-1}) - 2\big(a_{rs}^{(k-1)}\big)^2, \\ \sigma_2(\boldsymbol{A}_k) &= \sigma_2(\boldsymbol{A}_{k-1}) - 2\big(a_{rs}^{(k-1)}\big)^2, \end{aligned}$$

即 $\boldsymbol{A}_{k-1}$ 经过一次旋转变换后, 所得 $\boldsymbol{A}_k$ 中对角线元素的平方和增加了 $2\big(a_{rs}^{(k-1)}\big)^2$, 而非对角线元素的平方和减少了 $2\big(a_{rs}^{(k-1)}\big)^2$.

由式 (7.16), $\big|a_{rs}^{(k-1)}\big|$ 大于或等于 $\boldsymbol{A}_{k-1}$ 的其他非对角线元素的绝对值, 则

$$\sigma_1(\boldsymbol{A}_{k-1}) \leqslant n(n-1)\big|a_{rs}^{(k-1)}\big|^2.$$

于是

$$\begin{aligned} \sigma_1(\boldsymbol{A}_k) &= \sigma_1(\boldsymbol{A}_{k-1}) - 2|a_{rs}^{(k-1)}|^2 \\ &\leqslant \sigma_1(\boldsymbol{A}_{k-1}) - \frac{2\sigma_1(\boldsymbol{A}_{k-1})}{n(n-1)} = \left(1 - \frac{2}{n(n-1)}\right)\sigma_1(\boldsymbol{A}_{k-1}) \\ &\leqslant \left(1 - \frac{2}{n(n-1)}\right)^2 \sigma_1(\boldsymbol{A}_{k-2}) \leqslant \cdots \leqslant \left(1 - \frac{2}{n(n-1)}\right)^k \sigma_1(\boldsymbol{A}_0). \end{aligned}$$

由于 $\left|1 - \dfrac{2}{n(n-1)}\right| < 1$, 所以当 $k \to \infty$ 时, $\boldsymbol{A}_k$ 的非对角线元素平方和趋于零, 即 $\boldsymbol{A}_k \to \boldsymbol{\varLambda}$($\boldsymbol{\varLambda}$ 为对角阵).

实际计算时, 可给定一个误差控制小量 $\varepsilon > 0$, 由 ε 控制迭代次数 k. 若

$$|a_{ij}^{(k)}| < \varepsilon, \quad 1 \leqslant i < j \leqslant n,$$

就可视 $a_{ij}^{(k)}(i=1,2,\cdots,n)$ 为 $\boldsymbol{A}$ 的全部特征值.

若记 $\boldsymbol{Q}_k=\boldsymbol{P}_1\boldsymbol{P}_2\cdots\boldsymbol{P}_k$, 则

$$\boldsymbol{A}_k=\boldsymbol{Q}_k^{\mathrm{T}}\boldsymbol{A}\boldsymbol{Q}_k\approx\boldsymbol{\Lambda}=\mathrm{diag}(\lambda_1,\lambda_2,\cdots,\lambda_n).$$

于是

$$\boldsymbol{A}\boldsymbol{q}_i=\lambda_i\boldsymbol{q}_i,$$

其中 $\boldsymbol{q}_i$ 为 $\boldsymbol{Q}_k$ 的第 i 列向量. 说明 $\boldsymbol{q}_i$ 就是 $\boldsymbol{A}$ 对于 λ_i 的正交特征向量的近似值.

若令 $\boldsymbol{Q}_0=\boldsymbol{I}$ (单位矩阵), 则 $\boldsymbol{Q}_m=\boldsymbol{Q}_{m-1}\boldsymbol{Q}\boldsymbol{P}_m(m=1,2,\cdots,k)$, 其迭代计算公式为

$$\begin{cases} q_{tr}^{(m)}=q_{tr}^{(m-1)}\cos\theta+q_{ts}^{(m-1)}\sin\theta, \quad t=1,2,\cdots,n,\\ q_{tr}^{(m)}=-q_{tr}^{(m-1)}\sin\theta+q_{ts}^{(m-1)}\cos\theta, \quad t=1,2,\cdots,n,\\ q_{ij}^{(m)}=q_{ij}^{(m-1)}, \quad j\neq r,s;i=1,2,\cdots,n. \end{cases} \tag{7.18}$$

7.2.4 实用 Jacobi 算法

以上所讨论的 Jacobi 算法中, 每次旋转都是为了把非对角元绝对值最大者化为零作出的. 对阶数较大的矩阵, 为了避免每次变换都寻找最大值, 可采用如下改进的 Jacobi 方法, 称为 Jacobi 过关法.

令

$$\alpha_1=\frac{1}{n}[\sigma_1(\boldsymbol{A})]^{\frac{1}{2}}=\frac{1}{n}\left[2\sum_{1\leqslant i<j\leqslant n}(a_{ij})^2\right]^{\frac{1}{2}},$$

对 $\boldsymbol{A}$ 的非对角元素 $a_{ij}(1\leqslant i<j\leqslant n)$ 逐行扫描, 如果找到某元素 a_{rs} 满足

$$|a_{rs}|\geqslant\alpha_1,$$

则取 $\boldsymbol{P}=\boldsymbol{P}(r,s,\theta)$, 并应用式 (7.15) 作旋转变换, 使 $\boldsymbol{B}=\boldsymbol{P}^{\mathrm{T}}\boldsymbol{A}\boldsymbol{P}$ 中的 $b_{rs}=0$. 再从头开始扫描, 若遇到绝对值不小于 α_1 的元素, 就作相应的旋转变换将其化为零, 直到所有非对角元素的绝对值全部都小于 α_1.

再令 $\alpha_2=\dfrac{\alpha_1}{n}$, 重复上述步骤, 直至所有非对角元素的绝对值全部都小于 α_2. 这样经过一系列 "关"$\alpha_1,\alpha_2,\cdots,\alpha_n$(其中 $\alpha_n<\varepsilon$), 就可得到与 $\boldsymbol{A}$ 相似的近似对角阵.

例 7.4 对例 7.1 中的实对称矩阵 $\boldsymbol{A}$, 运用 Jacobi 过关法求其全部特征值及所对应的标准正交的特征向量 (取 $\varepsilon=10^{-8}$).

解 记

$$A_0 = A = \begin{bmatrix} -1 & 2 & 1 \\ 2 & -4 & 1 \\ 1 & 1 & -6 \end{bmatrix}.$$

令 $\alpha_1 = \frac{1}{3}\left[2\sum_{1\leqslant i<j\leqslant 3}(a_{ij})^2\right]^{\frac{1}{2}} = \frac{2}{3}\sqrt{3}$, 按 Jacobi 过关法计算, 计算过程见表 7.6.

表 7.6

k	A_k	Q_k
1	$\begin{bmatrix} 0 & 0 & 1.341641 \\ 0 & -5 & 0.447214 \\ 1.341614 & 0.447214 & -6 \end{bmatrix}$	$\begin{bmatrix} 0.894427 & -0.447214 & 0 \\ 0.447214 & 0.894427 & 0 \\ 0 & 0 & 1 \end{bmatrix}$
2	$\begin{bmatrix} 0.286335 & 0.093343 & 0 \\ 0.093343 & -5 & 0.437364 \\ 0 & 0.437364 & -6.286335 \end{bmatrix}$	$\begin{bmatrix} 0.874728 & -0.447214 & -0.186686 \\ 0.437364 & 0.894427 & -0.093343 \\ 0.208721 & 0 & 0.977975 \end{bmatrix}$
3	$\begin{bmatrix} 0.286335 & 0.089213 & -0.027459 \\ 0.089213 & -4.865381 & 0 \\ -0.027459 & 0 & -6.420954 \end{bmatrix}$	$\begin{bmatrix} 0.874728 & -0.482343 & -0.046866 \\ 0.437364 & 0.827391 & -0.352332 \\ 0.208721 & 0.287697 & 0.934701 \end{bmatrix}$
4	$\begin{bmatrix} 0.287880 & 0 & -0.027455 \\ 0 & -4.866926 & 0.000475 \\ -0.027455 & 0.000475 & -6.420954 \end{bmatrix}$	$\begin{bmatrix} 0.866248 & -0.497412 & -0.046866 \\ 0.451620 & 0.819696 & -0.352332 \\ 0.213670 & 0.284041 & 0.934701 \end{bmatrix}$
5	$\begin{bmatrix} 0.287992 & -0.000002 & 0 \\ -0.000002 & -4.866926 & 0.000475 \\ 0 & 0.000475 & -6.421066 \end{bmatrix}$	$\begin{bmatrix} 0.866432 & -0.497412 & -0.043320 \\ 0.453058 & 0.819696 & -0.350481 \\ 0.209843 & 0.284041 & 0.935568 \end{bmatrix}$
6	$\begin{bmatrix} 0.287992 & -0.000002 & 0 \\ -0.000002 & -4.866926 & 0 \\ 0 & 0 & -6.421067 \end{bmatrix}$	$\begin{bmatrix} 0.866432 & -0.497425 & -0.043168 \\ 0.453058 & 0.819589 & -0.350731 \\ 0.209843 & 0.284327 & 0.935481 \end{bmatrix}$
7	$\begin{bmatrix} 0.287992 & 0 & 0 \\ 0 & -4.866926 & 0 \\ 0 & 0 & -6.421067 \end{bmatrix}$	$\begin{bmatrix} 0.866432 & -0.497425 & -0.043168 \\ 0.453058 & 0.819589 & -0.350731 \\ 0.209843 & 0.284327 & 0.935481 \end{bmatrix}$

由表 7.6 可得 A 的特征值, 实际上满足精度要求的近似特征值为

$$\lambda_1 \approx 0.287992, \quad \lambda_2 \approx -4.866926, \quad \lambda_3 \approx -6.421067.$$

所对应的特征向量的近似值分别为 Q_7 中的列向量. 即

$$q_1 = (0.866432, 0.453058, 0.209843)^{\mathrm{T}},$$

$$q_2 = (-0.497425, 0.819589, 0.284327)^{\mathrm{T}},$$

$$q_3 = (-0.043168, -0.350731, 0.935481)^{\mathrm{T}},$$

Jacobi 过关法算法流程如图 7.1 所示.

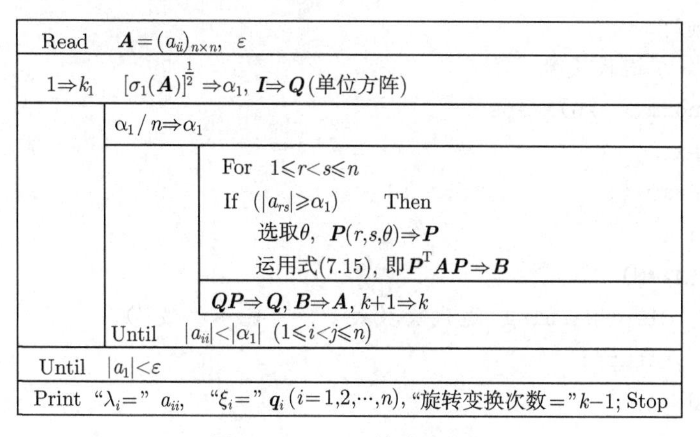

图 7.1 Jacobi 算法流程图

Jacobi 过关法 MATLAB 程序

```
function [x,n]=jacobi(A,b,x0,eps,varargin)
% 求解线性方程组的迭代法
% A为方程组的系数矩阵
% b为方程组的右端项
% eps为精度要求，缺省值为1e-5
% varargin为最大迭代次数，缺省值为100
% x为方程组的解
% n为迭代次数
if nargin==3
    eps=1.0e-6;
    M=200;
elseif nargin<3
    error('迭代次数小于3!');
    return;
elseif nargin==5
    M=varargin{1};
end
D=diag(diag(A)); % 求A的对角矩阵
L=-tril(A,-1); % 求A的下三角阵
U=-triu(A,1), % 求A的上三角阵
B=D\(L+U);
```

```
f=D\b;
x=B*x0+f;
n=1;  % 求迭代次数
while norm(x-x0)>=eps
    x0=x;
    x=B*x0+f;
    n=n+1;
    if(n>=M)
        disp('Warning:迭代次数太多，可能不收敛!');
        return;
    end
end
```

7.3 QR 方法

QR 方法是目前计算中小规模矩阵的全部特征值和特征向量的最有效方法之一. QR 方法是利用正交相似变换将一个给定矩阵逐步约化为上三角阵或拟上三角阵的一种迭代方法.

7.3.1 Householder 变换

Householder 变换 (或矩阵) 是指具有如下形式的初等正交矩阵

$$\boldsymbol{H}=\boldsymbol{I}-2\boldsymbol{\omega}\boldsymbol{\omega}^{\mathrm{T}},$$

其中 $\boldsymbol{\omega}$ 是满足 $\|\boldsymbol{\omega}\|_2=1$ 的 n 维实向量.

Householder 矩阵具有如下一些简单而又十分重要的性质:

(1) 对称性: $\boldsymbol{H}^{\mathrm{T}}=\boldsymbol{H}$;

(2) 正交性: $\boldsymbol{H}^{\mathrm{T}}\boldsymbol{H}=\boldsymbol{I}$;

(3) 对合性: $\boldsymbol{H}^2=\boldsymbol{I}$;

(4) 反射性: 对任意的 $\boldsymbol{x}\in\mathbf{R}^n$, $\boldsymbol{H}\boldsymbol{x}$ 是 $\boldsymbol{x}$ 关于 $\boldsymbol{\omega}$ 的垂直超平面的镜像反射.

设 $\boldsymbol{x}$ 是任意给定的 n 维非零实向量, 可以通过求得 Householder 矩阵 $\boldsymbol{H}$, 使得 $\boldsymbol{x}$ 的若干个指定分量变为零. 令

$$\boldsymbol{\omega}=\frac{\boldsymbol{x}-k\boldsymbol{e}_1}{\|\boldsymbol{x}-k\boldsymbol{e}_1\|_2},$$

则容易验证, 在 k 选取适当的条件下, 其所对应的 Householder 矩阵 $\boldsymbol{H}$ 满足

$$\boldsymbol{H}\boldsymbol{x}=k\boldsymbol{e}_1, \tag{7.19}$$

其中 $\boldsymbol{e}_1=(1,0,\cdots,0)^{\mathrm{T}}$, 且有 $\|\boldsymbol{Hx}\|_2=\|k\boldsymbol{e}_1\|_2$.

记 $\boldsymbol{y}=\boldsymbol{Hx}$, 根据 Householder 矩阵的正交性有

$$\boldsymbol{y}^{\mathrm{T}}\boldsymbol{y}=\boldsymbol{x}^{\mathrm{T}}\boldsymbol{H}^{\mathrm{T}}\boldsymbol{Hx}=\boldsymbol{x}^{\mathrm{T}}\boldsymbol{x},$$

即 $\|\boldsymbol{Hx}\|_2=\|\boldsymbol{x}\|_2$, 从而由 $\|k\boldsymbol{e}_1\|_2=\|\boldsymbol{x}\|_2$ 可得 $k=\pm\|\boldsymbol{x}\|_2$. k 取正或取负, 对结果的影响只是符号变了.

令 $\boldsymbol{v}=\boldsymbol{x}-k\boldsymbol{e}_1=\boldsymbol{x}-\|\boldsymbol{x}\|_2\boldsymbol{e}_1$, 则 $\boldsymbol{\omega}=\dfrac{\boldsymbol{v}}{\|\boldsymbol{v}\|_2}$, 从而

$$\boldsymbol{H}=\boldsymbol{I}-2\boldsymbol{\omega}\boldsymbol{\omega}^{\mathrm{T}}=\boldsymbol{I}-2\frac{\boldsymbol{v}}{\|\boldsymbol{v}\|_2}\cdot\frac{\boldsymbol{v}^{\mathrm{T}}}{\|\boldsymbol{v}\|_2}=\boldsymbol{I}-\frac{2}{\boldsymbol{v}^{\mathrm{T}}\boldsymbol{v}}\boldsymbol{v}\boldsymbol{v}^{\mathrm{T}}.$$

例 7.5 设 $\boldsymbol{x}=(-2,3,0,-1)^{\mathrm{T}}$, 求 Householder 矩阵 $\boldsymbol{H}$ 满足 $\boldsymbol{Hx}=k\boldsymbol{e}_1$.

解 取 $k=-\|\boldsymbol{x}\|_2=-\sqrt{14}$, 则 $\boldsymbol{v}=\boldsymbol{x}-k\boldsymbol{e}_1=\left(-2+\sqrt{14},3,0,-1\right)^{\mathrm{T}}$, 从而有

$$\boldsymbol{H}=\boldsymbol{I}-\frac{2}{\boldsymbol{v}^{\mathrm{T}}\boldsymbol{v}}\boldsymbol{v}\boldsymbol{v}^{\mathrm{T}}=\begin{bmatrix}0.5345 & -0.8018 & 0 & 0.2673\\ -0.8018 & -0.3811 & 0 & 0.4604\\ 0 & 0 & 1.0000 & 0\\ 0.2673 & 0.4604 & 0 & 0.8465\end{bmatrix},$$

并且 $\boldsymbol{Hx}=(-3.7417,0,0,0)^{\mathrm{T}}$.

7.3.2 QR 分解

利用 Householder 变换, 对于矩阵 $\boldsymbol{A}\in\mathbf{R}^{n\times n}$ 可以得到正交阵 $\boldsymbol{Q}$, 使得 $\boldsymbol{A}=\boldsymbol{QR}$, 其中 $\boldsymbol{R}$ 为上三角阵. 下面给出构造 $\boldsymbol{Q}$ 的方法.

记 $\boldsymbol{A}^{(1)}=\boldsymbol{A}$, 它的第一列记为 $\boldsymbol{a}_1^{(1)}$, 则有 Householder 矩阵 $\boldsymbol{H}_1$, 使得

$$\boldsymbol{H}_1\boldsymbol{a}_1^{(1)}=\|\boldsymbol{a}_1^{(1)}\|_2\boldsymbol{e}_1\in\mathbf{R}^n,$$

令 $\boldsymbol{A}^{(2)}=\boldsymbol{H}_1\boldsymbol{A}^{(1)}$, 可知其第一列对角线以下方元素全为 0. 一般地, 设

$$\boldsymbol{A}^{(k)}=\begin{bmatrix}\boldsymbol{D}^{(k)} & \boldsymbol{B}^{(k)}\\ \boldsymbol{0} & \overline{\boldsymbol{A}}^{(k)}\end{bmatrix},$$

其中 $\boldsymbol{D}^{(k)}$ 为 $k-1$ 阶方阵, $\overline{\boldsymbol{A}}^{(k)}$ 为 $n-k+1$ 阶方阵, 设其第一列为 $\boldsymbol{a}_1^{(k)}$, 则可求得 Householder 矩阵 $\overline{\boldsymbol{H}}_k$, 有

$$\overline{\boldsymbol{H}}_k\boldsymbol{a}_1^{(k)}=\|\boldsymbol{a}_1^{(k)}\|_2(1,0,\cdots,0)^{\mathrm{T}}\in\mathbf{R}^{n-k+1}.$$

根据 $\overline{\boldsymbol{H}}_k$ 构造 $n\times n$ 阶的 Householder 矩阵

$$\boldsymbol{H}_k=\begin{bmatrix}\boldsymbol{I}_k & \boldsymbol{0}\\ \boldsymbol{0} & \overline{\boldsymbol{H}}_k\end{bmatrix},$$

就有

$$\boldsymbol{A}^{(k+1)} = \begin{bmatrix} \boldsymbol{D}^{(k+1)} & \boldsymbol{B}^{(k+1)} \\ \boldsymbol{0} & \overline{\boldsymbol{A}}^{(k+1)} \end{bmatrix},$$

其中 $\boldsymbol{D}^{(k+1)}$ 为 k 阶方阵, $\overline{\boldsymbol{A}}^{(k+1)}$ 为 $n-k$ 阶方阵. 这样经 $n-1$ 步运算可得

$$\boldsymbol{H}_{n-1}\boldsymbol{H}_{n-2}\cdots\boldsymbol{H}_1\boldsymbol{A}^{(1)} = \boldsymbol{A}^{(n)} = \boldsymbol{R},$$

则知 $\boldsymbol{R}=\boldsymbol{A}^{(n)}$ 为上三角阵, $\boldsymbol{H}=\boldsymbol{H}_{n-1}\boldsymbol{H}_{n-2}\cdots\boldsymbol{H}_1$ 为正交阵, 令 $\boldsymbol{Q}=\boldsymbol{H}^{-1}=\boldsymbol{H}^{\mathrm{T}}$ 即可, 并且可以验证矩阵的这种分解是唯一的.

例 7.6　求矩阵 $\boldsymbol{A}=\begin{bmatrix} 1 & 2 & 2 \\ 2 & 1 & -2 \\ -2 & -2 & 1 \end{bmatrix}$ 的 QR 分解.

解　记 $\boldsymbol{A}^{(1)}=\boldsymbol{A}$, $\boldsymbol{a}_1^{(1)}=(1,2,-2)^{\mathrm{T}}$, 取 $k=\|\boldsymbol{a}_1^{(1)}\|_2=3$, 有 $\boldsymbol{v}=\boldsymbol{a}_1^{(1)}-k\boldsymbol{e}_1=(-2,2,-2)^{\mathrm{T}}$, 则

$$\boldsymbol{H}_1=\begin{bmatrix} 0.3333 & 0.6667 & -0.6667 \\ 0.6667 & 0.3333 & 0.6667 \\ -0.6667 & 0.6667 & 0.3333 \end{bmatrix},$$

$$\boldsymbol{A}^{(2)}=\boldsymbol{H}_1\times\boldsymbol{A}^{(1)}=\begin{bmatrix} 3.0000 & 2.6667 & -1.3333 \\ 0.0000 & 0.3333 & 1.3333 \\ 0.0000 & -1.3333 & -2.3333 \end{bmatrix}.$$

记 $\overline{\boldsymbol{A}}^{(2)}=\begin{bmatrix} 0.3333 & 1.3333 \\ -1.3333 & -2.3333 \end{bmatrix}$, $\boldsymbol{a}_1^{(2)}=(0.3333,-1.3333)^{\mathrm{T}}$, 取 $k=\|\boldsymbol{a}_1^{(2)}\|_2=1.3743$, 有 $\boldsymbol{v}=\boldsymbol{a}_1^{(2)}-k\boldsymbol{e}_1=(-1.0410,-1.3333)^{\mathrm{T}}$, 则

$$\boldsymbol{H}_2=\begin{bmatrix} 1 & 0 & 0 \\ 0 & 0.2425 & -0.9701 \\ 0 & -0.9701 & -0.2425 \end{bmatrix},\quad \boldsymbol{A}^{(3)}=\boldsymbol{H}_2\times\boldsymbol{A}^{(2)}=\begin{bmatrix} 3.0000 & 2.6667 & -1.3333 \\ 0.0000 & 1.3743 & 2.5870 \\ 0.0000 & 0.0000 & -0.7276 \end{bmatrix}.$$

正交阵

$$\boldsymbol{H}=\boldsymbol{H}_2\times\boldsymbol{H}_1=\begin{bmatrix} 0.3333 & 0.6667 & -0.6667 \\ 0.8084 & -0.5659 & -0.1617 \\ -0.4851 & -0.4850 & -0.7276 \end{bmatrix},$$

从而矩阵 $\boldsymbol{A}$ 的 QR 分解为 $\boldsymbol{A}=\mathbf{QR}=\boldsymbol{H}^{\mathrm{T}}\boldsymbol{A}^{(\mathbf{3})}$.

7.3.3 QR 算法

设 $\boldsymbol{A}=\boldsymbol{A}_1$, 对 $\boldsymbol{A}_1$ 进行 QR 分解 $\boldsymbol{A}_1=\boldsymbol{Q}_1\boldsymbol{R}_1$, 令矩阵 $\boldsymbol{A}_2=\boldsymbol{R}_1\boldsymbol{Q}_1=\boldsymbol{Q}_1^{\mathrm{T}}\boldsymbol{A}_1\boldsymbol{Q}_1$, 重复上述过程, 对于已获得的 $\boldsymbol{A}_k$ 进行 QR 分解 $\boldsymbol{A}_k=\boldsymbol{Q}_k\boldsymbol{R}_k$, 并且有 $\boldsymbol{A}_{k+1}=\boldsymbol{R}_k\boldsymbol{Q}_k=\boldsymbol{Q}_k^{\mathrm{T}}\boldsymbol{A}_k\boldsymbol{Q}_k$, 继续以上递推法则, 就会获得矩阵序列 $\{\boldsymbol{A}_k\}$, 这种方法称为 QR 算法. 只要 $\boldsymbol{A}$ 为非奇异的, 则由 QR 算法可以完全确定矩阵序列 $\{\boldsymbol{A}_k\}$.

QR 算法 MATLAB 程序

```
function l=qrtz(A,M)
% QR基本算法求矩阵全部特征值
% 已知矩阵: A
% 迭代步数: M
% 求得的矩阵特征值: l
for i=1:M
    [q,r]=qr(A);
    A=r*q;
    l=diag(A);
end
```

定义 7.1 当 $k\to\infty$ 时矩阵序列 $\{\boldsymbol{A}_k\}$ 的对角线元素均收敛, 且严格下三角元素收敛到零, 则称 $\{\boldsymbol{A}_k\}$ 基本收敛到上三角阵.

基本收敛的概念并未指出 $\{\boldsymbol{A}_k\}$ 严格上三角的元素是否收敛, 但是对求 $\boldsymbol{A}$ 的特征值而言, 基本收敛已经足够了.

定理 7.1 设 $\boldsymbol{A}\in\mathbf{R}^{n\times n}$, 其特征值满足

$$|\lambda_1|>|\lambda_2|>\cdots>|\lambda_n|>0,$$

$\boldsymbol{x}_i$ 为 $\lambda_i(i=1,2,\cdots,n)|$ 所对应的特征向量, 以 $\boldsymbol{x}_i$ 为列的方阵记为 $\boldsymbol{X}=(\boldsymbol{x}_1,\boldsymbol{x}_2,\cdots,\boldsymbol{x}_n)$. 如果有 $\boldsymbol{X}^{-1}=\mathbf{LU}$, 其中 $\boldsymbol{L}$ 为单位下三角阵, $\boldsymbol{U}$ 为上三角阵, 则由 QR 算法产生的序列 $\{\boldsymbol{A}_k\}$ 基本收敛到上三角阵, 且

$$\lim_{k\to\infty} a_{ii}^k=\lambda_i \quad (i=1,2,\cdots,n),$$

例 7.7 试用 QR 算法求解矩阵 $\boldsymbol{A}=\begin{bmatrix}1&2&2\\2&1&-2\\-2&-2&1\end{bmatrix}$ 特征值的近似值.

解 方程组 $\boldsymbol{A}$ 的特征值的精确解为 3, −1 和 1. 由例 7.6 $\boldsymbol{A}_1=\boldsymbol{Q}_1\boldsymbol{R}_1$, 则可得

$$\boldsymbol{A}_2=\boldsymbol{R}_1\boldsymbol{Q}_1=\boldsymbol{Q}_1^{\mathrm{T}}\boldsymbol{A}_1\boldsymbol{Q}_1=\begin{bmatrix}3.6669&-1.1321&-1.7787\\0.8084&-1.1961&2.5492\\0.4850&-0.1176&0.5295\end{bmatrix}.$$

不断重复上述步骤, 将矩阵 $\boldsymbol{A}_k$ 的对角线元素在表 7.7 中列出.

在 MATLAB 命令窗口执行命令

```
>> A=[1 2 2;2 1 -2;-2 -2 1];
>> l=qrtz(A,20)
```

表 7.7

k	2	3	4	5	6	7	8	9	10
$a_{11}^{(k)}$	3.6669	3.2328	3.0752	3.0245	3.0081	3.0026	3.0008	3.0002	3.0000
$a_{22}^{(k)}$	−1.1961	−1.0798	−1.0256	−1.0088	−1.0029	−1.0015	−1.0003	−1.0007	−1.0001
$a_{33}^{(k)}$	0.5295	0.8470	0.9500	0.9836	0.9942	0.9983	0.9990	1.0000	0.9996

迭代 10 次后, 所得近似值与精确解已经非常接近.

7.4　应 用 举 例

7.4.1　弹簧–质量体系 (系统) 的基振频率和振型

如图 7.2 所示, 振动系统由三段弹簧和与其相连的三个物体构成. 设 k_i 表示第 i 段弹簧的基振频率和振型.

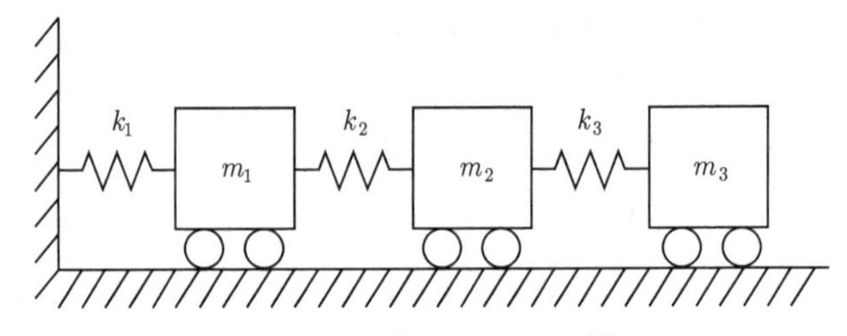

图 7.2　弹簧–质量振动系统

设 u_i 为第 i 个物体的位移, 它是以自身的平衡位置为零点. 据 Newton 运动定律,

$$\begin{cases} -k_1u_1 + k_2(u_2 - u_1) = m_1\dfrac{\mathrm{d}^2u_1}{\mathrm{d}t^2}, \\ -k_2(u_2 - u_1) + k_3(u_3 - u_2) = m_2\dfrac{\mathrm{d}^2u_2}{\mathrm{d}t^2}, \\ -k_3(u_3 - u_2) = m_3\dfrac{\mathrm{d}^2u_3}{\mathrm{d}t^2}, \end{cases}$$

由于位移 u_i 与振幅 x_i、频率 ω 及相角 φ 有如下关系:

$$u_i = x_i\sin(\omega t + \varphi), \quad i = 1, 2, 3,$$

同时考虑到加速度等于位移的二阶导数, 即

$$\frac{\mathrm{d}^2 u_i}{\mathrm{d}t^2} = -x_i\omega^2\sin(\omega t+\varphi), \quad i=1,2,3,$$

代入方程组 (7.19), 得

$$\begin{cases}(k_1+k_2)x_1-k_2x_2=\omega^2 m_1x_1,\\ -k_2x_1+(k_2+k_3)x_2-k_3x_3=\omega^2 m_2x_2,\\ -k_3x_2+k_3x_3=\omega^2 m_3x_3.\end{cases}$$

写成矩阵的形式为

$$\begin{bmatrix} k_1+k_2 & -k_2 & 0\\ -k_2 & k_2+k_3 & -k_3\\ 0 & -k_3 & k_3\end{bmatrix}\begin{bmatrix}x_1\\x_2\\x_3\end{bmatrix}=\omega^2\begin{bmatrix}m_1&0&0\\0&m_2&0\\0&0&m_3\end{bmatrix}\begin{bmatrix}x_1\\x_2\\x_3\end{bmatrix},$$

简记为

$$\boldsymbol{K}\boldsymbol{x}=\lambda\boldsymbol{M}\boldsymbol{x},$$

式中 $\lambda=\omega^2$, 于是将求基振频率 ω 转化为求如下特征值问题:

$$\boldsymbol{A}\boldsymbol{x}=\lambda\boldsymbol{x},$$

其中

$$\boldsymbol{A}=\boldsymbol{M}^{-1}\boldsymbol{K}=\begin{bmatrix}3&-2&0\\-1&2.5&-1.5\\0&-1&1\end{bmatrix}.$$

取初始向量 $(1,1,1)^{\mathrm{T}}$, 应用反幂法迭代 4 次, 得最小特征值及对应的特征向量的近似值

$$\lambda_1\approx 0.1140, \quad \boldsymbol{x}_1\approx(0.6140, 0.8860, 1.0)^{\mathrm{T}}.$$

于是该振动系统的基振频率为

$$\omega=\sqrt{\lambda_1}\approx 0.3376.$$

将向量 $\boldsymbol{x}_1$ 关于矩阵 $\boldsymbol{M}$ 规范化, 即满足

$$\boldsymbol{x}^{\mathrm{T}}\boldsymbol{M}\boldsymbol{x}=1,$$

则有振型

$$\boldsymbol{x}=(0.2761, 0.3983, 0.4496)^{\mathrm{T}}.$$

7.4.2 结构的振动

工程中的振动问题十分普遍、复杂. 例如, 船舶的螺旋浆转轴常被视为一个带有一桨叶盘的悬臂梁的分布参数系统, 这个系统有无穷多个自由度, 需求解偏微分方程. 为简化问题起见, 悬臂梁可简化为有限个质点, 由无质量的轴段相联接, 此时系统为离散参数系统, 如图 7.3(a) 所示. 试计算悬臂梁的自振频率和振型.

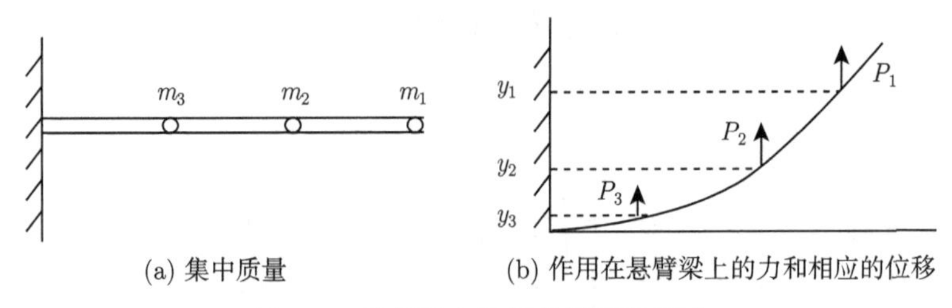

(a) 集中质量　　(b) 作用在悬臂梁上的力和相应的位移

图 7.3　具有集中质量的悬梁的振动

若悬臂梁全长 15m, 弯曲刚度为 $426 \times 10^6 \text{Nm}^2$, 质量 $m_1 = 200\text{kg}$, $m_2 = 400\text{kg}$, $m_3 = 400\text{kg}$, 相互之间的间距为 5m. 利用材料力学知识, 不同荷载对弯矩的影响是独立的, 所以可分别求出单个荷载所产生的挠曲线, 然后叠加得静态弯曲方程

$$\begin{cases} y_1 = 2.64P_1 + 1.369P_2 + 0.391P_3, \\ y_2 = 1.369P_1 + 0.782P_2 + 0.245P_3, \\ y_3 = 0.391P_1 + 0.245P_2 + 0.098P_3. \end{cases}$$

式中系数的单位是 10^{-6}m/N. 简记为

$$\boldsymbol{y} = \boldsymbol{F}\boldsymbol{P}.$$

式中 $\boldsymbol{F}$ 称为柔度矩阵. 在没有受到其他外力的条件下, 作用于一个质量上使它加速的力和作用于梁上同一点的相应力之和必为零, 于是有

$$\boldsymbol{P} = -\boldsymbol{M}\boldsymbol{y}'',$$

其中 $\boldsymbol{y}''$ 为加速度列向量, 质量矩阵 $\boldsymbol{M}$ 为

$$\boldsymbol{M} = \begin{bmatrix} m_1 & & \\ & m_2 & \\ & & m_3 \end{bmatrix} = \begin{bmatrix} 200 & & \\ & 400 & \\ & & 400 \end{bmatrix}.$$

整理得到

$$\boldsymbol{F}\boldsymbol{M}\boldsymbol{y} + \boldsymbol{y} = 0.$$

设悬臂梁的振动满足 $\boldsymbol{y}=\overline{\boldsymbol{y}}\sin(\omega t+\varphi)$, 则有

$$\boldsymbol{FM}\overline{\boldsymbol{y}}=\frac{1}{\omega^2}\overline{\boldsymbol{y}}$$

式中 $\overline{\boldsymbol{y}}$ 是质点最大位移的列向量, 显然 $\lambda=1/\omega^2$ 是由矩阵 $\boldsymbol{FM}$ 的特征值所决定. 为了计算方便, 令 $\boldsymbol{M}=\boldsymbol{L}\boldsymbol{L}^{\mathrm{T}}$, $\boldsymbol{A}=\boldsymbol{L}^{\mathrm{T}}\boldsymbol{F}\boldsymbol{L}$, $\boldsymbol{X}=\boldsymbol{L}^{\mathrm{T}}\boldsymbol{y}$, 于是计算梁的自振频率和振型问题归结为特征值问题 $\boldsymbol{Ax}=\lambda\boldsymbol{x}$. 其中

$$\boldsymbol{L}=\begin{bmatrix}14.142 & & \\ & 20.0 & \\ & & 20.0\end{bmatrix},\quad \boldsymbol{A}=\begin{bmatrix}528.2 & 387.2117 & 110.5915\\ 587.2117 & 312.8 & 98.0\\ 110.5915 & 98.0 & 39.2\end{bmatrix}.$$

因为 $1\mathrm{N}=1\mathrm{kg}\cdot\mathrm{m}/\sec^2$, 所以 $\boldsymbol{A}$ 的元素的单位是 $10^{-6}\sec^2$.

应用 Jacobi 方法迭代 7 次, 得特征值及所对应的特征向量的近似值

$$\begin{aligned}&\lambda_1\approx 849.2184,\quad x_1\approx(0.781919,0.597128,0.178999)^{\mathrm{T}},\\&\lambda_2\approx 26.8638,\quad x_2\approx(0.569967,0.568524,0.593228)^{\mathrm{T}},\\&\lambda_3\approx 4.1178,\quad x_3\approx(0.252468,-0.565879,0.784882)^{\mathrm{T}}.\end{aligned}$$

利用关系式 $\omega^2=\dfrac{1}{\lambda}$, 得悬臂梁的自振频率为

$$\omega_1\approx 34.32,\quad \omega_2\approx 192.94,\quad \omega_3\approx 492.80(\mathrm{rad/s}).$$

它们所对应的特征向量即为所求振型

$$\begin{aligned}\overline{\boldsymbol{y}}_1&=(\boldsymbol{L}^{\mathrm{T}})^{-1}\boldsymbol{x}_1\approx(0.05529,0.02986,0.008950)^{\mathrm{T}},\\\overline{\boldsymbol{y}}_2&=(\boldsymbol{L}^{\mathrm{T}})^{-1}\boldsymbol{x}_2\approx(-0.04030,0.02843,0.02966)^{\mathrm{T}},\\\overline{\boldsymbol{y}}_3&=(\boldsymbol{L}^{\mathrm{T}})^{-1}\boldsymbol{x}_3\approx(0.01785,-0.02829,0.03924)^{\mathrm{T}}.\end{aligned}$$

小　结

矩阵的特征值与特征向量的计算, 是数值计算方法的重要内容之一, 内容丰富, 振动问题、稳定性问题等许多工程技术问题, 往往归结为求矩阵的特征值与特征向量问题. 本章重点介绍了三类常用的方法 —— 幂法、Jacobi 方法与 **QR** 方法.

幂法与反幂法属于迭代方法. 幂法主要用来求按模最大的特征值和对应的特征向量, 它的主要特点是算法简单, 便于在计算机上实现, 但收敛速度较慢; 反幂法可用来求绝对值最小的特征值及特征向量, 如果已初步估计出矩阵 $\boldsymbol{A}$ 的某特征值的近似值, 可应用反幂法对此近似值进行精确化, 且迭代速度较快.

Jacobi 方法是把实对称矩阵经一系列正交相似变换化成对角阵, 从而求得矩阵的全部特征值及所对应的特征向量, 是求矩阵特征值的常用方法, 具有收敛快、计算精度较稳定等优点, 且所求得的特征向量具有很好的正交性. 但 Jacobi 方法的运算量较大, 在进行正交相似变换的过程中, 不能保持稀疏矩阵的稀疏性质, 因而适宜于求低阶矩阵的全部特征值.

QR 方法是求全部特征值的方法, 它利用正交相似变换, 如 Householder 变换, 对矩阵做化简和 **QR** 分解, 来求矩阵的特征值. **QR** 方法与 Householder 方法相结合, 具有收敛快, 精度高的优点, 在中小型稠密矩阵的特征值问题计算中, 目前它还是十分有效的方法.

思 考 题

1. 幂法是用来求矩阵的哪些特征值与特征向量?
2. 反幂法的思想是什么? 可用反幂法求矩阵的哪些特征值?
3. Jacobi 法的基本思想是什么? 它针对什么样的矩阵?
4. Jacobi 过关法的主要优点是什么?
5. 利用 **QR** 方法求矩阵特征值时, 对矩阵有无具体要求?

习 题 7

1. 用幂法求下列矩阵按模最大的特征值及对应的特征向量.

(1) $\begin{bmatrix} 5 & -3 & 2 \\ 6 & -4 & 4 \\ 4 & -4 & 5 \end{bmatrix}$,　　(2) $\begin{bmatrix} 5 & 30 & -48 \\ 3 & 14 & -24 \\ 3 & 15 & -25 \end{bmatrix}$.

2. 用反幂法求第 1 题中矩阵的按模最小的特征值及对应的特征向量.

3. 已知矩阵

$$\boldsymbol{A} = \begin{bmatrix} 4 & 1 & 4 \\ 1 & 10 & 1 \\ 4 & 1 & 10 \end{bmatrix},$$

求最接近 12 的特征值与相应的特征向量.

4. 设 $\boldsymbol{A}$ 是实对称矩阵, $\lambda_1 \geqslant \lambda_2 \geqslant \cdots \geqslant \lambda_n$ 为 $\boldsymbol{A}$ 的特征值.

(1) 试证: $\forall \boldsymbol{x} \in \mathbf{R}^n (\boldsymbol{x} \neq 0)$, $\boldsymbol{A}$ 与向量 $\boldsymbol{x}$ 的 Rayleigh 商 $R(\boldsymbol{x})$ 满足

$$\lambda_n \leqslant R(\boldsymbol{x}) = \frac{(\boldsymbol{Ax}, \boldsymbol{x})}{(\boldsymbol{x}, \boldsymbol{x})} \leqslant \lambda_1.$$

(2) 对于非零向量 $\boldsymbol{v}_0$, 令

$$\begin{cases} \boldsymbol{u}_k = \boldsymbol{A}\boldsymbol{v}_{k-1}, \\ \boldsymbol{v}_k = \dfrac{\boldsymbol{u}_k}{R(\boldsymbol{v}_{k-1})}, \end{cases} \quad k = 1, 2, \cdots,$$

此迭代公式称为 Rayleigh 商加速幂法. 试利用该加速公式计算矩阵

$$\boldsymbol{A}=\begin{bmatrix}3&7&9\\7&4&3\\9&3&8\end{bmatrix}$$

的主特征值及所对应的特征向量.

5. 用 Jacobi 方法求下列对称矩阵

(1) $\begin{bmatrix}4&2&2\\2&5&1\\2&1&6\end{bmatrix}$, (2) $\begin{bmatrix}2&-1&0\\-1&2&-1\\0&-1&2\end{bmatrix}$

的全部特征值及所对应的特征向量.

6. 求下列矩阵的 **QR** 分解.

(1) $\boldsymbol{A}=\begin{bmatrix}1&1&1\\2&-1&-1\\2&-4&5\end{bmatrix}$, (2) $\boldsymbol{A}=\begin{bmatrix}0&1&2&3\\2&3&0&1\\3&0&1&2\\1&2&3&0\end{bmatrix}$.

7. 试用 **QR** 算法求解第 6 题中矩阵的全部特征值.

数值实验 7

试验目的与要求

加深对求矩阵特征值及特征向量的幂法、Jacobi 法理论的理解, 掌握幂法、反幂法、Jacobi 法的主要步骤和应用范围.

试验内容

1. 应用幂法求下列矩阵的主特征值及所对应的特征向量

$$\boldsymbol{A}=\begin{bmatrix}2&1&3&4\\1&-3&1&5\\3&1&6&-2\\4&5&-2&-1\end{bmatrix}.$$

(1) 讨论初值对迭代次数的影响, 即选取多组 $\boldsymbol{v}_0$ 进行计算, 分别打印迭代次数.

(2) 讨论特征值扰动问题, 当 $\boldsymbol{A}$ 的某一元素发生微小变化, 如当 $a_{14}=3.9, 4.0, 4.1$ 时, 讨论特征向量的变化.

(3) 比较幂法、Aitken 加速幂法、Rayleigh 商加速法的迭代次数.

2. 用幂法计算矩阵

$$\boldsymbol{A}=\begin{bmatrix}5&4&-4\\11&8&-8\\13&13&-12\end{bmatrix}$$

的主特征值及对应的特征向量.

(1) 打印 $\boldsymbol{v}_k$, $m_k = \max(\boldsymbol{u}_k)(k = 1, 2, \cdots)$, 观察它们的变化规律.

(2) 当矩阵 $\boldsymbol{A}$ 的主特征值是一对相反实数时, 随着 k 的增大, $\boldsymbol{v}_k$ 及 m_k 作规律性的摆动, 此时

$$\frac{(\boldsymbol{A}\boldsymbol{u}_{k+1})_i}{(\boldsymbol{v}_k)_i} \approx \pm\lambda_1, \quad i = 1, 2, \cdots, n.$$

所对应的特征向量为

$$\boldsymbol{x}_1 \approx \boldsymbol{u}_{k+1} + \lambda_1 \boldsymbol{v}_k, \quad \boldsymbol{x}_2 \approx \boldsymbol{u}_{k+1} - \lambda_1 \boldsymbol{v}_k.$$

3. 分别应用 Jacobi 法、Jacobi 过关法及 **QR** 方法求矩阵

$$\boldsymbol{A} = \begin{bmatrix} 2 & 1 & 3 & 4 \\ 1 & -3 & 1 & 5 \\ 3 & 1 & 6 & -2 \\ 4 & 5 & -2 & -1 \end{bmatrix}$$

的全部特征值及所对应的特征向量. 并对不同的 ε, 比较两种方法所需的变换次数.

实验结果与分析

通过对同一问题运用不同的方法求解, 对此不同方法计算机编程的难易程度及所需的运算次数, 总结不同方法的优缺点, 进一步总结不同方法的特点、主要结论、应用范围, 写出实验报告.

第 8 章　无约束最优化方法

8.1　无约束问题的极值条件

本章讨论无约束极小值问题

$$\min f(\boldsymbol{x}) \equiv f(x_1, x_2, \cdots, x_n),$$

其中 $\boldsymbol{x} = (x_1, x_2, \cdots, x_n)^{\mathrm{T}} \in \mathbf{R}^n$, $f(\boldsymbol{x})$ 是 $\boldsymbol{x}$ 的非线性实函数. 这是一个古典的极值问题, 在微积分学中已经有所研究, 那里给出了定义在几何空间上的实函数极值存在的条件, 本节把已有理论在 n 维欧氏空间中加以推广.

定义 8.1　若有 $\boldsymbol{x}^* \in \mathbf{R}^n$, 且存在 $\delta > 0$, 当 $\boldsymbol{x} \in \{\boldsymbol{x} \mid \|\boldsymbol{x} - \boldsymbol{x}^*\| < \delta\}$ 时, 有

$$f(\boldsymbol{x}) \geqslant f(\boldsymbol{x}^*), \tag{8.1}$$

则称 $\boldsymbol{x}^*$ 是 $f(\boldsymbol{x})$ 的局部极小点. 若对 $\boldsymbol{x} \neq \boldsymbol{x}^*$, 式 (8.1) 严格成立, 则称 $\boldsymbol{x}^*$ 是 $f(\boldsymbol{x})$ 的严格局部极小点. 若对 $\forall \boldsymbol{x} \in \mathbf{R}^n$, 式 (8.1) 成立, 则 $\boldsymbol{x}^*$ 是 $f(\boldsymbol{x})$ 的全局极小点. 若对 $\boldsymbol{x} \neq \boldsymbol{x}^*$, 式 (8.1) 严格成立, 则称 $\boldsymbol{x}^*$ 是 $f(\boldsymbol{x})$ 的严格全局极小点. 并称全局极小点为最小点.

关于局部极小问题, 有下列必要条件和充分条件.

定理 8.1(一阶必要条件)　设 $f(\boldsymbol{x})$ 在点 $\boldsymbol{x}^*$ 可微, 若 $\boldsymbol{x}^*$ 是局部极小点, 则

$$\nabla f(\boldsymbol{x}^*) = \left(\frac{\partial f(\boldsymbol{x}^*)}{\partial x_1}, \cdots, \frac{\partial f(\boldsymbol{x}^*)}{\partial x_n}\right)^{\mathrm{T}} = \mathbf{0}. \tag{8.2}$$

定理 8.2(二阶必要条件)　设 $f(\boldsymbol{x})$ 在点 $\boldsymbol{x}^*$ 处二次可微, 若 $\boldsymbol{x}^*$ 是局部极小点, 则 $\nabla f(\boldsymbol{x}^*) = 0$, 并且 Hessian 矩阵半正定 $\boldsymbol{H}(\boldsymbol{x}^*) = \nabla^2 f(\boldsymbol{x}^*)$, 即

$$\boldsymbol{H}(\boldsymbol{x}^*) = \nabla^2 f(\boldsymbol{x}^*) = \begin{bmatrix} \dfrac{\partial^2 f(\boldsymbol{x}^*)}{\partial x_1^2} & \dfrac{\partial^2 f(\boldsymbol{x}^*)}{\partial x_1 \partial x_2} & \cdots & \dfrac{\partial^2 f(\boldsymbol{x}^*)}{\partial x_1 \partial x_2} \\ \dfrac{\partial^2 f(\boldsymbol{x}^*)}{\partial x_2 \partial x_1} & \dfrac{\partial^2 f(\boldsymbol{x}^*)}{\partial x_2^2} & \cdots & \dfrac{\partial^2 f(\boldsymbol{x}^*)}{\partial x_2 \partial x_n} \\ \vdots & \vdots & & \vdots \\ \dfrac{\partial^2 f(\boldsymbol{x}^*)}{\partial x_n \partial x_1} & \dfrac{\partial^2 f(\boldsymbol{x}^*)}{\partial x_n \partial x_2} & \cdots & \dfrac{\partial^2 f(\boldsymbol{x}^*)}{\partial x_n^2} \end{bmatrix} \geqslant \mathbf{0}. \tag{8.3}$$

定理 8.3(二阶充分条件) 设 $f(\boldsymbol{x})$ 在点 $\boldsymbol{x}^*$ 处二次可微, 若 $\nabla f(\boldsymbol{x}^*)=0$ 且 Hessian 矩阵 $\boldsymbol{H}(\boldsymbol{x}^*)=\nabla^2 f(\boldsymbol{x}^*)$ 正定, 则 $\boldsymbol{x}^*$ 是 $f(\boldsymbol{x})$ 的严格极小点.

定理 8.4(充要条件) 设 $f(\boldsymbol{x})$ 是定义在 $\mathbf{R}^n$ 上的可微凸函数且 $\boldsymbol{x}^*\in\mathbf{R}^n$, 则 $\boldsymbol{x}^*$ 为全局极小点的充分必要条件是 $\nabla f(\boldsymbol{x}^*)=0$. 进一步, 如果 $f(\boldsymbol{x})$ 是严格凸函数, 则全局极小点是唯一的.

如果容易求出函数 $f(\boldsymbol{x})$ 的偏导数, 则可用非线性方程或方程组的数值解法求解式 (8.2), 但这只是极小点的必要条件, 由此求得的 $\boldsymbol{x}^*$ 不一定是极小点, 还需要用式 (8.1) 或别的方法检验它是否是极小点. 当然, 也可以用矩阵 $\boldsymbol{H}(\boldsymbol{x}^*)$ 的正定性来判断, 但是 $\boldsymbol{H}(\boldsymbol{x}^*)$ 正定是严格极小点的充分条件, 当 $\boldsymbol{H}(\boldsymbol{x}^*)$ 非正定时, $\boldsymbol{x}^*$ 也可能是极小点. 况且, 求二阶偏导数和判断 $\boldsymbol{H}(\boldsymbol{x}^*)$ 的正定性都不是容易的事. 下面给出近似求解极小值问题的方法.

设 $\boldsymbol{x}_0$ 为 $\boldsymbol{x}^*$ 的一个初始估计, 通过一定的方法构造一个序列 $\{\boldsymbol{x}^{(k)}\}(k=1,2,\cdots)$, 使其满足 $\lim\limits_{k\to\infty} f(\boldsymbol{x}^{(k)})=f(\boldsymbol{x}^*)$, 序列 $\{\boldsymbol{x}^{(k)}\}$ 称为极小化序列. 常用的方法是用迭代搜索

$$\boldsymbol{x}^{(k+1)}=\boldsymbol{x}^{(k)}+t\boldsymbol{d}^{(k)} \tag{8.4}$$

来产生极小化序列, 其中向量 $\boldsymbol{d}^{(k)}$ 为搜索方向, t 为沿 $\boldsymbol{d}^{(k)}$ 方向的步长, 一般取为正数. 各种迭代方法的区别就在于 $\boldsymbol{d}^{(k)}$ 和 t 的取法不同.

8.2 一维搜索

在进行迭代搜索时, 如果搜索方向 $\boldsymbol{d}^{(k)}$ 已经确定, 记

$$\varphi(t)=f(\boldsymbol{x}^{(k)}+t\boldsymbol{d}^{(k)}), \tag{8.5}$$

则 $\varphi(t)$ 就是一元实值函数, 求它在第 k 步的极小点 t_k, 并记

$$\boldsymbol{x}^{(k+1)}=\boldsymbol{x}^{(k)}+t_k\boldsymbol{d}^{(k)}.$$

这时有

$$\varphi(t_k)=f(\boldsymbol{x}^{(k+1)})\leqslant\varphi(0)=f(\boldsymbol{x}^{(k)}). \tag{8.6}$$

如果 $f(\boldsymbol{x}^{(k+1)})<f(\boldsymbol{x}^{(k)})$, 则继续重复上述过程, 直到达到精度要求; 否则结束.

上述过程称为下降法. 函数 $f(\boldsymbol{x})$ 的搜索方向或下降方向 $\boldsymbol{d}^{(k)}$ 不同, 就会得到不同的下降算法, 并且各种下降法的共同问题是如何求一元函数 $\varphi(t)$ 的极小点, 所以首先讨论此问题.

设 $\varphi(t)$ 在区间 $[a_0,+\infty)$ 上连续, 并在其内有唯一极小点 t^*. 显然 t^* 是严格极小点, 从而 $\varphi(t)$ 在 t^* 的左邻域上单调减, 右邻域上单调增, 则称 $\varphi(t)$ 在 t^* 的邻域

上是单峰函数. 如果 $\varphi(t)$ 连续可微, 那么原则上可按定理 1 求出它的极小点 t^*. 但实际计算比较复杂, 一般不宜采用.

比较有效的方法是一维搜索, 具体步骤: 首先选取适当的步长 h, 从 a_0 开始自左至右进行搜索. 若有连续的三个点 a, $c=a+h$ 和 $b=c+h$, 使得 $\varphi(a)\geqslant\varphi(c)$, $\varphi(c)\leqslant\varphi(b)$. 则当 h 足够小时, 由严格极小点的定义可知, t^* 必在区间 $[a,b]$ 之内, 且 $\varphi(t)$ 在 $[a,b]$ 上是单峰的, 区间 $[a,b]$ 称为单峰区间或搜索区间. 然后不断压缩搜索区间 $[a,b]$, 直到其长度足够小, 从而得到满足精度要求的极小点 t^* 的近似值. 常用的压缩方法有黄金分割法和二次插值法两种. 无论采用哪种方法, 都需要事先给定一个包含极小点的区间, 所以下面首先给出得到初始搜索区间的进退法.

8.2.1 进退法

进退法的思路极为简单, 就是从一点出发, 按照一定的步长, 计算函数 $\varphi(t)$ 的值, 试图确定出函数值呈现 "高-低-高" 的三个点, 即寻找 $\varphi(t)$ 的单峰区间或搜索区间, 一个方向不成功, 就退回来, 再沿相反方向寻找. 在实际应用中, 要注意步长的选择, 如果步长取得太小, 则迭代进展比较慢; 如果步长取得太大, 则难以确定单峰区间, 为了获得合适的步长, 有时需要做多次尝试才能成功.

8.2.2 一维搜索的黄金分割法

假设区间 $[a,b]$ 为已经获得的函数 $\varphi(t)$ 的单峰区间, 为了压缩区间 $[a,b]$ 的长度, 在区间 $[a,b]$ 内取左分点 α 和右分点 $\beta(\alpha<\beta)$, 使它们满足比例关系

$$\frac{\beta-a}{b-a}=\frac{b-\alpha}{b-a}=\lambda, \tag{8.7}$$

这表示 α 和 β 与区间 $[a,b]$ 的中点对称. 由式 (8.7) 可得

$$\frac{\alpha-a}{\beta-a}=\frac{b-\beta}{b-\alpha}=\frac{1}{\lambda}-1. \tag{8.8}$$

如果 $\varphi(\alpha)<\varphi(\beta)$, 则下一个搜索区间为 $[a,\beta]$. 因为 $a<\alpha<\beta$, 故可设 α 为区间 $[a,\beta]$ 的右分点. 这时, 若对区间 $[a,\beta]$ 用式 (8.7) 按同一比例分点, 则应有

$$\frac{\alpha-a}{\beta-a}=\lambda,$$

代入式 (8.8), 得方程

$$\lambda^2+\lambda-1=0.$$

于是取正根 $\lambda=\dfrac{-1+\sqrt{5}}{2}\approx 0.618$. 如果 $\varphi(\alpha)>\varphi(\beta)$, 那么下一个搜索区间为 $[\alpha,b]$, 因为 $\alpha<\beta<b$, 故可设 β 为区间 $[\alpha,b]$ 的左分点, 同理可推出如上 λ 的值.

从而, 由式 (8.7) 可得区间 $[a,b]$ 的两个分点

$$\alpha = b - 0.618(b-a), \quad \beta = a + 0.618(b-a).$$

重复上述过程, 直到 $b-a<\varepsilon$, 并取 $(a+b)/2$ 为 $\varphi(t)$ 的极小点, 其中 ε 为精度要求. 称这种搜索区间的分点法为黄金分割法, 也称 0.618 法.

一维搜索的黄金分割法程序

```
function xmin=goldSearch(fun,a,b,eps)
% ---input
% fun: 所求的目标函数
% a: 区间的下界
% b: 区间的上界
% ---output
% xmin: 函数取值极小值时自变量的值
x1=a+0.382*(b-a);
x2=a +0.618*(b-a);
f1=fun(x1);
f2=fun(x2);
while abs(b-a)>eps
    if f1>f2
        a=x1;
        x1=x2;
        x2=a+0.618*(b-a);
        f1=f2;
        f2=fun(x2);
    else
        b=x2;
        x2=x1;
        x1=a+0.382*(b-a);
        f2=f1;
        f1=fun(x1);
    end
end
xmin=(b+a)/2;
fmin=fun(xmin)
```

8.2.3 一维搜索的二次插值法

设 $[a,b]$ 为第一步搜索得到的初始搜索区间, 它的中点 c 是一个分点, 过三点 a, c, b 作 φ 的二次插值多项式

$$N_2(t) = \varphi(a) + \varphi[a,c](t-a) + \varphi[a,c,b](t-a)(t-c), \tag{8.9}$$

其中 $\varphi[a,c]$ 为 φ 关于节点 a 和 c 的一阶差商, $\varphi[a,c,b]$ 为节点 a, c 和 b 的二阶差商, 令

$$N_2'(t) = \varphi[a,c] + \varphi[a,c,b](2t-a-c) = 0, \tag{8.10}$$

得 $N_2(t)$ 的极小点

$$t^* = \frac{a+c}{2} - \frac{\varphi[a,c]}{\varphi[a,c,b]}, \tag{8.11}$$

并且有 $a < t^* < b$. 于是, 按照前面的压缩方法, 可得一维搜索的二次插值法的计算步骤.

给定精度要求 ε, 设 $[a,b]$ 为初始搜索区间, c 是它的一个分点, 则

(1) 利用公式 (8.11) 计算 t^*.

(2) 当 $t^* < c$ 时, 若 $\varphi(t^*) \leqslant \varphi(c)$, 则下一个搜索区间为 $[a,b] := [a,c]$, $c := t^*$ 是它的一个分点; 否则下一个搜索区间为 $[a,b] := [t^*,b]$, c 是它的一个分点.

(3) 当 $t^* > c$ 时, 若 $\varphi(t^*) \leqslant \varphi(c)$, 则下一个搜索区间为 $[a,b] := [c,b]$, $c := t^*$ 是它的一个分点; 否则下一个搜索区间为 $[a,b] := [a,t^*]$, c 是它的一个分点.

如此反复, 直到 $(b-a)/(1+|a|) < \varepsilon$ 或 $t^* = c$ 为止, 并取 $\varphi(t)$ 的极小点为 $(a+b)/2$ 或 t^*.

一维无约束优化算法 —— 二次插值法 MATLAB 程序

```
function xmax=secondary(x1,x2,x3,e);
% x1函数区间起点
% x2函数区间终点
% x3函数区间中点
% e精度
y1=f(x1);
y2=f(x2);  % 确定初始差值节点
y3=f(x3);
h=0.1;
c1=(y3-y1)/(x3-x1);
c2=((y2-y1)/(x2-x1)-c1)/(x2-x3);
ap=0.5*(x1+x3-c1/c2);
```

```
yp=f(ap);  % 计算二次插值函数极小点
while (abs((y2-yp)/y2)<e)  % 判断迭代终止
    if ((ap-x2)*h>0)
        if(y2>=yp)
            x1=x2;
            y1=y2;
            x2=ap;
            y2=yp;
            f1;
        else
            x3=ap;
            y3=yp;
            f1;
        end
    elseif (y2>=yp)
        x3=x2;
        y3=y2;
        x2=ap;
        y2=yp;
        f1;
    else
        x1=ap;
        y1=yp;
        f1;  % 缩短搜索区间
    end
end
if (y2<yp)
    x0=x2;
    y0=y2;
else
    x0=ap;
    y0=yp;
end
x0,y0
```

例 8.1 设有函数 $\varphi(t) = -t\cos t$, 分别用一维搜索的黄金分割法和二次插值法求 $\varphi(t)$ 在区间 $[0,\pi]$ 上的极小点, 精度要求 $\varepsilon = 0.01$.

解 计算结果分别在表 8.1 和表 8.2 中给出.

在 MATLAB 命令窗口执行命令

```
>> syms t
>> fun=-t*cos(t);
>> xmin=goldSearch(fun,0,pi,1e-2)
```

表 8.1 一维搜索的黄金分割法

k	a_k	b_k	α_k	β_k	$\varphi(\alpha_k)$	$\varphi(\beta_k)$
1	0	3.141593	1.200088	1.941504	−0.434762	0.703359
2	0	1.941504	0.741655	1.199850	−0.546860	−0.434943
3	0	1.199850	0.458343	0.741507	−0.411036	−0.546826
4	0.458343	1.199850	0.741598	0.916594	−0.546847	−0.557772
5	0.741598	1.199850	0.916650	1.024798	−0.557765	−0.532149
6	0.741598	1.024798	0.849780	0.916615	−0.560980	−0.557769
7	0.741598	0.916615	0.808455	0.849759	−0.558332	−0.560980
8	0.808455	0.916615	0.849772	0.875298	−0.560981	−0.560863
9	0.808455	0.875298	0.833989	0.849764	−0.560379	−0.560981
10	0.833989	0.875298	0.849769	0.859518	−0.560981	−0.561096
11	0.849769	0.875298	0.859521	0.865546	−0.561096	−0.561068
12	0.849769	0.865546				

由表 8.1 可知 $(b_{12} - a_{12})/(1 + |a_{12}|) = 0.00852917 < 0.01$, 满足了精度要求, 从而取极小点的近似值

$$t^* \approx (a_{12} + b_{12})/2 = 0.8576575.$$

在 MATLAB 命令窗口执行命令

```
>> syms t
>> fun=-t*cos(t);
>>xmax=secondary(0,pi,pi/2,1e-2)
```

由表 8.2 知 $|t_8 - c_8| = 0.883658 \times 10^{-5}$, 则可认为 $t_8 \approx c_8$, 从而取 $t^* \approx t_8 = 0.8603297$. 实际上, 问题的精确解 $t^* = 0.8603334$. 此例的函数是二阶连续可微的, 因此二次插值法的效率比黄金分割法高. 对于不可微的函数, 用黄金分割法较适宜.

表 8.2　一维搜索的二次插值法

k	a_k	b_k	c_k	$\varphi(c_k)$	t_k	$\varphi(t_k)$
1	0	3.141593	1.57079632500000	0	0.78539816390971	−0.55536036734753
2	0	1.570796	0.78539816390971	−0.55536036734753	0.78539816349681	−0.55536036728487
3	0.78539816349681	1.570796325	0.78539816390971	−0.55536036734753	0.85478218844484	−0.56106436764387
4	0.78539816390971	1.570796325	0.85478218844484	−0.56106436764387	0.85737746415450	−0.56108726775847
5	0.85478218844484	1.570796325	0.85737746415450	−0.56108726775847	0.86005187488004	−0.56109625576898
6	0.85737746415450	1.570796325	0.86005187488004	−0.56109625576898	0.86022677213481	−0.56109632634095
7	0.86005187488004	1.570796325	0.86022677213481	−0.56109632634095	0.86032082491948	−0.56109633802183
8	0.86022677213481	1.570796325	0.86032082491948	−0.56109633802183	0.86032966150374	−0.56109633817502

8.3 几种下降算法介绍

8.3.1 最速下降法

最速下降法的迭代公式为

$$\boldsymbol{x}^{(k+1)} = \boldsymbol{x}^{(k)} + t_k \boldsymbol{d}^{(k)},$$

其中 $\boldsymbol{d}^{(k)}$ 是从 $\boldsymbol{x}^{(k)}$ 出发的搜索方向, 这里取函数 $f(\boldsymbol{x})$ 在迭代点 $\boldsymbol{x}^{(k)}$ 处的负梯度方向, 即

$$\boldsymbol{d}^{(k)} = -\nabla f\left(\boldsymbol{x}^{(k)}\right) = -\left(\frac{\partial f\left(\boldsymbol{x}^{(k)}\right)}{\partial x_1}, \cdots, \frac{\partial f\left(\boldsymbol{x}^{(k)}\right)}{\partial x_n}\right)^{\mathrm{T}}. \tag{8.12}$$

当 $\boldsymbol{x}^{(k)}$ 不是极小点, 有 $\nabla f\left(\boldsymbol{x}^{(k)}\right) \neq 0$, 则 $t > 0$ 充分小时, 对函数 $\varphi(t)$ 进行泰勒展开

$$\varphi(t) = f\left(\boldsymbol{x}^{(k)} + t\boldsymbol{d}^{(k)}\right) = f\left(\boldsymbol{x}^{(k)}\right) + t\left(\boldsymbol{d}^{(k)}\right)^{\mathrm{T}} f\left(\boldsymbol{x}^{(k)}\right) + O(t^2).$$

可见, 公式 (8.12) 中的 $\boldsymbol{d}^{(k)}$ 是函数 $f(\boldsymbol{x})$ 在 $\boldsymbol{x}^{(k)}$ 处的最速下降方向.

最速下降法 MATLAB 程序

```
function [R,n]=steel(x0,y0,eps)
syms x;
syms y;
f=(x-2)^2+(y-4)^2;
v=[x,y];
j=jacobi(f,v);
T=[subs(j(1),x,x0),subs(j(2),y,y0)];
temp=sqrt((T(1))^2+(T(2))^2);
x1=x0;y1=y0;
n=0;
syms kk;
while (temp>eps)
    d=-T;
    f1=x1+kk*d(1);
    f2=y1+kk*d(2);
    fT=[subs(j(1),x,f1),subs(j(2),y,f2)];
    fun=sqrt((fT(1))^2+(fT(2))^2);
    Mini=Gold(fun,0,1,0.00001);
```

```
    x0=x1+Mini*d(1);y0=y1+Mini*d(2);
    T=[subs(j(1),x,x0),subs(j(2),y,y0)];
    temp=sqrt((T(1))^2+(T(2))^2);
    x1=x0;
    y1=y0;
    n=n+1;
end
```

8.3.2 牛顿下降法

在迭代点 $\boldsymbol{x}^{(k)}$ 处, 取

$$\boldsymbol{d}^{(k)} = -\boldsymbol{H}\big(\boldsymbol{x}^{(k)}\big)\nabla f\big(\boldsymbol{x}^{(k)}\big),$$

其中 $\boldsymbol{H}\big(\boldsymbol{x}^{(k)}\big)$ 是目标函数 $f(\boldsymbol{x})$ 在 $\boldsymbol{x}^{(k)}$ 处的 Hessian 矩阵.

牛顿下降法 MATLAB 程序

```
function newsteel(f,x1,x2)
% f=(x1-2)^2+(x2-4)^2;
v=[x1,x2];
df=jacobian(f,v);
df=df.';
G=jacobian(df,v);
epson=1e-12;x0=[0,0]';
g1=subs(df,{x1,x2},{x0(1,1),x0(2,1)});
G1=subs(G,{x1,x2},{x0(1,1),x0(2,1)});
k=0;
mul_count=0;
sum_count=0;
mul_count=mul_count+12;
sum_count=sum_count+6;
while(norm(g1)>epson)
    p=-G1\g1;
    x0=x0+p;
    g1=subs(df,{x1,x2},{x0(1,1),x0(2,1)});
    G1=subs(G,{x1,x2},{x0(1,1),x0(2,1)});
    k=k+1;
    mul_count=mul_count+16;sum_count=sum_count+11;
```

```
end;
k x0
```

8.3.3 变尺度算法

在迭代点 $\boldsymbol{x}^{(k)}$ 处, 取

$$\boldsymbol{d}^{(k)} = -\boldsymbol{B}_k \nabla f\big(\boldsymbol{x}^{(k)}\big),$$

其中矩阵 $\boldsymbol{B}_k$ 用递推方法求出, 常用的有 DFP 和 BFGS 方法. 令 $\boldsymbol{B}_0 = \boldsymbol{I}$, 用最速下降方向 $\boldsymbol{d}^{(0)} = -\nabla f\big(\boldsymbol{x}^{(0)}\big)$, 由 $\boldsymbol{x}^{(0)}$ 求出 $\boldsymbol{x}^{(1)}$. 对于 $k \geqslant 0$, 记

$$\boldsymbol{s}_k = \boldsymbol{x}^{(k+1)} - \boldsymbol{x}^{(k)}, \quad \boldsymbol{y}_k = \nabla f\big(\boldsymbol{x}^{(k+1)}\big) - \nabla f\big(\boldsymbol{x}^{(k)}\big).$$

DFP 方法的递推公式为

$$\boldsymbol{B}_{k+1} = \boldsymbol{B}_k - \frac{\boldsymbol{B}_k \boldsymbol{y}_k \boldsymbol{y}_k^{\mathrm{T}} \boldsymbol{B}_k}{\boldsymbol{y}_k^{\mathrm{T}} \boldsymbol{B}_k \boldsymbol{y}_k} + \frac{\boldsymbol{s}_k \boldsymbol{s}_k^{\mathrm{T}}}{\boldsymbol{s}_k^{\mathrm{T}} \boldsymbol{y}_k}, \quad k = 0, 1, 2, \cdots.$$

DFGS 方法的递推公式为

$$\boldsymbol{B}_{k+1} = \left(\boldsymbol{I} - \frac{\boldsymbol{s}_k \boldsymbol{y}_k^{\mathrm{T}}}{\boldsymbol{s}_k^{\mathrm{T}} \boldsymbol{y}_k}\right) \boldsymbol{B}_k \left(\boldsymbol{I} - \frac{\boldsymbol{s}_k \boldsymbol{y}_k^{\mathrm{T}}}{\boldsymbol{s}_k^{\mathrm{T}} \boldsymbol{y}_k}\right) + \frac{\boldsymbol{s}_k \boldsymbol{s}_k^{\mathrm{T}}}{\boldsymbol{s}_k^{\mathrm{T}} \boldsymbol{y}_k}, \quad k = 0, 1, 2, \cdots.$$

对于上述的三个下降算法, 在给定精度要求 ε 时, 收敛的判断条件为

$$\frac{\big|f\big(\boldsymbol{x}^{(k+1)}\big) - f\big(\boldsymbol{x}^{(k)}\big)\big|}{1 + |f(\boldsymbol{x}^{(k+1)})|} < \varepsilon$$

或

$$\|\nabla f\big(\boldsymbol{x}^{(k+1)}\big)\| < \varepsilon.$$

对于给定的精度要求ε, 下面给出第k步根据$\boldsymbol{x}^{(k)}$计算$\boldsymbol{x}^{(k+1)}$的一般计算过程:

(1) 选取适当的步长 $h > 0$, 利用试探法计算函数 $\varphi(t_k)$ 的初始搜索区间 $[a, b]$;

(2) 利用一维搜索的黄金分割法或二次插值法, 不断压缩搜索区间 $[a, b]$, 直到满足给定的精度要求;

(3) 计算 $\boldsymbol{x}^{(k+1)}$, 以及 $f(\boldsymbol{x}^{(k+1)})$, 若 $\dfrac{\big|f\big(\boldsymbol{x}^{(k+1)}\big) - f\big(\boldsymbol{x}^{(k)}\big)\big|}{1+|f(\boldsymbol{x}^{(k+1)})|} < \varepsilon$ 或 $\|\nabla f(\boldsymbol{x}^{(k+1)})\| < \varepsilon$, 停止;

(4) 若 $f(\boldsymbol{x}^{(k+1)}) > f(\boldsymbol{x}^{(k)})$, 则停止, 否则执行步骤 1.

变尺度算法程序

```
Function [x,n,data]=BFP(f,X0,H0,e)
% X0=input('请输入初始点 x0(以列向量形式表示): X0=');
% H0=input('请输入第一个 2 维尺度矩阵: H0=');
```

```
% e=input('请输入要求的误差: e=');
syms x1 x2 lamida;
% f=2*x1^2+x2^2-4*x1+2;
df_dx1=diff(f,x1);
df_dx2=diff(f,x2);
gf1=subs(df_dx1,{x1,x2},X0);
gf2=subs(df_dx2,{x1,x2},X0);
gf_0=double([gf1;gf2]);
H=H0;
if (norm(gf_0)<=e)
    disp(X0);
else
    P=-H*gf_0;
    f1=subs(f,{x1,x2},X0+lamida*P);
    f2=inline(f1);
    lamida=fminbnd(f2,-10000,10000);
    X1=X0+lamida*P;
    gf1=subs(df_dx1,{x1,x2},X1);
    gf2=subs(df_dx2,{x1,x2},X1);
    gf_1=double([gf1;gf2]);
end
clear lamida;
syms lamida;
while(norm(gf_1)>e)
    dx=X1-X0;
    dgf=gf_1-gf_0;
    H=H+dx*dx'/(dgf'*dx)-H*dgf*dgf'*H/(dgf'*H*dgf);
    P=-H*gf_1;
    f1=subs(f,{x1,x2},X1+lamida*P);
    f2=inline(f1);
    lamida=fminbnd(f2,-10000,10000);
    X0=X1;
    X1=X1+lamida*P;
    gf_0=gf_1;
    gf1=subs(df_dx1,{x1,x2},X1);
```

```
        gf2=subs(df_dx2,{x1,x2},X1);
        gf_1=double([gf1;gf2]);
        clear lamida;
        syms lamida;
    end
    disp(X1)
    F=subs(f,{x1,x2},X1)
```

例 8.2 试用一维搜索的二次插值法计算二元函数

$$f(\boldsymbol{x}) = x_1^2 + 3x_2^2 - 5$$

的极小值点和极小值, 按最速下降法、牛顿下降法及变尺度算法分别讨论, 精度要求 $\varepsilon = 10^{-5}$.

解 取初值为 $\boldsymbol{x}^{(0)} = (3,2)^{\mathrm{T}}$, 并且按照一维搜索获得函数 $\varphi(t)$ 的极小点时, 都从 $t = 0$ 开始搜索.

(1) 最速下降法, 具体计算结果见表 8.3.

在 MATLAB 命令窗口执行命令

```
>>[R,n]=steel(x0,y0,eps)
```

表 8.3

k	$(\boldsymbol{x}^{(k)})^{\mathrm{T}}$	$f(\boldsymbol{x}^{(k)})$	$\boldsymbol{d}^{(k)} = -\nabla f(\boldsymbol{x}^{(k)})^{\mathrm{T}}$	t_k^*
0	(3,2)	16	(−6,−12)	0.234615
1	(1.592307,−0.815484)	−0.47	(−3.184614,4.892904)	0.265841
2	(0.745711,0.485183)	−3.737705	(−1.491422,−2.911098)	0.236968
3	(0.392291,−0.204655)	−4.720456	(−0.784582,1.227930)	0.263189
4	(0.185798,0.118523)	−4.923336	(−0.371596,−0.711138)	0.238948
5	(0.097006,−0.051402)	−4.982663	(−0.194012,0.308412)	0.261023
6	(0.046364,0.029101)	−4.995309	(−0.092728,−0.174606)	0.328461
7	(0.015907,−0.028250)	−4.997353	(−0.031814,0.169500)	0.191071
8	(0.009827,0.004136)	−4.999852	(−0.019654,−0.024816)	0.298612
9	(0.003958,−0.003274)	−4.999952	(−0.007916,0.019644)	0.317207
10	(0.001446, 0.002957)	−4.999971		

从表 8.3 可得 $\dfrac{\left|f\left(\boldsymbol{x}^{(10)}\right) - f\left(\boldsymbol{x}^{(9)}\right)\right|}{1 + \left|f\left(\boldsymbol{x}^{(10)}\right)\right|} = 0.3167 \times 10^{-5} < \varepsilon.$

(2) 牛顿下降法, 具体计算结果见表 8.4.

在 MATLAB 命令窗口执行命令

```
>> newsteel(x1*x1+3*x2*x2,3,2)
```

表 8.4

k	$(\boldsymbol{x}^{(k)})^{\mathrm{T}}$	$f(\boldsymbol{x}^{(k)})$	$\boldsymbol{d}^{(k)}=-\boldsymbol{H}(\boldsymbol{x}^{(k)})\nabla f(\boldsymbol{x}^{(k)})$	t_k^*
0	(3,2)	16	(−3,−2)	1.25
1	(−0.75,−0.5)	−3.6875	(0.75,0.5)	1.25
2	(0.1875,0.125)	−4.917969	(−0.1875,−0.125)	1.25
3	(−0.046875,-0.03125)	−4.994873	(0.046875,0.03125)	1.25
4	(0.0117188,0.007813)	−4.996796	(−0.011719,−0.007813)	1.25
5	(−0.002930,−0.001953)	−4.999979	(0.002930,0.001953)	1.25
6	(0.000733,0.000488)	−4.999999		

从表 8.4 可得 $\dfrac{\left|f\left(\boldsymbol{x}^{(6)}\right)-f\left(\boldsymbol{x}^{(5)}\right)\right|}{1+\left|f\left(\boldsymbol{x}^{(6)}\right)\right|}=0.3333\times 10^{-5}<\varepsilon.$

(3) 变尺度算法 DFP, 具体计算结果见表 8.5.

MATLAB 调用命令

```
>>BFP(x1*x1+3*x2*x2,[3,2],[−6,−12])
```

表 8.5

k	$\left(\boldsymbol{x}^{(k)}\right)^{\mathrm{T}}$	$f\left(\boldsymbol{x}^{(k)}\right)$	$\boldsymbol{d}^{(k)}=-\nabla f\left(\boldsymbol{x}^{(k)}\right)^{\mathrm{T}}$	t_k^*
0	(3,2)	16	(−6,−12)	0.234615
1*	(1.592307,−0.815384)	−0.47	(−3.638044,1.156340)	0.311083
1	(0.460571,−0.455665)	−4.164980	(−0.454642,0.461884)	1.236016
2	(−0.101373,0.115230)	−4.949889	(0.101201,−0.115287)	1.249900
3	(0.0251182,−0.0288666)	−4.996869	(−0.0251148,0.0288676)	1.250000
4	(−0.00627539,0.00721788)	−4.999804	(0.00627533,0.00721789)	1.248996
5	(0.00156247,−0.00179725)	−4.999988	(0.00156247,−0.00179725)	1.249999
6	(−0.000390616,0.000449312)	−4.999999		

可得 $\dfrac{\left|f\left(\boldsymbol{x}^{(6)}\right)-f\left(\boldsymbol{x}^{(5)}\right)\right|}{1+\left|f\left(\boldsymbol{x}^{(6)}\right)\right|}=0.1833\times 10^{-5}<\varepsilon$, 其中 1* 表示的一行值是由最速下降法得到的.

8.4　共轭梯度法

由于无约束最优化方法的核心问题是选择搜索方向, 所以这一节讨论基于共轭方向的共轭梯度法, 下面先给出共轭方向的概念.

定义 8.2　设 $\boldsymbol{A}$ 是 $n\times n$ 对称正定矩阵, 若 $\mathbf{R}^n$ 中的两个方向 $\boldsymbol{d}^{(1)}$ 和 $\boldsymbol{d}^{(2)}$ 满足

$$\left(\boldsymbol{d}^{(1)}\right)^{\mathrm{T}}\boldsymbol{A}\boldsymbol{d}^{(2)}=0,$$

则称这两个方向关于 $\boldsymbol{A}$ 共轭, 或称它们关于 $\boldsymbol{A}$ 正交.

若 $\boldsymbol{d}^{(1)}, \boldsymbol{d}^{(2)}, \cdots, \boldsymbol{d}^{(k)}$ 是 $\mathbf{R}^n$ 中 k 个方向, 它们两两关于 $\boldsymbol{A}$ 共轭, 即满足

$$\left(\boldsymbol{d}^{(i)}\right)^{\mathrm{T}} \boldsymbol{A} \boldsymbol{d}^{(j)} = 0, \quad i \neq j; i, j = 1, 2, \cdots, k,$$

则称这组方向是 $\boldsymbol{A}$ 共轭的, 或称它们为 $\boldsymbol{A}$ 的 k 个共轭方向.

共轭梯度法的基本思想是把共轭性与最速下降法相结合, 利用已知点处的梯度构造一组共轭方向, 并沿这组方向进行搜索, 求出目标函数的极小点. 根据共轭方向的基本性质, 这种方法具有二次终止性, 即经过两次迭代必达到极小点.

讨论二次凸函数的共轭梯度法, 考虑问题

$$\min f(\boldsymbol{x}) = \frac{1}{2} \boldsymbol{x}^{\mathrm{T}} \boldsymbol{A} \boldsymbol{x} + \boldsymbol{b}^{\mathrm{T}} \boldsymbol{x} + c,$$

其中 $\boldsymbol{x} \in \mathbf{R}^n$, $\boldsymbol{A}$ 是对称正定矩阵, c 是常数.

具体计算过程如下.

任意给定初始点 $\boldsymbol{x}^{(0)}$, 并用 $\boldsymbol{g}_0$ 表示 $f(\boldsymbol{x})$ 在 $\boldsymbol{x}^{(0)}$ 点的梯度, 即 $\boldsymbol{g}_0 = \nabla f\left(\boldsymbol{x}^{(0)}\right)$, 后面记法相同. 若 $\|\boldsymbol{g}_0\| = 0$, 则停止计算; 否则, 令

$$\boldsymbol{d}^{(0)} = -\nabla f\left(\boldsymbol{x}^{(0)}\right) = -\boldsymbol{g}_0,$$

沿方向 $\boldsymbol{d}^{(0)}$ 搜索, 得到 $\boldsymbol{x}^{(1)}$, 并计算 $\nabla f\left(\boldsymbol{x}^{(1)}\right)$, 若 $\|\boldsymbol{g}_1\| = \left\|\nabla f\left(\boldsymbol{x}^{(1)}\right)\right\| \neq 0$, 则利用 $\boldsymbol{g}_1$ 和 $\boldsymbol{d}^{(0)}$ 构造第 2 个搜索方向 $\boldsymbol{d}^{(1)}$, 再进行搜索.

一般地, 若已知点 $\boldsymbol{x}^{(k)}$ 和搜索方向 $\boldsymbol{d}^{(k)}$, 则从 $\boldsymbol{x}^{(k)}$ 出发, 沿 $\boldsymbol{d}^{(k)}$ 进行搜索, 得

$$\boldsymbol{x}^{(k+1)} = \boldsymbol{x}^{(k)} + t_k \boldsymbol{d}^{(k)},$$

其中 t_k 满足

$$f\left(\boldsymbol{x}^{(k)} + t_k \boldsymbol{d}^{(k)}\right) = \min_{t \geqslant 0} f\left(\boldsymbol{x}^{(k)} + t \boldsymbol{d}^{(k)}\right).$$

此时可求出 t_k 的显式表达, 令

$$\varphi(t) = f\left(\boldsymbol{x}^{(k)} + t \boldsymbol{d}^{(k)}\right).$$

求一元函数 $\varphi(t)$ 的极小点, 令

$$\varphi'(t) = \nabla f\left(\boldsymbol{x}^{(k+1)}\right) \boldsymbol{d}^{(k)} = 0,$$

根据二次函数的梯度的表达式, 上式写为

$$\left[\boldsymbol{A} \boldsymbol{x}^{(k+1)} + \boldsymbol{b}\right]^{\mathrm{T}} \boldsymbol{d}^{(k)} = 0,$$

$$\left[\boldsymbol{A}\left(\boldsymbol{x}^{(k)} + t_k \boldsymbol{d}^{(k)}\right) + \boldsymbol{b}\right]^{\mathrm{T}} \boldsymbol{d}^{(k)} = 0,$$

$$\left[\boldsymbol{g}_k + t_k \boldsymbol{A}\boldsymbol{d}^{(k)}\right]^{\mathrm{T}} \boldsymbol{d}^{(k)} = 0.$$

从而

$$t_k = -\frac{\boldsymbol{g}_k^{\mathrm{T}} \boldsymbol{d}^{(k)}}{\left(\boldsymbol{d}^{(k)}\right)^{\mathrm{T}} \boldsymbol{A}\boldsymbol{d}^{(k)}}.$$

计算 $\|\boldsymbol{g}_{k+1}\| = \|\nabla f\left(\boldsymbol{x}^{(k+1)}\right)\|$, 若 $\|\boldsymbol{g}_{k+1}\| = 0$, 则算法停止; 否则构造下一个搜索方向 $\boldsymbol{d}^{(k+1)}$, 使 $\boldsymbol{d}^{(k+1)}$ 和 $\boldsymbol{d}^{(k)}$ 关于 $\boldsymbol{A}$ 共轭, 则令

$$\boldsymbol{d}^{(k+1)} = -\boldsymbol{g}_{k+1} + \beta_k \boldsymbol{d}^{(k)},$$

上式两端左乘 $\boldsymbol{d}^{(k)\mathrm{T}}\boldsymbol{A}$, 有

$$\left(\boldsymbol{d}^{(k)}\right)^{\mathrm{T}} \boldsymbol{A}\boldsymbol{d}^{(k+1)} = -\left(\boldsymbol{d}^{(k)}\right)^{\mathrm{T}} \boldsymbol{A}\boldsymbol{g}_{k+1} + \beta_k \left(\boldsymbol{d}^{(k)}\right)^{\mathrm{T}} \boldsymbol{A}\boldsymbol{d}^{(k)} = 0,$$

则得到

$$\beta_k = \frac{\left(\boldsymbol{d}^{(k)}\right)^{\mathrm{T}} \boldsymbol{A}\boldsymbol{g}_{k+1}}{\left(\boldsymbol{d}^{(k)}\right)^{\mathrm{T}} \boldsymbol{A}\boldsymbol{d}^{(k)}}.$$

重复上述过程, 直到满足精度要求. 并且可以证明得到的这组搜索方向 $\boldsymbol{d}^{(1)}$, $\boldsymbol{d}^{(2)}, \cdots, \boldsymbol{d}^{(k)}, \cdots$ 是 $\boldsymbol{A}$ 共轭的.

共轭梯度法 MATLAB 程序

```
function f=conjugate_grad_2d(x0,t)
x=x0;
syms xi yi a
% f=(xi-2)^2+(yi-4)^2;
fx=diff(f,xi);
fy=diff(f,yi);
fx=subs(fx,{xi,yi},x0);
fy=subs(fy,{xi,yi},x0);
fi=[fx,fy];
count=0;
while double(sqrt(fx^2+fy^2))>t
    s=-fi;
    if count<=0
        s=-fi;
    else
        s=s1;
    end
```

```
    x=x+a*s;
    f=subs(f,{xi,yi},x);
    f1=diff(f);
    f1=solve(f1);
    if f1~=0
        ai=double(f1);
    else
        break
        x,f=subs(f,{xi,yi},x),count
    end
    x=subs(x,a,ai);
    f=xi-xi^2+2*xi*yi+yi^2;
    fxi=diff(f,xi);
    fyi=diff(f,yi);
    fxi=subs(fxi,{xi,yi},x);
    fyi=subs(fyi,{xi,yi},x);
    fii=[fxi,fyi];
    d=(fxi^2+fyi^2)/(fx^2+fy^2);
    s1=-fii+d*s;
    count=count+1;
    fx=fxi;
    fy=fyi;
end
x,f=subs(f,{xi,yi},x),count
```

例 8.3 用共轭梯度法计算二元函数

$$f(\boldsymbol{x}) = x_1^2 + 3x_2^2 - 5$$

的极小值点和极小值.

解 由于

$$f(\boldsymbol{x}) = x_1^2 + 3x_2^2 - 5 = \frac{1}{2}[x_1, x_2]\begin{bmatrix} 2 & 0 \\ 0 & 6 \end{bmatrix}\begin{bmatrix} x_1 \\ x_2 \end{bmatrix} - 5,$$

所以 $f(\boldsymbol{x})$ 是二次凸函数, 其中 $\boldsymbol{A} = \begin{bmatrix} 2 & 0 \\ 0 & 6 \end{bmatrix}$ 为对称正定矩阵.

取初值为 $\boldsymbol{x}^{(0)}=(3,2)^{\mathrm{T}}$, 初始搜索方向 $\boldsymbol{d}^{(0)}=-\nabla f\left(\boldsymbol{x}^{(0)}\right)=-\boldsymbol{g}_0=(-6,-12)^{\mathrm{T}}$, 则

$$t_0=-\frac{\boldsymbol{g}_0^{\mathrm{T}}\boldsymbol{d}^{(0)}}{\left(\boldsymbol{d}^{(0)}\right)^{\mathrm{T}}\boldsymbol{A}\boldsymbol{d}^{(0)}}=0.19230769,$$

$$\boldsymbol{x}^{(1)}=\boldsymbol{x}^{(0)}+t_0\boldsymbol{d}^{(0)}=(1.84615385,-0.30769231)^{\mathrm{T}},$$

$$f\left(\boldsymbol{x}^{(1)}\right)=-1.30769231,$$

$$\boldsymbol{g}_1=\nabla f(\boldsymbol{x}^{(1)})=(3.69230769,-1.84615385)^{\mathrm{T}},$$

$$\beta_0=\frac{\left(\boldsymbol{d}^{(0)}\right)^{\mathrm{T}}\boldsymbol{A}\boldsymbol{g}_1}{\left(\boldsymbol{d}^{(0)}\right)^{\mathrm{T}}\boldsymbol{A}\boldsymbol{d}^{(0)}}=0.09467456.$$

从而下一个搜索方向

$$\boldsymbol{d}^{(1)}=-\boldsymbol{g}_1+\beta_0\boldsymbol{d}^{(0)}=(-4.26035503,0.71005917)^{\mathrm{T}}.$$

进一步计算

$$t_1=-\frac{\boldsymbol{g}_1^{\mathrm{T}}\boldsymbol{d}^{(1)}}{\left(\boldsymbol{d}^{(1)}\right)^{\mathrm{T}}\boldsymbol{A}\boldsymbol{d}^{(1)}}=0.43333333,$$

$$\boldsymbol{x}^{(2)}=\boldsymbol{x}^{(1)}+t_1\boldsymbol{d}^{(1)}=(0.39968029\times10^{-14},-0.37747583\times10^{-14})^{\mathrm{T}},$$

$$f\left(\boldsymbol{x}^{(2)}\right)=0.$$

由于 $\left(\boldsymbol{d}^{(0)}\right)^{\mathrm{T}}\boldsymbol{A}\boldsymbol{d}^{(1)}\approx1.2\times10^{-7}$, 所以方向 $\boldsymbol{d}^{(0)}$ 和 $\boldsymbol{d}^{(1)}$ 关于 $\boldsymbol{A}$ 共轭.

MATLAB 调用命令

```
>> f=conjugate_grad_2d(x1*x1+3*x2*x2,[3,2],0.43333)
```

这里要注意的是初始方向一定要选最速下降方向, 否则所得的搜索方向序列不一定关于 $\boldsymbol{A}$ 共轭, 也不一定具有二次终止性.

8.5 应用举例

8.5.1 销售最佳安排问题

某厂生产一种产品, 有 A, B 两个牌号, 讨论在产销平衡的情况下怎么确定各自的产量, 使总利润最大. 所谓产销平衡即是指工厂的产量等于市场上的销量.

其中, p_1,q_1,x_1 分别表示 A 的价格、成本、销量; p_2,q_2,x_2 分别表示 B 的价格、成本、销量; $a_{ij},b_i,\lambda_i,c_i(i,j=1,2)$ 为待定系数; $f(x_1,x_2)$ 为总利润.

解　在问题的求解过程中, 先根据经济学知识做一些基本假设.

假设价格与销量呈线性关系.

利润取决于销量和价格, 也依赖于产量和成本. 按照市场规律, A 的价格 p_1 会随其销量 x_1 的增加而降低, 同时 B 的销量 x_2 的增加也会使 A 的价格稍微下降, 可简单地假设价格与销量呈线性关系.

该假设有数学语言描述为

$$p_1 = b_1 - a_{11}x_1 - a_{12}x_2,$$

其中, $b_1, a_{11}, a_{12} > 0$.

由于 A 的销量对 A 的价格有直接影响, 而 B 的销量对 A 的价格有间接影响, 所以可合理地假设销量前的系数满足如下关系:

$$a_{11} > a_{12}.$$

同理,

$$p_2 = b_2 - a_{21}x_x - a_{22}x_2; \quad b_2, a_{21}, a_{22} > 0; \quad a_{21} > a_{22}.$$

假设成本与产量呈负指数关系.

A 的成本随其产量的增长而降低, 且有一个渐进值, 可假设为负指数关系, 用数学形式表达为

$$q_1 = r_1 e^{-\lambda_1 x_1} + c_1, \quad r_1, \lambda_1, c_1 > 0.$$

同理,

$$q_2 = r_2 e^{-\lambda_2 x_2} + c_2, \quad r_2, \lambda_2, c_2 > 0.$$

根据大量的统计数据, 求出系数

$$\begin{aligned} &b_1 = 120, \quad a_{11} = 1, \quad a_{12} = 0.15; \quad b_2 = 300, \quad a_{21} = 0.25, \quad a_{22} = 2.5; \\ &r_1 = 40, \quad \lambda_1 = 0.025, \quad c_1 = 25; \quad r_2 = 120, \quad \lambda_2 = 0.025, \quad c_2 = 40, \end{aligned}$$

则问题转为为无约束优化问题, 求出 A, B 两个牌号的产量 x_1, x_2, 使总利润 f 最大.

首先确定该问题的一个初始解, 并从该初始解处开始寻优. 忽略成本, 令 $a_{12} = 0, a_{21} = 0$, 问题转化为求以下函数的极值

$$f = (b_1 - a_{11}x_1)x_1 + (b_2 - a_{22}x_2)x_2.$$

显然, 其解为 $x_1 = \dfrac{b_1}{2a_{11}} = 60$, $x_2 = \dfrac{\boldsymbol{b}_2}{2a_{22}} = 60$, 把它作为原问题的初始值.

用 MATLAB 求解该非线性最优化问题, 根据需要, 建立目标函数的 M 文件, 代码为

```
function f=li9_fun(x)
f1=((120-x(1)-0.15*x(2))-(40*exp(-0.025*x(1))+25))*x(1);
```

```
f2=((300-0.25*x(1)-2*x(2))-(120*exp(-0.025*x(2))+40))*x(2);
f=-f1-f2;
```

调用 fminunc 求解该最优化问题, 设置初始值为 [60,60]:

```
>>clear all;
X0=[60,60];
[x,fval,exitfalg,output]=fminunc(@li9_fun,x0)
```

运行程序, 输出如下

```
Warning:Gradient must be provided for trust-region algorithm;
using line-search algorithm instead.
>In fminunc at 365
Optimization completed because the size of the gradient is less
than the default value of the function tolerance
<stop criteria details>
x =
    32.8380 65.4317
fval =
-7.5240e+003
exitflag =
    1
output =
    iterations:  6
      funcCount:  27
       stepsize:  1
  firstorderopt:  1.8656e-006
      algorithm:  'medium-scale:  Quasi-Newton line search'
        message:  [1x438 char]
```

由运行结果可知, 当 A 的产量为 32.8380, B 的产量为 65.4317 时, 最大利润为 7524.

小　　结

无约束最优化问题是数值计算方法中的重要内容之一, 本章主要介绍了四种计算方法, 它们是最速下降法、牛顿下降法、变尺度算法和共轭梯度法.

本章首先讨论了一维搜索, 它是各种计算方法的重要组成部分. 因为许多迭代下降算法具有一个共同点, 就是在得到点 $\boldsymbol{x}^{(k)}$, 并按某种规则确定一个方向 $\boldsymbol{d}^{(k)}$ 后,

才从 $\boldsymbol{x}^{(k)}$ 出发, 沿方向 $\boldsymbol{d}^{(k)}$ 在直线 (或射线) 上求目标函数的极小点, 从而得到 $\boldsymbol{x}^{(k)}$ 的后继点 $\boldsymbol{x}^{(k+1)}$, 重复以上过程, 直至求得问题的解. 这里求目标函数在直线上的极小点, 就用到一维搜索. 对于一维搜索的方法, 本章主要介绍了黄金分割法和与二次插值法, 其中黄金分割法适用于单峰函数和不可微函数, 当目标函数可微时, 二次插值法的效率一般情况下比黄金分割法高.

一般来说, 无约束问题的求解是通过一系列一维搜索来实现的. 因此, 如何选择搜索方向是其核心问题, 搜索方向的选择不同, 就会形成不同的算法.

最速下降法是一种最基本的算法, 它一般适用于计算过程的前期迭代. 牛顿下降法适宜于维数不大且目标函数具有良好微分性质的问题. 当目标函数是二次凸函数时, 牛顿下降法经有限次迭代必达到极小点, 但当初始点远离极小点时, 迭代序列可能不收敛. 变尺度算法避免了牛顿下降法的求 Hessian 矩阵及其逆, 且具有良好的收敛性和数值稳定性, 因此广泛应用.

共轭梯度法是把共轭性与最速下降法相结合, 利用已知点处的梯度构造一组共轭方向, 并沿这组方向进行搜索, 求出目标函数的极小点. 它具有二次终止性, 即经过两次迭代必达到极小点. 共轭梯度法计算时存储量小, 适宜于变量多的大规模问题, 并且它的收敛速度也优于最速下降法.

思　考　题

1. 用黄金分割法求极值, 当函数不是单峰函数时, 应如何处理?
2. 对于一维搜索的黄金分割法和二次插值法, 它们有具体的应用范围吗?
3. 牛顿下降法的优缺点是什么?
4. 变尺度算法的计算量较牛顿下降法小, 它主要体现在哪里?
5. 什么是共轭方向? 如何判断一组方向的共轭性?
6. 用共轭梯度法进行计算时, 初始方向为什么一定要选最速下降方向? 若不选, 会有什么影响?

习　题　8

1. 给定函数

$$f(\boldsymbol{x}) = 100(x_2 - x_1)^2 + (1 - x_1)^2,$$

分别求在点 $\boldsymbol{x}^{(1)} = (0,0)^{\mathrm{T}}$, $\boldsymbol{x}^{(2)} = (1,1)^{\mathrm{T}}$ 及 $\boldsymbol{x}^{(3)} = (1.5,1)^{\mathrm{T}}$ 处的最速下降方向.

2. 给定函数

$$f(\boldsymbol{x}) = (6 + x_1 + x_2)^2 + (2 - 3x_1 - 3x_2 - x_1 x_2)^2,$$

求在点 $\boldsymbol{x} = (-4,6)^{\mathrm{T}}$ 处的牛顿下降方向和最速下降方向.

3. 用黄金分割法和二次插值法求函数 $f(x) = x^2 - x + 2$ 在区间 $[-1,3]$ 上的极小点, 精度要求 $\varepsilon = 0.04$.

4. 分别用最速下降法和 Newton 法求函数 $f(\boldsymbol{x}) = 2x_1^2 + 9x_2^2$ 的极小值点, 并且给定初始点为 $\boldsymbol{x}^{(0)} = (8, 1)^{\mathrm{T}}$.

5. 分别用 DFP 算法和 BFGS 算法求函数 $f(\boldsymbol{x}) = x_1^2 + 2x_1x_2 - 4x_1$ 的极小值点, 并且给定初始点为 $\boldsymbol{x}^{(0)} = (1, 1)^{\mathrm{T}}$.

6. 用共轭梯度法求解下列问题:

(1) $\min f(\boldsymbol{x}) = x_1^2 - x_1x_2 + x_2^2 + 2x_1 - 4x_2$, 取初始点 $\boldsymbol{x}^{(0)} = (2, 2)^{\mathrm{T}}$;

(2) $\min f(\boldsymbol{x}) = (x_1 - 2)^2 + 2(x_2 - 1)^2$, 取初始点 $\boldsymbol{x}^{(0)} = (1, 3)^{\mathrm{T}}$.

数值实验 8

实验目的与要求

进一步理解和掌握无约束问题的各种数值解法, 通过对各种算法的程序设计求结果, 比较和深入体会它们的优劣及适用条件.

实验内容

1. 设有函数 $\varphi(t) = -t\cos t$, 取误差 $\varepsilon = 10^{-4}$, 分别用一维搜索的黄金分割法和二次插值求 $\varphi(t)$ 在区间 $[0, \pi]$ 身上的极小点.

2. 取初始值 $\boldsymbol{x}^{(0)} = (2, 2)^{\mathrm{T}}$, 用牛顿下降法求函数

$$\min f(\boldsymbol{x}) = 2x_1^2 - 2x_1x_2 + x_2^2 + 2x_1 - 2x_2$$

的极小值, 并检验它的二次终止性.

3. 求目标函数

$$f(x) = \int_0^{\pi} \cos(xy)\mathrm{e}^{-y^2}\mathrm{d}y + x^2$$

的极小值点, 分别用 DFP 算法和 BFGS 算法编程序计算, 并比较优劣.

实验结果分析与总结

通过运用不同的方法求解同一问题, 在相同误差的条件下, 对比所需的迭代次数, 进一步分析各种算法的优劣, 总结经验, 写出实验报告.

附录　Matlab 简介

Matlab 是 Matrix Laboratory 的英文缩写, 它是由美国 Mathworks 公司开发的一种集数值计算、符号运算、可视化建模和图形处理等多功能于一体的非常优秀的图形化语言和科学计算环境. 它的第一版 (DOS 版本 1.0) 发布于 1984 年, 经过二十多年的不断改进, 现在已推出了 MATLAB R2009, 进一步将数值计算的功能推向了一个新的高度. 结合本课程的需要, 这里对 Matlab 的有关内容作简要介绍, 详细内容可参阅其他 Matlab 教程.

A.1　基本运算

A.1.1　矩阵运算

A^{T}　矩阵 $\boldsymbol{A}$ 的转置. 如果 $\boldsymbol{A}$ 是复数矩阵, 则其运算结果是共轭转置.

$\boldsymbol{A}\pm\boldsymbol{B}$　矩阵 $\boldsymbol{A}$, $\boldsymbol{B}$ 的和与差.

$\boldsymbol{A}*\boldsymbol{B}$　矩阵 $\boldsymbol{A}$ 和 $\boldsymbol{B}$ 的乘积, 需满足矩阵相乘的条件.

$\boldsymbol{A}.*\boldsymbol{B}$　矩阵 $\boldsymbol{A}$ 与 $\boldsymbol{B}$ 的对应元素相乘, $\boldsymbol{A}$, $\boldsymbol{B}$ 必须是同维数的矩阵.

$\boldsymbol{A}\backslash\boldsymbol{B}$　矩阵 $\boldsymbol{A}$ 左除矩阵 $\boldsymbol{B}$, 其计算结果大致与 $\mathrm{inv}(\boldsymbol{A})*\boldsymbol{B}$ 相同.

$\boldsymbol{A}.\backslash\boldsymbol{B}$　如果 $\boldsymbol{A}$, $\boldsymbol{B}$ 为矩阵且维数相同, 则 $\boldsymbol{A}.\backslash\boldsymbol{B}$ 就是 $\boldsymbol{B}$ 中的元素除以 $\boldsymbol{A}$ 中的对应元素; 如果 $\boldsymbol{A}$, $\boldsymbol{B}$ 中有一个为数, 则结果为此数与相应矩阵中的每个元素做运算.

$\boldsymbol{A}/\boldsymbol{B}$　矩阵 $\boldsymbol{A}$ 右除矩阵 $\boldsymbol{B}$, 其计算结果大致与 $\boldsymbol{B}*\mathrm{inv}(\boldsymbol{A})$ 相同.

$\boldsymbol{A}./\boldsymbol{B}$　如果 $\boldsymbol{A}$, $\boldsymbol{B}$ 为矩阵且维数相同, 则 $\boldsymbol{A}./\boldsymbol{B}$ 就是 $\boldsymbol{A}$ 中的元素除以 $\boldsymbol{B}$ 中的对应元素; 如果 A, $\boldsymbol{B}$ 中有一个为数, 则结果为此数与相应矩阵中的每个元素做运算.

A.1.2　关系运算符

关系运算符主要用来对数与矩阵、矩阵与矩阵进行比较, 并返回反映两者之间大小关系的由数 0 和 1 组成的矩阵, 主要有下面 6 个.

$==$　等于

$\sqcup=$　不等于

$<$　小于

$>$　大于

<= 小于或等于

>= 大于或等于

A.1.3 逻辑运算符

符号 “&” “|” “⊔” “xor” 分别表示逻辑运算中的 “与” “或” “非” “异或”, 它们作用于数组元素, 在逻辑数组中, “0” 代表逻辑 “假”, “1” 代表逻辑 “真”. 若两个标量 a 和 b 参加运算, 则各逻辑运算的运算规则见表 A1.

表 A1 逻辑运算规则

输入		“与”	“或”	“异或”	“非”
a	b	a&b	a|b	xor(a,b)	~ a
0	0	0	0	0	1
0	1	0	1	1	1
1	0	0	1	1	0
1	1	1	1	0	0

A.1.4 操作符

除了常用的数学运算符, Matlab 还提供了四种特殊的操作符, 具体如下:

(1) 冒号 “:”.

它可以用来产生向量, 用为矩阵的下标, 以及部分地选择矩阵的元素等, 其基本用法如下.

$j:k$ 等价于向量 $[j,j+1,j+2,\cdots,k]$.

$j:i:k$ 等价于向量 $[j,j+i,j+2*i,\cdots,k]$.

$\boldsymbol{A}(:,i)$ 取矩阵 $\boldsymbol{A}$ 的第 i 列.

$\boldsymbol{A}(i,:)$ 取矩阵 $\boldsymbol{A}$ 的第 i 列.

$\boldsymbol{A}(:,:)$ 以矩阵 $\boldsymbol{A}$ 的所有元素构造二维矩阵, 如果 $\boldsymbol{A}$ 是二维矩阵, 则结果就等于 $\boldsymbol{A}$.

$\boldsymbol{A}(j:k)$ 等价于 $\boldsymbol{A}(j),\boldsymbol{A}(j+1),\cdots,\boldsymbol{A}(k)$.

$\boldsymbol{A}(:,j:k)$ 表示第 j 列到第 k 列的矩阵子块.

(2) 百分号 “%”.

百分号在 M 文件命令行中表注释, 即百分号 “%” 后面的语句都被忽略而不被执行. 在 M 文件中, “%” 后的语句可以用 help 命令打印出来.

(3) 连续点 “…”.

如果一条命令很长, 一行写不下, 可以用 3 个或更多的点加在一行的末尾, 表示此行未完, 而在下一行继续.

(4) 分号 “; ”.

分号用在 “[ ]” 内, 表示矩阵中行的结尾; 也可以用在每行命令的结尾, 则该命令的执行结果不会回显, 可避免显示一些用户不感兴趣的结果.

A.2 M 文件与 M 函数

Matlab 输入命令的方式大体有两种, 一种是在工作空间中直接输入简单的命令, 这种方式适应于命令行较简单的, 输入比较方便, 且处理的问题比较特殊, 没有一定的重复性和普遍应用性, 以及差错处理比较简单方便的场合. 但是在进行大量重复性的计算和输入时, 单靠直接输入是非常烦琐的, Matlab 提供另一种功能强大的工作方式, 这就是 M 文件的编程工作方式. M 文件的语法类似于一般的该机语言, 是一种程序化的编程语言, 但 M 文件又有其自身的特点. 它只是一个简单的 ASCII 码文件, 语法比一般的高级语言简单, 程序容易调试, 交互性强.

M 文件可以像一般的文本文件那样在任何文本编辑器中编辑、存储、修改和读取, 利用 M 文件, 可以自编函数和命令, 对已经存在的命令和函数进行扩充和修改, 因而对 Matlab 进行二次开发是非常方便的. M 文件有两种形式, 一是命令文件, 另一种是函数文件, 两种文件的扩展名都是 .m.

A.2.1 命令文件

如果要输入较多的命令, 而且要经常对这些命令进行重复输入, 利用命令文件就显得比较简单和方便. 可以将要重复输入的所用命令按顺序放到一个扩展名为 “.m” 的文本文件中, 每次运行时只要输入 M 文件的文件名即可. 注意: 此 M 文件要放在 Matlab 的搜索路径下, 且文件名最好不要与 Matlab 的内置函数和工具箱中的函数重名, 以免产生混淆和发生执行了错误命令等错误. Matlab 对命令文件的执行等价于从命令行窗口中顺序执行文件中的所有指令.

A.2.2 函数文件

一般函数文件的第 1 行都是以 function 开始, 说明此文件定义的是一个函数. 函数文件实际上定义的是 Matlab 的子函数, 其作用与其他高级语言的子函数基本相同, 都是为了方便地实现功能而定义的.

函数文件的调用一般分为嵌套调用和递归调用. 嵌套调用是指一个函数文件可以调用任意其他的函数. 递归调用是在调用一个函数的过程中又出现直接或间接地调用该函数本身的现象. 在函数的调用过程中, 被调用的函数必须为已经存在的函数, 包括 Matlab 内嵌的库函数. 函数的调用可以是单层的, 也可以是多层的. 注意的是, 在递归调用的函数中一般要有跳出递归调用的语句, 否则函数会无穷循环下去.

两种 M 文件的共同特征是：在 Matlab 命令窗口中的命令提示符下键入文件名, 来执行 M 文件中的所有语句规定的计算任务或完成一定的功能. 它们的区别是：第一, 命令文件中创建的变量都是 Matlab 工作空间中的变量, 工作空间中的其他程序或函数可以共享, 而函数文件中创建的所有变量除了全局变量, 均属于函数运行空间内的局部变量；第二, 函数文件中可以使用传递参数, 因而函数文件的调用式中可以有输入参数和输出参数, 而命令文件则没有这项功能.

A.3 程序结构

与大多数其他高级语言一样, Matlab 编写程序一般也分为顺序结构、循环结构和分支结构 3 种, 下面分别进行介绍.

A.3.1 顺序结构

顺序结构就是依次顺序执行程序的各条语句. 语句在程序中的物理位置就反映了程序的执行顺序. 虽然大多数程序都包含许多子结构, 但是从整体上看, 它们大都遵循顺序结构.

A.3.2 循环结构

循环是计算机解决问题的主要手段, 许多实际问题大都包含有规律性的重复计算和对某些语句的重复执行. 循环结构中, 被重复执行的那一组语句就是循环体, 每个循环语句都要有循环条件, 以判断循环是否要继续下去.

(1) for-end 循环结构.

for 循环将循环体中的语句重复执行给定的次数, 循环的次数一般情况下是已知的, 除非用其他的语句将循环提前结束. for 循环的语法为

```
for i= 表达式
    可执行语句 1
        ......
可执行语句 1
end
```

表达式是一个向量, 可以为 $m:s:n$, 变量取值可以为整数、小数, 还可以为负数. 不论它们取何值, 都必须满足构成向量的条件.

例 A1 利用 for 循环求 1—100 的整数之和.

```
sum=0;
for i=1:1:100
```

```
        sum=sum+i;
        end
        sum
sum =
        5050
```

(2) while-end 循环结构.

while 循环将循环体中的语句循环执行不定次数, 基本语法为

```
while  表达式
    循环体语句
end
```

表达式一般是由逻辑运算和关系运算以及一般的运算组成的表达式, 以判断循环要继续进行还是要停止.

例 A2 利用 while 循环求 1—100 的整数之和.

```
sum=0; i=1;
        while i<=100
        sum=sum+i;
        i=i+1;
        end
        sum
sum =
        5050
```

A.3.3 分支结构

在计算中通常要根据一定的条件来执行不同的语句, 当某些条件满足时只执行其中的某一条或某几条命令, 在这种情况下就要用到分支结构.

(1) if-else-end 分支结构.

此分支结构有三种形式, 分别是

```
if 表达式
        执行语句
end
或
if  表达式
        执行语句 1
```

```
else
执行语句 2
end
或
if  表达式 1
      执行语句 1
else if 表达式 2
执行语句 2
...    ...
else
执行语句 n
end
```

例 A3　If-else-end分支结构应用示例.

```
A=[1 2;0 1];B=[2 2;3 3];
if A<B
disp('A<B')
elseif A<B+1
disp('A<B+1')
else
disp('A>B')
end

>> A=[1 2;0 1];B=[2 2;3 3];
if A<B
disp('A<B')
elseif A<B+1
disp('A<B+1')
else
disp('A>B')
end
A<B+1
```

(2) switch-casa-end 分支结构.

switch 语句是多分支选择语句, 虽然在某些场合 switch 的功能可以由 if 语句的多层嵌套来完成, 但是会使程序变得复杂和难于修改维护, 而利用 switch 语句构造多分支选择时显得更加简单明了、容易理解. 其基本用法为

```
switch  表达式
 case  常量表达式 1
执行语句 1
case  常量表达式 2
执行语句 2
case  {常量表达式 n, 常量表达式 n+1, 常量表达式 n+2, ...}
执行语句 n
 otherwise
执行语句 n+1
end
```

A.3.4 程序流控制

在 Matlab 的程序设计中, 有时候需要提前终止循环、跳出子程序、显示出错或警告信息、显示批处理文件的执行过程等, 就要用到程序特殊流程控制命令.

(1) 中断当前流程控制结构.

break 语句通常用于循环控制中, 如 for, while 等循环, 通过 if 语句判断是否满足一定的条件, 如果条件满足就调用 break 语句, 在循环未自然终止之前跳出当前循环. 在多层循环嵌套中, break 只是终止包含它的最内层的循环.

(2) 函数返回调用.

Return 使当前正在运行的函数正常结束并返回调用它的函数继续运行, 或返回到调用它的环境, 如命令窗口. 这个命令通常用在函数里面, 对输入的参数进行判断, 如果参数不符合要求, 就调用 return 语句终止当前程序的运行, 并返回调用它的函数或环境.

A.4 基本绘图方法

Matlab 提供了强大的图形绘制功能, 用户只需指定绘图方式, 并提供充足的绘图数据, 即可以得出所需的图形. 通过图形对科学计算结果进行描述, 这是 Matlab 语言独有的、优于其他语言的特色.

A.4.1　二维图形函数

绘制二维图形最常用和最简单的绘图命令是 plot, 它的基本格式如下.

```
plot(x,y, 选项)
```

这里要求向量 $\boldsymbol{x}$ 和 $\boldsymbol{y}$ 具有相同的维数, 并且选项见表 A2, 同时也适应于其他的绘图命令, 其中给出的各个选项有些可连在一起使用, 命令的调用格式如下.

```
plot(x1,y1, 选项 1, x2,y2, 选项 2,⋯)
```

表 A2　Matlab 绘图命令的各种选项

曲线线型		曲线颜色				标记符号			
选项	意义	选项	意义	选项	意义	选项	意义	选项	意义
'-'	实线	'b'	蓝色	'c'	蓝绿色	'*'	星号	'pentagram'	五角星
'--'	虚线	'g'	绿色	'k'	黑色	'.'	点号	'o'	圆圈
':'	点线	'm'	红色	'r'	红色	'×'	叉号	'square'	□
'-.'	点划线	'w'	白色	'y'	黄色	'v'	∇	'diamondy'	六角星
'none'	无线	用一个 1×3 向量任意指定				'^'	Δ	'hexagram'	◁
		[r,g,b] 红绿蓝三原色				'>'	▷	'<'	

例 A4　绘出 $\sin x$ 与 $\cos x$ 在区间 $[0,8]$ 上的图形, 并分别用点线和虚线在图 A1 中表示.

```
x=0:0.01:8;
y1=sin(x);
y2=cos(x);
plot(x,y1,':', x,y2, '--')
```

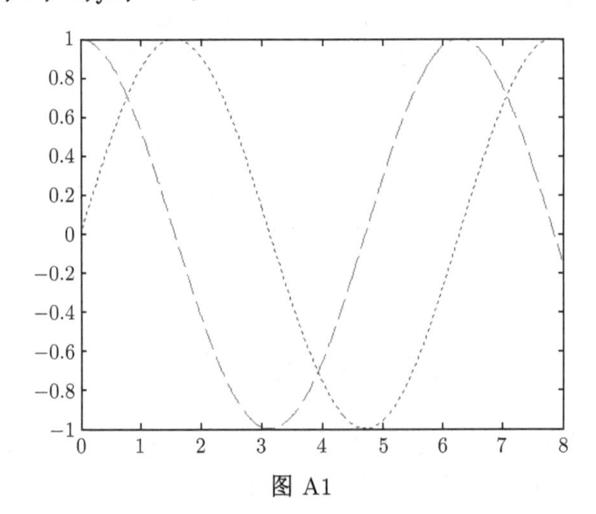

图 A1

A.4.2 三维图形函数

与绘制二维图形的命令相对应, 在一个三维空间中绘制图形的格式如下.

```
plot3(x,y,z, 选项)
```

其中向量 $\boldsymbol{x}$ 和 $\boldsymbol{y}$, $\boldsymbol{z}$ 要有相同的维数, 选项具体内容参见表 A2.

例 A5 绘制螺旋线, 如图 A2 所示.

```
t=0:pi/50:10*pi;
plot3(sin(t),cos(t),t)
```

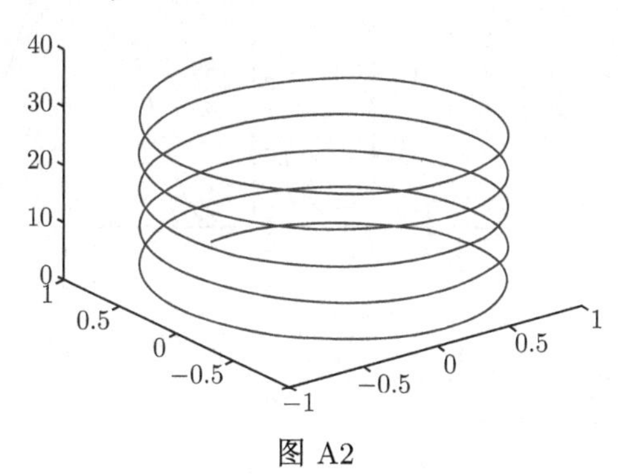

图 A2

A.4.3 多窗口绘图函数

Matlab 允许在一个窗口绘制多个图形, 相应的函数及调用格式为

```
subplot(n,m,k)
```

其中 n, m 分别表示将这个窗口分割成的行列数, 而 k 表示要画图部分的代号. 例如, 将窗口分割成 4×3 个部分, 这时 subplot(4,3,6) 表示在第 6 块, 即第 2 行第 3 列上绘制图形.

例 A6 subplot 函数应用示例, 见图 A3.

```
x=(-pi:0.01:pi);
h1=subplot(2,2,1);
y1=sin(x);
plot(x,y1)
h2=subplot(2,2,2);
y2=cos(x);
plot(x,y2)
h3=subplot(2,2,3)
t=0:pi/50:10*pi;
plot3(sin(t),cos(t),t)
h4=subplot(2,2,4)
```

```
t=0:pi/50:10*pi;
plot3(sin(t),cos(t),t)
[x,y]=meshgrid([−2 :1 :2]);
z=x.*exp(-x.^2− y.^2)
plot3(x,y,z)
```

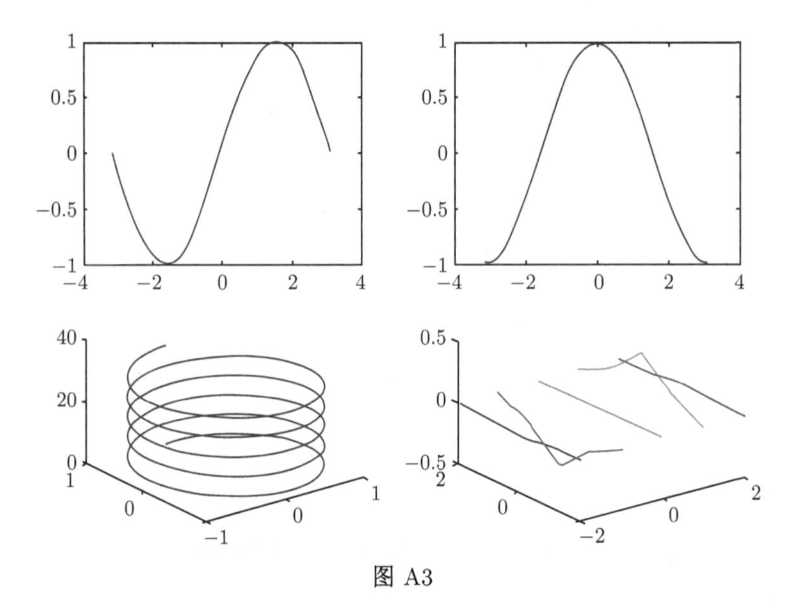

图 A3

A.4.4　绘图辅助函数

利用表 A3 给出的绘图函数可以为绘制出的图形加上标题等内容.

表 A3　辅助函数及功能

函数	功能
grid	在图上显示虚线网格
hold on	后面 plot 的图形将叠加在一起
hold off	解出 hold on 命令, plot 将先冲去已有图形
title('...')	在图形的上方显示 '...' 指定的内容
xlabel('...')	将 '...' 中所指定的内容标在 x 轴上
ylabel('...')	将 '...' 中所指定的内容标在 y 轴上
text('...')	将 '...' 中所指定的内容显示在 x, y 所定义的位置上
axis([xl,xr,xlyr])	其中的 4 个数分别定义 x, y 方向的显示范围

注意上述辅助绘图命令必须放在相应的 "plot" 语句之后. 此外还有一个辅助命令：gtext('...'). 运行到该命令时, 屏幕光标位置显示符号 "+" 等待, 它将 '...' 中指定的内容标在鼠标所指的位置.

A.5 数值计算中的常用函数

这里将数值计算中用到的一些库函数在表 A4 中以表格的形式给出来, 具体使用格式可利用在 help 命令后写上库函数的形式, 然后按 enter 键, 就会有相应库函数的使用范例, 读者可参考.

表 A4

命令分类	函数指令	含义
初等矩阵	zeros	生成零矩阵或数组
	ones	生成全一矩阵或数组
	eye	生成单位矩阵
	rand	生成均匀分布的伪随机数矩阵
	randn	生成标准正态分布的伪随机数矩阵
矩阵变换	diag	生成对角阵或提取对角元素
	fliplr	将矩阵左右翻转
	flipud	将矩阵上下翻转
	tril	生成或提取下三角元素
	triu	生成或提取上三角元素
	compan	生成伴随矩阵
多项式函数	roots	多项式求根
	poly	求特征多项式
	polyval	求多项式的值
	polyfit	多项式的曲线拟合
	conv	多项式的乘法
	deconv	多项式的除法
插值函数	interp1	一维数值插值
	interp2	二维数值插值
	interp3	三维数值插值
	icubic	一维数值函数的三次插值
	spline	三次样条数据插值
线性代数计算	inv	求矩阵的逆
	lu	LU 分解, 即高斯消元法求系数矩阵
	qr	QR 分解, 及正交三角分解
矩阵分析函数	norm	计算矩阵和向量的范数
	cond	计算矩阵的条件数
	rank	计算矩阵的秩
	det	计算矩阵的行列式的值
	trace	计算矩阵的迹
	eig	计算矩阵的特征值和特征向量
	poly	计算矩阵的特征多项式

续表

命令分类	函数指令	含义
泛函运算	quad,quad8	定积分数值解法
	dulquad	双重定积分
	fminbnd	单变量最优化
	fminsearch	无约束最优化
	fzero	单变量方程求根
	leastsq	非线性最小二乘解
	Ode23,ode45,ode11,ode15s	微分方程求解